地球大数据科学论丛　　郭华东　总主编

地球三极：
脆弱环境下可持续发展的挑战

李　新　段安民　上官冬辉　王　磊　李超伦
车　涛　李新武　晋　锐　冉有华等　著

科学出版社

北　京

内 容 简 介

本书以地球三极可持续发展为目标，系统总结了地球三极地区未来气候、冰冻圈灾害、陆地水与生态、海域环境、三极 SDG 大数据平台、支持可持续发展的大数据产品等方面的最新研究进展，同时结合当前联合国可持续发展目标体系，系统总结了地球三极对实现全球可持续发展的重要性、目前存在的短板效应与重大挑战，全面回顾了实现极地可持续发展目标的科学行动和最新研究进展，并提出地球三极实现可持续发展的途径和建议。

本书可为我国的地球三极环境变化和可持续发展科研工作者、地球系统科学研究者、相关政府部门管理者和决策者、相关大学教师和研究生等提供有益的参考。同时，也对我国"极地治理"战略决策与部署提供重要的信息支撑和决策支持。

审图号：GS 京（2024）0128 号

图书在版编目（CIP）数据

地球三极：脆弱环境下可持续发展的挑战 / 李新等著. —北京：科学出版社，2024.3

（地球大数据科学论丛 / 郭华东总主编）

ISBN 978-7-03-075236-9

Ⅰ. ①地… Ⅱ. ①李… Ⅲ. ①南极－生态环境－可持续性发展②北极－生态环境－可持续性发展③珠穆朗玛峰－生态环境－可持续性发展 Ⅳ. ①X321

中国国家版本馆 CIP 数据核字（2023）第 048792 号

责任编辑：董 墨 马珺荻/责任校对：高辰雷
责任印制：徐晓晨/封面设计：蓝正设计

科 学 出 版 社 出版

北京东黄城根北街 16 号
邮政编码：100717
http://www.sciencep.com

北京建宏印刷有限公司印刷

科学出版社发行 各地新华书店经销

*

2024 年 3 月第 一 版 开本：720×1000 1/16
2024 年 3 月第一次印刷 印张：25 1/2
字数：500 000

定价：328.00 元

（如有印装质量问题，我社负责调换）

"地球大数据科学论丛" 序

第二次工业革命的爆发，导致以文字为载体的数据量约每 10 年翻一番；从工业化时代进入信息化时代，数据量每 3 年翻一番。近年来，新一轮信息技术革命与人类社会活动交汇融合，半结构化、非结构化数据大量涌现，数据的产生已不受时间和空间的限制，引发了数据爆炸式增长，数据类型繁多且复杂，已经超越了传统数据管理系统和处理模式的能力范围，人类正在开启大数据时代新航程。

当前，大数据已成为知识经济时代的战略高地，是国家和全球的新型战略资源。作为大数据重要组成部分的地球大数据，正成为地球科学一个新的领域前沿。地球大数据是基于对地观测数据又不唯对地观测数据的、具有空间属性的地球科学领域的大数据，主要产生于具有空间属性的大型科学实验装置、探测设备、传感器、社会经济观测及计算机模拟过程中，其一方面具有海量、多源、异构、多时相、多尺度、非平稳等大数据的一般性质，另一方面具有很强的时空关联和物理关联，具有数据生成方法和来源的可控性。

地球大数据科学是自然科学、社会科学和工程学交叉融合的产物，基于地球大数据分析来系统研究地球系统的关联和耦合，即综合应用大数据、人工智能和云计算，将地球作为一个整体进行观测和研究，理解地球自然系统与人类社会系统间复杂的交互作用和发展演进过程，可为实现联合国可持续发展目标(SDGs)做出重要贡献。

中国科学院充分认识到地球大数据的重要性，2018 年初设立了 A 类战略性先导科技专项"地球大数据科学工程"(CASEarth)，系统开展地球大数据理论、技术与应用研究。CASEarth 旨在促进和加速从单纯的地球数据系统和数据共享到数字地球数据集成系统的转变，促进全球范围内的数据、知识和经验分享，为科学发现、决策支持、知识传播提供支撑，为全球跨领域、跨学科协作提供解决方案。

在资源日益短缺、环境不断恶化的背景下，人口、资源、环境和经济发展的矛盾凸显，可持续发展已经成为世界各国和联合国的共识。要实施可持续发展战略，保障人口、社会、资源、环境、经济的持续健康发展，可持续发展的能力建设至关重要。必须认识到这是一个地球空间、社会空间和知识空间的巨型复杂系统，亟须战略体系、新型机制、理论方法支撑来调查、分析、评估和决策。

一门独立的学科，必须能够开展深层次的、系统性的、能解决现实问题的探究，以及在此探究过程中形成系统的知识体系。地球大数据就是以数字化手段连接地球空间、社会空间和知识空间，构建一个数字化的信息框架，以复杂系统的思维方式，综合利用泛在感知、新一代空间信息基础设施技术、高性能计算、数据挖掘与人工智能、可视化与虚拟现实、数字孪生、区块链等技术方法，解决地球可持续发展问题。

"地球大数据科学论丛"是国内外首套系统总结地球大数据的专业论丛，将从理论研究、方法分析、技术探索以及应用实践等方面全面阐述地球大数据的研究进展。

地球大数据科学是一门年轻的学科，其发展未有穷期。感谢广大读者和学者对本论丛的关注，欢迎大家对本论丛提出批评与建议，携手建设在地球科学、空间科学和信息科学基础上发展起来的前沿交叉学科——地球大数据科学。让大数据之光照亮世界，让地球科学服务于人类可持续发展。

郭华东

中国科学院院士

地球大数据科学工程专项负责人

2020 年 12 月

序

2015 年，联合国通过了包含 17 项可持续发展目标的《变革我们的世界——2030 年可持续发展议程》，希望到 2030 年实现全球经济、社会、环境的和谐发展。当前，世界百年变局同世纪疫情叠加，全球经济复苏受挫，南北发展鸿沟扩大，发展合作动能减弱，全球落实 2030 年可持续发展目标进展艰难。当下，全球新一轮科技革命和产业变革深入推进。信息科学、空间科学、生命科学、材料科学等基础性前沿科学正在对可持续发展起着驱动性和牵引性作用，可持续发展目标离开科学的支撑将难以实现；大数据、人工智能、互联网、区块链等数字技术正在成为推动全球发展的重要生产力，改变着人类生活和人类对世界的深层理解。大数据是知识经济时代的战略高地，是基础性、战略性资源和革命性创新工具。充分发掘利用和创新大数据技术，加强数据合作与分享，促进全球可持续发展目标下的数据和信息应用，将有效解决当前可持续发展面临的信息和工具缺失问题。

地球的南极、北极和青藏高原(简称地球三极)地区是全球最独特的地质-地理-资源-生态耦合系统之一。在严酷的气候条件下，该区域的环境、气候与生态系统经常处于脆弱平衡的临界阈值状态，环境变化的微小波动都可能打破这种平衡、突破阈值，导致地表环境与生态系统格局、演化过程和对环境的适应方式发生改变，其变化除了对三极地区本身的可持续发展造成影响外，对全球及三极以外其他区域可持续发展也具有重要的影响。比如三极地区的南极冰盖、格陵兰冰盖、海冰、冻土、北方森林，以及青藏高原的山地冰川与高海拔冻土变化正在加速并已造成无法逆转的破坏性影响，进一步可能引发"多米诺骨牌效应"，使三极地区本身的可持续发展面临巨大挑战，同时，这些变化和影响通过直接和远程耦合将直接对全球可持续发展目标的实现产生重要影响。

在 2018 年中国科学院 A 类战略性先导专项的"地球大数据科学工程"立项，我们部署了"时空三极环境"项目。该项目建立了三极大数据共享和服务平台，形成了先进的三极大数据挖掘分析能力，制备了一系列高质量、高分辨率的三极遥感产品和数据同化产品并开放共享；同时，该项目将地球三极作为一个整体，开展了系统性、关联性、全局性多要素协同分析和研究，提升了对三极地球系统科学深度认知，并在三极全球变化的遥相关特征、三极气候系统多圈层相互作用及其影响、三极千年古环境重建、极地冰冻圈和生态水文变化等领域取得了原创性成果。

2020 年 9 月习近平主席在第 75 届联合国大会上宣布了可持续发展大数据国际研究中心成立，并提出"科技创新和大数据应用将有利于推动国际社会克服困难、在全球范围内落实 2030 年议程"。习近平主席的讲话使我们深刻认识到科技创新和大数据应用对促进全球可持续发展是多么重要。在此背景下，"时空三极环境"项目按照习近平主席的重要指示精神以及"地球大数据科学工程"专项关于全面向可持续发展研究转型的要求，"时空三极环境"项目面向 SDG6、SDG9、SDG11、SDG13、SDG14 和 SDG15 六个目标，构建了地球三极可持续发展研究大数据集及产品，深度开展了三极气候、环境和生态系统变化、三极资源开发、三极气候与环境可持续发展研究。通过对三极可持续发展开展的系统和深入研究，在第一期三极环境变化评估报告《地球三极：全球变化的前哨》的基础上，由项目负责人李新研究员带领项目组编写了第二期三极环境变化评估报告《地球三极：脆弱环境下可持续发展的挑战》。

本书从六个方面，包括三极未来气候变化预估、三极气候相关冰冻圈灾害及应对、三极陆地水与生态、极地海域环境变化、三极 SDG 大数据平台及支持可持续发展的大数据产品，全面总结了"时空三极环境"项目积极应对联合国可持续发展形成的最新研究成果，系统总结了地球三极对实现全球可持续发展的重要性、目前存在的短板效应与重大挑战，全面回顾了实现极地可持续发展目标的科学行动和最新研究进展，深入介绍了支持极地可持续发展目标计算与评估的三极大数据平台和数据产品，最后提出了修订三极地区可持续发展目标与指标的建议，并对实现极地可持续发展的路径进行了探讨。本书旨在全面梳理总结极地可持续发展与联合国可持续发展目标之间的差距，全面、公平地实现全球可持续发展，不让地球三极的可持续发展掉队。

郭华东

中国科学院院士

2023 年 10 月

前　言

可持续发展是全球各地、世界各国的理想愿景。南极、北极和以青藏高原为主体的第三极的三极地区生态价值独特、战略地位突出，能够为全球提供几乎所有类型的生态系统服务，是全球资源、能源开发的战略储备基地。然而，在当前的可持续发展目标中，很少考虑地球三极可持续发展条件和途径。同时，对于全球变化敏感而强烈的响应，使地球三极成为目前可持续性风险最大的地区，通过直接的和远程的耦合效应将对全球的可持续发展进程产生重要影响。因此，地球三极的可持续发展已成为国际高度关注的话题。优先掌握地球三极的社会、经济和生态环境发展状况，集成地球三极和可持续发展研究成果，科学评估地球三极可持续发展现状和挑战，制定三极地区可持续发展道路，将有助于确保我国权益，提升我国国际谈判话语权，为国家决策提供基础支撑。

本书全面总结了"时空三极环境"项目积极应对联合国可持续发展目标而形成的最新研究成果，系统总结了地球三极对实现全球可持续发展的重要性、目前存在的短板效应与重大挑战，回顾了实现极地可持续发展目标的科学行动和最新研究进展，介绍了支持极地可持续发展目标计算与评估的时空三极大数据平台和数据产品，最后提出了修订地球三极可持续发展目标与指标的建议，并对实现极地可持续发展的路径进行了探讨。本书旨在全面梳理总结极地可持续发展与联合国可持续发展目标之间的差距，全面、公平实现地球三极的可持续发展，不让地球三极的可持续发展掉队。

本书分为 8 章，第 1 章介绍了地球三极与联合国可持续发展目标，分析了地球三极对于实现全球可持续发展的重要性，以及极地可持续发展目标的研究现状。首席作者由中国科学院青藏高原研究所李新研究员和中国科学院西北生态环境资源研究院晋锐研究员担任。

第 2 章介绍三极未来气候变化预估，针对地球三极气候系统的关键要素(如：海温、气温、海冰、积雪、冻土、降水等)，尤其是三极地区的各类极端指数，对其未来的时空变化特征及其可能的影响进行了详细地分析与讨论。本章围绕"三极未来的气候变化"这一主题，主要关注 SDG 13.1(加强各国抵御和适应气候相关的灾害和自然灾害的能力)和 SDG 13.2(将应对气候变化的举措纳入国家政策、战略

和规划）。首席作者由厦门大学段安民教授担任。

第 3 章介绍三极冰冻圈灾害及应对，包括冰崩、冰川跃动、冰湖溃决洪水等冰冻圈灾害，分析了各种灾害的致灾因子、灾害影响及应对措施。本章主要聚焦气候行动三个具体目标：SDG 13.1、SDG 13.2、SDG 13.3（加强缓和适应和减少气候变化影响以及早期预警等方面的教育，提高人们对有关方面的认识）。首席作者由中国科学院西北生态环境资源研究院上官冬辉研究员担任。

第 4 章陆地水与生态，系统研究、总结了三极地区水资源、土地覆被、物种多样性（动物、植物和微生物）的时空变化，分析了地球三极多年冻土消融对碳循环的影响，并评估了第三极地区太阳能和风能对助力"双碳"目标有效实现的潜力和贡献。主要关注三极地区水资源的可持续管理（SDG 6）、再生清洁能源的可持续开发（SDG 7）以及陆地生态环境的可持续利用（SDG 15）。首席作者由中国科学院青藏高原研究所王磊研究员担任。

第 5 章极地海域环境变化，全面总结了北冰洋的环境要素、营养元素的生物地球化学循环，海洋生物对气候变化的响应及人类活动的影响；同时，系统回顾了南极海洋环境变化，包括海洋温度、盐度及水团变化，南大洋营养盐、叶绿素等生源要素，以及南极生物生态特征。本章重点关注气候变化对海洋环境的影响（SDG 13）、渔业资源的可持续发展和保护（SDG 14）。首席作者由中国科学院南海海洋研究所李超伦研究员担任。

第 6 章三极 SDG 大数据平台，首先介绍了三极大数据平台的建设思路，包括其目标和意义，平台的设计与实现；在此基础上从三极 SDG 数据集成共享，以及三极 SDG 信息服务与决策支持两个层面详细介绍三极 SDG 大数据平台的服务成效。首席作者由中国科学院西北生态环境资源研究院车涛研究员和吴阿丹高级工程师担任。

第 7 章支持可持续发展的大数据产品，针对目前极度缺乏支撑 SDG 研究的科学数据产品的问题，概述了地球三极大数据产品的生产背景及意义，并从冰冻圈大数据产品、大气大数据产品，极地生态大数据产品、青藏高原水资源大数据产品，以及泛北极和第三极城市大数据产品共四个方面，分别介绍了各产品的生产方法及流程、精度评估和应用分析。首席作者由中国科学院空天信息创新研究院李新武研究员担任。

第 8 章实现极地可持续发展目标的路径探讨，系统总结了"时空三极环境"项目在数据产品、科学发现和决策支持方面对三极地区可持续发展研究的贡献；并探讨了实现极地可持续发展目标的科技路径和政策路径。首席作者由中国科学院青藏高原研究所李新研究员和中国科学院西北生态环境资源研究院冉有华研究员担任。

全书写作由"时空三极环境"的项目、课题负责人及科研骨干执笔，技术编辑由中国科学院西北生态环境资源研究院晋锐研究员和赵泽斌博士担任。写作和修改过程中，得到了郭华东院士、王泽民等专家的悉心指导。

本书是"时空三极环境"项目(XDA19070000)成果的集成，项目进展得到了地球大数据工程专项总体组和专家组的支持和指导，并得到"地球大数据科学工程"专项的资助。在本书即将交付印刷之际，对他们的付出表示由衷的敬意和感谢！本书疏漏之处在所难免，敬请读者批评指正！

作　者

2023 年 8 月

目　　录

第 **1** 章

地球三极与联合国可持续发展目标

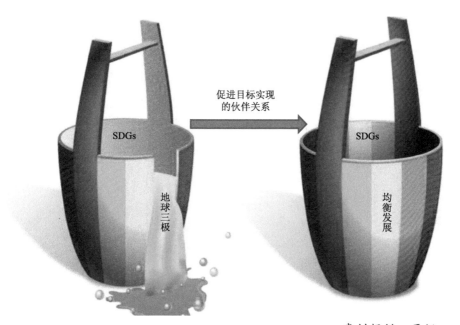

促进目标实现
的伙伴关系

SDGs

地球三极

SDGs

均衡发展

素材提供：晋锐

本章作者名单

首席作者

李　新，中国科学院青藏高原研究所

晋　锐，中国科学院西北生态环境资源研究院

主要作者

冉有华，中国科学院西北生态环境资源研究院

宋晓谕，中国科学院西北生态环境资源研究院

安培浚，中国科学院西北生态环境资源研究院

方苗，中国科学院西北生态环境资源研究院

1.1 引　　言

2015 年 9 月 25 日联合国可持续发展峰会上，联合国 193 个成员国共同签署了《变革我们的世界——2030 年可持续发展议程》(以下简称 2030 议程)，并郑重承诺"让世界走上一条可持续且具有恢复力的道路，在踏上这一共同征程时，我们保证绝不让任何一个人掉队"，标志着全球可持续发展将采用全新的发展框架步入新篇章。联合国可持续发展目标(sustainable development goals, SDGs)是 2030 议程的核心内容，旨在承接千年发展目标(millennium development goals, MDGs)的宏伟愿景，以具体化的量化指标和完成期限为导向，在资源、环境、经济等多个维度实现全球共同可持续发展(魏彦强等，2018)。

为了动态监测全球可持续发展的进程，客观评估各目标的实施进展并有效识别各目标的实现差距，可持续发展目标跨机构专家组(interagency expert group on sdg indicators, IAEG-SDGs)以普适性为基本原则制定了"一个发展框架、一套发展目标"，并于 2017 年 7 月在联合国大会上通过。目前，完整的联合国可持续发展目标由 17 项可持续发展目标(goal)、169 个具体目标(target)，以及 248 项指标(indicator)构成(Allen et al., 2018)，是联合国历史上规模最宏大和最具雄心的发展议程。在 MDGs 基础上，SDGs 进行了全面拓展和深化，17 项可持续发展目标中，除 1、2、5、6、10、15 和 17 外，其余 10 项均为新增目标，指标体系也更趋全面和完善。从目标内容来看，SDGs 涉及无贫穷(SDG 1)，零饥饿(SDG 2)，良好健康与福祉(SDG 3)，优质教育(SDG 4)，性别平等(SDG 5)，清洁饮水和卫生设施(SDG 6)，经济适用的清洁能源(SDG 7)，体面工作和经济增长(SDG 8)，产业、创新和基础设施(SDG 9)，减少不平等(SDG 10)，可持续城市和社区(SDG 11)，负责任消费和生产(SDG 12)，气候行动(SDG 13)，水下生物(SDG 14)，陆地生物(SDG 15)，和平、正义与强大机构(SDG 16)，促进目标实现的伙伴关系(SDG 17)，基本涵盖了全球各大主要发展领域(图 1.1)。SDGs 包含的三大元素：经济(高质量的生活或健康)、社会(公平共享)和环境(可持续——保持在行星边界内)相互依赖、协调发展、缺一不可，共同促成 SDGs 目标的达成。

本书重点关注地球三极 SDGs 的监测和实现路径的优化。地球三极包含北极、南极和第三极地区。北极地区采用北极监测和评估计划(arctic monitoring and assessment programme，AMAP①)确定的范围，以北极圈(66°34′N)和北纬 60°线为

---

① AMAP. Snow, Water, Ice and Permafrost in the Arctic (SWIPA) 2017. Arctic Monitoring and Assessment Programme (AMAP): Oslo, Norway.

图 1.1　联合国 17 个可持续发展目标(http://unstats.un.org/sdgs)

参考，从高北极延伸到加拿大、丹麦(格陵兰和法罗群岛)、芬兰、冰岛、挪威、俄罗斯、瑞典和美国的亚北极地区，且包括相关的海洋地区。南极地区则定义为南极圈 66°34′以内的区域，同时包括南极大陆、南极冰盖和南极半岛等南极圈以外的部分。第三极地区定义为以青藏高原为主体的亚洲高山区(high mountain asia)，包括横断山脉、喜马拉雅山脉、帕米尔高原、兴都库什山脉、苏莱曼山脉、天山山脉，经纬度范围为 23°12′~45°45′N、61°29′~105°44′E。范围西起兴都库什山脉，东至祁连山脉东南缘—邛崃山东麓—横断山脉，南自喜马拉雅山脉南缘，北迄天山山脉北侧。该区域界线以海拔 2000 m 为基准，在地形、坡度、河谷等地理要素基础上，综合参考行政边界、山体、生态系统等完整性构成(图 1.2)。

　　虽然世界社会经济资源的分配通常遵循帕累托原则(pareto principle)，即在任何特定群体中，重要因子通常只占少数，约 20%，而非重要因子则占多数，约 80%，只要能控制具有关键性的少数因子即能控制全局。但实现全球可持续发展目标涉及全人类福祉，不能以经济学的效率至上为核心，而需遵循 Liebig 短板效应(即系统的劣势部分往往决定了整个系统的水平)，这也跟 SDGs 的郑重呼吁"不让任何一个人掉队"不谋而合。这意味着公平、均衡地实现可持续发展目标至关重要，既要在全球可持续发展指标框架中充分、全面地关注可持续发展能力或潜力不足的"弱势群体"，例如偏远且人口稀少的地球三极地区；更需加强全球合作，建立牢固、包容和全面的伙伴关系，共同实现可持续发展目标(图 1.3)。

　　然而，在实现可持续发展目标的过程中，减少不平衡发展是一项巨大的挑战，特别是在地球三极地区，包括北极、南极和第三极地区(Li et al.，2020)。三极地区作为全球人口密度最低，自然环境最严酷的区域，其对可持续发展的需求与其他区域存在明显差异。保护和修复三极生态环境、提升土著居民健康水平和福祉、实现资源可持续开发利用、传承区域传统文化等是地球三极可持续发展目标实现过程中面临的切实挑战。

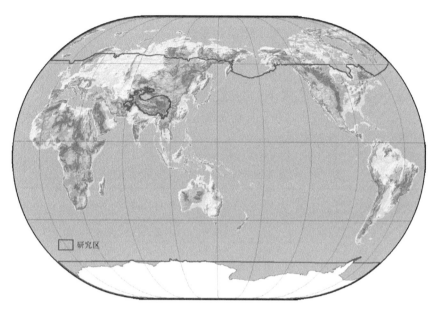

图 1.2 地球三极的地理位置及范围

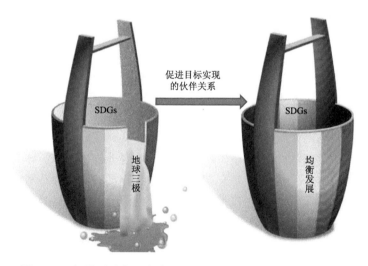

图 1.3 三极地区对实现全球可持续发展目标的 Liebig 短板效应

在目前联合国可持续发展目标的指标体系框架构建过程中，并没有充分考虑地球三极土著居民和利益相关者，仅有极少数指标关注到了土著居民的农业生产力和教育平等问题(SDG 2.3.2、SDG 4.5.1)(Degai and Petrov, 2021)。北极土著领导人也曾多次在高级别会议中表示，土著社区不仅被抛在了后面，而且是被推在了后面①。地球三极脆弱的生态环境也需要全球范围更为广泛的关注，但几乎没有具体指标明确提及南极和北极；在第三极地区(关键词：山区/山地)，248 项可持续发展指标中仅有 4 项(SDG 6.6、SDG 15.1、SDG 15.4.1、SDG15.4.2)体现了对山地生态系统的保护(Makino et al., 2019)，占比 1.6%，无法满足评估地球三极可持续发展程度的基本需要(表1.1)。在联合国可持续发展目标中忽略地球三极，主要是基于传统认知固化，即极地区域人口稀少且地处偏远，在经济上对全球并不重要，也不会对全球可持续发展目标做出贡献。

表 1.1　与地球三极相关的 SDG 具体目标或指标

	SDG 具体目标 或指标	具体目标或指标的内容
包含"土著"关键词 的 SDG 指标	2.3.2	按性别和土著地位分类的小型粮食生产者的平均收入
	4.5.1	所有可以分类的教育指标的均等指数(女/男、城市/农村、财富五分位最低/最高，以及具备有关数据的其他方面，如残疾状况、土著居民和受冲突影响等)
包含"山区/山地" 关键词的 SDG 指标	6.6	到 2020 年，保护和恢复与水有关的生态系统，包括山地、森林、湿地、河流、地下含水层和湖泊
	15.1	到2020 年，根据国际协定规定的义务，保护、恢复和可持续利用陆地和内陆淡水生态系统及其服务，特别是森林、湿地、山麓和旱地
	15.4	到 2030 年，保护山地生态系统，包括其生物多样性，以便加强山地生态系统的能力，使其能够带来对可持续发展必不可少的益处
	15.4.1	保护区内山区生物多样性的重要场地的覆盖情况
	15.4.2	山区绿化覆盖指数

可持续发展是全球各地、世界各国及人民的共同理想愿景。北极、南极和以青藏高原为主体的第三极地区生态价值独特、战略地位突出，能够为全球提供几乎所有类型的生态系统服务，是全球资源、能源开发的战略储备基地。然而，在当前的可持续发展目标设计中，很少考虑地球三极可持续发展的条件和途径。同时，由于对全球变化敏感且强烈的响应，使地球三极成为目前全球可持续性发展风险最大的地区，会通过直接和远程的耦合效应将对全球可持续发展进程产生深

---

① Indigenous Peoples Major Group. 2020. The thematic report for the high-level political forum agenda 2030 for sustainable development. https://www.indigenouspeoples-sdg.org/index.php/english/ all-resources/ipmg-position-papers-and-publications/ipmg-reports/global-reports/162-ipmg-thematic-report-for-hlpf-2020/file.

远影响。因此，地球三极可持续发展已成为国际高度关注的话题。优先掌握地球三极的社会、经济和生态环境发展状况，集成地球三极及其可持续发展研究成果，科学评估地球三极可持续发展的现状和挑战，制定地球三极可持续发展路线，将有助于确保我国权益，提升我国国际谈判话语权，为国家决策提供重要的基础支撑。

本章将从气候行动的关键区域、全球生态系统服务功能，以及地球三极对实现全球可持续发展目标的影响三个方面展开分析地球三极可持续发展的重要意义和必要性；这将有助于避免地球三极在全球可持续发展中的 Liebig 短板效应，公平且均衡地实现全球可持续发展目标。

1.2 地球三极对全球可持续发展至关重要

1.2.1 气候行动的关键区域

20 年前，IPCC（Intergovernmental Panel on Climate Change）提出了气候临界点（tipping point）的概念，当时认为这种气候系统的大尺度不连续性只有在全球变暖超过前工业水平 5℃时才可能发生；然而最新的 IPCC 第六次评估报告表明，即使气候变暖在 1～2℃区间，气候临界点也会被突破（Lenton et al.，2019）。人类需要采取紧急应对措施和具体行动，将气候变暖控制在 1.5℃以内，才能避免气候临界点的到来。

气候临界点具有三个显著特点：①不可逆性：一旦触发超越了临界点，系统发生质变进入全新状态，再无法恢复至从前的状态；②难预测性：当前的动力学模型和观测数据还无法支持准确预测气候临界点的触发时间；③级联效应：地球巨系统的各部分通过大气环流和海洋环流相互联系，其中一个临界点的突破，会导致其他临界点的触发，甚至引发蝴蝶效应，给全人类和全球可持续发展带来巨大的损失和负面影响。

目前，已经识别出的地球气候系统临界要素（tipping elements）共有 15 个，包含 9 个全球核心临界要素和 7 个区域高影响性临界要素；其中 6 个全球核心临界要素与地球三极有关，包括格陵兰冰盖（Greenland ice sheet），南极西部冰盖（West Antarctic ice sheet），南极东部子冰川流域（east Antarctic Subglaciail Basins），北方森林（Boeal Forest），北极冬季海冰（Arctic winter sea ice），南极东部冰盖（east Antarctic ice sheet）（Lenton et al.，2008）（图 1.4）。诸多证据表明，全球持续升温背景下，地球三极中有 6 个与极地地区广泛发育的冰冻圈相关的临界点已被触发，包括北极夏季海冰面积减少、格陵兰冰盖加速消融、北方森林火灾和虫害、多年冻土退化、南极西部冰盖加速融化及南极东部威尔克斯盆地加速融化，占全球核心气候临界点（9 个）的 67%。全球变暖已在以上 6 个方面造成了无法逆转的破坏性影响，这可能会加速并引发"多米诺骨牌"效应。

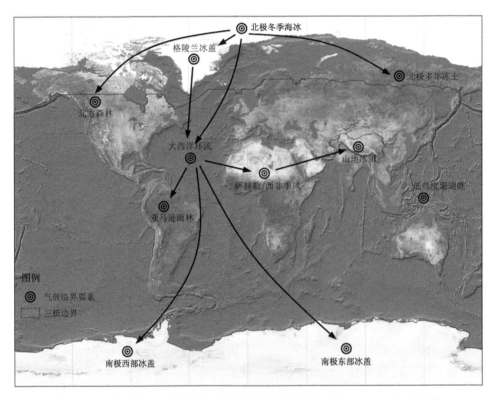

图 1.4　地球三极与全球气候临界要素的远程耦合［改自（Lenton et al., 2019）］

　　三极地区固有的气候临界点要素意味着其与全球环境变化紧密关联，且三极气候的突变可能会给全人类带来灾难性的后果（Rockström et al.，2009）。鉴于气候变暖的极地放大效应和远程耦合效应（Malinauskaite et al.，2019；Pongrácz et al.，2020），快速的极地环境变化对长期气候目标构成直接威胁，并对全球可持续发展目标的实现带来潜在风险。一个众所周知的例子是，南极和北极冰盖物质的快速消融和损失可能会引起海平面上升 0.1～0.5 m（Edwards et al.，2021），并加剧海岸带灾害风险，例如沿海洪水及其破坏性侵蚀。受此影响，预计到 2100 年约有 6亿人和 20%的国家国内生产总值（gross domestic product，GDP）将面临风险（Neumann et al.，2015；Kirezci et al.，2020）。更令人担忧的是，北极海冰和南极冰盖的融水将降低海水密度和海洋深层对流，从而削弱甚至停止热盐环流（Hansen et al.，2016），导致全球温度骤降（Marotzke，2000）。最近的一次中断是发生在距今约 12900～11700 年的新仙女木事件，导致几十年内全球温度突然降低了几个摄氏度，对全球生态系统和人类发展进程均产生了深远的影响（Fairbanks，1989）。

极地土著居民受到极地气候变化的直接影响，因为他们的生产生活直接依赖于极地环境和资源。在全球高山区，约 19 亿人口受到山区资源与环境的直接或间接影响，其中约 3 亿人的生存直接依赖于山区，约 16 亿人间接受到山区的影响（Zhang et al.，2019；Immerzeel et al.，2020）；然而，不断增加的灾害（如第三极的冰雪和冰湖溃决）的级联效应可能会加剧对下游人口和基础设施的损害（Shugar et al.，2021）。基于上述原因，实现地球三极可持续发展是保持地球系统处于稳定和弹性状态的关键（Rockström et al.，2009；Lenton et al.，2019），对实现全球可持续发展的贡献作用巨大。通过以上分析，我们认为，极地气候临界点的存在使得地球三极成为全球可持续发展风险最高的地区，并通过直接和远程耦合效应产生重要的全球影响；但在当前的全球可持续发展目标体系之中，这些要素并未得到充分且优先的考虑。

1.2.2　全球生态系统服务的中坚力量

地球三极的陆地部分（约 472 百万 km^2）约占全球陆地面积的 31.7%（表 1.2），海洋部分（约 387 百万 km^2）约占全球海洋面积的 10.8%。由于对气温变化的高度敏感性，三极地区被视为气候变化的前哨（Duarte et al.，2012；李新等，2021）。此外，三极地区还是全球生物多样性的热点地区、固体水库和碳库（Bohlmann and Koller，2020），为全球提供了几乎所有类型的生态系统服务，对全球可持续发展至关重要。

供给方面，南极磷虾（*Euphausia superba*）、阿拉斯加狭鳕（*Walleye pollock*）等渔业资源是实现全球零饥饿目标（SDG 2）的重要动物蛋白质来源。据估算，南极磷虾蕴藏量达到 4 亿 t（Atkinson et al.，2009），被誉为"世界蛋白质仓库"，依据南极海洋生物资源养护委员会（Commission for the Conservation of Antarctic Marine Living Resources，CCAMLR）的目前规定，全球每年可以捕获南极磷虾 62.5 万 t，可为全球 2500 万人提供全年所需的基本蛋白摄入。同时我们也需注意到，南北极部分区域渔业资源的无序捕捞对当地海洋生态系统造成严重损害，例如 CCAMLR 报道由于 20 世纪 70、80 年代的过度捕捞，对南极地区鲭冰鱼（*Champsocephalus gunnari*）种群造成了严重影响，至今仍未恢复，如果这一悲剧发生在磷虾等南极食物链关键物种上，后果将难以想象[①]。因此，对南北极地区

---

① 资料来源：https://www.ccamlr.org/en/fisheries/icefish- fisheries.

渔业资源开发利用的高效监管对保护和可持续利用全球海洋资源(SDG 14)具有重要意义。

表 1.2　地球三极的陆地和海洋面积

地区	区域类型	区域名称	面积/$10^6 km^2$
南极	陆地	南极洲	142.45
	海洋	南大洋	203.27
北极	陆地	北极圈以内陆地 (欧洲、亚洲、北美洲)	80.00
	海洋	北冰洋	147.50
		白令海	23.04
		鄂霍茨克海	13.65
青藏高原	陆地	青藏高原	250.00
合计	陆地	—	472.45
	海洋	—	387.46
	总计	—	859.91

青藏高原的高山冰雪融水和沿途丰沛降水每年为下游地区提供超过6500亿 m^3 的年总径流(Wang et al., 2021)，给下游的绿洲、农田带来了充沛的水资源，是全球最重要的"水塔"之一(Immerzeel et al., 2020)，哺育了从东南亚到南亚的十几亿人口，保证了下游居民的用水安全(SDG 6)，服务于东南亚地区的社会经济长期稳定发展。

北极地区作为全球"能源库"蕴藏了 770～2990 万亿立方英尺①的常规天然气和 390 亿桶液态天然气，以及 44～1570 亿桶的潜在可开采石油(Bird et al., 2008)，该区域提供的化石燃料为全球持续经济增长(SDG 8)提供了重要物质支持。高海拔山区日照时间长、风力大、有风日数多、持续时间长，海拔落差大、水能蕴藏量多，发展新能源产业具有得天独厚的优势，是当前新能源开发的热点区域，将在全球可持续现代能源体系建设(SDG 7)中发挥不可替代的重要作用。

支持服务方面，全球约一半的生物多样性热点区域和30%的关键生物多样性区域都位于山区；在提供 80%世界粮食的 20 种植物中，有 6 种起源于山区并在山区完成驯化。山区生物多样性对于水土保持、清洁水源、粮食、医用植物等至关重要，高山植被覆盖和生物多样性保护是全球陆地生态系统保护和恢复的重要

---

① 1 立方英尺≈0.028 m^3

基础(SDG 15)。

更为重要的是三极地区的调节服务,由于气候变暖的极地放大效应,三极地区已经发生了诸多潜在的灾难性变化(Screen and Francis,2016;Huang et al.,2017),这对实现联合国可持续发展的气候行动目标(SDG 13)具有重大影响。

北极是全球气候变化的放大器,已有大量观测数据表明:近 30 年来,北极地区的增温速度是中低纬度地区的 2 倍(Screen and Francis,2016;Huang et al.,2017)。北极放大效应(arctic amplification,AA)已经成为极地气候研究的热点与焦点。然而,北极放大的物理机制目前尚无明确结论,且当前北极放大在过去千年处于何种地位依然不清楚。厘清北极放大的规律与物理机制,对于未来极地与全球气候变化的预测具有非常重要的现实意义。基于 ERA-Interim(ECMWF re-analysis-interim)观测资料和 CMIP5(coupled model intercomparison project phase 5)耦合模式在历史和未来情景下的模式集合结果,分析了 1979~2016 年间北极放大效应的季节变化和空间变化规律及其驱动机制,发现强 AA 效应只发生在冷季(当年 10 月到来年 4 月),并只发生在海冰显著减少的地区(Dai et al.,2019)。此外,通过地球系统模式(community earth system model,CESM)集合模拟实验发现北极放大对中纬度地区的气候影响其实并不明显甚至很弱(Dai and Song,2020),并不像之前许多研究中所讨论的北极放大效应对中纬度地区气候可能存在显著影响(Francis et al.,2017)。另外,目前关于北极放大的认识主要集中在最近几十年到过去百年这一时段内的季节、年际变化,对于北极放大效应在更长时间尺度下的多年代际变化及其驱动机制尚属研究空白。基于古气候数据同化这一新兴的大尺度古气候重建方法,通过同化北半球 396 条年分辨率的代用资料重建了北半球过去千年气温场,并进一步重建了过去千年北极放大效应强度指数。分析发现:从过去千年视野来看,北极放大效应的强度其实在持续减弱。从多年代际尺度上来看,大西洋多年代际涛动(atlantic multi-decadal oscillation,AMO)和近代以来显著升高的温室气体浓度能解释北极放大强度指数 57%的下降趋势(Fang et al.,2022)。事实上,气候系统本身是受到多时间尺度要素驱动,北极放大效应同样呈现出多时间尺度变化特征,并且在不同时间尺度上的主要驱动机制也有所差别。综合前期的研究结论来看:在季节尺度上,海冰消融和太阳辐射的季节性变化所导致的北极垂向温度梯度变化是北极放大效应的主要驱动因素(Pithan and Mauritsen,2014;Dai et al.,2019)。在年际和年代际尺度上,北大西洋涛动(north atlantic oscillation,NAO)、北极涛动(arctic oscillation,AO)、太平洋年代际涛动(pacific decadal oscillation,PDO)、大西洋经向翻转环流(atlantic meridional overturning circulation,AMOC),甚至火山活动都对北极放大强度的变化起到一定的调控作用(Screen and Francis,2016;Tokinaga et al.,2016;Park et al.,2017;

Chen and Tung，2018）。"时空三极环境"项目从季节到多年代际、从近几十年到过去千年的不同角度（Dai et al.，2019；Dai and Song，2020；Fang et al.，2022）探讨了目前学界关于北极放大效应时空变化规律及其物理机制的争论，肯定了北极海冰、AMO、温室气体、PDO变化在不同时间上对北极放大效应的调控作用（图1.5）。

青藏高原气温变暖存在海拔依赖性，其升温速率也高于全球平均水平，同时该区域升温呈现加速迹象，自1950s以来，年升温率为0.16～0.36°C/10a，但自1980年代以来，年升温率达到0.50～0.67°C/10a（Pepin et al.，2015；You et al.，2020）。同样，青藏高原地表升温也存在着海拔依赖性（elevation- dependent land surface temperature warming，EDLSW），5000 m以上的负EDLSW（地表温度随海拔降低）表明地表温度上升速度比以往报告的要慢，尤其是在夏季，5200 m以上的地表温度出现冷却趋势（Zhou et al.，2023）。

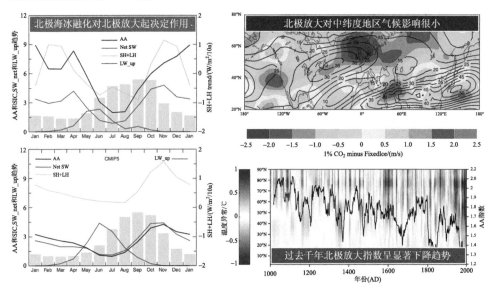

图1.5　北极放大效应及其影响

左侧两分图中，红色折线向下为正；紫色折线向上为正；绿色折线向上为正。左侧Y轴表示AA、SIC、SE_net和LW_up变化趋势的取值范围；右侧Y轴代表SH+LH变化趋势的取值范围

受快速升温的影响，三极地区的冰盖和冰川自20世纪50年代以来显著退缩。2020年北极海冰最小面积相对于1979年减少了约53%，创造了记录以来的第二低水平。南极海冰面积的缓慢增长在2014年停止，2015～2017年期间海冰面积快速下降，并于2017年记录到近40年（1978～2018年）来的最小面积，并且南极地区近年来的海冰损失率超过了北极地区（Parkinson，2019）。青藏高原地区的积雪深度以1～2 cm/10a的速率减少（Chen et al.，2021），北极海冰上的积雪深度也

在约 40 年间减少了约 37%～56%（Webster et al.，2015）。自 20 世纪 80 年代以来，全球范围内的多年冻土温度增加了 1～3℃，同时活动层厚度也在增加（Smith et al.，2022），导致封存在多年冻土中的大量有机碳面临流失的风险（Schuur et al.，2015）。急剧变暖的气候也加速了水文循环和生态系统演化。三极生态系统调节服务的变化不仅对本区域可持续发展造成直接影响，还可能引发全球范围的极端气候事件，造成大范围灾害，从而对全球可持续发展目标的实现造成不利影响。

最后，在文化服务方面，三极地区拥有独特的自然景观，孕育了诸多独一无二的少数民族群体，延续着多样化的文化传统。独特的自然环境和民族传统文化，被很多人誉为心中圣地。尽管旅行成本较其他区域高出许多，但三极地区每年都吸引着全球各地的游客旅行或朝圣，并且游客人数还在不断增加。以南极地区为例，2018～2019 年超过 5.5 万人赴南极旅游[①]，这一数字是 2002～2003 年的 3 倍以上。可持续旅游（SDG 12.b）成为创造新的就业岗位、促进三极地区可持续发展的重要途径。

1.2.3　地球三极对实现全球可持续发展目标具有重要影响

地球三极为全球提供了非常重要的生态系统服务，同时，地球三极环境变化正通过放大和溢出效应影响着全球可持续发展目标的实现，并通过气候临界点要素对全球气候系统产生突然和不可逆转的影响。地球三极通过远程耦合作用对全球可持续发展目标实现的影响极为复杂，但是并非所有过程都如南北极渔业捕捞和第三极水资源供给那样具有完备的统计和观测数据，因此我们通过专家调查的方式尝试定量化这种影响，采用远程耦合效应评分（telecoupling effect score，TES）评价三极地区对全球可持续发展目标的重要性。

调查对象包含 1173 名极地或山地研究专家，主要来自 IPCC《气候变化中的海洋和冰冻圈特别报告》的作者和四种极地研究国际期刊（*The Cryosphere*、*Journal of Glaciology*、*Permafrost and Periglacial Processes*、*Arctic Antarctic and Alpine Research*）的作者，从中筛选了近五年至少发表两篇论文的作者。我们通过谷歌表单设计了在线调查页面用于收集信息。邀请专家对地球三极实现全球可持续发展目标的重要性进行评分（1：一点都不重要，10：极其重要），最后共收到 163 份有效问卷。

总体来看，所有 17 个可持续发展目标都可能通过远程耦合受到地球三极的影响，但程度有所差异。地球三极与 17 个可持续发展目标的平均远程耦合效应评分在 5.86～8.81（图 1.6）。由于气候临界点的存在，大多专家认为地球三极对全球气

---

① 资料来源：https://iaato.org/information-resources/data-statistics/；https://www.coolantarctica.com/Antarctica%20fact%20file/science/threats_tourism.php.

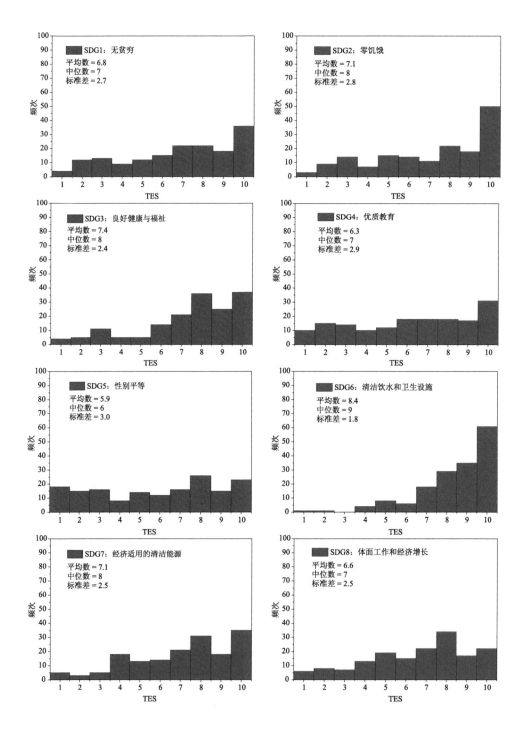

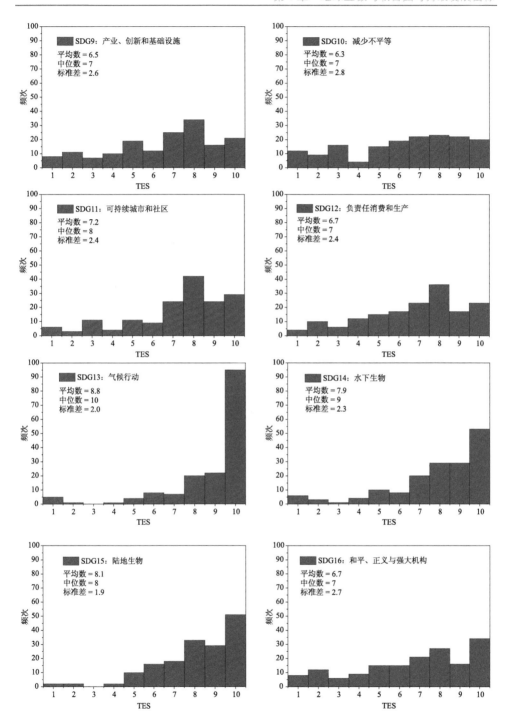

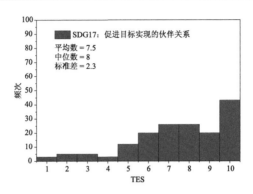

图 1.6　地球三极与实现全球可持续发展目标的远程耦合效应得分直方图

候行动(SDG 13)的影响最大(TES=8.81)，对清洁饮水和卫生设施(SDG 6)的重要性排名第二(TES=8.4)，而三极地区对零饥饿(SDG 2)、良好健康与福祉(SDG 3)、可持续城市和社区(SDG 11)、水下生物(SDG 14)、陆地生物(SDG 15)及促进目标实现的伙伴关系(SDG 17)也很重要。三极地区对 SDG 17 的重要性表明极地地区在公平、均衡实现全球可持续发展目标方面具有的重要价值。但是，调查结果也存在较大的变异，除 SDG 13、SDG 6、SDG 14、SDG 15 外，其他 SDG 目标的评分分布都很分散，这反映了科学界对这一主题的理解还存在较大争议，特别是对于地球三极与无贫穷(SDG 1)、优质教育(SDG 4)、性别平等(SDG 5)、产业、创新和基础设施(SDG 9)和减少不平等(SDG 10)之间关系的理解分歧最大。这是容易理解的，这些目标与三极地区之间的关系在直观上相对没有其他目标那么直接，但对于负责任消费与生产(SDG 12)，和平、正义与强大机构(SDG 16)两个目标关系的理解也较为分散，这反映了地球三极与全球可持续发展目标之间综合关系的复杂性，导致即使是领域专家，由于其专注于某一方向的研究，也很难对这种综合复杂的关系做出准确判断，这从侧面也说明了加强极地可持续发展研究的重要性。

1.3　地球三极 SDG 的研究现状

通过应用文献计量方法分析三极 SDG 相关文献的关键词，并在 IPCC 等相关国际科学报告中地球三极出现的词频进行统计分析基础上，本节主要归纳分析了地球三极可持续发展方面取得的研究进展与成就，以及对全球可持续发展目标做出的贡献。

基于 SCOPUS 和 WOS(web of science)〔注：只包括 SCI(science citation

index)、SSCI(social sciences citation index)、BCI(book citation index)]数据库,检索与地球三极可持续发展目标相关的研究文献(截止到 2022 年 5 月 5 日),检索式为 TS=((Antarctic* or Arctic* or "Tibet* Plateau*" or "Earth* Pole*" or "Third Pole" or "North Pole" or "South Pole" or "South Polar" or "North Polar" or "North Magnetic Pole" or "South Magnetic Polar" or Himalaya* or "Hindu Kush Mountain") and ("Sustainable Development Goal*" or SDGs or SDG)),经去重处理共获得 110 篇与地球三极 SDG 相关的文献,其中北极 46 篇、南极 8 篇、第三极 56 篇。进而,通过对以上文献的研究主题词进行基本清理规范(包括单复数、缩写与全称)后统计高频关键词分布得到以下分析结果。

北极可持续发展目标相关研究主要关注气候变化、生态系统与环境保护、渔业与蓝色经济、粮食安全、水资源等方面(图 1.7);南极可持续发展目标相关文献的研究主题主要聚焦于气候变化、保护区、生态系统、渔业、水资源、经济与社会效应、环境监测、冰冻圈变化、海洋酸化等方面(图 1.8);第三极可持续发展目标相关研究文献主要关注气候变化、水资源、可持续发展、植被等方面(图 1.9);地球三极可持续发展研究中均对气候变化给予了高度关注。

检索 2015 年以来在 WOS[只包括 SCI、SSCI、BCI(图书引文索引)]数据库发表的可持续发展目标相关的研究文献(截至到 2022 年 8 月 5 日),检索式:TS=("Sustainable Development goal*"),经过清理去重后,获得 15108 篇文献,经

图 1.7　北极可持续发展目标研究文献高频关键词词云图(图中字体大小表示词频高低)

图 1.8　南极可持续发展目标研究文献高频关键词
　　　　词云图(图中字体大小表示词频高低)

图 1.9　第三极可持续发展目标研究文献高频关键词
　　　　词云图(图中字体大小表示词频高低)

分析可看出，与三极相关的可持续发展目标研究文献还是相对较少。InCites 数据库收录的与三极可持续发展目标相关的研究文献有 62 篇，其研究主题映射到 17 个可持续发展目标(表 1.3)，主要涉及气候行动、零饥饿和可持续城市和社区等几个指标。

表 1.3　InCites 数据库收录的与三极可持续发展目标相关的研究文献分布

	文献映射的可持续发展目标	相关文献数量
13	气候行动	39
02	零饥饿	22
11	可持续城市和社区	20
03	良好健康与福祉	15
06	清洁饮水和卫生设施	11
09	产业、创新和基础设施	6
07	经济适用的清洁能源	4
12	负责任消费和生产	4
01	无贫穷	2
04	优质教育	2
05	性别平等	2
08	体面工作和经济增长	2

在实现全球可持续发展目标的过程中，减少地球三极(北极、南极和第三极地区)的不平衡发展是一项巨大的挑战(Li et al., 2020)。通过对最新的 IPCC 代表性的综合性报告及与三极可持续发展有关的报告(*Climate Change* 2021: *The Physical Science Basis*(IPCC AR6 Working Group Ⅰ)、*Climate Change* 2022: *Impacts, Adaptation and Vulnerability*(IPCC AR6 Working Group II)、*Climate Change* 2022：*Mitigation of Climate Change*(IPCC AR6 Working Group III)、*IPCC Special Report on The Ocean and Cryosphere in A Changing Climate*(SROCC)、*An IPCC Special Report on the impacts of global warming of 1.5℃*和 *The Hindu Kush Himalaya Assessment*(ICIMOD))中研究主题词提取和统计分析发现，SDG/SDGs 关键词出现的频次分别为 71、1303、1274、175、616、309 次。由此可见，利益相关者与研究人员已经开始逐渐意识到，在三极冰冻圈和海洋等研究中要充分与联合国可持续发展目标相结合。

1.3.1　北极可持续发展目标探索与实践

北极可持续发展目标的探索与实践对全球可持续发展至关重要，主要体现在：

北极的渔业资源支持实现零饥饿(SDG 2)；化石燃料为全球能源安全(SDG 7)和持续经济增长(SDG 8)提供物质支持；冰盖和冰川退缩、海冰和积雪减少对气候行动目标(SDG 13)具有重大影响。

2030议程确定了与北极相关的优先事项，北极的环境和社会系统迅速变化，并与全球其他地区相互关联，只有通过全球和北极利益攸关方之间的公开和多元化对话，在北极土著居民的参与、平等伙伴关系和指导下，才能在北极成功实施可持续发展目标(Schultz，2020)。2017年，北极理事会部长重申了联合国可持续发展目标和2030年实现这些目标的必要性，以及北极理事会在促进可持续发展方面的作用——综合协调三大核心支柱：经济发展、社会发展和环境保护[1]，但不包括对具体的可持续发展目标后续行动的任何承诺。北极理事会成立专门的可持续发展工作组负责推进具体工作。

北极可持续发展定义为改善北极社区和居民的健康、福祉和安全，同时保护生态系统结构、功能和资源的发展(Graybill and Petrov，2020)，增强土著居民和地方社区在面临气候变化和全球化等重大挑战时掌握自己命运的能力。目前多个全球可持续发展目标及其具体目标均与评估北极可持续发展高度相关，但一些公认的人类发展问题在可持续发展目标中并没有得到很好的解决(Nilsson and Larsen，2020)。表1.4总结了在17个联合国可持续发展目标中，北极需要额外关注的关键性问题。

表1.4　北极可持续发展目标需要额外关注的问题(**Nilsson and Larsen，2020**)

ID	联合国可持续发展目标	额外关注问题1	额外关注问题2	额外关注问题3
1	无贫穷	仅能维持生存经济的作用	土地和采伐权	市政经济
2	零饥饿	农村食品的作用	捕鱼、狩猎和放牧系统	土著人对粮食安全的看法
3	良好健康与福祉	人口结构		
4	优质教育	本土知识的作用	距离带来的挑战	
5	性别平等	性别化向外迁移	男性角色的转变	
6	清洁饮水和卫生设施	气候变化的影响	工业的影响	
7	经济适用的清洁能源	财政激励的作用		

---

[1] Arctic Council. Fairbanks Declaration. 2017. Proceedings of The Tenth Ministerial Meeting of the Arctic Council, Fairbanks, Alaska, USA, 11 May 2017. Available online: http://hdl.handle.net/11374/1910 (accessed on 31 January 2020).

续表

ID	联合国可持续发展目标	额外关注问题 1	额外关注问题 2	额外关注问题 3
8	体面工作和经济增长	资源经济的波动性	区域经济外流	生存利益相关方和非公认利益相关方的作用和贡献
9	产业、创新和基础设施	实施地点具体场所	气候变化的影响(如多年冻土层退化)	
10	减少不平等	区域政策	资金流	土著人权利
11	可持续城市和社区	气候变化的脆弱性	城市化	
12	负责任消费和生产	工业废物	地方废物管理	
13	气候行动			
14	水下生物	冰和冰盖的变化		
15	陆地生物	独特的北极景观(如苔原和高北极生态系统)	淡水环境	累积影响
16	和平、正义与强大机构	土著人权利	土著治理传统	
17	促进目标实现的伙伴关系	环北极合作	对机构的信任	

虽然可持续发展目标对于北极具有一定相关性和重要性(Korkina, 2018),但未能涵盖北极土著居民和其他北极利益相关方的可持续发展观点和愿望。事实上,只有少数目标具体提到土著居民(例如 SDG 2 和 SDG 4)。因此,北极土著居民认为目前的 SDGs 目标和指标都不足以评估他们在可持续发展目标方面的地位,来缩小与非土著多数群体的差距;并且为了改善北极社区的生活,有必要修订可持续发展目标,重新阐明 17 个现有目标,并制定针对北极的新目标,以期通过这些新目标和新指标来反映北极自身需求及其在全球体系中的特殊地位。

"北极视角的 2030 年议程"会外活动(UNPFII 17, 2018 四月)和"土著自治与可持续发展目标"研讨会(ARCTI Center, 2019 二月),讨论确定了 5 个特定的北极可持续发展目标,包括可持续治理和土著权利、有恢复力的土著社会、冰上和冻土区生物、获得自然资源的权益和公平,以及对青年和后代的投资,并重新审视了现有 17 个 SDG 目标(图 1.10)。通过北极可持续发展目标的本土化,不仅能建立北极自己的可持续发展目标框架,也能实现更大范畴的公平,扩大全球可持续发展的认筹范围。

北极可持续发展目标未来工作的首要关注是数据可用性。第一份北极社会指标(arctic social indicators,ASI)报告提出了一套数据和统计方法的建议,以促进和加强对 ASI 的公正衡量,强调迫切需要改进数据,包括数据可用性、数据访问、数据报告和通用数据协议,并呼吁广泛收集核心数据,支持全面实施 ASI 监测系统(Larsen et al.,2010)。

1.3.2 南极海洋保护与可持续发展目标

南极的渔业资源支持实现零饥饿(SDG 2)，有效监管渔业资源的捕捞对保护和可持续利用全球海洋资源(SDG 14)具有重要意义。此外，南极海冰物质损失和冻土层的变化(SDG 13)，对生态系统和人类发展进程将产生重要影响。

图 1.10　北极可持续发展目标：17+5(Degai and Petrov，2021)(新增 5 个特定目标：可持续治理和土著权利，有恢复力的土著社会、生计和知识系统，冰上和冻土区生物，获得自然资源的权益和公平，以及对青年和后代的投资)

极地环境的快速变化对长期气候目标构成威胁，并对全球可持续发展目标的实现带来风险。南极冰盖和海冰的融水将使海平面上升，降低海水密度和海洋深层对流，从而削弱甚至停止热盐环流(Hansen et al.，2016)，导致全球温度骤降(Marotzke，2000)。

　　南极被公认为全球公地，其土地、矿产和渔业资源吸引了来自世界各地的开发者。然而，各国对南极渔业资源的贪婪需求正在深刻改变着南极海洋群落的结构，威胁着区域生物多样性和生态安全。南极地区可持续发展的巨大挑战需要通过全球合作来解决。2019 年 9 月联合国政府间气候变化专门委员会发布的 *IPCC special report on the ocean and cryosphere in a changing climate* 提出，为实现下一个十年的海洋保护行动目标做好准备，以全球背景审视南极海洋保护区，发现它在全球海洋保护中的重要意义。海洋和冰冻圈的变化与可持续发展目标的各个方面都相互关联。气候行动(SDG 13)的进展将有助于减少与海洋和冰冻圈及其提供的服务相关联的可持续发展目标各方面的风险。实现可持续发展目标有助于减少人类和社区面对海洋和冰冻圈变化风险的暴露度或脆弱性[①]。

　　人类在南极洲的活动日益增加，其足迹占据了南极洲无冰区的相当大一部分。与科学考察和相关后勤有关的活动以及商业行为将在可预见的未来持续进行，南极条约缔约方希望限制部分人类活动，并进一步确认对南极洲环境和其他内在价值的影响。从全球视角来看，南极保护区的重要性已通过可持续发展目标得到体现，南极洲和南大洋保护区将有助于实现全球可持续发展目标。

1.3.3　第三极(青藏高原)可持续发展目标

　　第三极(青藏高原)，是地球上除南北极以外冰雪储量最大的地区，并且作为世界上海拔最高的生态系统，发育有 14 座世界级山峰，为超过 12000 个湖泊和 10 多条大江大河提供淡水水源，其辽阔的面积和复杂多样的生态系统，在气候变化、水文循环和陆表环境过程变化方面意义重大(ICIMOD，2022)。它不但是重要的亚洲水塔，还包含具有全球重要意义的高山生态系统和生物多样性，深刻影响着国家和全球尺度的生态安全，其恶劣而敏感脆弱的自然环境也长期制约着当地的经济社会发展，对多个民族和国家都有重要意义。

　　第三极为下游地区提供了超过 6500 亿 m^3 的年总径流(Wang et al.，2021)，保证了下游居民的用水安全(SDG 6)；其高山植被和生物多样性保护也是全球陆地生态系统保护和恢复的重要基础(SDG 15)；此外，第三极不断增加的冰雪和冰湖溃决等灾害级联效应可能会加剧对下游人口和基础设施的损害(Shugar et al.，2021)，因此对全球可持续发展具有重要影响。目前 SDG 具体目标和指标在 SDG 6.6、SDG 15.1 和 SDG 15.4 中考虑了山地生态系统的保护，在 SDG 2.3 和 SDG 4.5

---

① IPCC. 2019. IPCC Special Report on The Ocean and Cryosphere in A Changing Climate. https://reliefweb.int/report/world/ocean-and-cryosphere-changing-climate-enarruzh.

中关注了土著居民的农业生产力和教育平等问题，但青藏高原在可持续发展方面仍面临着诸多挑战。

2019 年，国际山地综合发展中心(International Centre for Integrated Mountain Development，ICIMOD)发布针对兴都库什-喜马拉雅(Hindu Kush Himalaya，HKH)地区的科学评估报告《兴都库什-喜马拉雅评估：山脉、气候变化、可持续性和人》，系统分析了 HKH 地区生态环境及可持续发展等 15 个要素的变化趋势，并针对各要素提出了政策建议，包括：在促进可持续生计和经济增长的行动时应考虑维持和改善 HKH 地区自然资源的多样性和独特性、社会文化的丰富性、生态系统服务，以及政治合作和信息共享的必要性；改变持续不充分执行环境保护、水和生物多样性资源的持续非最佳利用、HKH 地区持续推行无计划的都市化，以及未能充分减少温室气体排放的状况；通过自下而上的投资调动地方和国家的投资和发展决议，由社会和政府各级管理，在多个利益相关方的协作下进行。

基于第三极脆弱敏感的生态环境，只有将可持续发展理念贯穿第三极发展建设的各个环节，才能实现第三极地区新的跨越式发展。随着重大工程建设以及科学考察等工作的开展，有关第三极可持续发展的研究逐步增多，不仅涉及对区域整体的研究，同时也关注不同系统、不同维度的发展问题，在对第三极可持续发展的系统间相互作用、实践与问题及对策与评价等方面形成了初步的研究成果，对于多方位认识第三极社会、经济、生态、资源各系统的相互作用、发展现状及发展思路提供了基本理论基础。生态保护与经济发展之间存在着权衡(Sun et al，2020)，可持续发展目标的 SDG 15 强调如何保护、恢复和促进陆地生态系统的可持续利用，可持续地防治荒漠化，制止土地退化和生物多样性丧失，可以用来指导第三极的区域可持续发展(Fu et al，2019)。

利用 Fu 等(2020)提出的分类-统筹-协作框架(classification，coordination，collaboration，3C)，Sun 等(2021)根据生物地理格局的差异、生态系统变化的驱动因素，以及草地的恢复力和退化情况，通过优化围栏禁牧，提高放牧效率，实现青藏高原可持续发展的 SDG 15(陆地生物)，进而实现 SDG 1(无贫穷)、SDG 2(零饥饿)、SDG 3(良好健康与福祉)、SDG 4(优质教育)和 SDG 13(气候行动)(图 1.11)。从系统角度思考，提供了一条整体实现第三极可持续发展的可行途径。

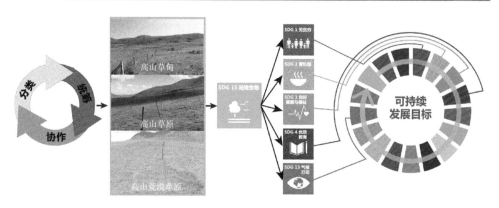

图 1.11　优化围栏管理措施以实现青藏高原可持续发展目标的分类-统筹-协作框架(Sun et al, 2021)

第三极可持续发展需要优先考虑无贫穷目标。贫穷不仅是因缺乏收入和资源导致难以维持生计，还表现为饥饿和营养不良、无法充分获得教育和其他基本公共服务、受社会歧视和排斥，以及无法参与决策。经济增长必须具有包容性，才能提供可持续就业并促进实现公平。这就需要在了解第三极植被动态、气候条件和土壤特性的空间格局基础上，着重分析气候变化(例如变暖和降水状况)和人类活动(例如放牧和其他生态工程)的影响，并对不同生态系统类型(如高寒草甸、高山草原和高山沙漠草原)进行分类优化管理，构建从国家层面到省、地、县、乡、居民(牧民)层面的管理模式(Sun et al.，2021)，实现可持续发展目标。

第三极可持续发展是综合性、系统性问题，涉及各个领域、部门及行业，需具备交叉学科思维，有机融合地理学、生态学、经济学、社会学等多学科理论进行研究，从地理学时空视角加强有关要素的配置与流动、地域功能结构空间组织等对可持续发展影响的研究，加强方法创新，实施动态分析，为青藏高原可持续发展制定阶段性评定指标及评价标准，并考虑与国际评价标准及联合国可持续发展目标的关联性及可对比性(Fu et al.，2020)。第二次青藏高原综合科学考察及未来相关研究将有助于理论研究成果向实践应用转化，加快青藏高原可持续发展步伐、保障青藏高原生态安全屏障功能。

1.4　地球三极 SDG 研究面临的科学挑战

(1)现有联合国可持续发展目标体系没有反映极地特点。由于人口稀少、环境恶劣和独特的土著文化，地球三极的可持续发展明显不同于其他地区。然而，目前的联合国可持续发展目标体系中并没有充分考虑极地，导致其无法准确地评估极地地区的可持续发展。例如，定量化冰冻圈的强烈变化及其级联效应（Xiao et al.，2019）、冰上生物（Ramage et al.，2021）、少数民族和土著权利（如平等获得自然资源）是三极地区可持续发展的迫切需要和重大挑战（Degai and Petrov，2021）。因此，如何完善现有的可持续发展目标和指标，提出新的指标，形成适合极地地区的指标体系，是实现地球三极可持续发展目标的重大挑战。

（2）有限的极地数据获取能力。没有可靠度量的支持，就没有科学高效的管理。评估可持续发展目标在很大程度上依赖于代表自然环境和人类社会各个方面的大量数据。由于地理位置偏远、环境恶劣，现有的极地数据总体较少且一致性弱，时间跨度短，无法全面衡量地球三极的长期适宜性和可持续性。与此同时，由于复杂的地缘政治局势，特别是土著民族，这些地区的数据网络基础设施比其他人口稠密地区更加分散和有限，进一步增加了数据获取的难度。在过去十年中，遥感和社会感知技术迅速发展，越来越多地惠及可持续发展目标。同时也提出了一个新问题，即如何通过协调和建设网络基础设施，以及整合历史数据和新数据，特别是来自新型遥感和非结构化社会感知的数据，最大限度地提高三极地区的数据获取能力，从而满足可持续发展目标评估的基本数据需求。

（3）如何量化临界点因素对实现可持续发展目标的影响。联合国可持续发展目标体系中对极地地区的忽视主要是因为在科学上对三极地区临界点要素的全球环境、社会和经济可持续性多米诺骨牌效应的理解有限。主要存在以下几个方面的重大挑战：①如何识别地球三极对全球气候和环境的远程耦合效应？②如何量化三极地区的冰冻圈服务功能及其对全球可持续发展目标的贡献，尤其是冰冻圈的供给和调节服务？这些服务在很大程度上仍然未知。③理解三极地区自然临界点要素与全球社会临界点要素之间的相互作用。克服这些挑战将有助于我们制定适当的干预措施，更好地保护极地地区和我们的气候公地（Tavoni and Levin，2014），从而防止地球三极地区在实现全球可持续发展目标中的 Liebig 短板效应。

参 考 文 献

李新, 车涛, 段安明, 等. 2021. 地球三极：全球变化的前哨. 北京: 科学出版社.

魏彦强, 李新, 高峰, 等. 2018. 联合国 2030 年可持续发展目标框架及中国应对策略. 地球科学进展, 33(10): 1084-1093.

Allen C, Metternicht G, Wiedmann T. 2018. Initial progress in implementing the Sustainable Development Goals (SDGs): a review of evidence from countries. Sustainability Science, 13(5): 1453-1467.

Atkinson A, Siegel V, Pakhomov E A, et al. 2009. A re-appraisal of the total biomass and annual production of Antarctic krill. Deep-Sea Research, I 56: 727-740.

Bird K J, Charpentier R R, Gautier D L. 2008. Circum-Arctic Resource Appraisal: Estimates of undiscovered oil and gas north of the Arctic circle. USGS Fact Sheet, 2008-3049.

Bohlmann U M, Koller V F. 2020. ESA and the Arctic——The European Space Agency's contributions to a sustainable Arctic. Acta Astronautica, 176: 33-39.

Chen S, Liu J P, Ding Y F, et al. 2021. Assessment of Snow Depth over Arctic Sea Ice in CMIP6 Models Using Satellite Data. Advances in Atmospheric Sciences, 38: 168-186.

Chen X, Tung K K. 2018. Global surface warming enhanced by weak Atlantic overturning circulation. Nature, 559(7714): 391-397.

Dai A G, Luo D H, Song M R, et al. 2019. Arctic amplification is caused by sea-ice loss under increasing CO_2. Nature Communications, 10: 121.

Dai A, Song M. 2020. Little influence of Arctic amplification on mid-latitude climate. Nature Climate Change, 10: 231-237.

Degai T S, Petrov A N. 2021. Rethinking Arctic sustainable development agenda through indigenizing UN sustainable development goals. International Journal of Sustainable Development & World Ecology, 28(6): 518-523.

Duarte C M, Lenton T M, Wadhams P, et al. 2012. Abrupt climate change in the Arctic. Nature Climate Change, 2: 60-62.

Edwards T L, Nowicki S, Marzeion B, et al. 2021. Projected land ice contributions to twenty-first-century sea level rise. Nature, 593: 74-82.

Fairbanks R G A. 1989. A 17,000-year glacio-eustatic sea-level recordinfluence of glacial melting rates on the younger rates on the Younger Dryas event and deep-ocean circulation. Nature, 342: 637-642.

Fang M, Li X, Chen H W, et al. 2022. Arctic amplification modulated by Atlantic Multidecadal Oscillation and greenhouse forcing on multidecadal to century scales. Nature Communications, 13: 1865.

Francis J A, Vavrus S J, Cohen J. 2017. Amplified Arctic warming and mid-latitude weather: new perspectives on emerging connections. WIREs Climate Change, 8: e474.

Fu B J, Wang S, Zhang J Z, et al. 2019. Unravelling the complexity in achieving the 17 sustainable-development goals. National Science Review, 6: 386-388.

Fu B J, Zhang J Z, Wang S, et al. 2020. Classification, coordination, collaboration: a systems approach for advancing Sustainable Development Goals. National Science Review, 7(5): 838-840.

Graybill J K, Petrov A N. 2020. Introduction to Arctic sustainability: A synthesis of knowledge. In: Arctic sustainability, key methodologies and knowledge domains. New York-London: Routledge, p. 1-22.

Hansen J, Sato M, Hearty P, et al. 2016. Ice melt, sea level rise and superstorms: Evidence from paleoclimate data, climate modeling, and modern observations that 2℃ global warming is highly dangerous. Atmospheric Chemistry and Physics, 16(6): 3761-3812.

Huang J, Zhang X, Zhang Q, et al. 2017. Recently amplified arctic warming has contributed to a continual global warming trend. Nature Climate Change, 7, 875-879.

ICIMOD. 2022. The Hindu Kush Himalaya Assessment: Mountains, Climate Change, Sustainability and People.

Immerzeel W W, Lutz A F, Andrade M, et al. 2020. Importance and vulnerability of the world's water towers. Nature, 577: 364-369.

Kirezci E, Young I R, Ranasinghe R, et al. 2020. Projections of global-scale extreme sea levels and resulting episodic coastal flooding over the 21st Century. Scientific Reports, 10: 11629.

Korkina V. 2018. Agenda 2030 from the Arctic Perspective. Statement at the United Nations Permanent Forum on Indigenous Issues. April 17, 2018. Northern Notes, 49: 19.

Larsen J N, Petrov A N, Schweitzer P. 2014. Arctic Social Indicators (ASI II). Implementation; TemaNord 2014:568; Nordic Council of Ministers: Copenhagen, Denmark.

Larsen J N, Schweitzer P P, Fondahl G. 2010. Arctic Social Indicators; TemaNord 2010: 519; Nordic Council of Ministers: Copenhagen, Denmark.

Lenton T M, Held H, Kriegler E, et al. 2008.Tipping elements in the Earth's climate system. Proceedings of the National Academy of Science, 105(6): 1786-1793.

Lenton T M, Rockstrm J, Gaffney O, et al. 2019. Climate tipping points——too risky to bet against. Nature, 575: 592-595.

Li X, Che T, Li X W, et al. 2020. CASEarth poles: big data for the three poles. Bulletin of the American Meteorological Society, 101: E1475-E1491.

Makino Y, Manuelli S, Hook L. 2019. Accelerating the movement for mountain peoples and policies. Science, 365(6458): 1084-1086.

Malinauskaite L, Cook D, Davsdttir B, et al. 2019. Ecosystem services in the Arctic: a thematic review. Ecosystem Services, 36: 100898.

Marotzke J. 2000. Abrupt climate change and thermohaline circulation: Mechanisms and predictability. Proceedings of the National Academy of Sciences, 97(4): 1347-1350.

Neumann B, Vafeidis A T, Zimmermann J, et al. 2015. Future coastal population growth and exposure to sea-level rise and coastal flooding——A global assessment. Public Library of Science One, 10(3): e0131375.

Nilsson A E, Larsen J N. 2020. Making regional sense of global sustainable development indicators for the Arctic. Sustainability, 12(3): 1027.

Park H S, Stewart A, Son J H. 2017. Dynamic and thermodynamic impacts of the winter Arctic Oscillation on summer sea ice extent. Journal of Climate, 31(4), 1483-1497.

Parkinson C L. 2019. A 40y record reveals gradual Antarctic sea ice increases followed by decreases at rates far exceeding the rates seen in the Arctic. Proceedings of the National Academy of Sciences 116(29): 14414-14423.

Pepin N, Bradley R S, Diaz H F, et al. 2015. Elevation-dependent warming in mountain regions of the world. Nature Climate Change, 5: 424-430.

Pithan F, Mauritsen T. 2014. Arctic amplification dominated by temperature feedbacks in contemporary climate models. Nature Geoscience, 7(3): 181-184.

Pongrácz E, Pavlov V, Hänninen N. 2020. Arctic Marine Sustainability. Springer Nature: XV, 489.

Ramage J, Jungsberg L, Wang S, et al. 2021. Population living on permafrost in the Arctic. Population and Environment, 43: 22-38.

Rockström J, Steffen W, Noone K, et al. 2009. A safe operating space for humanity. Nature, 461: 472-475.

Schultz N L, Morgan J W, Lunt I D. 2011. Effects of grazing exclusion on plant species richness and phytomass accumulation vary across a regional productivity gradient. Journal of Vegetation Science, 22(1):130-142.

Schultz R. 2020. Closing the Gap and the Sustainable Development Goals: Listening to Aboriginal and Torres Strait Islander people. Australian and New Zealand Journal of Public Health, 44(1): 11-13.

Schuur E A G, McGuire A D, Schadel1 C, et al. 2015. Climate change and the permafrost carbon feedback. Nature, 520: 171-179.

Screen J, Francis J. 2016. Contribution of sea-ice loss to Arctic amplification is regulated by Pacific Ocean decadal variability. Nature Climate Change, 6: 856-860.

Shugar D H, Jacquemart M, Shean D, et al. 2021. A massive rock and ice avalanche caused the 2021 disaster at Chamoli, Indian Himalaya. Science, 373(6552): 300-306.

Smith S L, O'Neill H B, Isaksen K, et al. 2022. The changing thermal state of permafrost. Nature Reviews Earth & Environment, 3: 10-23.

Sun J, Fu B J, Zhao W W, et al. 2021. Optimizing grazing exclusion practices to achieve Goal 15 of the sustainable development goals in the Tibetan Plateau. Science Bulletin, 66(15): 1493-1496.

Sun J, Liu M, Fu B, et al. 2020. Reconsidering the efficiency of grazing exclusion using fences on the Tibetan Plateau. Science Bulletin, 65(16):1405-1414.

Tavoni A, Levin S. 2014. Managing the climate commons at the nexus of ecology, behaviour and economics. Nature Climate Change, 4: 1057-1063.

Tokinaga H, Xie S, Mukougawa H. 2016. Early 20th-century Arctic warming intensified by Pacific and Atlantic multidecadal variability. Proceedings of the National Academy of Sciences of the United States of America, 114(24): 6227-6232.

Wang L, Yao T D, Chai C H, et al. 2021. TP-River: Monitoring and quantifying total river runoff from the third pole. Bulletin of the American Meteorological Society, 102(5): E948-E965.

Webster M A, Rigor I G, Nghiem S V, et al. 2015. Interdecadal changes in snow depth on Arctic sea ice. Journal of Geophysical Research Oceans 119: 5395-5406.

Xiao C D, Su B D, Wang X M, et al. 2019. Cascading risks to the deterioration in cryospheric functions and services. Science Bulletin, 64: 1975-1984.

You Q, Chen D L, Wu F Y, et al. 2020. Elevation dependent warming over the Tibetan Plateau: Patterns, mechanisms and perspectives. Earth-Science Reviews, 210: 103349.

Zhang F, Thapa S, Immerzeel W, et al. 2019. Water availability on the Third Pole: A review. Water Security, 7: 100033.

Zhou Y, Ran Y, Li X. 2023. The contributions of different variables to elevation-dependent land surface temperature changes over the Tibetan Plateau and surrounding regions. Global and Planetary Change, 220: 104010.

第 2 章

三极未来气候变化预估

气温
Air Temperature

海温
Sea Surface Temperature

降水
Precipitation

未来 Future

海冰
Sea Ice

大气圈
Atmosphere

冰冻圈
Cryosphere

极端事件
Extreme Events

素材提供：段安民

本章作者名单

首席作者

段安民，中国科学院大气物理研究所

主要作者

李双林，中国科学院大气物理研究所

罗德海，中国科学院大气物理研究所

刘骥平，中国科学院大气物理研究所

庄默然，中国气象局地球系统数值预报中心

姚　遥，中国科学院大气物理研究所

宋米荣，中国科学院大气物理研究所

隋　月，中国地质大学

彭玉琢，中国科学院大气物理研究所

汤　彬，中国科学院大气物理研究所

沈子力，复旦大学

韩　哲，中国科学院大气物理研究所

刘　博，中国地质大学

罗菲菲，成都信息工程大学

徐希燕，中国科学院大气物理研究所

　　世界各国已经受到气候变化的影响，气候变化正成为在未来几十年人类可持续发展面临的主要威胁。2021 年《中国应对气候变化的政策与行动》白皮书指出，气候变化是全人类的共同挑战，应对气候变化是全人类的共同事业。为应对气候变化的影响，联合国可持续发展目标设立第 13 项(SDG 13)——"气候行动：采取紧急行动应对气候变化及其影响"。该目标旨在通过各国的实际行动，减少和减缓气候变化引起的灾害，降低气候变化的影响，提高人类应对气候变化的能力。

　　全球变暖背景下，地球三极不仅为全球气候变化的关键区和敏感区，还对区域和全球气候系统多圈层相互作用和能量水分循环具有重要作用。研究三极地区的气候变化及其影响具有重要的科学和社会意义，相关科学发现可服务于 SDG13 气候行动，为各国采取相关措施抵御和适应气候相关灾害和自然灾害提供一定的理论依据(SDG13.1 目标)，有利于支撑应对气候变化的举措纳入国家政策、战略和规划(SDG13.2 目标)。在第一期三极科学报告《地球三极：全球气候变化的前哨》第二章节中，我们详细论述了地球三极历史和现代气候的变化特征和背后可能的物理机制，本章节将围绕"三极未来的气候变化"这一主题进行回顾与总结，进一步关注 SDG13 的 2 个具体目标：SDG 13.1 和 SDG 13.2。

　　未来几十年三极地区的气候将如何变化，三极地区的气候变化将在哪些方面、在何种时间尺度对全球区域环境和生态系统产生影响都是亟待回答的问题。然而，限于三极地区稀少的观测资料和数值模式较大的不确定性，关于三极地区未来气候变化的研究存在巨大的挑战，其对全球的潜在影响也存在很大的不确定性。因此，针对三极地区各组成要素在未来不同排放情景下将如何变化及其将产生何种影响开展研究，对于认识三极地区本身的气候系统与环境变化对全球变暖的响应、对研究三极未来气候变化，以及对全球气候的作用具有重大科学意义，也可对各国应对未来气候变化、支撑 SDG13.1 和 SDG13.2 的实现提供一定的科学基础。除平均气候变化之外，近年来三极地区也经历了越来越多破纪录的极端天气气候事件。这些极端天气气候事件相比于平均气候变化，更容易对极区的自然环境、经济和人类生活造成威胁。因此，了解和预估全球变暖情景下三极地区极端事件的种类、各类极端事件的未来时空变化特征对应对未来气候变化的风险评估和制定相关灾害防控决策都起着至关重要的作用，对促进 SDG13.2 目标的实现也有重大意义。

　　为此，本章通过综述国内外相关研究成果并凝练"时空三极环境"项目的最新研究进展，针对地球三极气候系统的关键要素(如：海温、气温、海冰、积雪、冻土、降水等)，尤其是三极地区的各类极端指数，对其未来的时空变化特征及其可能的影响进行了详细地分析与讨论。主要内容包括：①北极气候变化的未来预估；②南极气候变化的未来预估；③青藏高原气候变化的未来预估；④三极未来气候变化的对比。期望通过本章节的回溯与总结，为认识三极地区未来气候和极端天气气候事件的变化提供科学基础，为如何在气候变化背景下降低灾害损失、减少影响并实现可持续发展目标 SDG13 提供支撑。

2.1 北极气候变化的未来预估

北极气候未来变化已成为社会和科学界广泛关注的话题，有关北极未来变化趋势及其气候效应对人类应对气候变化尤为重要。本节将相关研究成果分三个小节进行概括：①北极海温和气温变化的未来预估；②影响北极和中纬度天气的大气环流的未来预估；③北极海冰变化及其气候影响的未来预估；④北极极端温度变化的未来预估。

2.1.1 北极海温和气温变化的未来预估

北极作为地球气候系统中重要的一环，它的变化对全球气候和生态环境有着重要影响。20 世纪初以来，在全球变暖的背景下，全球平均海表温度一直在上升，北冰洋和北大西洋海温也表现出持续的增暖现象 (Comiso, 2003; Carvalho and Wang, 2020)。而北极增暖除了在趋势上与 CO_2 增加有关外（Dai et al., 2019），而年代际尺度上还与北冰洋海温，大西洋海温和大气环流的年代际变化有关（Luo et al., 2022a, b）。根据 IPCC 第 5 次评估报告，1950 年到 2010 年的观测数据表明，起源于大西洋的北冰洋海水（即大西洋水层）从 20 世纪 70 年代开始变暖(IPCC, 2013)；1982 年至 2017 年 8 月的海温趋势显示，在夏季北极盆地无冰的大部分地区，海洋混合层温度每 10 年上升约 0.5℃ (Timmermans et al., 2017)（图 2.1）。根据 IPCC 第 6 次评估报告，未来北极海温的变化趋势与预测的海冰减少的趋势一致，即在 21 世纪末北冰洋的表层和深层都将显著变暖(IPCC，2019)。

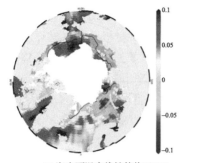
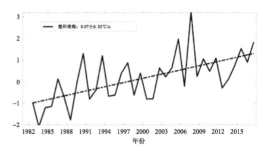

(a) 海表面温度线性趋势/(℃/a)   (b) 平均海表面温度异常/℃

图 2.1 海温线性趋势分布及平均海温的时间变化

(a) 1982～2017 年 8 月海温线性趋势分布（单位：℃海温线）。图中颜色图展示的为超过95%信度区域，白色阴影部分是 2017 年 8 月的平均海冰区域，黑色虚线表示 1982 年至 2010 年 8 月的平均中位冰边缘 (b) 虚线内区域平均的海温演变(黑色实线)及线性趋势(黑色虚线) (单位：℃) (Timmermans et al., 2017)

北冰洋海温受到海冰融化及冰雪融水、大陆径流和来自海洋深层暖水的向上热通量的强烈影响(Stroh et al., 2015)。随着海冰减少, 太阳辐射吸收增加, 从而导致海温升高(Perovich, 2016)。大多数 CMIP5(coupled model intercomparison project 5)模式捕获了目前地表热量和淡水通量的季节性变化, 并表明夏季多余的太阳辐射被用于融化海冰, 形成正的海冰-反照率反馈(Ding et al., 2016), 这导致了海温的升高。挪威海和巴伦支海是大西洋通往北冰洋的大门。一些观测研究表明, 海温异常从北大西洋向东北部传播, 经过挪威海和巴伦支海到达北冰洋(Polyakov et al., 2005; Holliday et al., 2008; Eldevik et al., 2009), 因此北大西洋海温可以影响北冰洋海温和海冰。Vavrus 等(2012)指出, 在 RCP8.5 排放情景下大西洋约 400m 深度的水层预计在 21 世纪末变暖 2.5℃, 但表层混合层仅变暖 0.5℃。由于水循环的加强将增加河流径流(Haine et al., 2015), 预计未来北冰洋表层增暖与高纬度地区降水增加, 北极海水层结加强, 大西洋盐度跃层和海水增暖有关(Nummelin et al., 2016)。

向极地的海洋热输送有助于北冰洋变暖。大西洋表层海水自 2008 年以来向北极的总热含量有持续增加的趋势(Polyakov et al., 2017)。而在加拿大海盆地区, 太平洋水层的最高温度在 2009~2013 年间上升了约 0.5℃ (Timmermans et al., 2014), 热含量比 1987~2017 年增加了一倍(Timmermans et al., 2017)。在 2001~2014 年期间, 白令海峡入流的热输送增加了 60%(Woodgate, 2018)。随着气候持续变暖, 2020 年以后流入巴伦支海的海洋热输送增加似乎是北冰洋变暖的一个可能机制(Koenig et al., 2014; Årthun et al., 2019)。基于四个 CMIP5 模式在 RCP8.5 情景下的预测结果, 巴伦支海在 2050 年以后的冬季将无冰(Onarheim and Årthun, 2017)。所有通往北极的海洋热输送都在增加, 但巴伦支海占主导, 并且如果冬季海冰完全消失, 相应的热量损失会减少, 多余的海洋热量会继续进入北极地区使得北冰洋海温增加(Koenig et al., 2014)。

近几十年来, 观测和再分析数据资料均显示北极气温正在加速增暖, IPCC第 5 次评估报告(IPCC, 2013)指出, 北极表面气温是全球平均表面气温上升速度的 2~3 倍, 这被称为"北极放大"现象(Serreze and Francis, 2006; Screen and Simmonds, 2010a, b; Cohen et al., 2014)。"北极放大"和海冰减少在长期趋势和年代际上与 CO_2 增加(Dai et al., 2019)和北大西洋多年代际振荡(Atlantic Multidecadal Oscillation, AMO)引起的乌拉尔阻塞的变化密切相关(Luo et al., 2022a,b)。此外, 北大西洋海温能够在年代际和年际尺度上通过影响格陵兰阻塞的特征促进格陵兰冰川的融化(Wang and Luo, 2022), 从而进一步导致西伯利亚高纬度地区发生热浪事件(Wang and Luo, 2020)。一方面, 一些研究也指出, 海冰的减少可以通过降低冰反照率对北极气温产生正反馈, 是近年来北极气温急速增加的一个重要原因(Serreze et al., 2009；Kumar et al., 2010)。另一方面，海洋和大气向极地的热输送对北极放大也起了重要作用，而向北极地区的水汽输送和北极增暖与中高纬度地区大气环流的改变密切相关(Woods et al., 2013；Park et al., 2015；Luo et al., 2017; Yao et al., 2017)。

对于未来北极地区的气温变化，目前的模式研究表明仍存在很大的不确定性。CMIP6 多模式集合平均的结果发现，在 SSP1-2.6、SSP2-4.5 和 SSP5-8.5 情景下，北极地区均表现出显著的增温趋势，增温速率是全球/北半球平均增温速率的 2 倍以上(图 2.2)(Cai et al., 2021)。模式中最大的不确定性是模式中海洋区域的持续冷偏，这与大西洋向北极地区热输送减弱有关。此外，Chang 等(2021)利用高分辨率耦合模式评估了北极气温的变化并发现，厄尔尼诺-南方涛动(El Niño Southern Oscillation, ENSO)所激发的气温偶极子分布是北极气温年际变化重要的可预测性来源之一，这为进一步提高北极气候预测水平提供了潜在的可能。未来的研究需要更多地关注北冰洋和陆地变暖的不同特征和机制，以减少未来北极地区气温变化的不确定性。

2.1.2 影响北极和中纬度天气的大气环流的未来预估

北大西洋涛动(North Atlantic Osciuation, NAO)和太平洋-北美遥相关型(Pacific-North American pattern, PNA)是北大西洋大气环流变化的主导模态(Wallace and Gutzler, 1981)。近二十年来，欧亚大陆的变冷与 NAO，乌拉尔阻塞和欧洲阻塞的变化密切相关(Luo et al., 2016a, b; Yao et al., 2017; Luo et al., 2022a, b)，北美大陆地区的极端天气事件更多地与 NAO 和格陵兰阻塞的变化，以及与之相关的急流变化有关(Buehler et al., 2011; Chen and Luo, 2017, 2019; Zhang and Luo, 2020)。特别是 NAO 与下游阻塞的配合可以影响北极海冰的变化和北极增暖(Luo et al., 2017; Chen et al., 2018b)。

Peings 等(2018)基于 36 个 CMIP5 模式在历史强迫和高排放情景下(RCP8.5)的模拟结果，发现北极和热带温度的反位相变化会导致未来冬季 NAO 正位相的增强，即中纬度西风急流的增强、东移以及波状结构的减弱，这与 Lau 和 Ploshay(2013)利用相同辐射强迫情景下模拟试验的结论一致(图 2.3)。然而 Barnes 和 Polvani(2015)基于 21 个 CMIP5 模式的模拟结果，得到冬季北大西洋西风在北极增暖的影响下显著减弱的结论。McKenna 和 Maycock(2021)分析了 CMIP5/6 模式对冬季 NAO 模拟偏差的来源，多模式大样本集合的结果表明大约 2/3 差异来自不同模式动力框架和参数化方案的不确定性，1/3 来自内部变率。事实上，冬季中高纬度大气环流变率很大程度上来自于自身的变化，因此研究 NAO 对人类活动强迫的响应很难得到一致的结论(Smith et al., 2016)。

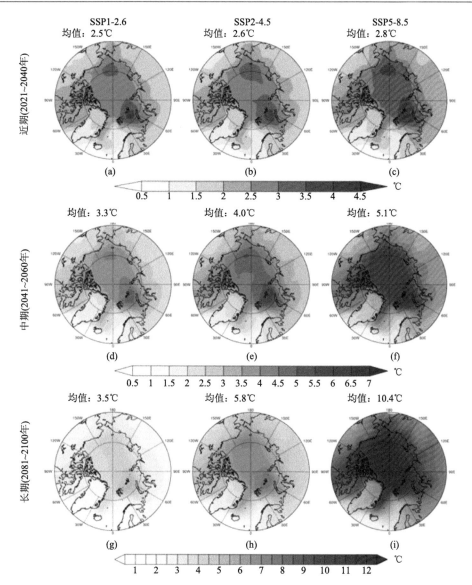

图 2.2　(a)～(c) 2021～2040 年、(d)～(f) 2041～2060 年和 (g)～(i) 2081～2100 年相对于 1986～
2005 年的北极近地表平均温度变化场

(左)SSP1-2.6、(中)SSP2-4.5 和 (右)SSP5-8.5 情景下,利用 22 个 CMIP6 模式的多模式集合均值的预估结果(Cai et al., 2021)

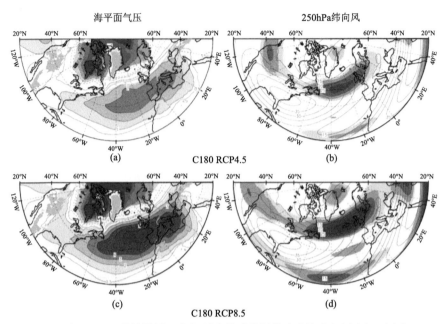

图 2.3　RCP4.5 和 RCP8.5 排放情景下大气环流模式模拟的未来海表气压 (a)，(c) 和 250hPa 纬向风 (b)，(d) 相对当前状态的差异 (Lau and Ploshay，2013)

　　NAO 和 AO(Arctic Oscillation)是两个高度相关的模态，它们都受平流层极涡向对流层输送的影响(Hamouda et al., 2021)。在较暖的气候情境中，平流层极涡对 AO 的影响将会减弱，且 AO 和 NAO 的联系也将降低，如半球尺度的 AO 模态的变化易反映在北太平洋风暴轴的变率上，而区域尺度的 NAO 模态则将保持稳定。Haszpra 等(2020)指出，由于气候变化在多年代际尺度上是不稳定的，因此对未来的 AO 及与 AO 相关现象的变化存在着很大的不确定性(Overland and Adams 2001；Gong et al., 2016)。Jiang 等(2013)采用不同模式模拟了东亚冬季风与北极和热带的联系，结果表明大部分试验都能很好地模拟出冬季风和厄尔尼诺-南方涛动(ENSO)的联系，却不能很好地模拟出冬季风和 AO 之间的关系，并指出模式中海洋和大气耦合的重要性。Gong 等(2016)指出，AO 对应的遥相关模态在 32 个 CMIP5 气候模式中的结果存在较大的偏差，这与北太平洋的海平面气压变率有关。已有的研究指出 AO 在未来全球变暖的情况下会呈现加强的趋势(Fyfe et al., 1999；Vaughan et al., 2013)。然而，在 AO 成为主要模态的冬季，由于海冰和反照率正反馈作用引起的北极放大效应，AO 指数在冬季呈下降趋势(Cohen et al., 2012；Labe et al., 2018)。总之，随着全球变暖，不仅平均的大气环流状态会出现变化，中高纬大气的变率也随之改变(图 2.4；Hamouda et al., 2021)。

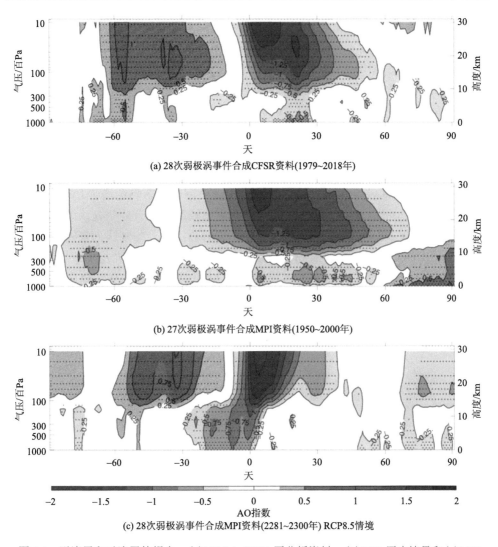

(a) 28次弱极涡事件合成CFSR资料(1979~2018年)

(b) 27次弱极涡事件合成MPI资料(1950~2000年)

(c) 28次弱极涡事件合成MPI资料(2281~2300年) RCP8.5情境

图 2.4　平流层和对流层的耦合：（a）NOAA-CFSR 再分析资料，（b）MPI 历史情景和（c）MPI RCP8.5 情境下 CMIP 模式模拟的弱极涡事件合成后的演变图(Hamouda et al., 2021)

　　研究表明冬季极寒天气和夏季高温热浪主要是阻塞导致的(Luo et al., 2016a, b; Li et al., 2020)，而极端天气的频率和位置则与阻塞的维持和移动密切相关。基于 CMIP3，CMIP5 和 CMIP6 三次模式比较计划，学者们对未来阻塞的频率、位置等变化进行了预估。尽管气候模式的历史模拟都普遍低估了阻塞(特别是乌拉尔阻塞)的发生频率(Luo et al., 2019)，但这种低估随着气候模式的更新得以改善(Davini and D'Andrea, 2020)。总体而言，在未来增暖情下大多数地区冬季和夏季阻塞发生频率都会减少（图2.5）（DeVries et al., 2013；Masato et al., 2013；Davini and D'Andrea, 2020）。冬季，未来欧洲-大西洋阻塞会向极地偏移（Masato et al., 2013）。而在夏季，仅有乌拉尔阻塞的频率未来可能会增加，但是结果并不稳健（Davini and D'Andrea, 2020；Dunn-Sigouin and Son, 2013）。总体上阻塞频率减少，与之相联系的极端天气和气候事件也将减少。例如在 RCP8.5 排放情景下，由于鄂霍茨克阻塞发生频率的降低，日本及其附近地区极端寒冷天数会减少（Kitano and Yamada, 2016）。而欧洲冬季阻塞向东北偏移，温度冷异常也向东北偏移，会对相应地区造成较大的影响（Masato et al., 2014）。此外，欧洲-大西洋区域阻塞影响平流层波列传播的区域可能会东移，阻塞对北极平流层的影响会增强（Ayarzagüena et al., 2015）。北极近地面增暖与阻塞的关系则比较复杂，有些研究认为会增加阻塞频率（Francis and Vavrus, 2015；Mori et al., 2014），另一些则认为与阻塞关系很小甚至会减少阻塞发生频率（Kennedy et al., 2016）。也有些研究发现：当巴伦支-卡拉海增暖时，乌拉尔地区高纬度地区阻塞增加而中纬度阻塞减少（Luo et al., 2016a, b；2019），特别是准定常的阻塞增加明显（Yao et al., 2017；Chen et al., 2018b）。

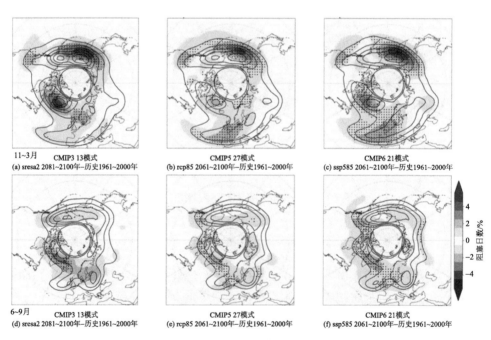

图 2.5 CMIP3，CMIP5 和 CMIP6 未来场景下阻塞发生频率与历史模拟阻塞频率的差异（Davini and D'Andrea, 2020）

2.1.3　北极海冰变化及其气候影响的未来预估

全球增暖非常显著的影响之一就是北极海冰的加速减少。海冰的快速减少对全球气候系统及人类活动都有着深远影响，尤其是北极海冰的消融有利于在北极建立新的贸易通道(Stephenson et al., 2011; Smith and Stephenson, 2013; Melia et al., 2016)。根据国际航运界测算，船舶由北纬 30° 以上太平洋东西两岸的任何一个港口出发前往欧洲，穿越北极航道都要比穿越苏伊士运河或巴拿马运河缩短超过40%的航程。这些潜在的新航线利用北冰洋作为北大西洋和亚太地区港口之间最短的海上路径，大大节省了运输时间和燃料消耗。2013 年，我国也正式成为了北极理事会的永久观察员国。随着北极地区石油等资源的发现及更便捷的北极航道开通，北极地区被视为越来越具有战略意义的地区。继 2017 年北极航道被明确为"一带一路"倡议框架下三大主要海上通道之一后，2018 年 1 月，国务院又发布了《中国的北极政策》白皮书，推动冰上丝绸之路的共建。2021 年苏伊士运河的堵塞让全球贸易陷入恐慌，美国针对中国愈演愈烈的打压使得传统海上航线的风险增加，更加凸显了北极航道的战略意义。但北极航道的航行安全也面临着诸多挑战与限制，如北极航道上的海冰使一些货轮容易搁浅，风速远大于传统海上航线，水深、气温等也会对航行产生影响，其中海冰是影响航道的最重要因素之一。在项目支持下，车涛研究员团队基于当前各国海冰信息服务系统提供的丰富的海冰数据，与航道信息进行了有效结合，并构建了基于三维 WebGIS 的北极航道通航决策支撑系统，基于风云卫星遥感数据实时分析重点海冰冰情，同时将风、温、湿、压等气象数据纳入模型进行驱动，研判天气对海冰的影响进而调整路线，实现了北极通航风险的定量评估以及最优航道的自动提取(Wu et al., 2022)。而未来北极航道的可通行区域和通航时间，便与北极海冰的未来演变密切相关。

自有卫星观测记录以来，北极的海冰范围呈现不断减少的趋势，特别是北极海冰范围最小的 9 月，北极海冰已减少了几乎一半面积[图 2.6 (a)]。根据最新的《气候变化中的海洋和冰冻圈特别报告》，北极海冰的损失预计将持续到 21 世纪中叶，此后的差异将取决于全球变暖的程度：对于稳定的 1.5℃ 全球升温，到 21 世纪末北极 9 月无海冰的概率约为 1%；对于 2℃ 全球升温，海冰的下降趋势将会继续，气候模式预估结果表明北极达到季节性无冰状态可能会提前至 21 世纪中期或更早(Massonnet et al., 2012; Wang and Overland, 2012; Liu et al., 2013; Melia et al., 2015; Senftleben et al., 2020)，北极 9 月无海冰的概率可上升至 10%～35%。除了海冰外，北极积雪范围在 21 世纪也呈现出明显的减少趋势，且相对于 1986～2005 年，北极秋季和春季积雪预计在 2031～2050 年将减少 5%～10%，在 RCP2.6 下随后不会进一步损失；但在 RCP8.5 下到 21 世纪末还会再损失 15%～25%[高信度；图 2.6(b)]。

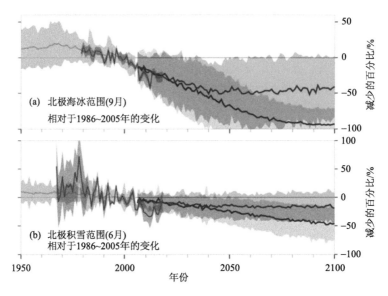

图 2.6　北极海冰范围和积雪范围的历史变化(浅棕色)及低(RCP2.6，浅蓝色)和高(RCP8.5，浅粉色)温室气体排放情景下预估的未来变化

减少的百分比为北极海冰范围和积雪范围相对 1986～2005 年减少的百分比

　　尽管现有的全球气候模型预测在整个 21 世纪北极海冰范围仍旧下降[图 2.7(a)和图 2.7(b)]，但是未来海冰的消融量仍存在高度的不确定性(Massonnet et al., 2012；Notz et al., 2020)。北极海冰预估的不确定性主要源于内部变率、模式不同的物理框架，以及未来温室气体排放的不确定。其中，模式的不确定性是海冰预估不确定性的最主要来源[图 2.7(c)和图 2.7(d)]。

　　前人通过模式对历史气候的模拟能力给予不同模式在未来预估中的不同权重来以此减少模式预估的误差(Christensen et al., 2010；Connolley and Bracegirdle 2007；Knutti, 2010；Murphy et al., 2007；Pierce et al., 2009；Raisanen et al., 2010；Scherrer, 2011；Schmittner et al., 2005；Waugh and Eyring, 2008)。例如，Liu 等 (2013)利用北极海冰的气候态和趋势这两个指标筛选对历史模拟较好的模式进行未来预估发现，在 RCP4.5 排放情景下，9 月北极海冰会在 2060s 左右下降到大约

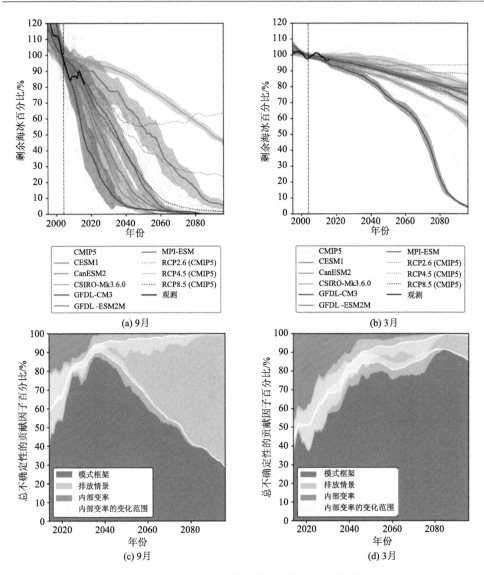

图 2.7　剩余海水百分比预估及预估不确定性来源

(a)，(b)在历史和 RCP8.5 强迫下，(a)9 月和(b)3 月，每个大样本量模式和 CMIP5 模式预估的 1995～2014 年剩余海冰百分比。所有结果都是经过 5 年滑动平均。粗线表示大样本量模式的集合平均，阴影表示历史和 RCP8.5 情境下大样本量模式的标准差。彩色虚线表示 18 个 CMIP5 模式在不同排放情景的多模式集合平均。黑线表示 1979～2020 年的观测数据。(c)，(d)模式框架、排放情景和内部变率对(c)9 月和(d)3 月北极海冰剩余覆盖百分比的总不确定性的贡献。白色实线表示每个不确定性来源之间的边界，白线周围的透明白色阴影表示内部变率的可能变化范围(Bonan et al., 2021)

1.7 百万 km²，之后直至 21 世纪末均趋于平稳，即在 RCP4.5 排放情景下，北极在 21 世纪不会达到无冰状态 [图 2.8(a)]；在 RCP8.5 高排放情景下，9 月份北极海冰范围在 2040s 左右下降到 1.7 百万 km²，并在 2054～2058 年达到无冰状态 [图 2.8(b)]。但该方法存在主观性，近几年基于气候系统模式建立历史模拟与未来预估之间的线性拟合关系、并结合观测资料对模式中的未来预估进行约束的涌现约束法更客观且更具物理意义，并越来越受欢迎。例如，Wang 等 (2021) 利用北极海冰及北极增暖的敏感度 (定义为全球每增温 1°，北极海冰/温度的变化量) 作为约束

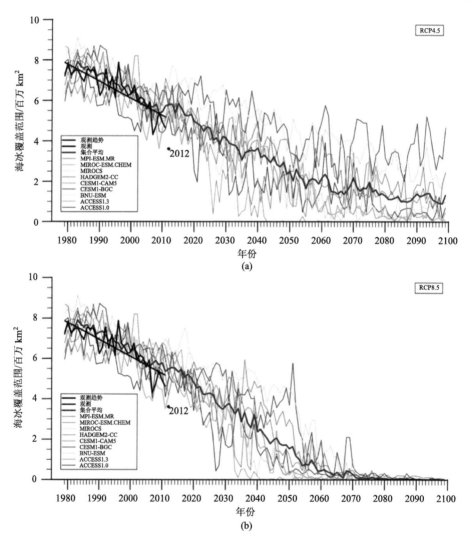

图 2.8　(a) RCP4.5 和 (b) RCP8.5 模式模拟的 1979～2100 年 9 月海冰范围的时间序列 (彩色线)

粗黑线为观测数据，粗红线为 9 个模式的集合平均值，黑点为 2012 年 9 月海冰范围 (Liu et al., 2013)

因子来订正模式中未来预估的北极夏季无冰时间(图 2.9),认为北极在高排放情景下达到无冰的时间大约在 2035 年左右。不过,通过涌现约束法建立的未来与现在气候参数之间的联系可能只是气候模式的产物,即这种关系在理论上是可行的,但在模式中一些关键过程的缺失使得这一关系并不可靠。例如海冰过程的物理描述在气候模式中依旧十分粗糙,而这些缺失的物理过程,可能是导致海冰非线性迅速减少或增加的关键因素。目前所有减少未来预估的统计方法都是基于当前模式预估误差较大的现状下发展起来的"不得已"的选择,随着未来模式分辨率的提高,参数化过程的减少或参数化方案更精细,模式对未来预估的结果将更趋于一致。

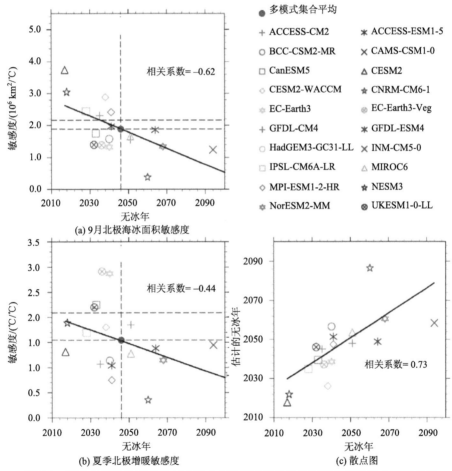

图 2.9　两个敏感性约束条件与 SSP-8.5 情景下预估的北极首个无冰年之间的关系

(a) 9 月北极海冰面积敏感度, (b) 夏季北极增暖敏感度。黑色虚线表示观测到的敏感度。红色虚线表示多模式集合平均值。位于红色虚线之上的模式意味着它们的敏感度与观测值相当。(c) 图表示基于这两个约束条件建立的预测模型预测的无冰年(横坐标)和原本模式估计的无冰年(纵坐标)的散点图(Wang et al., 2021)

在北极海域，在全球变暖背景下，由于海冰变化和营养盐供应在不同区域对海洋生态系统造成的影响，北极无冰水域的净初级生产力增加了(高信度)。对于北半球高纬度地区，在 SSP1-2.6 情景下，北半球高纬度地区总初级生产力(gross primary productivity, GPP)年总量和生态系统呼吸(ecosystem respiration, Re)年总量在 21 世纪末期则呈现微弱下降的趋势[图 2.10(a)和 2.10(b)]，净生态系统生产力(net ecosystem productivity, NEP)年总量在 2081～2100 年呈明显下降趋势，并且低于 21 世纪初期的 NEP 年总量(图 2.10c)。在 SSP2-4.5 情景下，21 世纪末期的 GPP 和 Re 年总量的增长速度都有所放缓，NEP 年总量呈明显下降趋势。在 SSP3-7.0 和 SSP5-8.5 情景下，21 世纪末期的 GPP 和 Re 年总量均呈现明显的持续增长趋势，且 SSP5-8.5 情景下的增速更快；SSP3-7.0 情景下的 NEP 年总量在 21 世纪末期呈微弱的下降趋势，而在 SSP5-8.5 情景下，NEP 年总量的下降趋势却更为明显。

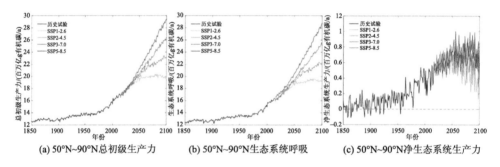

(a) 50°N~90°N总初级生产力　(b) 50°N~90°N生态系统呼吸　(c) 50°N~90°N净生态系统生产力

图 2.10　历史时期及不同 SSPs 情景下高纬度地区(a)GPP，(b)Re 和(c)NEP 的年变化曲线

此外，在 SSP1-2.6 情景下，北半球高纬度地区碳吸收开始时间(carbon uptake start-time, CUS)在 2015～2100 年呈提前趋势，但在 21 世纪末期(2081～2100 年)，CUS 则呈显著的延迟趋势。在 SSP2-4.5 情景下，CUS 在 2015～2100 年呈提前趋势，在 21 世纪末期的提前趋势则变得更加剧烈。在 SSP3-7.0 情景下，CUS 在 2015～2100 年呈提前趋势，但在 21 世纪末期，CUS 则呈微弱的延迟趋势(不显著)。在 SSP5-8.5 情景下，CUS 在 2015～2100 年的提前趋势最大，但在 21 世纪末期，CUS 则呈微弱的延迟趋势(不显著)(图 2.11)。

在北极海域，春季浮游植物爆发时间发生得更早，依赖于冰的海洋哺乳动物和海鸟的栖息地逐渐收缩，并且由于气候对猎物分布的影响导致对它们的觅食成功率也产生影响(中等信度)。多种与气候有关的驱动因素对极地浮游动物的级联效应已影响了食物链的结构和功能、生物多样性以及渔业(高信度)。变暖、海洋酸化、季节性海冰范围减小以及多年海冰持续损失预估会通过对生物环境、种群数量及其生存能力的直接和间接影响，进而影响极地海洋生态系统(中等信度)。包括海洋哺乳动物、鸟类和鱼类在内的北极海洋物种的地理范围预估会缩小，而一些副北极鱼类群落的范围预估会扩大，从而进一步加大对高纬度北极物种的压力(中等信度)。

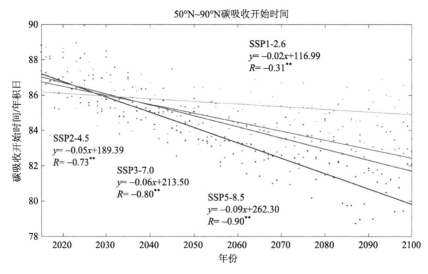

图 2.11 不同 SSP 情景下高纬度地区平均碳吸收开始时期的时间变化趋势

＊＊表示时间变化趋势显著($p<0.01$)

　　过去二十年来，伴随着海冰的减少，夏季北极船舶运输(包括旅游业)有所增加(高信度)。这影响了与传统航运走廊相关的全球贸易和经济，并给北极海洋生态系统和沿海社区带来了风险(高信度)，例如入侵物种和污染。对于我国来说，北极航道的开通，将显著缩短欧亚之间的航运时间，降低高敏感区域所带来的通道安全风险和经济成本，为我国的能源供给及能源安全提供更多保障。北极航道的可通航性是由海冰厚度和密集度共同决定的，在可持续绿色能源排放情景下(SSP126)，对于普通商船(OW 型)和具有一定抗冰能力的商船(PC6 型)来说，北极航道的可通航性也将显著增加，预计 21 世纪中叶前可实现夏季北极无护卫航行，冬季季节性冰层将比现在更加破碎，其平均厚度大大减少，但到 21 世纪中叶由于这个季节的海冰和海洋条件变化很大，北极冬季航行很可能仍然需要破冰船的支持，同时需防范北极海冰漂移加速带来的输运风险。在极端温室气体排放情景下(SSP585)，当全球平均表面温度相较于前工业时代(1850～1900 年)异常达到 3.6℃时，PC6 型商船能够在 21 世纪 70 年代实现全年通航(Min et al., 2022)。

2.1.4　北极极端温度变化的未来预估

近几十年，全球增暖背景下，北极地区地表气温的增温幅度超过全球平均气温的两倍左右(Screen and Simmonds, 2010a, b；Cohen et al., 2014)，这种现象被称为"北极放大"效应，且在冬季最为显著(Manabe and Wetherald，1975)。受"北极放大"效应的影响，格陵兰冰川迅速消退(Mouginot et al., 2019)，海洋和陆地生态系统受扰动程度均有所增加(You et al., 2021)。不仅如此，近年来北极地区经历了越来越多破纪录的极端事件，例如2021年7月，北极地区出现了前所未有的高温事件。这些极端事件不仅给北极地区的生态环境造成了严重的影响，还会通过一系列物理过程影响到中高纬度地区。因此，对北极地区未来极端事件进行预估是非常有必要的。

Cai 等(2021)的研究表明，在SSP1-2.6，SSP2-4.5和SSP5-8.5情景下，22个CMIP6模式的集合平均表明未来北极将显著变暖，变暖速率是全球/北半球的两倍以上。 模式不确定性是预估不确定性最大的贡献者，在2015年预估开始时占总不确定性的55.4%，到2095年预估结束时仍保持在32.9%。内部变率不确定性在预估开始的时候占总不确定性的39.3%，但在21世纪末下降到6.5%。情景不确定性在2015年至2095年期间从5.3%迅速增加到60.7%。模式不确定性最大的区域与模式中偏冷的海洋区域一致，这可能与大西洋极地热传输较弱导致的海冰面积过多有关。

基于CMIP6模式的预估结果，我们发现北极地区四个极端温度指数，在1.5℃和2℃温升背景下大部分地区都表现出一致的变暖。在1.5℃和2℃温升背景下，冷指数(TNn和TXn)增加幅度最大的地区是冰岛、波弗特海和东西伯利亚海附近[图2.12(a)~(b)，(g)~(h)]，而暖指数(TNx和TXx)则在格陵兰海和喀拉海表现出了最大幅度的增暖[图2.12(d)~(e)，(j)~(k)；Tang et al., 2022]。同时，北极地区的冷指数比暖指数的增加幅度更大，这可能是由于北极海冰显著减少导致暖季北冰洋对太阳辐射的吸收增加。随着北极无冰区域的增加，冷季的北极地区会出现增暖放大现象(Dai et al., 2019)。因此，通常对应于冬季最高和最低日温度的冷指数将比暖指数增加更多(Chen et al., 2018a)。在额外0.5℃的温升背景下，几乎整个北极地区的所有极端温度指数都表现出显著的增加[图2.12(c)，(f)，(i)，(l)]。

北半球高纬度地区(60°N以北)极端降水的未来预估结果表明，强降水事件的强度在未来将增加/重现期缩短。年最大降水量的增加通常超过年平均降水量的增加(Kharin et al., 2013)。CMIP5多模式的预估结果表明，在RCP8.5情景下，北半球高纬度大多数陆地区域连续5天的最大降水量到2081~2100年都将增加20%~30%(Collins et al., 2013)。这些预估结果与对北半球大部分地区的预估结果相一致。

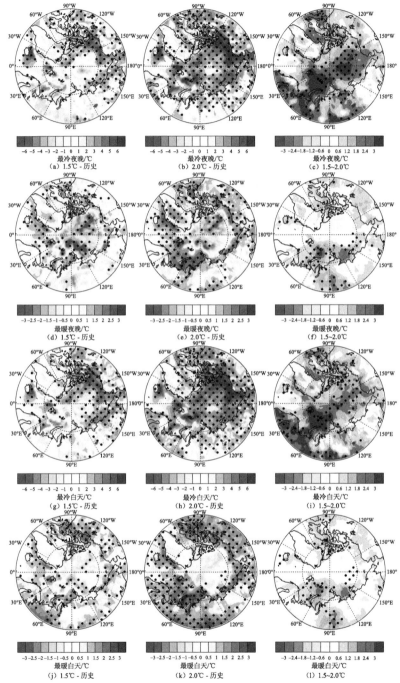

图 2.12　SSP5-8.5 情景下，全球温升 1.5℃，2℃，以及从 1.5～2℃北极地区四个极端温度指数变化的空间分布。打点的区域代表有 70%及以上的模式表现出了一致的信号

事实上，追溯到 CMIP3 时代，区域气候模式的预估结果就表明，在全球变暖背景下，欧亚和北极地区的极端降水事件将会更频繁也更强烈（Saha et al., 2006）。根据 CMIP5 的预估结果，预计北半球高纬度地区 20 年一遇的极端降水事件的重现期也会增加，尤其是在冬季（Kharin et al., 2013）。极端强降水量、连续五天最大降水量和强降水天数预计也会增加（Sillmann et al., 2013）。除了不同阈值的降水事件重现期和强度在未来会发生变化外，降水位相的变化也将给北半球高纬度地区带来新的挑战。一般来说，在变暖背景下，从雪到雨的位相转换可以缩短雪季长度，以至于极短的雪季长度在未来可能会成为常态。Landrum 和 Holland（2020）指出，虽然北极尚未出现从雪到雨的位相转变的显著信号，但其很可能在 21 世纪中后期出现并影响北极地区的水文与水循环。鉴于北极极端事件与社会发展高度相关，未来极端事件频发可能对北极地区的生态环境造成严重的威胁，加强北极地区极端事件的预警非常有必要 （Yu et al., 2017）。

2.2 南极气候变化的未来预估

认识南极气候变化对于应对气候变化、服务国家战略和支撑 SDGs 具有重要意义。在过去的 40 年，南极气候变化呈现出复杂的季节性和空间性特征。而未来，全球会进一步地增暖，那么南极气候将会呈现何种变化呢？本节将分为三个方面进行讨论：①南极海温和气温变化的未来预估；②南极海冰变化的未来预估；③南极极端温度变化的未来预估。

2.2.1 南极海温和气温变化的未来预估

根据 IPCC 第 6 次评估报告的结果，相对于 1995～2014 年，在 SSP1-2.6、SSP2-4.5 和 SSP5-8.5 情景下 21 世纪末南极年平均海表温度分别增加 0.6℃ （0.2～1.2℃）、1.1℃（0.5～1.7℃）和 2.0℃（1.1～3.0℃）。空间上，南极大陆附近海域的海表升温幅度小于南大洋其他区域的海表升温幅度，尤其是在威德尔海和罗斯海。季节上，在三种 SSPs 情景下，南极大部分地区的海表温度在四个季节均升温，南极夏秋季温升幅度略大于冬春季（表 2.1）。在 SSP1-2.6、SSP2-4.5 和 SSP5-8.5 情景下，南极夏季海表温度分别增加 0.7℃（0.2～1.3℃）、1.2℃（0.5～1.9℃）和 2.2℃（1.1～3.3℃）。

南大洋增暖极有可能引起磷虾数量的减少，进而影响上游的生物链和生态系统（Meredith et al., 2019），对 SDG14.4 的实现提出了挑战。除了局地的影响外，海温的非均匀增暖可能会产生遥影响。在三种 SSPs 情景下，海温的经向梯度类似于南极偶极子型海温异常（Zheng et al., 2015）。根据项目袁正旋等人的研究，秋季海温的这种经向梯度会引起随后冬季中国南方的湿冷天气增加，对社会生产发

展和群众生活产生不利影响，未来需要加强关注，以降低其影响，有助于实现
SDG1.5、11.b 和 13.2 的目标(Yuan et al., 2022)。

表 2.1 SP1-2.6、SSP2-4.5 和 SSP5-8.5 情景下，CMIP6 模式集合平均预估的 2081～2100 年南
极年、春季(SON)、夏季(DJF)、秋季(MAM)和冬季(JJA)平均海表温度相对于 1995～2014
年的变化及 5%～95% 的模式之间的范围(括号中的数值) (单位: ℃)

	SSP1-2.6 (26 个模式)	SSP2-4.5 (28 个模式)	SSP5-8.5 (27 个模式)
年	0.6 (0.2, 1.2)	1.1 (0.5, 1.7)	2.0 (1.1, 3.0)
SON	0.6 (0.2, 1.1)	1.0 (0.5, 1.5)	1.8 (1.0, 2.7)
DJF	0.7 (0.2, 1.3)	1.2 (0.5, 1.9)	2.2 (1.1, 3.3)
MAM	0.6 (0.2, 1.3)	1.2 (0.5, 1.8)	2.1 (1.1, 3.1)
JJA	0.6 (0.2, 1.1)	1.0 (0.5, 1.6)	1.9 (1.1, 2.8)

　　根据 CMIP6 南极地区的气温变化预估结果，相对于 1995～2014 年，在
SSP1-26、SSP2-45 和 SSP5-85 情景下，21 世纪末南极年平均气温变化如图 2.13
所示。与 CMIP5 的预估结果一致(Jiang et al., 2016)，南极大陆及附近海域气温增
幅大于南大洋上的气温增幅，并且这种增温幅度与其自然内部变率(工业革命前的
参照试验最后 200 年的标准差)的比值(简称信噪比)也呈现同样的空间分布特征。
在 SSP1-26 情景下，南极大陆及附近海域增温 1.0～2.0℃，该增温幅度是其自然
内部变率的 1～3 倍；而南大洋上大多增温 0.5～1.0℃。在 SSP2-45 情景下，南极
大陆及附近海域增温 2.0～3.0℃；南极大陆上的增温幅度是其自然内部变率的 3～

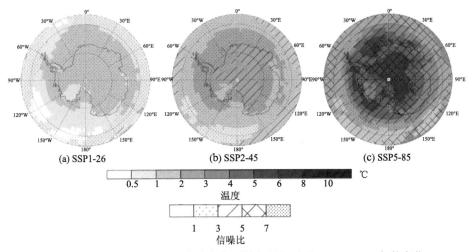

(a) SSP1-26　　　　　(b) SSP2-45　　　　　(c) SSP5-85

图 2.13　预估 2080～2099 年南极年平均气温相对于 1995～2014 年的变化

信噪比为温度变化与其自然变率的比值，单位℃/℃

5 倍；南大洋大部分区域气温增加 1.0～2.0℃，该增温幅度是其自然内部变率的 1～3 倍。在 SSP5-85 情景下，南极大陆及附近海域增温 4.0～6.0℃；南极大陆上的增温幅度是其自然内部变率的 5 倍以上；而南大洋大部分区域气温增加 2.0～4.0℃，该增温幅度是其自然内部变率的 3～5 倍。根据 IPCC 第 6 次评估报告，SSP1-2.6、SSP2-4.5 和 SSP5-8.5 情景下，21 世纪末南极分别增温 1.1℃（0.1～2.9℃）、1.9℃（0.6～3.2℃）和 3.6℃（1.7～5.6℃）。

季节上，21 世纪末，三种情景下南极冬季气温增幅最大，夏季增幅最小；但南极大陆上夏季增温幅度与其自然内部变率的比值最大，冬季比值最小（图 2.14）。在 SSP1-26 情景下，南极大陆四季增温多在 1.0～2.0℃，但夏季增温幅度是其自然内部变率的 1～3 倍，而冬季增温幅度均小于其自然内部变率；哈康七世海和威德尔海东部冬季增温幅度最大，为 2.0～3.0℃，也超过了其自然内部变率；南大

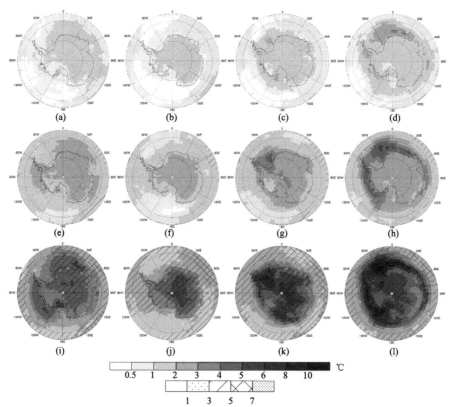

图 2.14 (a)～(d) SSP1-26、(e)～(h) SSP2-45 和 (i)～(l) SSP5-85 情景下，32 个 CMIP6 模式中位数集合预估 2080～2099 年南极春季（SON，第一列）、夏季（DJF，第二列）、秋季（MAM，第三列）和冬季（JJA，第四列）平均气温相对于 1995～2014 年的变化（填色）及信噪比（温度变化与其自然变率的比值，单位℃/℃；阴影）

洋大部分区域增温幅度在 1.0 以下。在 SSP2-45 情景下，南极大陆四季增温多在 2.0~3.0℃，是其自然内部变率的 1~3 倍；威德尔海和阿蒙森海冬季气温增加幅度最大，在 3.0~5.0℃之间，是其自然内部变率的 1~3 倍。在 SSP5-85 情景下，南极大陆秋季增温幅度最大，多在 4.0~8.0℃；南极大陆春季增温幅度最小，多在 3.0~5.0℃之间；而南极大陆夏季增温幅度与其自然变率的比值最大，在 3~7 之间。威德尔海和阿蒙森海冬季气温增加幅度最大，在 5.0~10.0℃之间，但在夏季增温较小，在 1.0~3.0℃之间。

2.2.2　南极海冰变化的未来预估

南极海冰变化不仅决定了海洋和大气之间热量、质量和动量的交换，还会影响洋面反照率、海洋环流（Pellichero et al., 2018），以及冰盖对开阔海洋强迫的脆弱性（Massom et al., 2018）。尽管北极海冰在最近几十年一直在减少，但南极海冰的面积范围在 1979~2018 年呈现略微上升的趋势（Parkinson, 2019）。根据 IPCC 第 6 次评估报告，在 SSP1-2.6、SSP2-4.5 和 SSP5-8.5 情景下，相比于 1995~2014 年，21 世纪末南极年平均海冰将分别变化-1.2%（-3.2%~0.1%）、-2.4%（-4.5%~0）和-4.2%（-7.5%~-0.5%）（表 2.2）。空间上，南极大陆附近的海域海冰减少幅度大于南大洋其他区域的海冰减少，尤其是在阿蒙森海。

季节上，三种未来情景下南极大部分区域海冰减少，随着温室气体强迫增加，海冰将减少越多，且南极冬春季海冰减少幅度大于夏秋季（表 2.2）。夏秋季海冰减少幅度较大的区域为威德尔海、阿蒙森海和罗斯海附近，冬春季海冰减少幅度较大的区域主要在南极大陆周围，除了威德尔海和罗斯海附近的海洋上。南极海冰的减少可能会促进旅游业的发展，但是同时需要关注其对南极生态系统的影响（Meredith et al., 2019），实现人与自然关系的可持续发展。

表 2.2　SSP1-2.6、SSP2-4.5 和 SSP5-8.5 情景下，CMIP6 模式集合平均预估的 2081~2100 年南极年、春季（SON）、夏季（DJF）、秋季（MAM）和冬季（JJA）平均海冰相对于 1995~2014 年的变化及 5%~95%的模式之间的范围（括号中的数值）

	SSP1-2.6 (25 个模式)	SSP2-4.5 (28 个模式)	SSP5-8.5 (26 个模式)
年	-1.2%(-3.2%~0.1%)	-2.4%(-4.5%~0)	-4.2%(-7.5%~-0.5%)
SON	-1.5%(-4.2%~0.7%)	-3.4%(-6.6%~0.2%)	-6.2%(-11.8%~-0.2%)
DJF	-0.7%(-2.0%~0.1%)	-1.3%(-2.9%~0.1%)	-2.2%(-4.5%~-0.1%)
MAM	-0.8%(-1.9%~0)	-1.4%(-3.2%~-0.1%)	-2.4%(-5.0%~-0.2%)
JJA	-1.8%(-4.3%~0.1%)	-3.6%(-6.3%~-0.3%)	-6.1%(-10.6%~-0.9%)

尽管最近几十年模式模拟性能在发展，但对南极海冰的模拟依存在很大的误差(Turner et al., 2013；Zunz et al., 2013；Shu et al., 2015；Rosenblum and Eisenman，2017；Holmes et al., 2019)。IPCC 第 5 次报告指出，由于几乎所有模式均无法重现南极海冰气候态的年循环、年际变率和卫星观测时代的南极海冰覆盖率总体的增加趋势，且模式间具有较大的离散度，因此南极海冰的预估具有较低的可信度(Collins et al., 2013)。

近几十年，观测证据显示南极海冰的总覆盖率有所增加，而最近三代数值模式比较计划(CMIP3，CMIP5 和 CMIP6)的多模式模拟结果则显示南极海冰存在明显的下降趋势(Purich et al., 2016；Meredith et al., 2019；Haumann et al., 2020；Auger et al., 2021)。研究指出，模式模拟的南半球西风急流增强趋势较弱可能是造成模式与观测间差异的一个原因，具体解释为：在南半球夏季，增强的西风急流会导致较强的上升流和赤道向输运，有利于海冰的增加；与观测结果相比，这一冷却过程被低估，不足以抵消模式中的增暖效应，通过海冰-反照率反馈，模式在高纬度产生了暖海温趋势和海冰下降趋势(Purich et al., 2016)。

通过比较 1950～2100 年的南极海冰序列，Roach 等(2020)发现，就 2 月份和 9 月份南极海冰的变化速率而言，最近三代数值模式比较计划基本一致，但到 21 世纪末，CMIP6 模式中南极海冰的下降速率更快，在 21 世纪末南极海冰覆盖面积最低[图 2.15(a)，(b)]。此外，南极海冰面积在不同排放情景下均存在明显的差异：在 SSP1-2.6 排放情景下，2 月南极海冰面积在 2090～2099 年要比 1979～2014 年低 29%左右，而在 SSP5-8.5 情景下，海冰面积则损失了近 90%；9 月南极海冰面积在 SSP1-2.6 和 SSP5-8.5 情景下相比 1979～2014 年的减少量分别是 15%和 50%[图 2.15(c)，(d)]。但不同排放情景下多模式平均值的差异比每个排放情景下模式间的差异小得多，这表明南极海冰未来预估的不确定性主要来自情景的不确定性(Roach et al., 2020)。

就海温预估而言，CMIP6 模式预估的海温在 21 世纪持续增加，其增加速率取决于未来不同的预估情景(Bracegirdle et al., 2020)。然而，由于历史模拟与 20 世纪观测的不一致，对 21 世纪末南大洋增暖这一结论同样可信度较低(IPCC，2021)。

2.2.3 南极极端温度变化的未来预估

作为地球上最寒冷、最干燥、风速最大的大陆，南极自身就是一个极端，也是极端事件高频发生的区域。与此同时，南极区域气候的空间差异也十分大，南极洲北部沿海的气候条件相对温暖，而东部则为寒冷的高原(King and Turner 1997)。与此同时，南极地区也是极端事件高频发生的区域。1983 年 7 月 21 日，

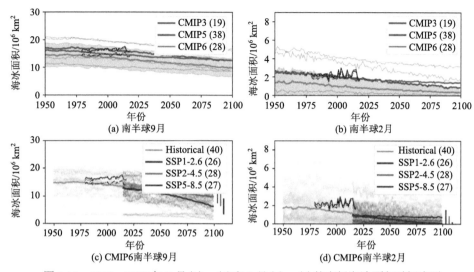

图 2.15　1950～2100 年 2 月（b），（d）和 9 月（a），（c）的南极海冰面积时间序列

（a），（b）表示历史模拟和中等排放情景（SRESA1b，RCP4.5 集合 SSP2-4.5）的集合成员均值；CMIP3 的 SERSAIB（蓝色）和 CMIP6 的 SSP245（绿色）。多模式集合平均值的正负一个标准差异与其颜色对应的暗线或阴影表示。（c），（d）表示海冰面积在历史强迫和未来三种排放情景（SSP1-2.6，SSP2-4.5 和 SSP5-8.5）的时间演变。粗彩色线表示多模式的集合平均值，淡色线表示单个模式的轨迹。在图例中的括号中标出了每个均值中包含的模式数量（Roach et al., 2020）

南极地区 Vostok 站（78.58°S，106.98°E；南极东部高原，平均海拔高度为 3488m）记录的地表温度是零下 89.28℃，这是目前为止南极地区有温度记录以来最冷的一次。Turner 等（2009）对这一事件进行分析表明，该站之所以出现异常低的温度是由于该站有 10 天未接触相对温暖的海洋性气团。然而，有人认为，在更高海拔的地方可能出现更低的温度，如 DomeA（80.378°S，72.358°E，海拔高度为 4093m），而该猜想随后通过卫星观测和自动气象站（AWS）数据得以被证实（Scambos et al., 2018）。与极端冷事件相对应，近期 Skansi 等（2017）的研究表明，1982 年 1 月 30 日，位于南奥克尼群岛（英属南极地区群岛）的 Signy 站（60.78°S，45.68°W，海拔高度为 5m）的地表温度达到了 19.81℃。在 2020 年 2 月，埃斯佩兰萨的地表温度再次达到 18.3℃。

南极地区的极端高温在夏季可以造成冰架的崩解（Scambos et al., 2004）。同时，高温事件可能与大量降水联系起来，这对于解析冰芯中的信号十分重要（Schlosser et al., 2016; Turner et al., 2019）。此外，南极地区极端气候也会对海冰的形成和融化产生影响，进而影响海洋环境。因此，了解南极地区极端事件的未来变化，包括它们的发生频率和强度，不仅对于南极地区站点的维护和安全性十分重要，也具有非常重要的科学意义。

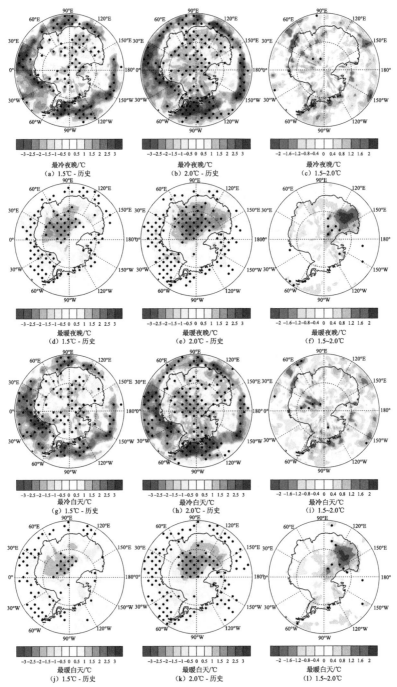

图 2.16　SSP5-8.5 情景下，全球温升 1.5℃，2℃，以及从 1.5℃到 2℃南极地区四个极端温度指数变化的空间分布。打点的区域代表有 70%及以上的模式表现出了一致的信号

基于 CMIP6 的预估数据，项目研究发现 1.5℃ 和 2℃ 温升背景下，南极地区未来冷指数(TNn 和 TXn)的最大增暖主要集中在海洋区域[图 2.16(a)~(b)，(g)~(h)]，而暖指数(TNx 和 TXx)的最大增暖则位于南极东部的内陆地区[图 2.16(d)~(e)，(j)~(k)]。额外增暖 0.5℃ 情况下，罗斯海的冷指数表现出下降趋势[图 2.16(c)，(i)]，而暖指数则在几乎整个南极洲都呈现出变暖趋势，其中威尔克斯地东部的变暖幅度最大[图 2.16(f)，(l)；Tang et al., 2022]。由于南极的气候变化会直接影响到生活在沿海地区的世界一半以上人口的生活。因此，预估其未来的气候变化非常重要。

2.3　青藏高原气候变化的未来预估

青藏高原是全球气候变化的敏感区，也是全球气候变化的放大器，近几十年来在全球增暖的背景下，高原增暖的速率显著高于全球和北半球，且在冬季尤为显著(Duan and Xiao，2015；You et al., 2017，2021)。因此，预估该地未来气温和降水的变化，对我国未来发展、国家利益和安全战略具有十分重要的意义。本节将从三个方面进行讨论：①高原温度变化及其影响的未来预估；②高原降水变化的未来预估；③高原极端温度和降水变化的未来预估。

2.3.1　高原温度变化及其影响的未来预估

预估中国气候变化的信息对国家社会适应未来自然生态系统非常重要，尤其是青藏高原地区的气候变化，它是全球气候变化的潜在触发器和放大器。预期结果将提供有关气候变化及其对青藏高原的水文、生态和社会经济影响的有价值的信息。因此，了解青藏高原未来气候变化具有重要意义，减少温室气体排放是减缓青藏高原变暖的首要任务。

已有大量工作使用 CMIP5 数据对高原未来气温变化进行了预估(Ji and Kang，2013；胡芩等，2015；Guo et al., 2018；Jia et al., 2019；Zhu et al., 2019；Shen et al., 2020；周天军等，2020)，结果表明未来高原会继续升温，冬季升温最强，升温依然超过全球平均；然而，这些工作预估的增温幅度以及增温的空间型存在着较大的差异，可能是因为预估模式不同或矫正模式误差的方法不同。例如，因为 CMIP5模式对高原气温历史模拟阶段存在较强的冷偏差，Zhou 和 Zhang(2021)使用最优指纹法对高原增温进行归因分析，用历史变化的归因结果作为约束条件，预估的未来青藏高原的增温幅度将超过以往的预期，亚洲水塔会面临更严重的冰川退化和水文地质灾害；Jia 等(2019)对挑选出的最优模式使用统计降尺度方法，预估出的未来青藏高原的增温幅度也超过多模式平均的结果；由于矫正方法的不同，两者预估的增温结果存在差异，但定性上是一致的。

相对于CMIP5模式对高原气温的模拟，CMIP6模式模拟出的冷偏差有所减弱(Zhu and Yang, 2020；Lun et al., 2021；You et al., 2021)。Lun等(2021)采用11个指标对CMIP5和CMIP6模式进行评分，评分数值越大的模式表明该模式再现观测的能力越强，结果表明，CMIP6模式对青藏高原气温的模拟结果普遍优于CMIP5模式(图2.17中红色条纹)。因此，目前也有一些工作使用CMIP6模式对高原未来气温进行预估(You et al., 2021；孟雅丽等，2022；Peng et al., 2022)。例如，孟雅丽等(2022)使用22个CMIP6模式在四种SSP情景下对高原未来气温进行了预估，图2.18表明在四种情景下，青藏高原年平均增温幅度在近期差异不大，中期略有差异，长期差异较大，预估的不确定性也随着时间的推移而增加。SSP1-2.6和SSP2-4.5的情景下，后期增温幅度较为平稳；而在SSP3-7.0和SSP4-8.5情景下，后期增温较为剧烈，相对于1995～2014年，这两种情景到2100年气温分别上升了约5℃和6℃。此外，孟雅丽等(2022)也给出了21世纪中期和末期高原年平均气温变化的空间分布特征，在中期和长期四种情景下，增温高值区基本一致，都集中分布在高原西端帕米尔高原、藏北高原中西部和巴颜喀拉山区，尤以高原最西端帕米尔地区增温最显著，而藏东南增温幅度最小；低排放情景下长期的增温幅度显著弱于高排放情景下的增温幅度，尤其是在藏北高原中西部地区，差距可以达到4℃左右(图2.19)。因此，减少温室气体排放对控制高原未来增温幅度至关重要。然而，You等(2021)采用22个CMIP6模式预估的高原年平均增温幅度大值区主要位于高原西部地区，与孟雅丽等(2022)预估的增温大值区有些差异，这可能归因于模式依赖性。因此，结合CMIP5模式和CMIP6模式预估结果的差异，说明高原未来气温的预估依赖于模式的选择以及矫正方法的选取。

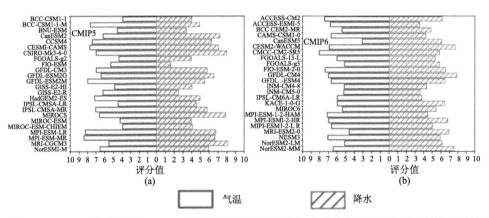

图2.17　CMIP5模式(a)和CMIP6模式(b)在历史模拟阶段对青藏高原气温和降水的模拟性能

评分值越大，模式的模拟能力越强(Lun et al., 2021)

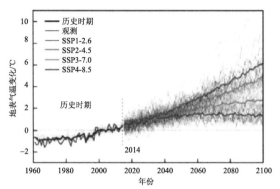

图 2.18　不同情景下 22 个 CMIP6 模式及其集合平均模拟的青藏高原 1961～2100 年年均地表
气温相对于 1995～2014 年的变化(孟雅丽等，2022)

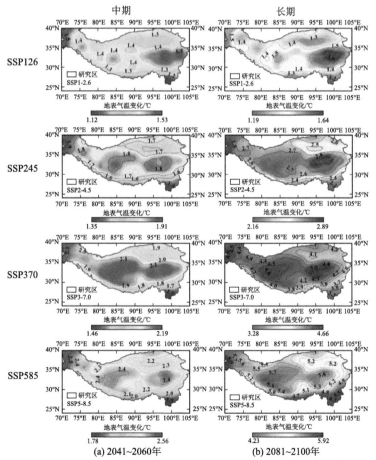

图 2.19　不同情景下青藏高原研究区 2041～2060 年(a)、2081～2100 年(b)年均地表气温相对
于 1995～2014 年的变化(孟雅丽等，2022)

　　虽然 CMIP6 模式对高原气温模拟能力优于 CMIP5 模式，但是 CMIP6 模式在历史模拟阶段仍然对高原冬季气温存在较大的低估（图 2.20）。Peng 等（2022）分析了 32 个 CMIP6 模式的模拟情况，结果表明对于高原冬季气温，在历史模拟阶段，在趋势以及振幅方面，模式模拟结果都明显弱于观测；即使是挑选出最优模式，高原南部也存在着较大的冷偏差和北部的暖偏差，于是进一步使用统计降尺度方法，对未来高原冬季预估结果进行偏差矫正。矫正之后的结果（图 2.21）表明未来

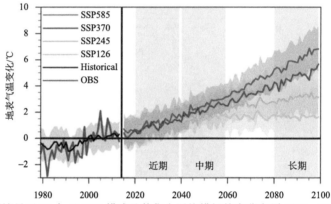

图 2.20　不同情景下 32 个 CMIP6 模式及其集合平均模拟的青藏高原 1979～2100 年冬季地表气温相对于 1995～2014 年的变化（Peng et al., 2022）

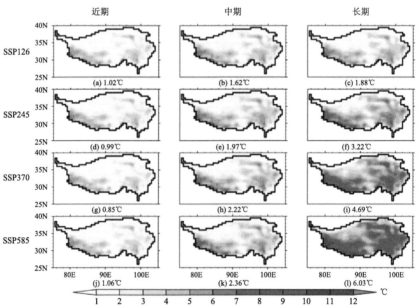

图 2.21　不同情景下青藏高原近期（2020～2039 年），中期（2049～2059 年），长期（2080～2099 年）冬季平均地表气温相对于 1995～2014 年的变化（Peng et al., 2022）

冬季高原增温最剧烈的地区位于喜马拉雅山脉和人口相对稠密的东部地区。同样，在长期，低排放情景增温幅度显著弱于高排放情景的增温幅度。再次体现出减少温室气体排放对控制高原未来增温的重要性。

　　然而，CMIP6 对高原气温模拟依然存在误差，因为未来需要对原始预估结果进行多种方法的偏差矫正预估，使其相互验证，以获得更加可靠的预估结果。

　　此外，Wang 等(2019)基于站点数据分析了春季高原东部感热在 1979～2014 年的变化状况，结果表明其在 2000 年前呈现下降趋势，2000 年后呈现上升趋势(图 2.22)，东部感热在近些年呈现恢复的现象在 Duan 等(2022)中也有体现，且感热在 2000 年后恢复是地气温差增强所致。CMIP6 模式关于未来高原东部感热

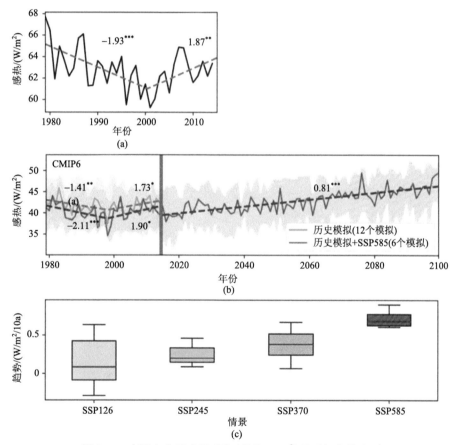

图 2.22　高原中东部春季感热(单位:W/m²)的时间变化序列

(a)基于台站资料计算的感热序列。(b)1979～2014 年 12 个 CMIP6 模式(绿线)和 1979～2100 年 6 个模式(历史模拟和 SSP585，粉线)中值。虚线表示每条曲线的线性趋势，线附近的数字表示每十年趋势的斜率。阴影部分显示的是第 25 和 75 百分位之间的区域。(c)2015～2100 年未来 4 种情景下 CMIP6 模式的感热趋势箱线图(单位:W/m²/10a)。符号***、**、*分别表示在 99%、95%、90%置信水平以上具有统计学意义(Wang et al., 2019)

变化的预估结果表明：与站点数据相比，12 个 CMIP6 模式对感热的历史模拟值虽然比观测值低，但模拟出感热的转折点。在 SSP585 情景下，感热在 2015～2100 年将继续呈现 $0.81W/m^2 \cdot 10a$ 的明显上升趋势（通过 99% 的显著性检验）；模式结果一致表明，从 SSP126 到 SSP585，随着全球变暖的加剧，感热上升趋势将变得更强。此外，在四种不同情景下（图 2.23），10 m 风速（V10）在 2015～2100 年都呈现下降趋势，而地气温差（Ts–Ta）则呈现增加趋势，且从 SSP126 到 SSP585，其趋势增强。因此，不同情景下青藏高原的增加趋势，特别是 21 世纪末从中到高辐射强迫（SSP245、SSP370 和 SSP585），主要是因为 Ts-Ta 的增强。

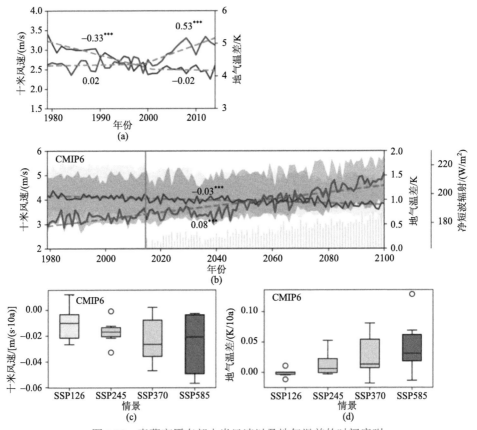

图 2.23　青藏高原东部十米风速以及地气温差的时间序列

(a) 1979～2014 年气象站观测资料的地面 10m 风速（V_{10}，蓝线，单位：m/s）和地气温差（Ts- Ta，红线，单位：K）的时间序列，（b）1979～2100 年 6 个 CMIP6 模式模拟的十米风速和地气温差。c) 和 (d) 与图 14 (c) 相同，但分别为 V_{10} 和 Ts-Ta。(b) 中的橙色条表示 SSP585 情景下地表净短波辐射通量（Wang et al, 2019）

青藏高原气温的变化会进一步影响到冻土融化。青藏高原多年冻土区占其总面积的 42%，随着高原的剧烈升温，多年冻土的活动层厚度（active layerthickness alt, ALT)不断加深，从而加速冻土中的有机碳(soil organic carbon, SOC)向大气释放，对该区域的碳循环产生影响。Wang 等(2020)结合 18 个 CMIP5 模式的数据，预估了未来更暖的情景下高原地区多年冻土活动层厚度和土壤有机碳的变化。在 20 世纪 90 年代，TP 多年冻土区的平均 ALT 将增加 0.71±0.19m(RCP4.5)和 1.53±0.34m[RCP8.5，图 2.24(c)]，或在 2016～2100 年期间以 7.24±2.21cm/10a (RCP4.5)和 18.28±4.20cm/10a(RCP8.5)的速度增加[图 2.24(d)]。在 RCP4.5 和 RCP8.5 情景下，2090 年代 ALT 大于 3m 的面积分别从基准期的 15.2%上升到 49.8% 和 84.3%[图 2.24(b)～(c)]。在 20 世纪末，0～3m 融化的多年冻土 SOC 普遍主要集中在 TP 的北部和东部[图 2.24(b)～(c)]，而在 TP 的中部和西南部，3～6m 的融化的 SOC 较大。图 2.25 表明，至 21 世纪末，高原多年冻土层储存的土壤有机碳约有 22.2±5.9%(RCP4.5)和 45.4±9.1%(RCP8.5)发生融化，有将青藏高原多年冻土区从碳汇转变为碳源的风险，而其中 3m 以下的冻土有机碳贡献的较大，说明在高原地区深层冻土碳的重要性。

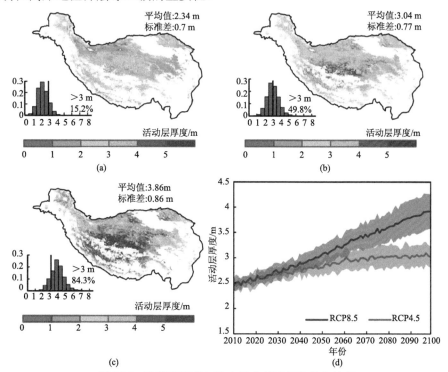

图 2.24　青藏高原多年冻土活动层厚度的分布特征

(a)在基准期(2006～2015 年)青藏高原多年冻土活动层厚度(ALT)空间分布；(b)在 RCP4.5 情景下，18 个 CMIP5 模式总体均值在 2090 年代青藏高原多年冻土的 ALT 空间分布的预估；(c)和(b)一致，但是在 RCP8.5 情景下；
(d)RCP4.5 和 RCP8.5 情景下 2010～2100 年高原多年冻土区域平均的 ALT 时间序列
实线为 18 个 CMIP5 模式的整体平均值，阴影表示模式间的正负一倍标准差(Wang et al., 2020)

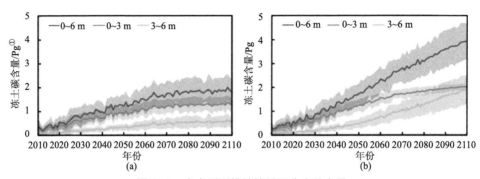

图 2.25　未来不同排放情景下冻土碳含量

(a)在 RCP4.5 情景下，18 个 CMIP5 模式预估的 2010～2100 年 0～3m，3～6m，0～6m 累积融化的冻土碳含量。
与 RCP8.5 情景对应，(b)和(a)一致，实线是多模式集合平均结果，阴影表示模式间正负一倍标准差范围(Wang et al., 2020)①

2.3.2　高原降水变化的未来预估

　　青藏高原复杂的地形和气候条件使得降水模拟比气温更为困难。CMIP5 模式对高原降水的未来预估结果一致表明未来降水将会增加，且在夏季增幅最大(胡芩等，2015；冯蕾和周天军，2017；Guo et al., 2018；周天军等，2020；张宏文和高艳红，2020)。然而，由于选用的模式和预估的方法不同，预估的降水增幅及其分布的空间型存在着较大的差异，但是 CMIP6 对高原降水历史阶段模拟的湿偏差弱于 CMIP5 模式，对降水的模拟性能更好(Zhu and Yang, 2020；Lun et al., 2021)。

　　图 2.26 表明 CMIP6 模拟的 21 世纪青藏高原地区年均降水有显著增加的特征，这与 CMIP5 结果一致。近期，三种情景下高原降水增幅几乎一致，中期略有差异，长期差异较大。在长期，低排放情景 SSP126 和 SSP245 在 2015～2100 年年平均降水增幅显著弱于高排放情景的预估结果。空间分布特征上，降水增加的大值区在不同情景和不同时段下均位于高原以北塔里木盆地和柴达木盆地一带以及高原西北部地区，且在 SSP585 情景下 21 世纪末期降水增加最强，最高可达 80%以上(图 2.27)。图 2.28 是 CMIP6 模式预估青藏高原区域平均各季节降水量的变化，模式集合平均值表明未来降水在夏季最强，而冬季最弱，表明未来年均降水的变化主要受夏季降水的影响，这定性上与 CMIP5 模式预估结果一致。然而，降水的不确定性也是在夏季最强。此外，Hu 和 Zhou(2021)利用 CMIP6 年代际预测计划(DCPP)的实时预测试验(共计 60 个成员)对青藏高原夏季降水在 2020～2027 年多年平均预测的结果进行分析，图 2.29(a)表明青藏高原的中西部地区降水在 2020～2027 年将显著增加，而高原东南部降水将略微减少；图 2.29(b)表明羌塘高原夏

---

　　① 1 Pg=10¹⁵ g

季降水在 2020～2027 年平均相对于 1986～2005 年气候平均值的异常值的最优估计值为 0.27mm/d，即羌塘高原夏季降水将增加约 12.8%。

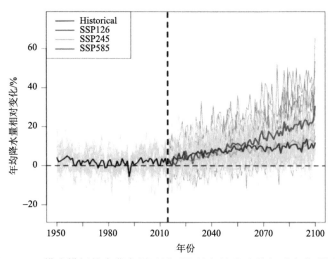

图 2.26　14 个 CMIP6 模式模拟的青藏高原区域平均的年均降水量相对变化（单位：%）的时间序列图

黑色实线：CMIP6Historical 试验结果。蓝色实线：CMIP6SSP126 试验结果；黄色实线：CMIP6SSP245 试验结果。红色实线：CMIP6SSP585 试验结果。黑色虚横线。零值线；黑色竖虚线：2015 年位置。参考期：1995～2014 年（肖雨佳，2021）

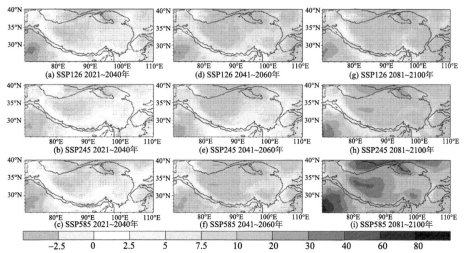

图 2.27　相较于 1995～2014 年参考期，CMIP6 模式预估不同情景不同时段青藏高原年均降水量相对变化的空间分布（单位：%）

（a）～（c）2021～2040 年；（d）～（f）2041～2060 年；（g）～（i）2081～2100 年。上：SSP126 情景；中：SSP245 情景；下：SSP585 情景。黑色实线代表 1000m 和 3000m 的地形高度。打点区域表示有超过三分之二的 CMIP6 模式与 MME 变化信号一致（肖雨佳，2021）

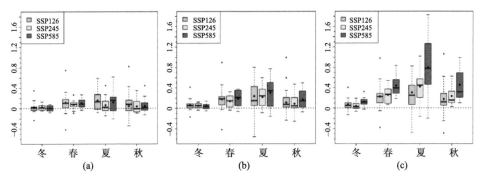

图 2.28　相较于 1995～2014 年各季节，CMIP6 模式预估青藏高原区域平均各季节降水量的变化（单位：mm/d）

(a)2021～2040 年；(b)2041～2060 年；(c)2081～2100 年。箱线图代表了 CMIP6 气候模式的统计结果，方框显示上下四分位数，箱内的线表示中位数，上下两端的虚线表示最大值与最小值，黑色实心点表示平均值。蓝色箱线图：SSP126 情景；黄色箱线图：SSP245 情景；红色箱线图：SSP585 情景(肖雨佳，2021)

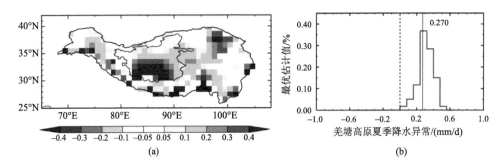

图 2.29　2020～2027 年平均的青藏高原夏季降水的实时预测结果

(a)2020～2027 年夏季平均降水异常的空间分布(mm/d)，起报时间为 2018 年的预测结果(方差订正后的集合平均值)。(b)羌塘高原夏季降水异常的集合预测概率分布(%)经方差订正后的预测结果。(b)中的蓝线和数字表示集合平均值，成员数量标记在图内。降水异常相对于 1986～2005 年气候平均(Hu and Zhou，2021)

2.3.3　高原极端温度和降水变化的未来预估

作为地球第三极的青藏高原对气候变化高度敏感(Gao et al.，2019)，青藏高原地区气候和极端气候的变化会对下游地区产生重要的影响(You et al.，2016)。事实上，自然环境、经济和人类生活比平均温度变化更容易受到极端温度事件的影响(Yu et al.，2017)。因此，了解和预估全球变暖情景下青藏高原地区极端温度和极端降水的变化对于应对未来气候变化的风险评估和相关决策都有着至关重要的作用。

在过去的几十年里，青藏高原地区的气候发生了前所未有的变化。冰冻圈的快速融化便随着水循环加剧，不仅改变了青藏高原地区的生态环境和水文环境，也对下游地区产生了较为深远的影响(Yao et al.，2019)。除了平均气候的变化，青藏高原地区也经历了一系列破纪录的极端事件,而这现象显然十分重要,因为与平均气候变化相比,极端气候事件对自然环境和人类生活的影响往往更大(Yu et al.,2017)。2015 年,《巴黎协定》在联合国气候变化框架公约(United Nations Framework Convention on Climate Change, UNFCCC)下获得包括 174 个国家和欧盟在内的 175 个缔约方批准,设定了将全球平均气温升高控制在"低于 2℃"的目标内,并尽力将温升水平限制在不超过工业革命前水平的 1.5℃(UNFCCC,2015)。在这方面,迄今为止已经有许多研究关注世界不同地区温升 1.5℃ 和 2℃ 背景下的气候变化(King et al., 2017;Dosio and Fischer 2018;Nangombe et al., 2018;Peng et al., 2019;Sun et al., 2019)。那么在 CMIP5 和 CMIP6 中,1.5℃ 和 2℃温升背景下,青藏高原地区未来极端温度和极端降水的变化情况如何?

You 等(2020)利用 CMIP5 模式研究了 1.5℃,2℃,3℃温升,RCP2.6、RCP4.5 和 RCP8.5 情境下青藏高原地区极端温度和降水指数的未来变化。他们发现,预计所有组合中冷夜日数/冷昼日数(TN10p/TX10p)都会减少,而暖夜指数/暖昼指数(TX10p/TX90p)预计会增加。TN10p 和 TN90p 都显示出比 TX10p 和 TX90p 更快的变化,表明基于最低温度的指数似乎比基于最高温度的指数更敏感。对于最冷昼/夜(TNx 和 TNn)和最热昼/夜(TXx 和 TXn),它们表现出快速变暖,尤其是在全球温升 3℃背景下。在相同的升温阈值下,TNn 和 TXn 的变化大于 TNx 和 TXx。对于临界极端温度指标,如霜冻天数(number of frost days, FD)、结冰天数(number of icing days, ID)和寒潮持续时间指数(cold speel duration index, CSDI),它们在所有温度阈值下都将下降,反映了高原上的进一步变暖。然而,在相同的升温背景下,不同 RCP 情景下的差异却很小。其他阈值指数,即暖期持续时间指数(warm speel duration index, WSDI)、热夜日数(number of tropical nights, TR)、夏季日数(number of summer days, SU)和植物生长季节长度(growing season length, GSL)在所有温升背景下都趋于增加。气温日较差(daily temperature range, DTR)在所有温升背景下都有轻微的下降趋势,再次反映了最低温度的增加比最高温度的增加更快速(图 2.30)。

就极端降水指数而言,最大 1 天和 5 天降水量(RX1day 和 RX5day),极端潮湿天的总降水量(R95pTOT 和 R99pTOT),小、中、大雨天的频率(R1mm,R10mm 和 R20mm),平均湿日降水量(simple precipitation intensity index, SDII),和连续潮湿天数(maximum length of wet spell, CWD)预计在所有温升背景下都会增加(并且在 3℃温升背景下更加强烈)。在所有温升背景下中,湿日总降水(annual total precipitation in wet days, PRCPTOT)在所有排放情景下也都会增加。连续干旱持续日数(maximum length of dry spell, CDD)在 1.5℃、2℃和 3℃温升背景下都会下降,即与台站观测一致(You et al., 2008)。在几乎所有情景下,较高的 3℃温升阈值都将导致 PRCPTOT 的增加,但是在 RCP4.5 和 RCP8.5 情景下,全球温升 3℃时 CDD 的变化存在较大偏差。以上结果表明在全球变暖的背景下，未来青藏高原地区降水强度、持续时间和频率都将增强(图 2.31)。

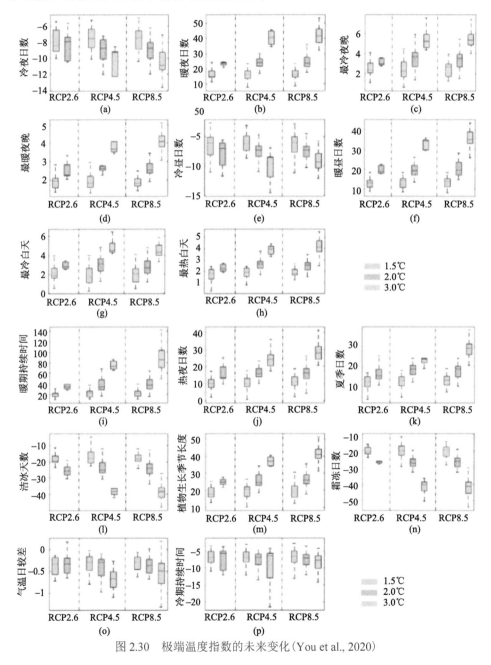

图 2.30　极端温度指数的未来变化(You et al., 2020)

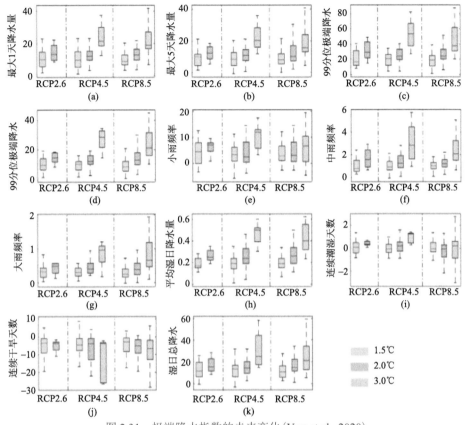

图 2.31　极端降水指数的未来变化(You et al., 2020)

以上是 CMIP5 中青藏高原地区极端温度和降水指数的变化情况，最新的 CMIP6 预估结果表明，在 1.5℃ 和 2℃ 温升背景下，冷夜指数(TNn)、冷昼指数(TXn)和暖昼指数(TXx)在几乎整个高原地区都呈现出了一致的增加。然而，暖夜指数(TNx)在高原的大部分地区却表现出了减少状态。在额外增温 0.5℃ 情况下，高原南部的冷指数(TNn 和 TXn)都增加了 0.5℃ 以上，而 TNx 和 TXx 大于 0.5℃ 的增暖则主要出现在北部地区。简而言之，在 1.5℃ 和 2℃ 的温升背景下，除暖夜指数外，所有极端温度指数预计都会增加。额外 0.5℃ 温升背景下，冷指数的变暖主要集中在高原南部，而暖指数的变暖则主要集中在高原北部(图 2.32)。

用 CMIP6 模式对青藏高原地区极端降水指数进行未来预估发现，在三种共享经济路径下(也即 SSP126，SSP245，SSP585)，三个湿极端指数——年降水总量(annual total precipitation in wet days, PRCPTOP)，降水强度(SDII)和年最大日降水量(maximum 1-day precipitation, Rx1day)均表现出了显著的增加，而干旱持续时间则表现出了减少趋势(图 2.33)。这意味着未来青藏高原地区将变得更湿润，与

CMIP5 的预估结果相一致。

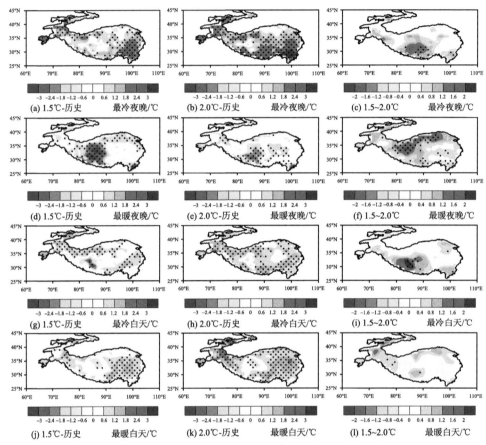

图 2.32　青藏高原地区四个极端温度指数变化的空间分布

打点的区域代表有 70% 及以上的模式表现出了一致的信号(Tang et al., 2022)

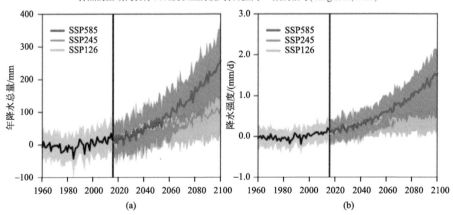

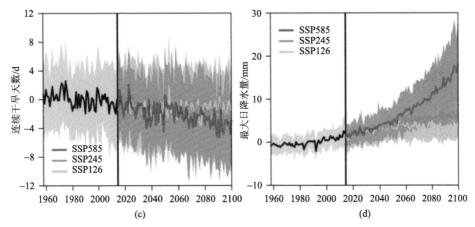

图 2.33　3 种共享经济路径下，四个极端降水指数的未来预估结果

2.4　三极未来气候变化的对比

通过以上关于三极地区未来气候变化的预估工作进行梳理与总结发现，在未来不同排放情景下，三极地区各组成要素的未来平均气候和极端天气气候事件的变化既有共性也存在差异，但三极地区未来的气候将如何演变也存在很强的不确定性。

2.4.1　三极海温、气温和海冰未来预估的对比

通过对比地球三极海温、气温和海冰的未来预估结果发现：对于两极地区的海温，未来北极海温的变化趋势与预测的海冰减少趋势一致，在 21 世纪末北冰洋的表层和深层都将显著变暖（IPCC，2019）。而南极海温在不同排放情景下，在 21 世纪末均升高，夏季升幅略大于其他季节，且增温幅度随着高排放而变大。此外，南极大陆附近海域平均海温的增温幅度小于南大洋其他区域，尤其是在威德尔海和罗斯海，但威德尔海和罗斯海在夏季海温的升温幅度略小。然而，由于历史模拟与 20 世纪观测的不一致，对 21 世纪末南大洋增暖这一结论具有较低的可信度（IPCC，2021）。

对于三极地区气温，CMIP6 模式预估的结果表明，在 21 世纪前期和中期，三极的温度在中等和高等排放情景间的差异很小，但在 21 世纪末，不同排放情景选择造成的温度差异开始凸显，其中北极对外强迫变化最为敏感，其次是高原，最后是南极。在中等排放情景下，2015～2100 年北极的增温趋势［0.59℃/10a；图 2.34（a）］大约是高原［0.30℃/10a；图 2.34（b）］和南极［0.28℃/10a；图 2.34（c）］

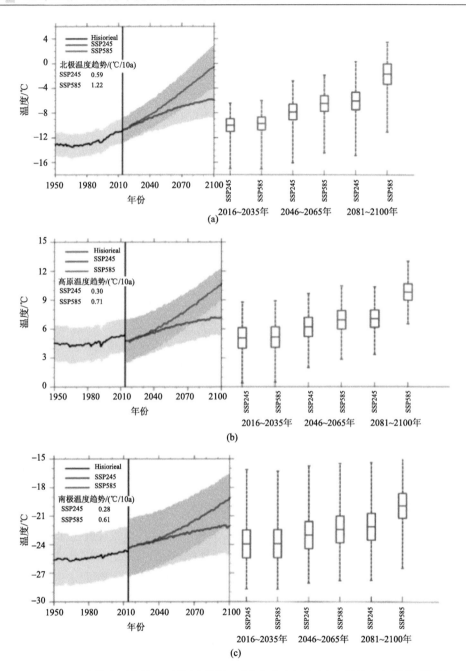

图 2.34　CMIP6 多模式预估的年平均(a)北极、(b)青藏高原和(c)南极地表气温的时间演变图

黑色实线代表 1950～2014 年历史模拟的集合平均，灰色阴影表示模式间的一倍标准差。蓝色和红色实线分别代表 2015～2100 年 SPP245 和 SSP585 排放情景下的集合平均，蓝色和红色阴影表示模式间的一倍标准差。右边的盒须图的盒子表示四分位点范围，须线表示 10th～90th 分位范围

的两倍；北极在 21 世纪末相比于 21 世纪初增温 4℃左右，高原和南极的增温幅度约为 2℃。在高排放情景下，北极在 21 世纪的增温趋势约是中等排放情景下的 2 倍，在三极地区中增温幅度最大；北极在 21 世纪末相对于 21 世纪初增温约 7.5℃，与高原（增幅 5℃）的差距持续拉大，并且高原的增温幅度超过南极（4℃）。

对于两极地区的海冰，最新的《气候变化中的海洋和冰冻圈特别报告》表示北极海冰损失预计持续到 21 世纪中叶，此后的差异将取决于全球变暖的程度：对于稳定的 1.5℃全球升温，北极到 21 世纪末 9 月无海冰的概率约为 1%；对于 2℃全球升温，北极达到季节性无冰状态可能会提前至 21 世纪中期或更早，9 月无海冰的概率可上升至 10%～35%。南极大部分地区的年平均海冰在 21 世纪末预计呈现减少趋势，南极大陆附近海域的海冰减少幅度大于南大洋其他区域，尤其是阿蒙森海；且南极海冰冬春季减少幅度大于夏秋季，海冰变化幅度依赖于不同的排放情景。然而，由于现有全球气候模式对北极和南极海冰的模拟和预测能力仍存在较大的问题，模式之间具有较大的离散度，因此，未来两极海冰的消融量存在高度的不确定性，两极海冰的未来预估可信度较低。

以上未来气候变化的预估成果有利于对比认识和深入了解未来三极地区气候变化的异同，有助于支撑各国适应和应对未来的气候变化（SDG13.1），并实现可持续发展目标。例如：全球变暖非常显著的影响之一是北极海冰的加速减少，这有利于在北极建立新的贸易通道，预估未来北极海冰的演变特征对北极航道的可通行区域和通航时间具有重要的指示意义。然而，未来气候变化预估结果的不确定性也给世界各国实施何种战略、措施和行动以应对未来气候变化，给我国参与全球气候治理带来了挑战。因此，减小未来气候变化预估的不确定性显得尤为必要。

2.4.2　三极极端温度未来预估的对比

与平均气候变化相比，一系列频发的极端天气和气候事件更易对三极地区乃至全球的生态环境安全和社会发展造成严重的威胁。了解和预估全球变暖情景下地球三极地区极端温度和极端降水的变化对应对未来气候变化的风险评估和相关决策有着至关重要的作用（SDG13.1 和 SDG13.2）。

基于第 6 次耦合模型比较计划（CMIP6）的数据，我们采用偏差校正预估了地球三极四个极端温度指数的未来变化。结果表明，全球变暖将导致地球三极的极端温度指数发生重大变化。在 SSP245 和 SSP585 排放情景下，三极地区校正后的四个极端温度指数都显示出一致的增长趋势。但是，对于不同的极端温度指数，其未来在北极，南极和青藏高原地区的发生概率却表现出一些不同（图 2.35）。例如，在 SSP5-8.5 路径下，冷夜指数（TNn），暖夜指数（TNx），以及暖昼指数（TXx）

对全球平均温度变化响应最大的地区为北极，其次是青藏高原，最后是南极。而对于冷昼指数(TXn)，响应速率最大的地区是北极，其次是南极，最后才是青藏高原。

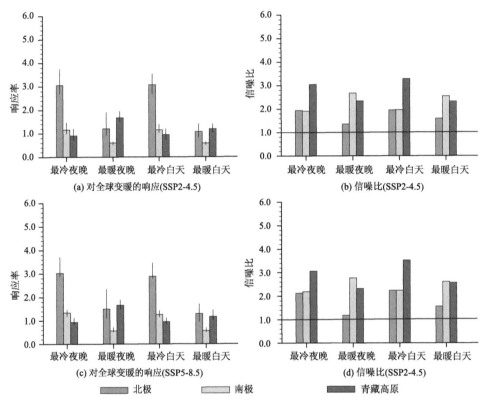

图 2.35　SSP2-4.5 和 SSP5-8.5 路径下北极、南极和青藏高原极端指数对全球平均地表气温变化的响应率(a)，(c)；SSP2-4.5 和 SSP5-8.5 路径下极端温度变化的信噪比(signal-to-noise radio, SNR)(b)，(d)

多模式中位数和25%～75%的不确定性分别用直方图和垂直黑线表示；(b)，(d)中的水平黑线表示 SNR 为1(Tang et al., 2022)

　　此外，如果全球变暖限制在 1.5℃，在中等排放情景下，北极地区所有的极端指数、南极的暖夜指数和青藏高原地区的冷夜和暖昼指数可避免风险均大于 0，且超过 70%的模式都表现出了相同的信号。但在高排放情景下，只有北极的冷夜、冷昼和暖昼指数，以及南极和青藏高原地区的暖昼，才会受益于可避免的风险。

　　综合来看，0.5℃ 温控情况下，在中等和高等排放情景下，青藏高原地区的暖夜和南极的暖昼指数分别表现出最大的可避免风险(图 2.36)。同时，极端温度指数的可避免风险也存在情景和区域依赖性。例如，将全球变暖限制在 1.5°C 而不是 2°C 时，与高排放情景相比，在中排放情景下暖夜(冷夜、冷昼和暖昼)在青藏高原上的可避免风险往往更大(更小)。但当全球变暖限制在 1.5°C 而不是 2°C 时，地球三极地区发生极端温度事件的风险在中等和高等排放情景下均会降低。因此，设定较低的温控目标对于降低地球三极极端温度事件发生的潜在风险十分必要。

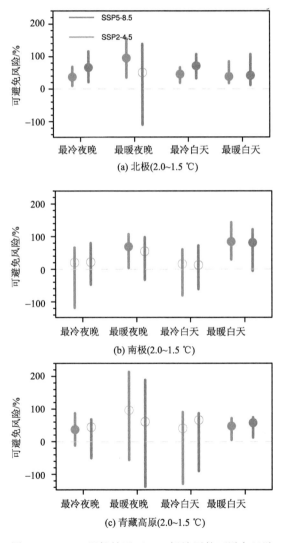

图 2.36　0.5°C 温控情况下，三极地区的可避免风险

2.5 本 章 小 结

在全球变暖背景下，地球三极地区的冰冻圈、大气圈以及海洋圈的各组成要素，以及极端事件发生了前所未有的变化。联合国减少灾害风险办公室指出，气候变化已是灾害损失的主要影响因素，不仅对内陆和海洋的生态环境安全构成严重威胁，还可对区域乃至全球气候系统及人类活动产生重要影响。

本章节从大气圈、海洋圈和冰雪圈的关键要素出发，对三极地区气候的未来变化及其影响进行了较为详细的讨论和分析。三极作为全球气候变化的关键区和敏感区，在全球变暖背景下，预估三极在未来几十年的气候变化和认识其潜在的影响是当前科学研究的重要议题。CMIP 不同排放情景下的预估结果表明，三极地区的大气圈(气温、降水、环流与极端天气气候事件)、海洋圈(海温)和冰冻圈(海冰和冻土)将在 21 世纪中后期发生显著变化。关于三极未来气候变化的研究不仅可为全球可持续发展和全球气候行动目标(SDG13)提供一定的科学基础，更有助于加强各国认识、适应和应对未来的气候变化，提高各国预警和抵御天气气候灾害的能力(SDG13.1，SDG13.2)。

参 考 文 献

冯蕾, 周天军. 2017. 20km 高分辨率全球模式对青藏高原夏季降水变化的预估. 高原气象, 36(3): 587-595.

胡芩, 姜大膀, 范广洲. 2015. 青藏高原未来气候变化预估：CMIP5 模式结果. 大气科学, 39(2): 260-270.

孟雅丽, 段克勤, 尚溦, 等. 2022. 基于 CMIP6 模式数据的 1961~2100 年青藏高原地表气温时空变化分析. 冰川冻土: 1-10.

肖雨佳. 2021. CMIP6 模式对青藏高原降水的模拟和预估. 中国气象科学研究院.

张宏文, 高艳红. 2020. 基于动力降尺度方法预估的青藏高原降水变化. 高原气象, 39(3): 477-485.

周天军, 张文霞, 陈晓龙, 等. 2020. 青藏高原气温和降水近期、中期与长期变化的预估及不确定性来源. 气象科学, 40(5): 697-710.

Årthun M, Eldevik T, Smedsrud L. 2019. The role of Atlantic heat transport in future Arctic winter sea ice loss. J, Climate, 32(11): 3327-3341.

Auger M, Morrow R, Kestenare E, et al. 2021. Southern Ocean in-situ temperature trends over 25 years emerge from interannual variability. Nature Communications, 12(1): 1-9.

Ayarzagüena B, Orsolini Y J, Langematz U, et al. 2015. The Relevance of the Location of Blocking Highs for Stratospheric Variability in a Changing Climate. Journal of Climate, 28:531-549.

Barnes E, Polvani L. 2015. CMIP5 projections of Arctic amplification, of the North American/North

Atlantic circulation, and of their relationship. Journal of Climate, 28: 5254-5271.

Bonan D, Lehner F, Holland M. 2021. Partitioning uncertainty in projections of Arctic sea ice. Environmental. Research Letters, 16(4): 044002.

Bracegirdle T, Holmes C, Hosking J, et al. 2020. Improvements in circumpolar Southern Hemisphere extratropical atmospheric circulation in CMIP6 compared to CMIP5. Earth and Space Science, 7(6): e2019EA001065.

Buehler T, Raible C, Stocker T. 2011. The relationship of winter season North Atlantic blocking frequencies to extreme cold or dry spells in the ERA-40. Tellus A: Dynamic Meteorology and Oceanography, 63(2): 174-187.

Cai Z, You Q, Wu F, et al. 2021. Arctic Warming Revealed by Multiple CMIP6 Models: Evaluation of Historical Simulations and Quantification of Future Projection Uncertainties. Journal of Climate, 34(12): 4871-4892.

Carvalho K, Wang S. 2020. Sea surface temperature variability in the Arctic Ocean and its marginal seas in a changing climate: Patterns and mechanisms. Global and Planetary Change, 193: 103265.

Chang L, Luo J, Xue J, et al. 2021. Prediction of Arctic Temperature and Sea Ice Using a High-Resolution Coupled Model. Journal of Climate, 34(8): 2905-2922.

Chen S, Jiang Z, Chen W, et al. 2018a. Changes in temperature extremes over China under 1.5°C and 2°C global warming targets. Advances in Climate Change Research, 9: 120-129.

Chen X, Luo D, Feldstein S, et al. 2018b. Impact of Winter Ural Blocking on Arctic Sea Ice: Short-Time Variability. Journal of Climate, 31(6): 2267-2282.

Chen X, Luo D. 2017. Arctic sea ice decline and continental cold anomalies: Upstream and downstream effects of Greenland blocking. Geophysical Research Letters, 44(7): 3411-3419.

Chen X, Luo D. 2019. Winter Midlatitude Cold Anomalies Linked to North Atlantic Sea Ice and SST Anomalies: The Pivotal Role of the Potential Vorticity Gradient. Journal of Climate, 32(13): 3957-3981.

Christensen J, Kjellstrom E, Giorgi F, et al. 2010. Weight assignment in regional climate models. Climate Research, 44, 179-194.

Cohen J, Furtado J, Barlow M, et al. 2012. Arctic warming, increasing snow cover and widespread boreal winter cooling. Environmental Research Letters, 7: 014007.

Cohen J, Screen J, Furtado J, et al. 2014. Recent Arctic amplification and extreme mid-latitude weather. Nature Geoscience, 7: 627-637.

Collins M, Knutti R, Arblaster J, et al. 2013. Long-term climate change: Projections, commitments and irreversibility pages 1029 to 1076. In Intergovernmental Panel on Climate Change (Ed.), Climate Change 2013 – The Physical Science Basis (pp. 1029–1136). Cambridge: Cambridge University Press.

Comiso J. 2003. Warming trends in the Arctic from clear sky satellite observations. Journal of

Climate, 16: 3498-3510.

Connolley W, Bracegirdle T. 2007. An Antarctic assessment of IPCC AR4 coupled models. Geophysical Research Letters, 34: L22505

Dai A, Luo D, Song M, et al. 2019. Arctic amplification is caused by sea-ice loss under increasing CO_2. Nature Commuications, 10: 121.

Davini P, D'Andrea F. 2020. From CMIP3 to CMIP6: Northern Hemisphere Atmospheric Blocking Simulation in Present and Future Climate. Journal of Climate, 33: 10021-10038.

De Vries H, Woollings T, Anstey J, et al. 2013. Atmospheric blocking and its relation to jet changes in a future climate. Climate Dynamics, 41:2643-2654.

Ding Y, Carton J, Chepurin G, et al. 2016. Seasonal heat and freshwater cycles in the Arctic Ocean in CMIP5 coupled models. Journal of Geophysical Research Oceans, 121（4）: 2043-2057.

Dosio A, Fischer E. 2018. Will half a degree make a difference? Robust projections of indices of mean and extreme climate in Europe under 1.5°C, 2°C, and 3°C global warming. Geophysical Research Letters, 45: 935-944.

Duan A, Liu S, Hu W, et al. 2022. Long-term daily dataset of surface sensible heat flux and latent heat release over the Tibetan Plateau based on routine meteorological observations. Big Earth Data: 1-12.

Duan A, Xiao Z. 2015. Does the climate warming hiatus exist over the Tibetan Plateau? Scientific Reports, 5（1）: 1-9.

Dunn-Sigouin E, Son S. 2013. Northern Hemisphere blocking frequency and duration in the CMIP5 models. Journal of Geophysical Research: Atmospheres 118:1179-1188.

Eldevik T, Nilsen J, Iovino D, et al. 2009. Observed sources and variability of Nordic seas overflow. Nature Geoscience, 2: 406-410.

Francis J, Vavrus S. 2015. Evidence for a wavier jet stream in response to rapid Arctic warming. Environmental Research Letters, 10:014005.

Fyfe J, Boer G, Flato G. 1999. The Arctic and Antarctic oscillations and their projected changes under global warming. Geophysical Research Letters, 26:1601-1604.

Gao K, Duan A, Chen D, et al. 2019. Surface energy budget diagnosis reveals possible mechanism for the different warming rate among Earth's three poles in recent decades. Science Bulletin, 64: 1140-1143.

Gong H, Wang L, Chen W, et al. 2016. Biases of the wintertime Arctic Oscillation in CMIP5 models. Environmental Research Letters, 12（1）: 014001.

Guo D, Sun J, Yu E. 2018. Evaluation of CORDEX regional climate models in simulating temperature and precipitation over the Tibetan Plateau. Atmospheric and Oceanic Science Letters, 11（3）: 219-227.

Haine T, Curry B, Gerdes R, et al. 2015. Arctic freshwater export: Status, mechanisms, and prospects. Global Planet Change, 125（Supplement C）: 13-35.

Hamouda M, Pasquero C, Tziperman E. 2021. Decoupling of the Arctic Oscillation and North Atlantic Oscillation in a warmer climate. Nature Climate Change, 11(2):137-142.

Haszpra T, Topál D, Herein M. 2020. On the time evolution of the Arctic oscillation and related wintertime phenomena under different forcing scenarios in an ensemble approach. Journal of Climate, 33(8): 3107-3124.

Haumann F, Gruber N, Münnich M. 2020. Sea-ice induced Southern Ocean subsurface warming and surface cooling in a warming climate. AGU Advances, 1(2): e2019AV000132.

Holliday N, Hughes S, Bacon S, et al. 2008. Reversal of the 1960s to 1990s freshening trend in the northeast North Atlantic and Nordic Seas. Geophysical Research Letters, 35(3), doi: 10.1029/2007 GL032675.

Holmes C, Holland P, Bracegirdle T. 2019. Compensating biases and a noteworthy success in the CMIP5 representation of Antarctic sea ice processes. Geophysical Research Letters, 46(8): 4299-4307.

Hu S, Zhou T. 2021. Skillful prediction of summer rainfall in the Tibetan Plateau on multiyear time scales. Science Advances, 7(24): eabf9395.

IPCC. 2021. In: Climate Change 2021: The Physical Science Basis. Contribution of Working Group I to the Sixth Assessment Report of the Intergovernmental Panel on Climate Change. Masson-Delmotte V., Zhai P., Pirani A., editors. Cambridge: Cambridge University Press; 2021. Summary for policymakers: 1-41.

IPCC. 2013. Climate Change 2013: The Physical Science Basis. Cambridge: Cambridge University Press, 1535 pp.

IPCC. 2019. Climate change and land: Summary for policymakers. IPCC, 41 pp.

Ji Z, Kang S. 2013. Double-nested dynamical downscaling experiments over the Tibetan Plateau and their projection of climate change under two RCPs scenarios. Journal of the Atmospheric Sciences, 70(4): 1278-1290.

Jia K, Ruan Y, Yang Y, et al. 2019. Assessing the performance of CMIP5 global climate models for simulating future precipitation change in the Tibetan Plateau. Water, 11(9): 1771.

Jiang D, Sui Y, Lang X. 2016. Timing and associated climate change of a 2 °C global warming. International Journal of Climatology, 36: 4512-4522.

Jiang X, Yang S, Li Y, et al. 2013. Dynamical prediction of the East Asian winter monsoon by the NCEP Climate Forecast System. Journal of Geophysical Research Atmospheres, 118:1312-1328.

Kennedy D, Parker T, Woollings T, et al. 2016. The response of high-impact blocking weather systems to climate change. Geophysical Research Letters, 43:7250-7258.

Kharin V, Zwiers F, Zhang X, et al. 2013. Changes in temperature and precipitation extremes in the cmip5 ensemble. Climatic Change, 119(2).

King A., Karoly D, Henley B. 2017. Australian climate extremes at 1.5°C and 2°C of global warming. Nature Climate Change, 7: 412.

King J C, Turner J. 1997. Antarctic Meteorology and Climatology. New York：Cambridge University Press .

Kitano Y, Yamada T. 2016. Relationship between atmospheric blocking and cold day extremes in current and RCP8.5 future climate conditions over Japan and the surrounding area. Atmospheric Science Letters, 17:616-622.

Knutti R. 2010. The end of model democracy? An editorial comment. Climatic change, 102(3-4)：395-404.

Koenig L, Miège C, Forster R, et al. 2014: Initial in situ measurements of perennial meltwater storage in the Greenland firn aquifer. Geophysical Research Letters, 41 (1), 81-85.

Kumar A, Perlwitz J, Eischeid J, et al. 2010. Contribution of sea ice loss to Arctic amplification. Geophysical Research Letters, 41 (1), 81-85.

Labe Z, Peings Y, Magnusdottir G. 2018. Contributions of ice thickness to the atmospheric response from projected Arctic sea ice loss. Geophysical Research Letters, 45: 5635-5642.

Landrum L, Holland M. 2020. The emergence of a New Arctic: When extremes become routine. Nature Climate Change, 10: 1108-1115.

Lau N, Ploshay J. 2013. Model Projections of the Changes in Atmospheric Circulation and Surface Climate over North America, the North Atlantic, and Europe in the Twenty-First Century. Journal of Climate, 26(23)：9603-9620.

Li M, Yao Y, Simmonds I, et al. 2020. Collaborative impact of the nao and atmospheric blocking on european heatwaves, with a focus on the hot summer of 2018. Environmental Research Letters, 15(11).

Liu J, Song M, Horton R, et al. 2013. Reducing spread in climate model projections of a September ice-free Arctic. Proceedings of the National Academy of Sciences, 110(31)：12571-12576.

Lun Y, Liu L, Cheng L, et al. 2021, Assessment of GCMs simulation performance for precipitation and temperature from CMIP5 to CMIP6 over the Tibetan Plateau. International Journal of Climatology, 41(7)：3994-4018.

Luo B, Luo D, Dai A, et al. 2022a. Decadal variability of warm Arctic-cold Eurasia dipole pattern modulated by PDO and AMO. Earth's Future, 10: e2021EF002351.

Luo B, Luo D, Dai A, et al. 2022b. The modulation of Interdecadal Pacific Oscillation and Atlantic Multidecadal Oscillation on winter Eurasian cold anomaly via the Ural blocking change. Climate Dynamics, 1-24.

Luo B, Luo D, Wu L, et al. 2017, Atmospheric circulation patterns which promote winter Arctic sea ice decline. Environmental Research Letters, 12(5)：054017.

Luo D, Chen X, Overland J. 2019. Weakened Potential Vorticity Barrier Linked to Recent Winter Arctic Sea Ice Loss and Midlatitude Cold Extremes. Journal of Climate, 77(4)：1387-1414.

Luo D, Xiao Y, Diao Y, et al. 2016b. Impact of Ural Blocking on Winter Warm Arctic-Cold Eurasian Anomalies. Part II: The Link to the North Atlantic Oscillation. Journal of Climate, 29(11)：

3949-3971.

Luo D, Xiao Y, Yao Y, et al. 2016a. Impact of ural blocking on winter warm Arctic-cold Eurasian anomalies. Part I: Blocking-induced amplification. Journal of Climate, 29(11): 3925-3947.

Manabe S, Wetherald R. 1975. Effects of doubling CO_2 concentration on the climate of a general circulation model. Journal of the Atmospheric Science, 32: 3-15.

Masato G, Hoskins BJ, Woollings T. 2013. Winter and Summer Northern Hemisphere Blocking in CMIP5 Models. Journal of Climate, 26:7044-7059.

Masato G, Woollings T, Hoskins B. 2014. Structure and impact of atmospheric blocking over the Euro-Atlantic region in present-day and future simulations. Geophysical Research Letters, 41:1051.

Massom R, Scambos T, Bennetts L, et al. 2018. Antarctic ice shelf disintegration triggered by sea ice loss and ocean swell. Nature, 558 (7710): 383.

Massonnet F, Fichefet T, Goosse H, et al. 2012. Constraining projections of summer Arctic sea ice. The Cryosphere, 6(6): 1383-1394.

McKenna C, Maycock A. 2021. Sources of Uncertainty in Multimodel Large Ensemble Projections of the Winter North Atlantic Oscillation. Geophysical Research Letters, 48(14): e2021GL093258.

Melia N, Haines K, Hawkins E. 2015. Improved Arctic sea ice thickness projections using bias-corrected CMIP5 simulations. The Cryosphere, 9(6): 2237-2251.

Melia N, Haines K, Hawkins E. 2016. Sea ice decline and 21st century trans - Arctic shipping routes. Geophysical Research Letters, 43(18): 9720-9728.

Meredith M, Sommerkorn M, Cassotta S, et al. 2019. Polar Regions. IPCC Special Report on the Ocean and Cryosphere in a Changing Climate. Cambridge and New York: Cambridge University Press, Cambridge, UK and New York, NY, USA: 203-320.

Min C, Yang Q, Chen D, et al. 2022. The Emerging Arctic Shipping Corridors. Geophysical Research Letters, 49.

Mori M, Watanabe M, Shiogama H, et al. 2014. Robust Arctic sea-ice influence on the frequent Eurasian cold winters in past decades. Nature Geoscience, 7:869-873.

Mouginot J, Rignot E, Bjørk A, et al. 2019. Forty-six years of Greenland Ice Sheet mass balance from 1972 to 2018. Proc. Natl. Acad. Sci. 116: 9239-9244.

Murphy J, Booth B, Collins M, et al. 2007. A methodology for probabilistic predictions of regional climate change from perturbed physics ensembles. Philosophical Transactions of the Royal Society A-Mathematical Physical and Engineering Sciences, 365: 1993-2028.

Nangombe S, Zhou T, Zhang W, et al. 2018. Record-breaking climate extremes in Africa under stabilized 1.5°C and 2°C global warming scenarios. Nature Climate Change, 8: 375-380.

Notz D, S. I. M. I. P. Community. 2020. Arctic sea ice in CMIP6. Geophysical Research Letters, 47(10): e2019GL086749.

Nummelin A, Ilicak M, Li C, et al. 2016. Consequences of future increased Arctic runoff on Arctic

Ocean stratification, circulation, and sea ice cover. Journal of Geophysical Research Oceans, 121 (1): 617-637.

Onarheim, I H M Årthun. 2017. Toward an ice-free Barents Sea. Geophysical Research Letters, 44 (16), 8387-8395.

Overland J, Adams M. 2001. On the temporal character and regionality of the Arctic Oscillation, Geophysical Research Letters, 28:2811-2814.

Park D, Lee S, Feldstein S. 2015. Attribution of the recent winter sea ice decline over the Atlantic sector of the Arctic ocean. Journal of Climate, 28(10): 4027-4033.

Parkinson C. 2019. A 40-y record reveals gradual Antarctic sea ice increases followed by decreases at rates far exceeding the rates seen in the Arctic. Proceedings of the National Academy of Sciences, 116(29): 14414-14423.

Peings Y, Cattiaux J, Vavrus S, et al. 2018. Projected squeezing of the wintertime North-Atlantic jet. Environmental Research Letters, 13: 074016.

Pellichero V, Salle J, ChapmanC, et al. 2018. The Southern Ocean meridional overturning in the sea-ice sector is driven by freshwater fluxes. Nature Communications, 9 (1), 1789.

Peng D, Zhou T, ZhangL, et al. 2019. Observationally constrained projection of the reduced intensification of extreme climate events in Central Asia from 0.5°C less global warming. Climate Dynamics, 53: 543-560.

Peng Y, Duan A, Hu W, et al. 2022. Observational constraint on the future projection of temperature in winter over the Tibetan Plateau in CMIP6 models. Environmental Research Letters, 17(3): 034023.

Perovich D. 2016: Sea ice and sunlight. In: Sea Ice [Thomas, D. N. (ed.)]. Wiley Online Library: 110-137.

Pierce D, Barnett T, Santer B, et al. 2009. Selecting global climate models for regional climate change studies. Proceedings of the National Academy of Sciences of the United States of America, 106: 8441-8446.

Polyakov I, Beszczynska A, Carmack E, et al. 2005. One more step toward a warmer Arctic. Geophysical Research Letters, 32(17): 6051-6054.

Polyakov I, Pnyushkov A, Alkire M, et al. 2017. Greater role for Atlantic inflows on sea-ice loss in the Eurasian Basin of the Arctic Ocean. Science, 356(6335): 285-291.

Purich A, Cai W, England M, et al. 2016. Evidence for link between modelled trends in Antarctic sea ice and underestimated westerly wind changes. Nature communications, 7(1): 10409.

Raisanen J, Ruokolainen L, Ylhaisi J. 2010. Weighting of model results for improving best estimates of climate change. Climate Dynamics, 35: 407-422.

Roach L, Dörr J, Holmes C, et al. 2020. Antarctic sea ice area in CMIP6. Geophysical Research Letters, 47(9): e2019GL086729.

Rosenblum E, Eisenman I. 2017. Sea ice trends in climate models only accurate in runs with biased global warming. Journal of Climate, 30(16): 6265-6278.

Saha S, Rinke A, Dethloff K. 2006. Future winter extreme temperature and precipitation events in the Arctic. Geophysical Research Letters, 33: 15818.

Scambos T, Bohlander J, Shuman C, et al. 2004. Glacier acceleration and thinning after ice shelf collapse in the Larsen B embayment, Antarctica. Geophysical Research Letters, 31(18).

Scambos T, Campbell G, Pope A, et al. 2018. Ultralow surface temperatures in East Antarctica from satellite thermal infrared mapping: The coldest places on Earth. Geophysical Research Letters, 45: 6124-6133.

Scherrer S. 2011. Present-day interannual variability of surface climate in CMIP3 models and its relation to future warming. International Journal of Climatology, 31: 1518-1529.

Schlosser E, Stenni B, Valt M, et al. 2016. Precipitation and synoptic regime in two extreme years 2009 and 2010 at Dome C, Antarctica—Implications for ice core interpretation. Atmospheric Chemistry and Physics, 16(8): 4757-4770.

Schmittner A, Oschlies A, Giraud X, et al. 2005. A global model of the marine ecosystem for long-term simulations: Sensitivity to ocean mixing, buoyancy forcing, particle sinking, and dissolved organic matter cycling. Global Biogeochem. Cycles, 19: Gb3004.

Screen J, Simmonds I. 2010a. The central role of diminishing sea ice in recent Arctic temperature amplification: Nature, 464(7293): 1334-1337.

Screen J, Simmonds I. 2010b. Increasing fall-winter energy loss from the Arctic Ocean and its role in Arctic temperature amplification. Geophysical Research Letters, 37(16).

Senftleben D, Lauer A, Karpechko A. 2020. Constraining uncertainties in CMIP5 projections of September Arctic sea ice extent with observations. Journal of Climate, 33(4): 1487-1503.

Serreze M, Barrett A, Stroeve J, et al. 2009. The emergence of surface-based Arctic amplification. The Cryosphere, 3(1): 11-19.

Serreze M, Francis J. 2006. The Arctic amplification debate. Climatic change, 76(3-4): 241-264.

Shen C, Duan Q, Miao C, et al. 2020. Bias Correction and Ensemble Projections of Temperature Changes over Ten Subregions in CORDEX East Asia. Advances in Atmospheric Sciences, 37(11): 1191-1210.

Shu Q, Song Z, Qiao F. 2015. Assessment of sea ice simulations in the CMIP5 models. The Cryosphere, 9(1): 399-409.

Sillmann J, Kharin V, Zwiers F, et al. 2013. Climate extremes indices in the CMIP5 multimodel ensemble: Part 1: Model evaluation in the present climate. Journal of Geophysical Research (Atmospheres), 118:1716-1733.

Skansi M, King J, Lazzara M, et al. 2017. Evaluating highest temperature extremes in the Antarctic. Eos, Transactions, American Geophysic Union, 98.

Smith D, Scaife A, Eade R, et al. 2016. Seasonal to decadal prediction of the winter North Atlantic Oscillation: emerging capability and future prospects. Quarterly Journal of the Royal

Meteorological Society, 142: 611-617.

Smith L, Stephenson S. 2013. New Trans-Arctic shipping routes navigable by midcentury. Proceedings of the National Academy of Sciences, 110(13): E1191-E1195.

Stephenson S, Smith L, Agnew J. 2011. Divergent long-term trajectories of human access to the Arctic. Nature Climate Change, 1(3): 156-160.

Stroh J, Panteleev G, Kirrilov S, et al. 2015. Sea-surface temperature and salinity product comparison against external in situ data in the Arctic Ocean. Journal of Geophysical Research Oceans, 120: 7223-7236.

Sun C, Jiang Z, Li W, et al. 2019. Changes in extreme temperature over China when global warming stabilized at 1.5° C and 2.0° C. Scientific reports, 9(1): 1-11.

Tang B, Hu W, Duan A, et al. 2022. Reduced Risks of Temperature Extremes From 0.5° C less Global Warming in the Earth's Three Poles. Earth's Future, 10(2): e2021EF002525.

Timmermans M, Ladd C, Wood K. 2017. Sea surface temperature. [NOAA (ed.)]. Arctic Report Card, NOAA.

Timmermans M, Proshutinsky A, Golubeva E, et al. 2014. Mechanisms of Pacific summer water variability in the Arctic's Central Canada Basin. Journal of Geophysical Research: Oceans, 119(11): 7523-7548.

Turner J, Anderson P, Lachlan-Cope T, et al. 2009. Record low surface air temperature at Vostok station, Antarctica. Journal of Geophysical Research: Atmospheres, 114(D24).

Turner J, Bracegirdle T, Phillips T, et al. 2013. An initial assessment of Antarctic sea ice extent in the CMIP5 models. Journal of Climate, 26(5): 1473-1484.

Turner J, Marshall G, Clem K, et al. 2019. Antarctic temperature variability and change from station data. International Journal of Climatology, 40(6).

United Nations Framework Convention on Climate Change (UNFCCC), 2015. Adoption of the Paris Agreement. Report No. FCCC/CP/2015/L.9/Rev.1.

Vaughan D, Comiso J, Allison I, et al. 2013. Observations: Cryosphere. Climate Change 2013: The Physical Science Basis, T. F. Stocker et al., Eds., Cambridge: Cambridge University Press: 317-382.

Vavrus S, Holland M, Jahn A, et al. 2012. Twenty-first-century arctic climate change in CCSM4. Journal of Climate, 25: 2696-2710.

Wallace J, Gutzler D. 1981. Teleconnections in the geopotential height field during the Northern Hemisphere winter. Monthly Weather Review, 109: 784-812.

Wang B, Zhou X, Ding Q, et al. 2021. Increasing confidence in projecting the Arctic ice-free year with emergent constraints. Environmental Research Letters, 16(9): 094016.

Wang H, Luo D. 2020. Environmental Research Letters OPEN ACCESS RECEIVED melt and sea surface temperature anomalies over the North Atlantic and the Barents-Kara Seas. Environmental Research Letters, 15(11): 114048.

Wang H, Luo D. 2022. North Atlantic Footprint of Summer Greenland Ice Sheet Melting on Interannual to Interdecadal Time Scales: A Greenland Blocking Perspective, Journal of Climate, 35(6), 1939-1961.

Wang M, Overland E. 2012. A sea ice free summer Arctic within 30 years: An update from CMIP5 models. Geophysical Research Letters, 39(18): GL052868.

Wang M, Wang J, Chen D, et al. 2019. Recent recovery of the boreal spring sensible heating over the Tibetan Plateau will continue in CMIP6 future projections. Environmental Research Letters, 14(12): 124066.

Wang T, Yang D, Yang Y, et al. 2020. Permafrost thawing puts the frozen carbon at risk over the Tibetan Plateau. Science Advances, 6(19): eaaz3513.

Waugh D, Eyring V. 2008. Quantitative performance metrics for stratosphericresolving chemistry-climate models. Atmospheric Chemistry and Physics, 8: 5699-5713.

Woodgate R. 2018. Increases in the Pacific inflow to the Arctic from 1990 to 2015, and insights into seasonal trends and driving mechanisms from year-round Bering Strait mooring data. Progress in Oceanography, 160: 124-154.

Woods C, Caballero R, Svensson G. 2013. Large-scale circulation associated with moisture intrusions into the Arctic during winter. Geophysical Research Letter, 40(17): 4717-4721.

Wu A, Che T, Li X, et al. 2022. A ship navigation information service system for the Arctic Northeast Passage using 3D GIS based on big Earth data. Big Earth Data, 6(4): 453-479.

Yao T, Xue Y, Chen D, et al. 2019. Recent third pole's rapid warming accompanies cryospheric melt and water cycle intensification and interactions between monsoon and environment: Multidisciplinary approach with observations, modeling, and analysis. Bulletin of the American Meteorological Society, 100(3): 423-444.

Yao Y, Luo D, Dai A, et al. 2017. Increased quasi-stationarity and persistence of Ural blocking and Eurasian extreme cold events in response to Arctic warming. Part I: Insight from Observational Analyses. Journal of Climate, 30: 3549-3568.

You Q , Wu F, Shen L, et al. 2020. Tibetan Plateau amplification of climate extremes under global warming of 1.5°C, 2°C and 3°C. Global Planet. Chang. 192: 103261.

You Q, Cai Z, Pepin N, et al. 2021. Warming amplification over the Arctic Pole and Third Pole: Trends, mechanisms and consequences. Earth-Science Reviews, 217: 103625.

You Q, Jiang Z, Moore G, et al. 2017. Revisiting the relationship between observed warming and surface pressure in the Tibetan Plateau. Journal of Climate, 30: 1721-1737.

You Q, Kang S, Aguilar E, et al. 2008. Changes in daily climate extremes in the eastern and central Tibetan Plateau during 1961～2005. Journal of Geophysical Research-Atmospheres, 113: 1639-1647.

You Q, Min J, Kang S. 2016. Rapid warming in the Tibetan Plateau from observations and CMIP5 models in recent decades. International Journal of Climatology, 36: 2660-2670.

Yu L, SuiC, Lenschow D, et al. 2017. The relationship between wintertime extreme temperature events north of 60°N and large-scale atmospheric circulations. International Journal of Climatology, 37: 597-611.

Yuan Z , Qin J , Li S , et al. 2022. Impact of boreal autumn Antarctic oscillation on winter wet-cold weather in the middle-lower reaches of Yangtze River Basin. Climate dynamics. 58: 329-349.

Zhang W, Luo D. 2020. A Nonlinear Theory of Atmospheric Blocking: An Application to Greenland Blocking Changes Linked to Winter Arctic Sea Ice Loss. Journal of the Atmospheric Sciences, 77(2): 723-751.

Zheng F, Li J, Wang L, et al. 2015. Cross-seasonal influence of the December-February southern hemisphere annular mode on march-may meridional circulation and precipitation. Journal of Climate. 28: 6859-6881.

Zhou T, Zhang W. 2021. Anthropogenic warming of Tibetan Plateau and constrained future projection. Environmental Research Letters, 16(4): 044039.

Zhu X, Wei Z, Dong W, et al. 2019. Projected temperature and precipitation changes on the Tibetan Plateau: results from dynamical downscaling and CCSM4. Theoretical and Applied Climatology, 138(1): 861-875.

Zhu Y, Yang S. 2020. Evaluation of CMIP6 for historical temperature and precipitation over the Tibetan Plateau and its comparison with CMIP5. Advances in Climate Change Research, 11(3): 239-251.

Zunz V, Goosse H, Massonnet F. 2013. How does internal variability influence the ability of CMIP5 models to reproduce the recent trend in Southern Ocean sea ice extent? The Cryosphere, 7(2): 451-468.

第 3 章

三极冰冻圈灾害及应对

素材提供：上官冬辉

本章作者名单

首席作者

上官冬辉，中国科学院西北生态环境资源研究院

主要作者

王世金，中国科学院西北生态环境资源研究院

牛富俊，中国科学院西北生态环境资源研究院

王生霞，兰州财经大学

尹国安，中国科学院西北生态环境资源研究院

李耀军，中国科学院西北生态环境资源研究院

李　达，中国科学院西北生态环境资源研究院

1990~2000 年联合国倡议 "国际减灾十年"， 随后，联合国提出"国际减灾战略"作为 21 世纪的减灾活动，成为防灾减灾新的里程碑。2015 年 3 月，联合国在日本仙台举行了第三届世界减灾大会，会议通过的《2015~2030 年仙台减轻灾害风险框架》。为应对气候变化的影响，联合国可持续发展目标中设立 SDG 13 "采取紧急行动应对气候变化及其影响"（以下简称：气候行动），主要任务是减缓和适应气候变化影响，提高应对能力。聚焦气候行动三个具体目标：抵御气候相关灾害(SDG 13.1)、应对气候变化举措(SDG 13.2)、气候变化适应和预警(SDG 13.3)。

过去几十年，三极是全球变暖最剧烈的地区。2016~2020 年间的平均气温达到有记录以来的最高值，比全球平均温度较工业化前水平(1850~1900 年)高出约 1.2℃，2020 年平均温度是有记录以来的三个最暖年之一。《全球风险报告》将极端天气、气候变化减缓与适应措施失败列为未来十年出现频率最多和影响程度最大的环境风险，应对气候变化是当前全球面临的最严峻挑战。

三极不仅是全球生态环境的重要屏障和关键纽带，也是全球气候变化的敏感区和脆弱区，对气候变化的扰动有着极高的脆弱性(李新等，2021)。三极独特的地理环境是自然灾害的天然孕育地，随着气候变化叠加效应的不断积累，三极地区的生态与环境不断出现异常，灾害风险随着三极人口增长和社会经济发展而不断上升(丁永建等，2022)。

冰冻圈的组成包括冰川、冻土、积雪等。全球冰川/冰盖主要分布在南极、北极和第三极山区。全球共有 216502 条冰川(除南极和格陵兰冰盖以外)，总面积 746092km^2(RGI Consortium, 2017)。中国是山地冰川大国，第二次冰川编目显示，中国有冰川 48571 条，面积 51766.08km^2。2006~2015 年全球冰量损失主要发生在北极、环北极和第三极区，南极相对较少。全球多年冻土主要分布于北半球，北半球多年冻土分布面积约为 22.79×10^6 km^2，占陆地面积的 23.9%(Zhang et al., 2008)。中国是全球第三大冻土国，多年冻土面积约为 2.14×10^6 km^2(周幼吾等，2000)。28 个站多年冻土观察结果显示，2006~2017 年加拿大、北亚、第三极、斯堪的纳维亚等多年冻土升温速率为 0.19±0.05℃。全球变暖背景下，冰川、冰湖、冻土、冻融湖等冰冻圈要素已经发生了显著变化。

伴随着冰川面积萎缩和冻土活动层升温，以冰川萎缩、冻土退化为主要表现的冰冻圈逐渐失衡。如不同区域 40 条长时间系列冰川监测数据显示，大部分冰川呈现加速亏损的趋势，尤其是 2000 年以后；主要表现为冰川数量减少、冰川面积缩减和物质出现亏损。多年冻土的退化表现为南界的北移、融区的扩大和多年冻土活动层增厚及地温的升高。

气候变化加剧了冰的消融和不稳定性，使得冰冻圈灾害急增，冰崩、冰湖扩张、冻土退化诱发的热融滑塌等成为当前主要的灾害风险。此外，冰川变化和冻土退化对局地气候、生态环境、水资源等造成重要影响，甚至成灾。气候变化对三极的影响，不仅取决于气候变化事件本身，更取决承于载体的暴露度和脆弱性。分析和厘清三极区域承灾体在气候变化影响下的暴露度，有效应对气候变化带来的各种相关灾害风险，是三极地区科学应对气候变化，有效管理灾害风险的最根本前提，对于三极社会可持续发展具有重要的战略意义和现实意义。鉴于冻土主要分布于北半球，南极冰盖和北极格陵兰冰盖人员稀少，其影响表现为冰的融化对海平面上升的贡献的原因。本章将系统调查全球山地冰川崩塌、冰川跃动、冰湖灾害及北半球冻融灾害查明冰冻圈相关灾害时空分布信息，同时关注南极冰盖和北极格陵兰冰盖融化对海平面上升的影响，揭示其变化规律和空间格局；分析和厘清三极区域承灾体在气候变化影响下的暴露度，分析冰冻圈灾害带来的影响，为可持续发展提供决策支持。由于积雪不在本项目的研究内容中，而海冰在后文有对通航的影响，故没有更多的涉及。

3.1 致灾因子分析

3.1.1 冰崩

冰崩是指在重力作用下，冰体从冰川中断裂、崩塌，并有可能快速地向下游移动的现象。按照冰崩影响的范围来分，冰崩可分为两类(Röthlisberger, 1977)，即内部崩落和崩解。内部崩落是破裂的冰体在重力作用下，落在原冰川表面上，重新融合到冰川内部；崩解是破裂的冰体在重力作用下，冲出原冰川覆盖范围。冰川崩解意味着大范围的冰体乃至整个冰川发生运动，冰川崩解会对冰体所经之处及下游地区造成灾害。

全球有记录的冰崩事件约为32起(部分数据来自 GAPHAZ.org)(图 3.1)。其中第三极有 16 条冰川事件记录，2000 年以后，在第三极 13 条冰川发生 16 次冰崩(表 3.1)。冰崩发生的山系为阿尼玛卿山、喜马拉雅山等。诱发冰崩的原因除了 2001 年昆仑山的地震和 2015 年尼泊尔地震以外，其他均可能与极端气候事件相关。西藏自治区阿里地区阿汝错 50 号冰川和 53 号冰川冰崩发生的规模最大，两次冰崩的冰体推出冰川范围 4.5km 以上，冰体体积大于 $0.7 \times 10^8 m^3$。

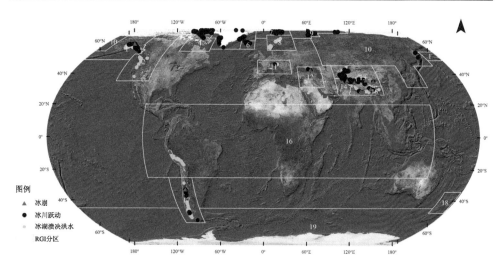

图 3.1　全球冰崩、冰川跃动和冰湖溃决洪水事件分布

区域编号按照 RGI 分区，将全球分成 19 个区：1：阿拉斯加；2：加拿大西部和美国；3：加拿大北极北部；4：加拿大北极南部；5：格陵兰岛边缘；6：冰岛；7：斯瓦尔巴德群岛和扬马廷岛；8：斯堪的纳维亚；9：俄罗斯北部；10：亚洲北部；11：欧洲中部；12：高加索与中东；13：中亚；14：亚洲西南；15：亚洲东南；16：低纬度地区；17：南安第斯；18：新西兰；19：南极和亚南极

表 3.1　2000 年之后第三极发生的冰崩

冰崩名称	地点	时间	规模	发生原因及影响	文献来源
曲安什 17 号冰川	阿尼玛卿山	2004 年 1 月 26 日~2 月 3 日	冰舌前进 230m	可能是气候原因	(Paul, 2019)
		2007 年 9~11 月	冰舌前进 300m		
		2016 年 10 月 6 日	冰舌前进 700m		
K1	昆仑山口以西 50km	2001 年 11 月 14 日	冰舌前进 550m，面积约 30000m^2,厚度约 5~10m，体积约 0.15~0.3×10^{6}m^3	地震	(Van der Woerd et al., 2004)
K2	昆仑山口以西 50km	2001 年 11 月 14 日触发	冰舌前进 1000m，面积约 180000m^2,厚度约 5~10m，体积约 1~2×10^{6}m^3	地震	(Van der Woerd et al., 2004)
B1	昆仑山口以东 10km	2001 年 11 月 14 日触发	冰舌前进 830m，面积约 103027m^2,厚度约 5~7m，体积约 0.5~0.7×10^{6}m^3	地震	(Van der Woerd et al., 2004)
B2	昆仑山口以东 10km	2001 年 11 月 14 日触发	冰舌前进 2100m，面积约 381510m^2,厚度约 3~10m，体积约 1~4×10^{6}m^3	地震	(Van der Woerd et al., 2004)

续表

冰崩名称	地点	时间	规模	发生原因及影响	文献来源
B3	昆仑山口以东10km	2001 年 11 月 14日触发	冰舌前进 1110m，面积约 143100m²，厚度约 5～10m，体积约 0.7～1.5×10⁶m³	地震	(Van der Woerd et al., 2004)
B4	昆仑山口以东10km	2001 年 11 月 14日触发	冰舌前进 1950m，面积约 294525m²，厚度约 3～10m，体积约 1～4×10⁶m³	地震	(Van der Woerd et al., 2004)
Langtang	喜马拉雅山	2015 年 4 月 25 日	Langtang 堆积物约 7.5×10⁵m³。约 200 人在事件中死亡	地震	(Kargel et al., 2016; 上官冬辉等, 2017)
Aru-1	阿汝错湖 53号冰川	2016 年 7 月	扇长 5.3km，宽 2.4km，面积约 9.4km²，平均厚度 7.5m，体积超 0.7×10⁸m³	可能与气候相关	(胡文涛等, 2018)
Aru-2	阿汝错湖 50号冰川	2016 年 9 月	扇长 4.7km，宽 1.9km，面积约 6.5km²，平均厚度 30m，体积超 1×10⁸m³	可能与气候相关	(胡文涛等, 2018)
色东普冰川	雅鲁藏布江色东普	2018 年 10 月 17日	堆积体长约 1800m，平均宽度 150m，面积达 0.3km²	可能与气候相关	(刘传正, 2018)
漾弓江 5号冰川	玉龙雪山	2004 年 3 月 12 日	触发泥石流	可能与气候相关	
		2019 年 5 月 3 日	不详		
Chamoli	里希恒河 (Rishi Ganga) 支沟雷尼河	2021 年 2 月 7 日	体积超 26.9×10⁶m³ 冰体	可能与气候相关	(Shugar et al., 2021)

3.1.2 冰川跃动

冰川跃动是指冰川末端在保持了较长一段时间和相对稳定后，突然在短时间内发生冰川快速运动，即冰川运动速度具有缓慢与快速有规则的周期性交替的现象，跃动是冰川变化的特殊形式。冰川跃动是冰体在动力过程作用下，进行冰川物质再分配、冰体破碎化甚至崩解的体现，因此对理解快速冰川运动机制、冰川不稳定性及冰川灾害的形成演化过程等具有不可估量的科学价值 (Jiskoot et al., 2000; Ding et al., 2021)，因而历来受到冰川研究者的重视。由于冰川的跃动会导致冰崩、冰川洪水，以及冰川泥石流等现象，因此早期也被称为"灾难性的冰川前进"(Catastrophic glacier advance) (Cuffey and Paterson, 2010)。一般情况下，冰川跃动时，冰川末端能有几十米甚至几公里的前进，并常伴有冰崩事件的发生，是较为危险的一种冰川变化致灾方式。

冰川跃动通常处于交通不便、人迹罕至的地区，开展野外跃动冰川研究在实际研究面临重重困难。所以航空摄影和卫星遥感技术的发展，极大丰富了跃动冰川研究的数据。对跃动冰川演化过程的遥感监测一般是通过对冰川地貌形态特征(高程、末端位置、几何形态等)、动力特征(运动速度)和表面特征(色调、纹理、冰裂隙发育等)的提取来进行。

跃动冰川在全球冰川中所占比例小于 1%。根据 Sevestre 和 Benn(2015)的研究显示，全球仅 2317 条冰川存在跃动的可能，其中 1343 条冰川为已经观测到跃动 (其他为较大可能跃动冰川和有可能发生跃动的冰川)。相关数据被全球冰川编目 RGI6.0 收录，并在属性表中标记。此后，在此基础上，又陆续发现 507 条冰川为跃动冰川。目前，已发生跃动的冰川总数为 1850 条，亚洲高山区、斯瓦尔巴德群岛和扬马廷群岛、阿拉斯加三地均超过 100 条。其中亚洲高山区最多，为 902 条跃动，其次为斯瓦尔巴德群岛和扬马廷群岛，有 451 条跃动冰川，阿拉斯加发现 239 条跃动冰川(图 3.1)。Guillet 等(2021)利用 ITS_LIVE 运动速度产品、高分辨率遥感数据等识别了 2000～2018 年亚洲高山区的跃动冰川，并进行了编目。结果表明，在第三极区的 95536 条冰川中，有 666 条冰川被诊断为跃动型冰川，占总调查冰川的 0.7%。这些跃动冰川主要分布在喀喇昆仑山(223 条)和帕米尔高原(222 条)。

最新调查的跃动冰川结果显示(表 3.2)，第三极跃动冰川集中分布于帕米尔和喀喇昆仑两个区域，青藏高原主体地区和天山山脉也有一定数量的跃动冰川分布(郭万钦等，2022)。帕米尔地区分布有跃动冰川 614 条，总面积 4581.4 km^2，占区域冰川总面积的 44.77%；喀喇昆仑地区有跃动冰川 181 条，总面积 9853.3 km^2，占区域冰川总面积的 42.8%。我国境内跃动冰川共 146 条，面积 6164.7 km^2，占我国冰川总面积的 11.9%。其中，我国境内东帕米尔高原有跃动冰川 35 条，喀喇昆仑山有跃动冰川 31 条，西昆仑山有跃动冰川 30 条(郭万钦等，2022)。

表 3.2　亚洲高山区冰川条数和面积统计

区域(RGI 区域编号：区～亚区)	跃动冰川总条数		跃动冰川总面积	
	条数	区域数量占比/%	面积/km^2	区域面积占比/%
希萨尔-阿莱山(13～01)	3	0.10	119.7	6.48
帕米尔(13～02)	614	6.00	4581.4	44.77
西天山(13～03)	26	0.27	1537.6	16.13
西昆仑(13～05)	30	0.55	2035.1	24.86
东昆仑(13～06)	8	0.23	345.6	10.63

区域(RGI 区域编号：区～亚区)	跃动冰川总条数		跃动冰川总面积	
	条数	区域数量占比/%	面积/km²	区域面积占比/%
青藏高原内部(13～08)	25	0.26	479.4	5.72
青藏高原东南部(13～09)	7	0.14	101.9	2.46
喀喇昆仑山(14～02)	181	1.31	9853.3	42.80
西喜马拉雅(14～03)	2	0.02	15.9	0.20
中喜马拉雅(15～01)	3	0.06	44.2	0.74
东喜马拉雅(15～02)	1	0.02	13.3	0.25
横断山(15～03)	2	0.05	208.4	4.68
合计	902	0.9	19335.8	19.8

资料来源：Gao et al., 2021；Leclercq et al.，2021；RGI Consortium，2017；Zhou et al., 2021

3.1.3 冰湖溃决洪水

冰川湖泊，简称冰湖，指由冰川作用形成的，受冰川融水补给的湖泊。主要包括冰碛物堵塞冰川槽谷水流形成的冰碛阻塞湖，冰川动态变化(如冰川跃动)阻塞河谷形成的冰川阻塞湖，冰川表面差异性消融形成的冰面湖，在冰蚀洼地(即冰斗，cirque)中积水形成的冰斗湖等类型。冰湖虽然个体规模较小，由于其自身海拔较高，冰湖坝体稳定性差，且容易受到上游冰川融化、冰崩、冰川跃动、暴雨、积雪融化等因素的影响，导致湖坝失稳，湖水快速下泄，形成突发洪水，给下游地区带来重大威胁。

1901～2017 年，全球约记录到 2000 起冰湖溃决事件(Veh et al., 2022)，北半球主要分布区为第三极、阿拉斯加北部、加拿大西部和美国、斯堪的纳维亚、冰岛；南半球主要分布在低纬区和安第斯山南部和新西兰。20 世纪第三极共计发生冰湖溃决洪水事件 277 起，其中冰碛湖溃决洪水 113 起，冰坝湖溃决洪水 164 起(张太刚等，2021)。冰湖溃决洪水主要分布于天山、兴都库什-喀喇昆仑山、喜马拉雅山、念青唐古拉山、帕米尔高原等山地。

不同类型的冰湖中，冰碛阻塞湖与冰川阻塞湖规模较大，其形成的溃决洪水破坏力大、致灾性强，是溃决冰湖的主要类型。管涌和漫顶溢流是冰碛阻塞湖溃决的重要过程，冰川阻塞湖的溃决则与冰坝内部水道的沟通以及湖水浮力对冰坝的抬升相关。冰川阻塞湖洪水则受季节特征影响，存在一定周期性特征。不论是冰碛湖还是冰川阻塞湖，均会受到冰崩或者冰川跃动的作用，形成链式溃决洪水。

首次系统记录冰碛阻塞湖洪水是发生在 1941 年秘鲁的 Cordillera Blance 洪水。这次洪水摧毁了大部分的 Huaraz 城市，造成 5000 多人死亡(Lliboutry et al.,

1977)。另外一次是发生在 2013 年 6 月 17 日印度 Choradari 冰碛湖洪水，造成 6000 余人死亡(Das et al., 2015)。冰碛阻塞洪水与山区强降水有关。

比较典型的冰川阻塞湖溃决洪水为阿克苏冰湖溃决洪水和叶尔羌河冰川/冰湖溃决洪水。阿克苏冰湖溃决洪水主要来源为天山麦茨巴赫冰川阻塞湖。自 1956 年以来，库玛拉克河(又称昆马力克河)协合拉水文站记录麦茨巴赫冰湖溃决洪水事件 50 余次，发生频率接近每年一次，而在 20 世纪 80 年代的高温期出现一年两次的溃决趋势。在 1956~1981 年间，冰湖溃决多发生在 8 月中旬至 9 月中旬之间，发生次数为 12 次；1981 年之后，冰湖溃决发生时间提前到 7 月中下旬至 8 月中上旬，可能与气候变暖导致冰川消融加剧以及湖盆蓄水期缩短等有关。其中，1983 年 8 月 22 日(洪峰流量 1890m³/s)、1984 年 8 月 26 日(洪峰为 1920m²/s)等灾难性溃决洪水分别造成协合拉水文站被冲毁，库玛拉克河帕什塔什防洪堤决口。

叶尔羌河的洪水的主要来源为克亚吉尔冰湖。克亚吉尔冰湖是克亚吉尔冰川阻塞河谷时形成的一个典型冰川堰塞湖，距离源头胜利达坂约 30 km。自 1959 年有水文监测记录以来，叶尔羌河的冰湖溃决引发洪水已发生过 20 余次。其中，发生于 1961 年 9 月 6 日的冰川突发洪水是有史以来最大的一次，在下游卡群站监测到的洪峰流量高达 6270 m³/s，此次洪水造成直接经济损失达 1000 多万元(张祥松等，1989)。多年统计表明，年内最高洪峰出现时间集中在 7~9 月，其中大部分发生在 8 月中旬，其次为 7 月下旬和 8 月上旬。而冰湖溃决洪水爆发的时间更宽，在 6~11 月均有发生，但大部分发生在 8 月和 9 月上旬。

最新研究结果显示，克亚吉尔冰湖 1996~2009 年和 2015~2020 年两个时期发现了堰塞湖每年的周期性蓄水，而影响这种周期的是克亚吉尔冰川在 1995~1997 年和 2014~2016 年期间出现了两次明显的冰川跃动(Luo et al., 2022)。除了冰川跃动是主要和直接原因外，冰川侵蚀搬运和上游流域所携带沉积物的周期性富集也有可能阻塞河道，而冰湖上游来水(冰雪消融和降水)与其排水过程间的平衡关系是决定其后续扩张和溃决过程的关键。其中，冰川的运动速度和末端冰川厚度等状况对阻塞湖的蓄排过程影响较大。目前要准确预测冰湖的演化过程还存在很大困难，只能通过连续遥感监测其面积变化做出初步评判。根据近两年的冰湖最大规模来看，一般其不到 2 km² 就会发生溃决，该规模洪水对下游并无大碍。一旦发现冰湖面积达到更大规模，如接近 3 km²，则预示着其接近灾害性溃决的临界点，将会对下游造成一定的危害性损失。

更为典型的链式冰湖溃决洪水灾害，如发生在 2000 年的易贡大洪水灾害，即由扎木弄滑坡阻塞河道，且滑坡体在冰川区，形成易贡堰塞湖。堰塞湖由冰川融水补给，具有典型的冰川湖特征，最终于 2000 年 6 月 10 日溃决形成大洪水，洪峰超 10 万 m³/s(吕杰堂等，2002)。

3.1.4 热融滑塌

1. 多年冻土及热融滑塌空间分布

根据数值计算，2000～2018 年期间，北半球多年冻土面积约为 $1.9 \times 10^7 km^2$，约占整个北半球陆地面积的 19.7 %。多数冻土年平均温度为–2.3 ℃，最低温度达–20.0 ℃。活动层厚度分布范围为 0～5.87 m，平均值为 1.91 m。

泛北极地区多年冻土区普遍出现了热融灾害，与其有关的现象(主要为热喀斯特滑坡和热喀斯特湖)主要发生在阿拉斯加、加拿大北部和亚马尔中心地区，如加拿大 Banks Island 地区约 $7.0 \times 10^4 km^2$ 的范围内，1984～2015 年间热融滑塌数量增加了 60 倍，且预测在全球气候变暖情景下，其今后增加幅度将更加显著。但是，泛北极地区热喀斯特湖的变化趋势有些特殊，尽管多年冻土退化、地下冰融化能够为区域提供更多的水源，但实际上热喀斯特湖的数量在一些区域趋于减少。Smith 等 2005 年发表于 *Science* 的文章指出：自 20 世纪 80 年代以来，泛北极变暖加速过程中，西伯利亚 $51.5 \times 10^4 km^2$ 范围内的大型湖泊(>40hm^2)，1973 年至 1997～1998 年间其数量和面积普遍减少，尽管期间降水量略有增加。大型湖泊总数由 10882 个减少到 9712 个，数量减少了 11%。实际上大多数并没有完全消失，而是缩小到 40ha 以下。湖泊总面积减少 93000ha，降幅达 6%。其主要原因为泛北极热喀斯特湖融穿多年冻土后，湖水转化为地下水，相当于发生了泄漏、疏干了湖泊，导致热喀斯特湖的数量减少。

由于冻土退化导致土壤结构遭到破坏，而北极海冰的快速退缩又使得海岸更直接地暴露在海浪面前，从而导致北极海岸侵蚀速率上升。而海浪对海岸的侵蚀释放出多年冻土中储存的碳，这很可能加剧气候变化从而形成恶性循环。加拿大北极地区海岸线的侵蚀速率比过去 65 年的平均速率快 6 倍，由于气候变暖使得海岸无海冰时期更长，加拿大北极的 Qikiqtaruk-Herschel 岛以每天多达 1m 的速度遭到海浪侵蚀退化(Cunliffe et al., 2019)。Nielsen 等(2020)基于北极拉普捷夫海(Laptev sea)监测点近 30 年观测研究发现，大部分海岸侵蚀变异性可以归因于冬季海冰覆盖范围的缩短和风型的大尺度变化。至 21 世纪末，北极海岸对海浪侵蚀的敏感性将加倍，达到 0.4～0.8 m/a ℃(Nielsen et al., 2022)。

2. 多年冻土热融滑塌易发性分析

基于解译的北半球多年冻土区热融滑塌数据集，利用机器学习算法将热融滑塌的产生与各种有关的环境因素联系起来，建立冻融灾害易发性模型。图 3.2 为热融灾害易发性分区图，其中图 3.2 (a)是对北半球目前(2000～2020 年)热融灾害易发性分区,可以看到,极高易发区及高易发区主要分布在环极地圈,海岸周边,以及青藏高原腹地,这些区域主要为连续多年冻土区,地下冰丰富,对气候变化敏感,结合地形地貌条件,极易发生热融滑塌灾害。俄罗斯新西伯利亚、俄罗斯-蒙古国接壤一带,以及鄂霍次克海沿岸、阿拉斯加南部等区域。地温较高(0~−1℃),含冰量较高,冻土对气候变化也极为敏感,但这些地区地势平坦,因此热融滑塌低易发,但其他热融灾害,如地表沉陷,热喀斯特湖将会极易发。

对 21 世纪中叶(2041~2060 年,即 2050s)热融灾害易发性的评估结果显示,极高易发及高易发区域主要分布在青藏高原腹地大部分区域,加拿大极地地区[图 3.2(b)]。因此,未来在这些区域极地线性工程(公路、铁路及油气管道)设计与建设过程中应当充分考虑热融灾害的影响,在线路穿越高危险区段时,考虑用桥梁通过的方式建造。

近年来青藏高原多年冻土区热融滑塌发育急剧增加,为特别评估青藏高原多年冻土区热融滑塌发育状况,采用上述方法完成了热融滑塌易发性评价,结果如图 3.3 所示。该图显示,以可可西里丘陵山地为主的区域为热融滑塌高易发至极高易发区,面积达 $1.6 \times 10^4 \text{km}^2$ 区域(约占青藏高原面积的 1.4%)。进一步的分析表明,虽然气候是主要因素,但地形和土壤性质也为热融滑塌提供了显著的适宜条件。此外,热融滑塌易发的斜坡坡度 < 15°,由于排水条件差,这个坡度角适合于细颗粒土体沉积。

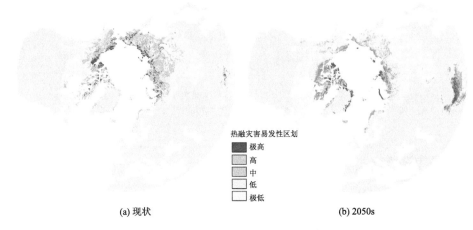

(a) 现状　　　　　　　　　　　　　　　　　　(b) 2050s

图 3.2　北半球多年冻土区热融易发性评估

(a)现状;(b)21 世纪中期 2050s 预测结果

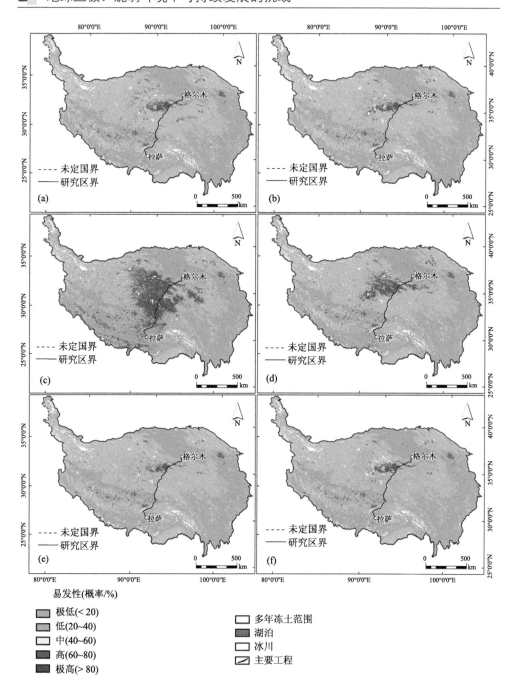

易发性(概率/%)

极低(<20)
低(20~40)
中(40~60)
高(60~80)
极高(>80)

多年冻土范围
湖泊
冰川
主要工程

图 3.3　青藏高原部分地区多年冻土区热融滑塌易发性评估

(a) 广义增强模型(GAM)；(b)广义增强模型(GBM)；(c) 广义线性模型；(d) 人工神经网络；(e)随机森林;(f)综
合分析结果

3.1.5　冰盖与山地冰川融化引起的海平面上升

全球平均海平面正在上升,在引起海平面变化的诸多因素中,不同因素的时间尺度差异很大,从构造尺度、轨道尺度、小尺度到现代尺度,时间尺度依次变小。现代海平面变化是由工业革命以来人为温室气体排放导致的全球变暖引起的,现代尺度的海平面变化已经对人类的生存环境造成了严重威胁,受到了高度关注。其主要特征是,在较短的时间内海平面上升十分显著,同时会引发一系列气候、环境和灾害问题。

全球平均海平面上升可归为三类:一是海水体积变化;二是海盆容积变化;三是大地水准面变化(丁永建等,2022)。IPCC AR6 报告显示,1902～2015 年,全球平均海平面总上升量为 0.16m(可能范围为 0.12～0.21m)。2006～2015 年全球平均海平面增长率为 3.6mm/a(3.1～4.1mm/a 非常可能的范围),是 20 世纪前所未有的(高度可信),大约是 1901～1990 年 1.40 mm/a(0.8～2.0 mm/a,非常可能的范围)增长率的 2.5 倍。冰川/冰盖变化对海水体积变化影响最大,2006～2015 年期间,冰盖和冰川的贡献之和是海平面上升的主要来源(1.8 mm/a,很可能范围 1.7～1.9 mm/a),超过了海水热膨胀的影响(1.4 mm/a,很可能范围 1.1～1.7 mm/a)(非常高的置信度)。研究结果显示,冰川/冰盖融化引起的海平面上升的贡献量达 40%～60%。

在南极洲西部的阿蒙森海港湾和东南极的威尔克斯陆观察到南极洲的冰流加速和后退,这有可能在几个世纪内导致海平面上升几米。这些变化可能是冰盖不稳定不可逆转的开始。但其不确定性来自有限的观测、冰盖过程模型的代表性不足,以及对大气、海洋和冰盖之间复杂相互作用的有限理解。

此外,海平面上升在全球范围内并不均匀,在区域上也有所不同。强有力的观测证据表明,1902 年到现在(2020 年)全球平均海平面正在上升,尽管不同时间阶段幅度有差异。也有研究发现,海平面上升贡献的组分中,冰川/冰盖的贡献越来越大,由于冰川/冰盖损失,越靠近冰川/冰盖的区域,海平面上升越不明显,而远离冰川/冰盖的区域,海平面上升更大(Carson et al.,2015)。全球平均海平面上升的±30%范围内的区域差异是由陆冰损失和海洋变暖及环流变化造成的。在土地垂直快速移动的地区,包括当地人类活动(如地下水开采),与全球平均值的差异可能更大(高置信度)。

全球平均海平面上升导致的结果是极端波高的增加。1985～2018 年期间,对极端海平面事件、海岸侵蚀和洪水有贡献的极端波高在南大西洋和北大西洋增加了约 1.0 cm/a 和 0.8 cm/a(中等置信度)。此外,1992～2014 年期间,北极海冰损失也增加了波高(中等置信度)。

全球平均海平面上升将导致大多数地区极端海平面事件的发生频率增加。在所有 RCP 情景下(高置信度)，预计到 2100 年，历史上每世纪发生一次的当地海平面(历史百年事件)将至少在大多数位置每年发生一次。根据 RCP2.6、RCP4.5 和 RCP8.5，预计到 2050 年，许多低地特大城市和小岛屿(包括小岛屿发展中国家)将至少每年经历历史性的事件。在中纬度地区，载入历史的百年事件，在 RCP8.5 情景中出现的年份最早，其次是 RCP4.5，最晚出现在 RCP2.6 中。高水位频率的增加可能会对许多区域产生严重影响，具体取决于暴露水平(高置信度)。

3.2 影 响 分 析

承灾体指致灾因子作用的对象，主要指人类及其所在的社会-生态系统中各类资源的集合。其中，人类具有致灾因子和承灾体双重属性。一般情况下，承灾体划分为人类、自然资源和财产两大类，其中，人可以按年龄、性别、收入、能力、身体状况等划分。因为在面对灾害时老人、儿童、女性、低收入人群、残障人士、病人更易受灾，他们的承灾能力低，是脆弱群体。自然资源包括水体、生物、耕地、林地、草地等。财产有各类生产总值、固定资产、储蓄存款、道路、矿产、港口、机场、管网等。根据 IPCC 第五次评估报告，暴露度是指人员、生计、环境服务和各种资源、基础设施，以及经济、社会或文化资产处于可能受到不利影响的位置(IPCC, 2019)。

北极、南极和青藏高原极端天气气候灾害发生频率、强度、空间范围、持续时间均有所加强。因地处高纬、高海拔，人口密度小、产业单一，人类活动强度较小，较中低纬度其他区域灾害影响相对较弱。北极、南极和青藏高原分布有大量的冰冻圈，其冰冻圈是气候系统五大圈层之一。在极地和青藏高原，热极端气象气候事件频率和强度明显增加，其中极端降水明显增强。相反，冷极端气象气候事件频率和强度则明显减少(Donat et al., 2016; Hu et al., 2016; Sui et al., 2017; Sun et al., 2020; Yin et al., 2019; Zhang et al., 2019a; Dunn et al., 2020)。在北极，较高的气温和增加的降水将导致更高的河流洪水潜力和更早的融水洪水，改变洪水的季节特征(高信度)。有时，这些极端天气气候事件还会连续和同时发生在不同区域，造成的影响可能比单一极端事件更为严重(Zscheischler et al., 2019, 2020)。

三极地区极端天气气候事件及由此引发的冰冻圈灾害、地质灾害、水文灾害、生物灾害却较难防范，其影响也较大。北极极端天气气候灾害以冻土灾害、野火、冰凌/凌汛、海冰灾害为主要特征，其灾害主要影响交通网络、基础设施、生态系统、人居环境。南极极端天气气候事件主要影响南极洲科研考察站、南极半岛旅游活动，较青藏高原和北极地区，相对灾害影响较小。青藏高原极端天气气候灾害以降雨/冰雪融水驱动的滑坡泥石流灾害、冰崩/冰川跃动灾害、牧区雪灾、冻土灾害为主要特征，辅之以干旱、暴风雪、霜冻、冰冻雨雪灾害，其灾害主要影响高原畜牧业、重大工程。三极极端天气气候灾害影响的共性是巨大冰体损失造成的海平面上升(Bronselaer et al., 2018)，进而波及全球沿海城市和低洼岛国。

3.2.1　冰崩的影响

尽管全球有记录的冰崩事件仅为 32 例，但影响比较大，如 Kolka 冰/岩崩、阿汝错冰崩、色东普冰崩、Langtang 冰川泥石流和印度北部的 Chamoli 冰/岩崩等，尤其是 2015~2021 年期间，青藏高原阿里地区阿汝冰川、青龙沟冰川、色东浦沟冰川和印度北部的 Chamoli 冰/岩崩相继发生冰崩事件，并造成了一定影响。

2002 年 9 月 20 日 Kolka 冰崩，冰体从 4780m 处断裂，厚度达 140m 的冰体向下游滑塌 18km，冰崩后堆积物宽度 200m，体积约 $1.1 \times 10^8 m^3$。此后停留在 Genaldon 山谷，形成泥石流，再往下又推进 15km。此次事件大约 140 人死亡 (Huggel et al., 2005)。

2015 年 4 月 25 日尼泊尔发生 8.1 级地震(USGS7.8 级)，史称 Gorkha 地震。此次地震诱发编号为 G085512E28251N 的冰川崩塌，并引发 Langtang 滑坡，冰从 4400 m 海拔高速滑向位于海拔 3440m 的 Langtang 村，造成至少 200 人死亡。泥石流沉积物部分堵塞了 Langtang 河，所幸没有引起次生灾害。

2016 年 7 月 17 日，阿里地区日土县阿鲁错附近 53 号冰川主体从海拔大约 5800m 处断裂，巨量碎冰滑落至山下海拔 5000m 左右，形成了长约 5.3km，宽约 2.4km 巨大的冰崩扇。冰崩量高达 0.7 亿 m^3，冰崩带最厚的地方达 30m，巨大的冰体冲入阿鲁错湖，引起巨浪。灾害发生时，附近有 6 户牧民正在夏季牧场放牧，冰崩掩埋了其中 4 户人家 9 名群众，以及 2 辆东风车等生产生活物资。9 月 21 日，此次冰崩地南侧 2km 的 50 号冰川也发生了主体崩塌。来自中国科学院青藏高原研究所、俄亥俄州立大学伯德极地和气候研究中心(Byrd Polar and Climate Research Center)等机构的研究者们认为，气候变化极有可能是阿里这两次冰崩的"真凶"(Kääb et al., 2018)。

2018 年 10 月 17 日西藏雅鲁藏布江所在林芝市米林县派镇加拉村附近色东普沟发生冰川泥石流堵江事件，通过灾害发生前后卫星遥感影像对比显示，色东普冰川有大量冰崩残留堆积物存在，冰崩残留堆积体长约 1800m，平均宽度 150m，面积达 $0.3 km^2$。初步证明该次泥石流是由冰崩诱导形成。青藏高原第二次科考的首席专家认为，这次雅江堵江形成堰塞湖是由于源头冰川发生冰崩，冰崩体带着冰碛物一直堆到江边，把雅鲁藏布江阻断造成的。同时建议，在气候暖湿化背景

下，此类冰崩灾害还将持续甚至加强。

2021 年 2 月 7 日，里希恒河(Rishi Ganga)支沟雷尼河(Rontigad)左岸斜坡冰川从海拔约 5600 m 高程处崩塌失稳，并与海拔为 3800 m 处谷底发生相撞。滑体在运动过程中不断撞击、铲刮并发生解体，产生大量岩崩和冰雪崩，激起大量灰尘，平铺于西侧的山谷，并形成堵沟。山崩诱发的洪水灾害造成下游 20km 外的雷尼(Raini)水电站、塔波万(Tapovan)水电站，以及一座桥梁被洪水冲毁，同时造成至少 20 人死亡，177 人失踪(Shugar et al., 2021)。

虽然说，2015 年以后发生的冰崩事件是气候驱动下冰川表面变陡峭、内部温度变化和前期降水增多等因素共同作用的结果，但气候变化可能是最主要的因素。

3.2.2 冰川跃动

已有的研究表明：冰川跃动可直接或者间接(通过灾害链形式引发严重的灾害)导致灾害(Harrison et al., 2021)。直接形成灾害包括冰川突然前进及由其引发的冰崩对下游地区生态、牧场、牲畜和道路桥梁等基础设施的破坏，甚至造成人员死亡。如藏东南地区南伽巴瓦峰西坡的则隆弄冰川 1950 年以来多次跃动引发冰崩，其中 1950 年的冰崩导致下游直白村被掩埋，97 人死亡(Zhang, 1992)。2015 年 5 月 17 日，新疆克孜勒苏柯尔克孜自治州阿克陶县境内公格尔九别峰北坡克拉牙伊拉克冰川发生冰川跃动，冰体长约 10km，平均宽度 1km，跃动冰体体积约 5 亿 m³。现场没有人员伤亡，但周边 1.5 万亩草场、上百头牲畜消失，61 户牧民房屋受损，此次事件在社会各界引起强烈反响[①](Shangguan et al., 2016; Zhang et al., 2022)。因此，对跃动冰川的监测和研究对防灾减灾及其规划具有重要的现实意义和实用价值。

冰川跃动导致的间接地质灾害通常以链式灾害方式发生，表现为更大的范围、形成更强的破坏力，因为链式灾害具有更强的致灾性和更大的灾害范围。如帕米尔地区的熊冰川(Medvezhiy 冰川)在 1963～2011 年间 5 次跃动(Dolgushin and Osipova, 1978)，多次阻塞下游 Abdukagor 河河道形成堰塞湖，形成最大 $2 \times 10^7 m^3$ 的溃决洪水导致下游基础设施受损。藏东南岗日嘎布地区的米堆冰川 1988 年跃动导致下游光谢错溃决，造成 5 人死亡，下游川藏公路 24 km 路段被冲毁(Zhang, 1992)。2002 年高加索地区 Kolka 冰川的跃动引发冰川泥石流灾害，下游 Nizhnii Karmadon 镇完全被冲毁，100 余位居民死亡(Kotlyakov et al., 2004)。

冰川跃动属于冰川动力异常的表现，且冰川流速不稳定性具有小时、日、月甚至年及年代际波动。早期的研究显示：气候变化对冰川跃动的发生频率和幅度

---

① http://www.xinhuanet.com/politics/2015-05/16/c_127808652.htm.

有一定影响(Raymond, 1987)，如气候条件可通过影响跃动冰川积蓄区物质积累速率而对跃动周期和活动特征产生显著影响。一方面，部分冰川受气候变暖影响，跃动周期缩短和跃动范围减少，甚至完全停止。如育空地区 Lowell 冰川、加拿大 St. Elias 山脉 Donjek 冰川和斯瓦尔巴德群岛的一些冰川(Bevington and Copland, 2014; Kochtitzky et al., 2019; Hansen, 2003)。另一方面，受气候变暖下冰川厚度和内部热力状态改变的影响，部分普通冰川的动力过程会转变为以跃动方式进行，或者导致跃动冰川发生跃动的频率增加。

据此可推，在未来气候持续变暖情景下，部分已知跃动冰川的跃动可能会减缓或停止，同时某些普通冰川的运动模式也可能会向跃动方式转变(郭万钦等，2022)。未来开展持续的冰川变化过程监测，实时了解冰川的动态趋势，已成为了解这些转变不可或缺的途径。

3.2.3　冰湖溃决洪水及链式灾害

自 1930s 以来，青藏高原发生 40 余次冰湖溃决灾害，累计死亡人数已超过了700 余人，并对其他基础设施造成一定影响(Wang et al., 2020)。这些事件中，有冰湖溃决事件引起的，也有诸如冰川跃动诱发冰湖溃决洪水的链式灾害。如 1985年，尼泊尔的 Langmoche 冰川湖溃决淹没了可耕用土地，冲毁了桥梁房屋和一座即将建成的水电站，造成了大量人员的伤亡和财产的损失。1988 年 7 月 15 日深夜，米堆冰川突然跃动，断裂下来的巨大冰川末端冲入冰湖中，使冰湖里与断裂冰川同样大小体积的湖水狂涌而出，冲溃湖坝，几千立方米的湖水在几分钟内夹杂着泥石流翻滚而下，冲毁了川藏公路上大小桥梁 18 座及 42km 的路基，使这条藏东南唯一的"生命线"中断达半年之久。2000 年 4 月 9 日，西藏林芝地区波密县易贡藏布河扎木弄沟发生大规模山体滑坡，截断了易贡藏布河(河床高程2190m)，形成堰塞湖。时值气温转暖，冰雪融化，经 60d 的堰塞，堰塞湖蓄水超$20 \times 10^8 m^3$，形成的堰塞湖溃决后引发的洪峰流量达每秒 12 万 m^3，是雅鲁藏布江正常流量值的 36 倍，超过 1998 年长江洪峰流量，不仅冲毁了我国境内雅鲁藏布江沿途几乎所有道路、水电站、桥梁等基础设施，而且在印度也形成严重洪涝灾害。

近 10 年，喜马拉雅山地区新增 5 次冰湖溃决灾害，分别是折麦错(2009-07-03)、嘎错(2009-07-29)、 然则日阿错(2013-07-15)、贡巴通沙错(2016-07-05)、金乌错(2020-06-26)冰湖溃决灾害。其中，2013 年 7 月 15 日，嘉黎县尼屋乡然则日阿错冰湖发生溃决，形成洪水与冰川泥石流灾害，致使下游 14个建制村不同程度受灾，大片农田被淹、房屋冲毁、牲畜冲走，经济损失达 2 亿元。时隔 7 年，2020 年 6 月 25 日嘉黎县尼屋乡金乌措(吉翁措)冰碛湖 溃决，此次灾害淹没或冲毁农田 382.43 亩，从尼屋乡政府通往 14 个村约 43.9 km 道路基本被冲毁，冲毁 6 座钢架桥、1 座吊桥、1 座水泥盖板涵，多处简易民房被破坏，总投资 840 万元的已完工 45% 的依噶景区项目全部被淹没 (Wang et al., 2021)。青藏高原藏东南、川西地区和青海东部地区，尤其是雅鲁藏布江中游地区、三江并流地区、横断山脉地区是降雨/冰雪洪水型滑坡泥石流的频发区 (刘传正, 2014)，也是高危险区 (王世金等, 2021)。

由于冰湖所处地区多为河流源头冰川作用区，山高谷深，地表破碎，同时也是滑坡泥石流等地质灾害的高发地区，冰湖容易受到各种环境要素扰动的影响引发溃决洪水。洪水不仅会对下游沿河两岸的村庄道路产生破坏，还容易裹挟大量物质下泄引发堵江，形成堰塞湖等一系列链式灾害。加之，近年来青藏高原气候增温，冰川退缩，冰湖发生明显扩张，加强冰湖相关监测，在灾害链的源头开展防灾减灾措施具有重要意义。

3.2.4　热融滑塌灾害及其工程影响

泛北极绝大多数地区属冻土区。自 1970s 以来，因冻土退化，导致俄罗斯楚科奇自治区 (Chukotka Avtonomnyy Okrug)，萨哈 (雅库特) 共和国 (The Sakhal Yakutia Republic)，泰梅尔 (多尔干-涅涅茨) 自治区 (Taymyr (Dolgano-Wenetskiy) Avtonomnyy Okrug)，亚马尔-涅涅茨自治区 (Yamalo-Nenetskiy Avtonomnyy Okrug)，涅涅茨自治区 (Nenets Avtonomnyy Okrug) 五个区域地基支撑基础设施能力下降 (Streletskiy et al., 2015)。基于活动层厚度和年均地温预测，Hjort 等 (2018) 按照沉降指数 (活动层厚度增加值与多年冻土浅层体积含冰量乘积) 的思路，综合考虑了活动层厚度、地下冰含量、地温、土体中细颗粒含量，以及坡度 5 个要素的影响，采用要素相对影响度专家赋值及加权计算的方法，对 21 世纪中期北半球多年冻土退化风险进行了评估与分级，并量化了对基础设施的影响 (图 3.4)。图 3.4 中将热融灾害划分为高 (包括极高)、中及低危险性 3 个等级，评估结果认为高危险性以上区域占研究区的 13.8%，中度危险区占 41.3%，低危险区占 44.9%。根据评估结果，高危险性区域主要分布在泛北极连续多年冻土的南缘区域，包括俄罗斯新西伯利亚、俄罗斯——蒙古国接壤一带，以及鄂霍次克海沿岸、阿拉斯加南部等区域。该地区地温较高 (−1～0℃)，含冰量较高，地形变化较大，冻土对气候变化极为敏感，斜坡稳定性差，导致该区域极容易诱发热融灾害。

北极国家是指国土进入北极圈 (北纬 66°33′以北) 的国家，包括俄罗斯、美国、加拿大、挪威、丹麦、冰岛、芬兰和瑞典，称为北极八国。在北极八国中，丹麦因为其附属岛屿——格陵兰岛位于北极圈内，而成为北极国家。北极八国 2020 年人口约 5.43 亿，美国和俄罗斯两个占 87.8% (Keywan et al., 2017)。目前有大约 330 万人生活在北极多年冻土区。快速增温使得北极地表温度的上升，进而导致冻土退化，对生活在冻土的人群和建筑造成威胁 (图 3.5)。

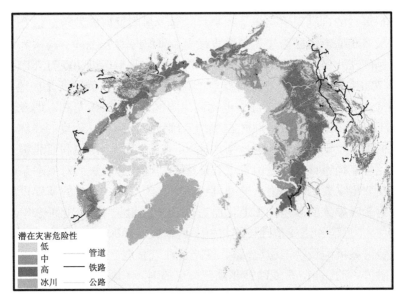

潜在灾害危险性
低
中
高
冰川

管道
铁路
公路

图 3.4　泛北极多年冻土区 2041～2060 年潜在热融灾害危险性评估图

图 3.5　北极多年冻土退化而引发的基础设施损坏(Hjort et al., 2022)

Bartsh 等(2021)利用哨兵一号和哨兵二号卫星数据研究发现，迄今为止，俄罗斯在北极多年冻土地区修建基础建筑最多，面积约为 $700km^2$，其次为加拿大和美国，而挪威在北极多年冻土区拥有的建筑最少。北半球近 400 万人口和多年冻土地区约 70%的现有基础设施将面临多年冻土退化风险。俄罗斯北极地区 1/3 基础设施和 45%油气田位于多年冻土退化高风险区。到 2050 左右，地表温度上升和多年冻土退化将对北极沿海地区 55%的基础设施造成不同程度的损坏，其中受影响最大的地区位于俄罗斯和阿拉斯加地区。阿拉斯加、西伯利亚北极近地表多年冻土融化可能损害该区域是由管道和油罐等基础设施，进而对生态系统产生严重破坏。在北极重要的基地附近的基础设施中，约 30%～50%的基础设施很有可能会因人为变暖导致的多年冻土退化而受损。到 21 世纪中叶，北极多年冻土地区约 69%的住宅、运输和工业基础设施将位于近地表多年冻土退化风险很高的区域。未来在这些区域极地线性工程(公路、铁路及油气管道)设计与建设过程中应当充分考虑热融灾害的影响，在线路穿越高危险区段时，考虑用桥梁通过的方式建造。到 21 世纪下半叶，与多年冻土退化相关的基础设施损失可能会达到数百亿美元。比如，即使俄罗斯现有网路不进一步扩大，2020～2050 年因多年冻土退化造成的公路基建维护总成本预计将达到 70 亿美元(Hjort et al., 2022)。

受气候变暖和人类活动的综合影响，多年冻土出现强烈的退化过程，多年冻土退化带来的热效应主要体现在热融灾害发育。"一带一路"倡议下，国家提出了建设京莫高铁、中巴公路、中哈公路与铁路等多项重大工程规划，均对现役重大冻土工程稳定及其未来工程规划建设将带来严峻的挑战。

青藏高原多年冻土以高温、高含冰量以及对环境敏感为突出特点。高温、富冰多年冻土更容易诱发地面长期形变(Chen et al., 2022)，气候变暖进而加剧了高原多年冻土区斜坡失稳、热融湖塘增加、热融滑塌、融沉与冻拔灾害的发生，威胁着青藏高原多年冻土区工程基础设施的稳定性(Zhang and Wu, 2012; Guo and Wang, 2017)。另外，冻土退化诱发的热融滑塌、热融滑坡、融冻泥流等冻融灾害严重影响高原冻土区的青藏铁路工程路基以及冻土区环境(Niu et al., 2014)。融沉风险评估模型(含地下冰、年平均地温和活动层厚度的相对变化)模拟显示，2061～2080 年期间，在代表性浓度路径(RCP)4.5 情景下，青藏铁路沿线低风险区占比45.38%，中高风险区占 40%以上，且位于目前多年冻土区边界，南部边界中高风险区的范围要明显高于北部边界。其中，InSAR 数据显示，2010～2018 年期间北麓河南部区域沉降显著(Zhang et al., 2019a)。随着气候变暖和人类活动的加剧，青藏铁路沿线依然可能成为沉降发生最严重的区域。基础设施对多年冻土变化的敏感性较为复杂。线状基础设施(如铁路、公路、输油管道、输变电线等)直接面临与包括冻土不稳定性在内的地表变形、物质运移等有关的风险(Wu et al.,

2020)，同时也给区域内的基础设施和生命财产造成了直接或潜在的危害。因此，需要在中高融沉风险区采取紧急和必要的措施。同时，建立工程基础设施的预警系统，防止更大的经济损失(Ni et al., 2021)。

在青藏工程走廊带，密集分布着青藏公路(图3.6)、青藏铁路、格拉输油管道、格拉输气管道、兰西拉光缆、青藏输变电线路等重大工程；在青康工程走廊带，主要有214国道、共和-玉树高速公路、共和-玉树输变电线路；在川藏工程走廊带，分布着317、318国道，以及正在建设中的川藏铁路；在川西和云南北部则密集分布着京昆、银昆和大丽等近10条高速公路，以及白鹤滩、两河口和锦屏等十余座大型水库。此外，规划中的青藏高速公路、南水北调西线工程均在青藏高原冻土区。依据运行近10年的青藏铁路的稳定状况来看，虽然目前路基整体基本稳定，但包括路桥过渡段沉陷等在内的次生病害不断出现，这项工程均对未来多年冻土区工程建设及其稳定性维护提出新的挑战。

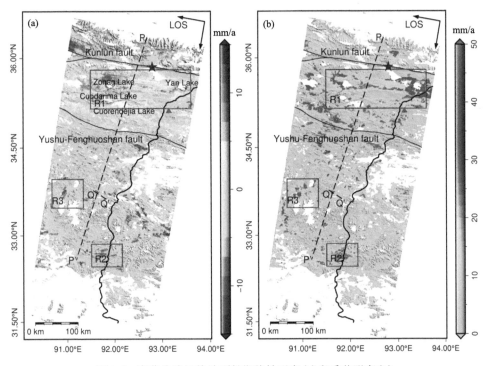

图 3.6　青藏公路沿线地面长期线性形变(a)和季节形变(b)

3.2.5　海平面上升

海平面上升最直接的影响是沿海社区的淹没、洪水的增加、盐水的倒灌，以及海岸线侵蚀。长期的影响也包括侵蚀加剧和盐水侵入地下水等新的滨海环境的适应。海平面上升属于缓发性灾害。时间尺度较长，海岸系统和低洼地区将越来越多地遭受土地淹没、沿海洪灾和海岸侵蚀等不利影响。19 世纪中叶以来的海平面上升速率比过去两千年来的平均速率高(高信度)。已有研究显示：对于 10%海岸城市的固定海岸线而言，预估平均高水位变化远大于 10%的海平面上升本身变率(Pickering et al., 2017)。其中，陆架海深受其害，超过 3 亿人居住在接触海平面上升的地区，每年遭受数百亿美元的损失(Wahl et al., 2017)。粗略估计，大约 1.3%的全球人口暴露在了百年一遇的洪水范围 (Muis et al., 2016)。随着海平面上升，其损害风险可能会显著增加，若不采取有效适应措施，到 21 世纪末，其潜在损害可能达到全球国内生产总值的 10%(Wahl et al., 2017)。

对发展中国家沿海地区人口在 100 万以下的中小城市研究结果显示，50%以上的城市受到特大洪水灾害的影响，造成重大损失和破坏。海平面上升、海浪在许多地方造成严重的海岸侵蚀，由此导致沿岸防护林丧失(Le and Awal, 2021)。如越南会安的海岸线每年侵蚀 10~20m。一项对世界上 136 个最大港口城市的评估估计，到 21 世纪 70 年代，由于海平面上升、地面沉降、人口增长和城市化的综合影响，这些城市面临洪水风险的人口可能会增加三倍以上，资产敞口将增加到目前水平的 10 倍以上(Hallegatte et al.，2013)。因此，了解未来的海平面上升和变化是一个极其重要的紧迫问题。随着人口的快速增长和随之而来的沿海基础设施的发展，现代社会变得越来越容易受到海平面的微小变化的影响。

3.3 应　对

气候变暖背景下，全球冰冻圈总体呈现萎缩态势，冰冻圈变化一方面给人类社会带来了众多惠益，即冰冻圈服务；另一方面也给人类社会带来了很多负面影响，即冰冻圈灾害。随着全球持续变暖和冰冻圈加速退缩，一些冰冻圈功能和服务已呈现减弱态势，并可能继续加剧导致功能衰退和丧失，冰冻圈服务面临严重危机(效存德等，2019)；同时，近年来冰冻圈灾害风险呈现加剧(王世金和效存德，2019)。加强灾害风险管理和应对，是预防、减灾防灾的重要途径。

根据灾害发生的时空特点，冰崩和冰湖溃决发生数分钟后或者几天之内；冰川跃动发生几小时乃至数十年；冻融灾害以年、十年计，而海平面上升则是百年及千年尺度(温家洪和王世金，2021)。因此，冰崩监测和预警的难度最大；其次冰湖溃决洪水监测和冰川跃动。冰崩、冰川跃动由于地处偏远、有较强的偶发性，这两种灾害以减缓与监测为主。冻融滑塌被称为第三极的"牛皮癣"，也是以调查和监测为主。因此，针对冰崩、冰川跃动和冻融滑塌的应对本文较少涉及。冰湖溃决洪水和海平面由于影响范围大，且易造成次生和链式灾害，影响较大，已经形成了从机理、影响到适应相对成功的案例，因此本章重点放在海平面上升和冰湖溃决洪水。

3.3.1 极地地区

当前应对海洋和冰冻圈变化面临诸多挑战。海洋和冰冻圈变化及其社会影响的时间尺度比治理规划与决策周期的时间跨度长，时间尺度上的差异性挑战社会充分准备和响应长期变化的能力。许多情况下，海洋保护区、空间规划和水资源管理系统等应对举措过于分散，难以对海洋和冰冻圈变化所带来的级联风险做出跨管理部门和行业的综合响应(Rasul and Molden, 2019)。而生态系统适应气候变化所面临的主要障碍和限制包括各种非气候驱动因素和人类活动影响、气候变化导致的生态系统适应能力和恢复速度下降、技术适用性、知识和财政支持等受目前及未来海洋和冰冻圈变化危害影响最大和最脆弱的人群，往往适应能力最低，特别是在同时面临发展挑战的低海拔岛屿(Warrick et al., 2017)、沿海地区、北极和高山地区。为维护冰冻圈和海洋生态系统的可持续发展，应尽快采取建立保护区、恢复生态环境、加强渔业管理、恢复沿海地区生态系统、发展海洋可再生能源、完善综合水管理方法等保护措施。沿海地区可采取开展海岸保护、沿海调适、基于生态系统的适应(Holsman et al.,2017)、海岸开发和迁移等针对海平面上升的综合应对措施(表 3.3)，并需考虑利益攸关方的风险承受能力，定期调整决策。加强不同规模、规划管理部门间的合作与协调，提升教育和科普意识，加强海洋和冰冻圈变化监测与预报(Lawrence et al., 2018)，充分使用可获得的知识源，共享数据、信息和认知，加大财政支持是有效应对海洋和冰冻圈变化的重要保障。故采取及时、积极、协调和持久的适应与减缓行动，是有效应对气候相关的海洋和冰冻圈变化，实现气候恢复力发展路径和可持续发展目标的关键所在(IPCC,2019)(表 3.4)。

SROCC(IPCC, 2019)报告对极地恢复力建设路径给予了重要关注，报告从 3个方面评估了当前加强极地恢复力建设的主要行动及其实施情况：①基于社区加强监测，加强跨学科研究、理解系统稳态转换、整合多源知识、构建恢复力指标，加深对极地系统及其变化的认识；②通过参与式情景分析和规划将知识转化为决策；③通过适应性管理、空间规划，加强生态系统服务和人类福祉关联，构建基于恢复力理念的生态系统管理模式。这些策略和工具的实施将有利于营造一个更具恢复力和可持续的极地社会-生态系统,但不同策略或行动对恢复力的贡献及其在当前的实施情况存在较大差异(表 3.5)。

表 3.3　应对平均海平面和极端海平面上升的措施选择(IPCC,2019)

响应	有效性	优点	协同收益	缺点	经济效益	治理挑战
硬防护措施	海平面上升几米范围内有效●●●	安全水平可预测	多功能堤坝,如游览	破坏生境,防护失效则面临灾难性后果	高(城市和人口密集的沿海地区)	贫困地区难以负担所需投入,多元化目标间的冲突
基于沉积物防护措施	有效,取决于沉积物的可用性●●●	灵活性高	岸滩保护,可用于娱乐、旅游	破坏沉积物源地的生境	高(若旅游收入高)	公共预算分配的冲突
基于生态系统的适应	珊瑚礁保护	海平面每年上升 5mm 范围内有效●●(受限于海洋变暖和酸化幅度)	社区参与	生境获取,生物多样性,旅游收入,提高渔业产量,改善水质,提供食物、药品、燃料等	长期有效性取决于海洋变暖、酸化及排放情景	关于投入产出比例的证据有限,取决于人口密度和陆地空间的可用性	实施许可难以获得,缺少资金支持,保护政策执行力度不足,因短期经济利益基于生态系统的适应措施被弃用
	珊瑚礁修复	同上	同上	同上	同上	同上	同上
	湿地保护(沼泽、红树林)	海平面每年上升 5～10mm 范围内有效●●	同上	同上	安全水平不可预测,发展收益难以实现	同上	同上
	湿地修复(沼泽、红树林)	同上	同上	同上	安全水平不可预测,较多的陆地空间需求	同上	同上
海岸开发	海平面上升几米范围内有效●●●	安全水平可预测	新增土地,土地销售收入可用于资助适应	地下水盐化、侵蚀增强,损失沿海生态系统和生境	非常高(城市海岸带土地价格高)	贫困地区难以负担所需投入,面临新增土地使用和分配社会冲突
海岸调适措施(防洪建筑、洪水早期预警系统等)	海平面小幅上升情况下非常有效●●●	技术成熟,洪水沉积物可增加地面高度	保持景观的连通性	不能阻止洪水及灾害影响	非常高(早期预警系统,建筑工程措施)	早期预警系统需要有效的制度支撑

续表

响应	有效性	优点	协同收益	缺点	经济效益	治理挑战
后退	计划搬迁	如有可供使用的安全地点,有效●●●	可消除迁出地的海平面风险	获得优质服务(健康、教育、居住),就业机会和经济增长	造成社会凝聚力、文化认可和福祉的丧失	有限的证据	调解迁入人员与原籍人员间的不同利益诉求
	被迫撤离	仅应对迁出地的当前风险	N/A	N/A	丧失生计和自主权	N/A	带来生计、人权和公平等复杂的人道主义问题

注:●●●高信度,●●中等信度,N/A 代表措施不适用。

表 3.4　极区主要社会经济部门对气候变化的响应(IPCC,2019)

部门	气候变化后果	已有响应方式	恢复力建设资本和策略	预估未来状况	其他不确定因素
商业捕鱼	鱼类丰度和分布发生不同程度的改变;海岸带生态系统变化影响渔业生产力	开展适应性管理,评估资源本底,解决权益问题	基于监测、研究和公众参与决策,加强适应性管理	白令海东部、巴伦支海以及南极海洋生物资源保护区的捕鱼活动因资源分布变化受影响	人类偏好和需求的改变;捕鱼装备变化;新政策影响产权;沿岸开发和交通的影响
北极生计系统	食物分布和丰度发生变化;交通可达性和安全、食物生产、储存和质量受影响	调整设备和狩猎时间;改变作物种类;动员参与政治决策	建立适应性管理系统,包括灵活调配食物种类、获取方式和时间,保证生产权等	一些地区可达性增加,一些地区降低;资源丰度和分布继续发生改变;濒危物种保护力度更大;贫困严重制约个人、家庭和社区适应(高信度)	燃料成本、土地利用(影响收获)、食物偏好、生产权发生变化;保护脆弱物种的国际协定出现
驯鹿放牧	湿雪(rain-on-snow)事件导致鹿群高死亡率;苔原牧场的灌丛化降低草料质量	改变牧民活动方式;制定自由活动政策;加强食物补给	灵活应对牧场变化;确保土地使用权;开展适应性管理;营造可持续的经济活力和文化传统	极端事件发生频率增加;草料质量发生变化;驯鹿和牧民的脆弱性增加(中等信度)	肉市场价格波动;过度放牧问题;土地使用政策影响放牧和移民路线准入以及财产权
旅游业	较暖环境、开阔水域不断形成,公众试图抓住"最后"旅游机会	增加极地旅游人数,改善旅游质量	制定政策确保旅游安全、文化完整和生态健康,防止疫情	外来物种引入风险增加;游客对野生生物造成直接影响	旅游成本、旅游市场波动;更多企业涌入
北极非可再生资源开采	海冰和冰川萎缩带来一些新的发展机遇;极端水文事件和冻土融化等影响生产和基础设施	改变开发方式	优化开发方式;开展气候变化情景分析	多年冻土地区的开发成本增加;开放水域可达性继续增加	新政策影响海洋和土地利用;新的开采技术出现;市场价格波动
聚居区基础设施	多年冻土解冻影响地基稳定性;海岸侵蚀	基础设施损坏和丧失;增加运营成本	开展评估和减缓,必要时进行搬迁	维护成本增加,减缓技术需求增加;缩短"冰路"使用窗口;修建全季节道路设施	区域和国家经济疲软;转移资源引发的其他灾害;利益冲突

部门	气候变化后果	已有响应方式	恢复力建设资本和策略	预估未来状况	其他不确定因素
海上运输	开阔水域容纳更多船只；对生态和社会环境造成影响	船只增加；旅游业扩张；危险性废弃物、溢油和安全事故增加	开展强有力的国际合作；商议制定维护安全的标准和政策；建立完善的响应机制	航运业务将持续增长；意外事故风险增加	其他地区的政治冲突影响；保险费用发生变化
人体健康	粮食安全和身心健康受影响	加强粮食安全研究；实施公共健康项目	投入人力和财政资源支持公共项目；提高气候变化相关健康问题的意识	身患疾病、粮食短缺和保健费用提高的可能性增加	用于向农村社区人口提供卫生服务的公共资源以及生态变化与人类健康相关研究可能减少或增加
沿海社区	风暴潮增多，多年冻土融化，海冰范围变化，海岸遭受侵蚀	预防侵蚀工程措施；搬迁计划；不充足的资金投入	地方领导和社区倡议启动响应流程、建立相关机构；开展评估和规划；选择合适的搬迁位置	需要搬迁的社区数量越来越多；减缓侵蚀的成本不断增加	政府财政收入有限；其他领域也可能需要优先支出；减缓侵蚀和搬迁带来的其他问题

表 3.5　极地恢复力建设策略与行动综合评估（IPCC,2019）

极地恢复力建设行动	实践、工具或策略	对恢复力路径的贡献			恢复力行动实施的条件	当前应用程度
		贡献类型	贡献程度	信度		
知识共同生产与整合	基于社区的监测	DIV, PAR, SYS	中等	中等	F, I, T&S, L&I, C	中等
	理解稳态转换	LEA, SYS, SLO	高	高	I, T&S, C	低
	构建恢复力与适应能力指标	PAR, LEA, SYS, SLO	中等	中等	F, T&S, L&I	低
贯通知识到决策	参与式情景分析与规划	PAR, LEA, SYS	低	中等	T&S, L&I, C	高
	结构式决策	PAR, LEA, SYS	低	低	I, L&I, C	低
基于恢复力的生态系统管理	适应性生态系统治理	DIV, PAR, LEA, SYS, GOV, SLO	高	高	I, T&S, L&I, C	中
	维持生物多样性的空间规划	DIV, CON, GOV, SLO	高	中等	I, T&S, L&I, C	低
	连接生态系统服务与人类福祉	DIV, PAR, SYS, GOV, SLO	高	高	I, T&S, L&I, C	低

注：①对恢复力路径的贡献类型：DIV(maintain diversity & redundancy)，维持多样性和冗余度；CON(manage connectivity)，管理连通性；SLO(manage slow variables and feedbacks)，管理缓慢变量及其反馈；SYS(foster complex system understanding)，促进复杂系统理解；LEA(encourage learning & experimentation)，鼓励学习和试验；PAR(broaden participation)，扩大参与；GOV(enhance polycentric governance)，促进多元治理。②恢复力行动实施的条件：F(financial support)，财政支持；I(institutional support)，机构支持；T&S(technical and science support)，科技支持；L&I(local & indigenous capacity and knowledge)，地方与土著知识与能力；C(interdisciplinary and/or cross-cultural cooperation)，跨学科和／或跨文化合作。

海冰变薄、冻土融化和全球化是改变北极地区的重要因素，北极理事会提出了预防、先发制人和准备的策略以应对(Dodds，2013)。

快速融化的北极冰层为国际海事界创造了货运和客运的机会。考虑到环极情况，北极航运的增长可能导致更高的事故和灾难风险。由于恶劣、不可预测的天气条件、不同的利益相关者、与边境国家不同的政治制度以及有争议的成本责任制，灾害响应可能会更加复杂。考虑到北极利益相关者面临着来自恶劣问题情景的"囚徒困境"，基于阿克塞尔罗德的合作艺术理论和战略联盟理论，北极地区利益相关方(北极八国、土著文化委员会、环境团体等 NGO 组织和商业企业)之间的多方合作模式及可能合作解决方案的提出是执行适当的预防和应对计划的最有效机制，这有助于激励利益相关者之间的合作，可提高响应效率和速度，以防止该地区的灾难和负面结果。(Lawrence，2015；Huntjens and Nachbar，2015；Mileski et al.，2018)。

预防灾害和减灾需要综合多种因素来解决，收集和提供与灾害预防和响应相关的海冰信息在北极地区非常重要。危险和风险地图的编制可有助于应急响应资产的长期规划和最佳协调；海冰信息的获取除了主要依靠科研项目外，还需要考虑当地土著居民等相关利益方的参与和当地土著知识经验，故在快速变化的北极地区信息获取除了出现的现有和新伙伴外的信息，还需要在危险识别和管理方面采取协作(Hajo and Andrew，2015)。

气候变化引致的极端天气频率和强度增加，北极地区面临着多年冻土融化、野火等问题，给北极地区当地土著社区带来了威胁和机遇。虽然当地的气候变化适应和减少灾害风险已独立开展，但新的威胁的出现需要二者的协同，故加强对多年冻土融化影响的适应和恢复力研究，增进对北极的科学监测和预测，同时基于社区的参与式监测和评估，与土著居民和面临同样较大风险的群体密切合作是主要的补救措施(Kaján，2013；John，2020)

3.3.2 青藏高原

针对青藏高原多灾种自然灾害，利用多灾种成灾机理的综合风险管控主导思路是加强灾害综合防控的主要举措之一，其通过工程和非工程措施，以及各部门联防联控理念，全过程防范、减缓或规避自然灾害综合风险。具体综合风险管控策略如实时监测/观测、信息共享、部委 会商、群测群防、防灾教育培训、保险承担、灾前规划等(王世金等，2021)。

冰湖溃决洪水或泥石流是青藏高原和周边高山地区高山冰川作用区常见的自然灾害之一(Richardson and Reynolds,2000; Osti and Egashira,2009;Cui et al.,2010)，集中分布于喜马拉雅山中段和念青唐古拉山东段(徐道明和冯清华,1989)。

冰湖溃决洪水不同于暴雨或融雪洪水，具有突发性强、频率低、洪峰高、流量过程暴涨暴落、破坏力强、灾害波及范围广等特点(施雅风，2000；张祥松等，1989；刘晶晶等，2008)，往往对下游地区人们生命财产和基础设施带来极大破坏(Thompson et al.,2012)，备受地方政府和学术界的广泛关注(李治国，2012)。

通过整理已溃决冰湖灾害事件文献及资料，结合地形图、遥感影像、中国冰川编目数据、谷歌地球、冰湖溃决遗迹记录及野外考察，系统梳理了20世纪以来西藏地区发生的27次冰湖溃决事件，从多个角度判定并给出了23个已溃决冰湖所在的地理位置，并对金错、印达普错和次拉错冰湖溃决事件描述进行了勘误，提高了对已溃决冰湖特征及灾害影响的了解程度，这是判定冰湖溃决条件、构建冰湖溃决评价指标体系及开展冰湖溃决洪水估算和模拟的科学基础(姚晓军等，2014)。

无论是冰碛阻塞湖还是冰川阻塞溃决所引发的洪水，均可应用以下三种应对管理策略，即：抵御(resistance)、分流(deflection)、避免发生。在第一种情形下，建筑物的设计和施工应考虑到洪水类型和等级，以确保其具有抵御洪水(按洪灾等级)的能力；第二种情形下，洪水规模过大，不宜设计防洪建筑物，故有必要在上游的水电设施和洪水源之间修建泄洪或消能建筑物，即导流堰、坝等；第三种情形是指上述两种方法均不适用时，应当在洪水源头上采取根治措施以消除洪水或降低洪水能力，从而达到可以用前面一种或两种方法处理的情形。然而，这两种方案均要求可能出现的洪水具有在现实中可接受的相似性质。因此，因为这种灾害会随着气候的变化而发生改变，该地区的水电项目在可行性研究阶段开始之前或之中，一旦对可能的洪水事件作出了评估，就必须对上游存在的灾害予以定期核查(雷诺兹等，2014)。

基于冰湖溃决洪水特点、成因及溃决方式，对具有潜在威胁的冰湖采用监测预警系统和移民搬迁的非工程措施，针对高危险冰湖或下游有重要保护目标的则需要采用开挖冰碛坝泄水、加固冰碛坝和兴利工程等工程措施(小巴桑和戴林军，2011；肖长伟等，2016)，其中青藏高原的喜马拉雅山脉中段是冰湖溃决洪水新的高发区，是未来需要重点关注地区。在未来洪水频率可能增加的情景下，亟待建立完善的冰湖溃决洪水数据库，以进一步对冰湖进行危险性评估和风险管理。同时还需相关地区、部门加强应对冰川灾害、实现区域防灾减灾的经验交流，共同建立跨区域协调的防灾体系(张太刚等，2021)。

针对青藏高原冰湖溃决泥石流特点，主要有以下7点防灾减灾对策：

(1)进行堆积坝稳定性评价和冰湖溃决风险分析。对于下游有重要防护对象的冰湖应对其堆积坝进行详细勘察，分析和计算冰碛坝的稳定性;在此基础上，进一步通过对气候变化、冰川运动、冰雪消融、冰湖水位变化等分析，确定冰湖溃决的危险程度、溃决的条件和概率、可能的流速和流量,以及潜在的危害范围和程度,为减轻冰湖溃决泥石流灾害提供科学依据。

(2)建立冰湖溃决泥石流灾害预警预报体系。对有潜在溃决危险而下游存在重点保护对象的冰湖,根据冰雪消融、冰湖水位变化和堤坝稳定等状况建立警报系统,包括温度监测仪器、水位监测仪器和泥石流警报仪器等。一旦冰湖溃决形成泥石流,就可提前预警,避免和减少下游地区的灾害。

(3)对潜在溃决危险冰湖进行遥感监测。由于冰湖溃决泥石流发生于高海拔的冰湖区,其预测和预报比降雨泥石流更加困难,难以对每一个冰湖安装预警系统监测,则遥感监测就成为大范围减灾的重要手段。利用卫星和航空遥感技,在冰湖区每年(特别是高温多雨的夏季)或每隔一定时段进行遥感监测,分析遥感数据和图像,解析冰湖区地形地貌变化、土源变化、冰湖水文条件变化、植被变化和冰碛坝特征,预测冰湖溃决泥石流的发生和发展趋势。

(4)采用工程措施处理危险坝体,开发利用冰湖资源。对那些有潜在危险的冰湖,利用人工开挖排水通道、虹吸、抽水等措施,降低湖水位,减少湖水量,防止湖水漫顶溢流;对危险堤坝进行加固,防止渗漏、管涌和塌陷,防患于未然。另外,冰湖是天然的储水库,冰碛垅是天然堆砌的坝体。可以利用冰湖巨大的高差及势能,兴建水电站和灌溉设施,或将冰湖优美的湖区环境开发为游乐度假区,兴利除弊。

(5)划分冰湖溃决泥石流的危险区。冰湖下游地区往往有铁路、公路、水利设施、居民点和农田。在冰湖下游新建工程项目的可行性研究阶段,应进行灾害危险性评价,划定危险区,避免将工程建在泥石流危险区内。对于无法完全避开泥石流危险区的工程,应做好防治规划,修建防灾工程,确保主体工程建设不受泥石流危害,提高工程抗灾能力,保障工程安全。

(6)制定减灾预案,应对突发性特大灾害。除上述措施外,还应做好减灾预案,制定逃离路线,落实救助措施,储备救灾物资,保证在突发性特大灾害发生时,能及时预警,迅速启动救灾措施,组织人力物力抢险救灾,及时转移人员和财产,将人员伤亡和财产损失减到最小程度。

(7)建立减灾决策支持系统,健全减灾管理体制。条件成熟时,在上述工作的基础上,可考虑建立重大冰湖溃决泥石流灾害信息系统和减灾决策专家系统,并与监测系统结合,构成减灾决策支持系统,通过网络实现资源共享,及时传输灾情信息和减灾指令,逐步实现减灾的科学化和智能化。加强减灾基础知识的宣传和普及,增强当地人民的防灾意识和自我保护能力。进行减灾知识和技能培训,提高技术和管理干部的工作能力。健全减灾管理体制,建立群测群防体系、灾情速报制度、减灾指挥调度机制和责任落实办法,保证灾害的早发现、早预警和减灾的早决策、早落实，形成高效运转的减灾管理体系(崔鹏等，2003)。

此外，结合冰湖溃决洪水特征及致灾链，还可从以下两方面：一是冰湖溃决灾害综合风险区划。根据冰湖溃决灾害综合风险评价结果，客观评价冰湖溃决灾害风险等级，对承灾区进行风险等级区划，并对风险高危区给予重点关注。依据区划方案，对冰湖溃决承灾区乡村和城市的土地规划、农牧业发展、山区旅游活动、基础设施和重大工程建设等提供相应的指导性建议，以避免冰湖溃决灾害对承灾区居民人身、财产安全及其基础设施等造成不必要的危害。二是冰湖溃决灾害综合风险管理体系建立。在上述工作基础上，建立以预警预报、风险规避、防灾减灾、应急救助和灾后恢复重建为目标的综合风险管理体系，通过网络、电视、广播等新闻媒介，让承灾区居民知晓冰湖溃决灾情信息，加强防灾减灾基础知识的宣传和普及，增强居民防灾意识和自我保护能力，使居民与当地政府做到"灾前、灾中和灾后"的全过程风险管理。上述这些对于下游承灾区防灾减灾和预警体系建立也具有重要的理论参考价值(王世金等，2012)。

冻土地质灾害在青藏线上集中表现为道路翻浆，热融坍塌，融冻泥流的阻塞及地基不均匀融沉等。针对上述冻土灾害提出了路基处理、地基处理、以防为主尽量保证原始地质地貌环境的保护措施，针对冻土引致的洪水灾害主要通过疏导和拦阻相结合的防治措施(边疆等，2011；蒋明芳，2013)。此外，雪崩灾害也严重制约着青藏高原及其周边地区的社会及经济发展，其通过影响交通运输业、旅游休闲、城镇及居民点，以及采矿业进而对这些地区的人民生命财产构成了现实威胁。近年来，雪崩灾害的危害程度呈上升趋势，为更好地应对雪崩灾害，提出了基于雪崩灾害管理及工程防治方面的应对建议：加强雪崩知识的普及，培养专业人才；开展雪崩监测，合理规划土地利用；加强预测预警，主动消除雪崩危险；因地制宜，修建雪崩防治工程(文瑾和陈思齐，2021)。

3.4 本 章 小 结

随着卫星传感器数量和种类的显著增加以及图像分辨率的提供，使得利用航空照片和卫星图像识别、绘制、描述和监测冰崩、冰川跃动、冰湖溃决洪水、冻融滑塌做了很多研究。在灾害数据的收集、整理和验证方面提供较多的便利。本章节围绕"SDG13.1目标——加强各国抵御和适应气候相关的灾害和自然资环的能力"和"13.3目标——加强气候变化减缓、适应、减少影响和早期预警"，系统梳理了三极的冰崩、冰川跃动、冰湖溃决洪水、冻融滑塌与海平面上升等灾害调查、影响分析和适应，为SDG13提供了指标监测、数据产品和决策支持。

　　冰冻圈以积消响应气候变化，气候是冰川、冰碛、冰湖坝体和冻土长期稳定的重要决定因素。在过去 100 年，随着气候不断变暖，冰川退缩、冻土活动层增厚等加剧，由此引起冰崩、冰川跃动、冰湖溃决洪水、冻融滑塌及海平面上升等灾害事件发生频率与影响程度有增加趋势。然而冰崩是一种具有灾害性的冰川物质流动地貌过程，具有突发、高平均速度和高流动性等特点，冰崩起源于不稳定的冰川环境，但其携带的物质经常下冲到人居住的地方，其距离最远可达 100km，可能对冰川山区的环境和基础设施造成重大危害。然而，冰崩的量级、频率与冰冻圈变化的关系仍然不确定。2015 年以后，我国先后发生帕米尔公格尔山冰川跃动、西藏阿里阿汝村冰崩、雅鲁藏布江色东浦冰川泥石流堵江等规模较大的冰冻圈灾害事件。地方政府、科研院所等相关部门高效率地组织救援、并开展灾害调查、监测、分析、模拟等减缓工作，在人员和监测、预警上付出相当大的努力。紧急行动包括持续监测冰川、冰碛的稳定性调查、用摄像机对湖泊和冰川河流进行持续观察，安装自动报警系统等，在关键时期疏散色东浦灾害点某些地区的居民等。

　　早期预警系统是防灾减灾重要实现的重要途径。然而，1998 年在尼泊尔的冰碛湖 Tsho Rolpa 早期预警系统取得了好坏参半的成功。其原因在于到 2002 年，该系统不再运行，部分原因是当地居民认为该湖已降至安全水平(Reynold,1999)。尽管如此，构建早期预警系统依然是实现防灾减灾有效的途径。如 2020/2021 年在次仁玛错湖建立了冰湖监测与早期预警系统(Wang et al., 2022)。

参 考 文 献

边疆, 寇丽娜, 绽蓓蕾. 2011.青藏高原多年冻土区冻害类型及防治.中国地质灾害与防治学报, 22(3): 129-133.

崔鹏, 马东涛, 陈宁生, 等. 2023.冰湖溃决泥石流的形成、演化与减灾对策.第四纪研究, 3(6): 621-628.

丁永建, 张世强, 陈仁升, 等.2022.冰冻圈水文学. 北京: 科学出版社.

董立强, 裴丽鑫, 涂杰楠, 等.2020.冰崩灾害的界定与类型划分. 国土资源遥感, 32(2): 11-18.

郭万钦, 张震, 吴坤鹏, 等.2022.跃动冰川研究进展.冰川冻土, 44(3): 954-970.

胡文涛, 姚檀栋, 余武生, 等. 2018. 高亚洲地区冰崩灾害的研究进展. 冰川冻土, 40(6): 1141-1152.

蒋明芳.2013.西藏公路冻土灾害发生机理及防治技术研究.中国西部科技, 12(10): 53-54.

雷诺兹, 左志安, 赵秋云.2014.冰川灾害对水电开发的影响评估.水利水电快报, 35(10): 19-22.

李新, 车新, 段安民, 等.2021.地球三极: 全球变化的前哨[M].北京：科学出版社.

李治国. 2012.近 50 年气候变化背景下青藏高原冰川和湖泊变化. 自然资源学报, 27(8): 1431-1443.

刘传正. 2014.中国崩塌滑坡泥石流灾害成因类型. 地质论评, 60(4): 858-868.

刘传正. 2018.雅鲁藏布江色东普沟崩滑-碎屑流堵江堰塞湖. 中国地质灾害, 29(6): 7.

刘晶晶, 程尊兰, 李泳, 等. 2008. 西藏冰湖溃决主要特征. 灾害学, 23(1): 55-60.

吕杰堂, 王治华, 周成虎. 2002. 西藏易贡滑坡堰塞湖的卫星遥感监测方法初探. 地球学报, 23(4): 363-368.

上官冬辉, 赵伟, 史艳梅. 2017.尼泊尔震后 Rasuwa 区山地灾害遥感调查. 遥感技术与应用, 32(1): 78-83.

施雅风. 2000. 中国冰川与环境——现在、过去和未来. 北京: 科学出版社.

王世金, 秦大河, 任贾文. 2012. 冰湖溃决灾害风险研究进展及其展望. 水科学进展, 23(5): 735-742.

王世金, 魏彦强, 牛春华, 等. 2021. 青藏高原多灾种自然灾害综合风险管理. 冰川冻土, 43(6): 1848-1860.

王世金, 效存德.2019. 全球冰冻圈灾害高风险区：影响与态势. 科学通报, 64(9): 883–884.

温家洪, 王世金.2021.冰冻圈灾害学. 北京: 科学出版社.

文瑾, 陈思齐.2021.青藏高原及其周边地区的雪崩灾害及应对策略研究. 今日科苑, (7): 83-89.

肖长伟, 高延鸿, 李建峰, 等. 2016.西藏高寒地区冰湖溃决洪水灾害模拟及对策研究.中国水利学会 2016 学术年会论文集, 1257-1262.

小巴桑, 戴林军.2011.西藏冰湖灾害分析及典型应急处理案例.水电能源科学, 29(10): 75-78.

效存德, 苏勃, 王晓明, 等. 2019.冰冻圈功能及其服务衰退的级联风险.科学通报, 64(19): 1975-1984.

徐道明, 冯清华.1989.西藏喜马拉雅山区危险冰湖及其溃决特征. 地理学报,44(3): 343-352.

姚晓军, 刘时银, 孙美平, 等. 2014.20 世纪以来西藏冰湖溃决灾害事件梳理.自然资源学报, 29(8): 1377-1390.

张太刚, 王伟财, 高坛光, 等. 2021.亚洲高山区冰湖溃决洪水事件回顾. 冰川冻土, 43(6): 1673-1692.

张祥松, 李念杰, 由希尧, 等. 1989.新疆叶尔羌河冰川湖突发洪水研究. 中国科学 B 辑, (11): 1197-1204.

赵东亮. 2021. 青藏高原社会-生态系统承灾体脆弱性综合评价. 西宁: 青海师范大学.

周幼吾, 郭东信, 邱国庆, 等. 2000.中国冻土. 北京: 科学出版社.

Bartsch A, Pointner G, Nitze I, et al. 2021. Expanding infrastructure and growing anthropogenic impacts along Arctic coasts. Environmental Research Letters, 16(11): 115013.

Bevington A, Copland, L. 2014. Characteristics of the last five surges of Lowell Glacier, Yukon, Canada, since 1948. Journal of Glaciology, 60(219): 113-123.

Bronselaer B, Winton M, Griffies S M, et al. 2018. Change in future climate due to Antarctic meltwater. Nature, 564(7734): 53.

Burrell B C, Huokuna M, Beltaos S. 2015. Flood hazard and risk delineation of ice-related floods: present status and outlook. In: Proceedings 18th workshop on the hydraulics of Ice covered rivers, 18–20 August 2015 Quebec City, Quebec, Canada. Edmonton: CGU-HS Committee on River Ice Processes and the Environment（CRIPE）.

Buzin V A, Goroshkova N I, Strizhenok A V. 2014. Maximum ice-jam water levels on the northern rivers of Russia under conditions of climate change and anthropogenic impact on the ice jamming process. Russ Meteorol Hydro, 39（12）: 823-827.

Carson M, Köhl A, Stammer D, et al. 2015. Coastal sea level changes, observed and projected during the 20th and 21st century. Climatic Change, 134:269-281.

Chen G D. 2005.A roadbed cooling approach for the construction of Qinghai–Tibet Railway. Cold Regions Science and Technology, 42（2）:169-176.

Chen J, Wu T, Zou D, et al. 2022. Magnitudes and patterns of large-scale permafrost ground deformation revealed by Sentinel-1 InSAR on the central Qinghai-Tibet Plateau. Remote Sens. Environ., 268: 112778.

Cuffey K M, Paterson W S B. 2010.The Physics of Glaciers . The 4th Edition ed.Burlington: Elsevier.

Cui P, Dang C, Cheng Z, et al. 2010.Debris flows resulting from glacial-lake outburst floods in Tibet, China. Physical Geography, 31（6）: 508-527.

Cunliffe A M, Tanski G, Radosavljevic B, et al. 2019. Rapid retreat of permafrost coastline observed with aerial drone photogrammetry. The Cryosphere, 13（5）: 1513-1528.

Das S, Kar N S, Bandyopadhyay S. 2015.Glacial lake outburst flood at Kedarnath, Indian Himalaya: a study using digital elevation models and satellite images. Natural Hazards, 77（2）:769-786.

Ding Y, Mu C, Wu T, et al. 2021.Increasing cryospheric hazards in a warming climate. Earth-Science Reviews, 213: 103500.

Dodds K. 2013.Anticipating the Arctic and the Arctic Council: pre-emption, precaution and preparedness. Polar Record, 49（249）: 193-203.

Dolgushin, L D, Osipova, G B. 1978. Balance of a surging glacier as a basis for forcating its periodic advances . Materialy Glyatsiologicheskikh Issledovaniy, 32: 260-265.

Donat M G, Alexander LV, Herold N, et al. 2016. Temperature and precipitation extremes in century-long gridded observations, reanalyses, and atmospheric model simulations. J. Geophys. Res. Atmos, 121（11）:174-189.

Dunn R J H, Alexander L V, Donat M G, et al. 2020. Development of an Updated Global Land In Situ-Based Data Set of Temperature and Precipitation Extremes: HadEX3. J. Geophys. Res. Atmos, 125（16）: e2019JD032263.

Eames H J, White K D. 1997. Ice jams in Alaska. Ice Engineering Information Exchange Bulletin. USACE Engineer Research and Development Center Cold Regions Research and Engineering Laboratory, New Hampshire, USA, 4 pages. Environment Canada, 1976. Hydrologic and hydraulic procedures for flood plain delineation. Ottawa: Inland Waters Directorate, Environment Canada.

Frolova N L, Agafonova S A, Krylenko I K, et al. 2015. An assessment of danger during spring floods and ice jams in the north of European Russia. Proceedings of the International Association of Hydrological Sciences (IAHS), 369: 37-41.

Gao Y P, Liu S Y, Qi M M, et al. 2021.Characterizing the behavior of surge-type glaciers in the Geladandong Mountain Region, Inner Tibetan Plateau, from 1986 to 2020. Geomorphology, 389: 107806.

Guillet G, King O, Lv M, et al. 2021. A regionally resolved inventory of High Mountain Asia surge-type glaciers, derived from a multi-factor remote sensing approach, The Cryosphere, 16(2): 603-623.

Guo D L, Wang H J. 2017.Permafrost degradation and associated ground settlement estimation under 2 C global warming. Clim. Dyn., 49 (7-8): 2569-2583.

Haeberli W, Huggel C, Kääb A, et al. 2004. The Kolka-Karmadon rock/ice slide of 20 September 2002: an extraordinary event of historical dimensions in North Ossetia, Russian Caucasus. Journal of Glaciology, 50(171): 533-546.

Hajo E, Andrew R M. 2015. Sea Ice: Hazards, risks and implications for disasters. Coastal and Marine Hazards, Risks, and Disasters. Netherlands: Elsevier.

Hallegatte S, Green C, Nicholls R J ,et al. 2013. Future flood losses in major coastal cities. Nature Climate Change, 3(9): 802-806.

Hansen S. 2003. From surge-type to non-surge-type glacier behavior: midre Lovenbreen, Svalbard. Annals of Glaciology, 36: 97-102.

Harrison W D, Osipova G B, Nosenko G A, et al. 2021. Snow and Ice-Related Hazards, Risks, and Disasters (Second Edition). Netherlands: Elsevier.

Hjort J, Karjalainen O, Aalto J, et al. 2018.Degrading permafrost puts Arctic infrastructure at risk by mid-century. Nature communications, 9(1): 5147.

Hjort J, Streletskiy D, Doré G, et al. 2022. Impacts of permafrost degradation on infrastructure. Nature Reviews Earth & Environment, 3(1): 24-38.

Hoinkes, H. 1969.Surges of Vernagtferner in Otztal Alps since 1599. Canadian Journal of Earth Sciences, 6(4P2): 853-861.

Holsman K, Samhouri J, Cook G, et al. 2017.An ecosystem-based approach to marine risk assessment[J]. Ecosystem Health and sustainability, 3(1): e01256.

Hou Y D, Wu Q B, Dong J H, et al. 2018.Numerical simulation of efficient cooling by coupled RR and TCPT on railway embankments in permafrost regions. Applied Thermal Engineering, 133: 351-360.

Hu Z, Li Q, Chen X, et al. 2016. Climate changes in temperature and precipitation extremes in an alpine grassland of Central Asia. Theoretical and Applied Climatology, 126: 519-531.

Huggel C, Zgraggen-Oswald S, Haeberli W, et al. 2005. The 2002 rock/ice avalanche at Kolka/Karmadon, Russian Caucasus: assessment of extraordinary avalanche formation and mobility, and application of QuickBird satellite imagery. Natural Hazards and Earth System

Sciences, 5(2): 173-187.

Huntjens P, Nachbar K. 2015. Climate Change as a Threat Multiplier for Current and Future Conflict. Policy and Governance Recommendations for Advancing Climate Security, 1-24.

IPCC. 2019. Summary for policymakers. In IPCC special report on the ocean and cryosphere in a changing climate. New York: Cambridge University Press.

Jenouvrier S, Che-Castaldo J, Wolf S, et al. 2021. The call of the emperor penguin: Legal responses to species threatened by climate change. Global Change Biology, 27(20): 5008-5029.

Jiskoot H, Murray T, Boyle P. 2000. Controls on the distribution of surge-type glaciers in Svalbard, Journal of Glaciology, 46(154): 412-422.

John P H. 2020.Thawing Arctic Permafrost: A Local and (Likely) Global Disaster. Combridge: Harvard University.

Kääb A, Leinss S, Gilbert A, et al. 2018.Massive collapse of two glaciers in western Tibet in 2016 after surge-like instability. Nature Geoscience, 11(2): 114-120.

Kaján E. 2013. An integrated methodological framework: engaging local communities in Arctic tourism development and community-based adaptation. Current Issues in Tourism, 16(3): 286-301.

Kargel J S, Leonard G J, Shugar D H, et al. 2016. Geomorphic and geologic controls of geohazards induced by Nepal's 2015 Gorkha earthquake. Science, 351(6269): aac8353.

Karjalainen O, Aalto J, Luoto M, et al. 2019.Circumpolar permafrost maps and geohazard indices for near-future infrastructure risk assessments. Scientific Data, 6(1):190037.

Keywan R, Detlef P V, Elmar K, et al. 2017. The Shared Socioeconomic Pathways and their energy, land use, and greenhouse gas emissions implications: An overview. Global environmental change, 42: 153-168.

Kochtitzky W, Jiskoot H, Copland L, et al. 2019.Terminus advance, kinematics and mass redistribution during eight surges of Donjek Glacier, St. Elias Range, Canada, 1935 to 2016. Journal of Glaciology, 65(252): 565-579.

Kotlyakov V M, Rototaeva O V, Nosenko G A. 2004.The September 2002 Kolka Glacier catastrophe in North Ossetia, Russian Federation: Evidence and analysis. Mountain Research and Development, 24(1): 78-83.

Kubat I, Watson D, Sayed M. 2011. Characterization of pressured ice threat to shipping. In: Proceedings of the 21st International Conference on Port and Ocean Engineering under Arctic Conditions. Montreal, Canada, poac11-136.

Lantuit H, Overduin P P, Couture N, et al. 2012. The arctic coastal dynamics database: A new classification scheme and statistics on arctic permafrost coastlines. Estuaries and Coasts, 35(2): 383-400.

Lawrence J, Bell R, Blackett P, et al. 2018.National guidance for adapting to coastal hazards and sea-level rise: anticipating change, when and how to change pathway. Environmental Science &

Policy, 82: 100-107.

Lawrent C G. 2015.Cooperation among stakeholder for a preventative and responsive maritime disaster system: the mitigation of an Arctiv wicked Problem. Texas A & M University.

Le T D N, Awal R. 2021. Chapter 9-Adaptation to climate extremes and sea level rise in coastal cities of developing countries. In: Fares A, editor. Climate Change and Extreme Events. Netherlands: Elsevier.

Leclercq P W, Kaab A, Altena B. 2021.Brief communication: Detection of glacier surge activity using cloud computing of Sentinel-1 radar data. The Cryosphere, 15(10): 4901-4907.

Lindenschmidt K E, Huokuna M, Burrell B C, et al. 2018. Lessons learned from past ice-jam floods concerning the challenges of flood mapping. International Journal of River Basin Management, 16(4): 457-468.

Lliboutry L, Arnao B M, Schneider B. 1977. Glaciological Problems Set by the Control of Dangerous Lakes in Cordillera Blanca, Peru. Study of Moraines and Mass Balances at Safuna. Journal of Glaciology, 18(79):275-290.

Luo Y Y, Liu Q, Zhong Y, et al. 2022.Remote-sensing-based monitoring the dynamics of Kyagar Glacial Lake in the upstream of Yarkant River, north Karakoram. Land degradation & Development, 1-14.

Mileski J,Gharehgozli A,Ghoram L, et al. 2018. Cooperation in developing a disaster prevention and response plan for Arctic shipping. Marine Policy, 92: 131-137.

Muis S, Verlaan M, Winsemius H C, et al. 2016. A global reanalysis of storm surges and extreme sea levels. Nature communications, 7(1): 11969.

Ni J, Wu T H, Zhu X F, et al. 2021. Risk assessment of potential thaw settlement hazard in the permafrost regions of Qinghai-Tibet Plateau. Science of The Total Environment, 776(1): 145855.

Nielsen D M, Dobrynin M, Baehr J, et al. 2020. Coastal Erosion Variability at the Southern Laptev Sea Linked to Winter Sea Ice and the Arctic Oscillation. Geophysical Research Letters, 47(5): e2019GL086876.

Nielsen D M, Pieper P, Barkhordarian A, et al. 2022. Increase in Arctic coastal erosion and its sensitivity to warming in the twenty-first century. Nature Climate Change, 12(3): 263-270.

Niu F J, Cheng G D, Luo J, et al. 2014. Advances in thermokarst lake research in permafrost regions. Cold Regions Science and Technology, 6(4): 388-397.

Osti R, Egashira S. 2009.Hydrodynamic characteristics of the Tam Pokhari glacial lake outburst flood in the Mt. Everest region, Nepal. Hydrological Processes, 23(20): 2943-2955.

Paul F. 2019.Repeat Glacier Collapses and Surges in the Amney Machen Mountain Range, Tibet, Possibly Triggered by a Developing Rock-Slope Instability. Remote Sensing, 2019, 11(6):708.

Pickering M D, Horsburgh K J, Blundell J R, et al. 2017. The impact of future sea-level rise on the global tides. Continental Shelf Research, 142: 50-68.

Rasul G, Molden D. 2019.The global social and economic consequences of mountain cryopsheric change. Frontiers in Environmental Science, 7:91.

Raymond C F. 1987.How do glaciers surge - a review. Journal of Geophysical Research-Solid Earth and Planets, 92 (B9) : 9121-9134.

Regehr E V, Laidre K L, Akcakaya H R, et al. 2016. Conservation status of polar bears (Ursus maritimus) in relation to projected sea-ice declines. Biology Letters, 2016, 12 (12) : 20160556.

Reynolds J M. 1999. Glacier hazard assessment at Tsho Rolpa, Rolwaling, Central Nepal. Quarterly Journal of Engineering Geology and Hydrogeology, 32 (3) :209-214.

RGI Consortium. 2017. Randolph Glacier Inventory – A Dataset of Global Glacier Outlines: Version 6.0: Technical Report. Global Land Ice Measurements from Space, Colorado, USA.

Richardson S D, Reynolds J M. 2000.An overview of glacial hazards in the Himalayas. Quaternary International, 65 (66) : 31-47.

Rokaya P, Budhathoki S, Lindenschmidt K.E. 2018. Trends in the Timing and Magnitude of Ice-Jam Floods in Canada. Scientific Reports, 8 (1) : 5834.

Röthlisberger H. 1977. Ice Avalanches. Journal of Glaciology, 19 (81) : 669-671.

Sevestre H, Benn D I. 2015.Climatic and geometric controls on the global distribution of surge-type glaciers: implications for a unifying model of surging. Journal of Glaciology, 61 (228) : 646-662.

Shangguan D, Liu S, Ding Y, et al. 2016. Characterizing the May 2015 Karayaylak Glacier surge in the eastern Pamir Plateau using remote sensing. Journal of Glaciology, 62 (235) : 944-953.

Shugar D H, Jacquemart M, Shean D, et al. 2021. A massive rock and ice avalanche caused the 2021 disaster at Chamoli, Indian Himalaya. Science, 373 (6552) : 300-306.

Smith L C, Sheng Y, Maconald G M, et al. 2005. Disappearing Arctic Lakes.Science, 308:1429.

Streletskiy D, Anisimov O, Vasiliev A. 2015. Permafrost Degradation. In: Snow and Ice-Related Hazards, Risks and Disasters. Netherlands: Elsevier.

Sui C, Zhang Z, Yu L, et al. 2017. Investigation of Arctic air temperature extremes at north of 60N in winter. Acta Oceanologica Sinica, 36: 51-60.

Sun Q, Zhang X, Zwiers F, et al. 2021. A global, continental and regional analysis of changes in extreme precipitation. Journal of Climate, 34 (1) : 243-258.

Takakura H. 2016. Limits of pastoral adaptation to permafrost regions caused by climate change among the Sakha people in the middle basin of Lena River. Polar Science, 10: 395-403.

Thompson S S, Benn D I, Dennis K, et al. 2012.A rapidly growing moraine-dammed glacial lake on Ngozumpa Glacier, Nepal. Geomorphology, 145: 1-11.

Van der Woerd J, Owen L A, Tapponnier P, et al. 2004. Giant, ~M8 earthquake-triggered ice avalanches in the eastern Kunlun Shan, northern Tibet: Characteristics, nature and dynamics, Geological Society of America Bulletin, 2004, 116 (3) : 394-406.

Veh G, Lützow N, Kharlamova V, et al. 2022. Trends, Breaks, and Biases in the Frequency of Reported Glacier Lake Outburst Floods. Earth's Future, 10 (3) : e2021EF002426.

Wahl T, Haigh I D, Nicholls R J, et al. 2017. Understanding extreme sea levels for broad-scale coastal impact and adaptation analysis. Nature communications, 8(1): 16075.

Wang S J, Che Y J, Ma X G. 2020.Integrated risk assessment of glacier lake outburst flood (GLOF) disaster over the Qinghai-Tibetan plateau (QTP). Landslides, 17(12): 2849-2863.

Wang S J, Yang Y D, Gong W Y, et al. 2021.Reason analysis of the Jiwenco glacial lake outburst flood(GLOF)and potential hazard on the Qinghai-Tibetan Plateau. Remote Sensing, 13(16):3114.

Wang S J, Zhou L Y, Wei Y Q. 2019.Integrated Risk Assessment of Snow Disaster (SD) over the Qinghai-Tibetan Plateau (QTP). Geomatics Natural Hazards & Risk, 10(1):740-757.

Wang W, Zhang T, Yao T, et al. 2022. Monitoring and early warning system of Cirenmaco glacial lake in the central Himalayas. International Journal of Disaster Risk Reduction,73: 102914.

Warrick O, Aalbersberg W, Dumaru P, et al. 2017.The 'Pacific adaptive capacity analysis framework': guiding the assessment of adaptive capacity in Pacific island communities. Regional Environmental Change, 17: 1039-1051.

Wu Q, Sheng Y, Yu Q, et al. 2020. Engineering in the rugged permafrost terrain on the roof of the world under a warming climate. Permafrost and Periglacial Processes, 31(3): 417-428.

Yin H, Sun Y, Donat M G. 2019. Changes in temperature extremes on the Tibetan Plateau and their attribution. Environmental Research Letters, 14(12): 124015.

Zhang P, Ren G, Xu Y, et al. 2019a. Observed Changes in Extreme Temperature over the Global Land Based on a Newly Developed Station Daily Dataset. Journal of Climate, 32(24): 8489-8509.

Zhang T, Barry R G, Knowles K, et al. 2008. Statistic and characteristics of permafrost and ground-ice distribution in the Northern Hemisphere, Polar Geography, 31(1):47-68.

Zhang W J. 1992.Identification of glaciers with surge characteristics on the Tibetan Plateau. Annals of Glaciology, 16: 168-172.

Zhang Z J, Wang M M, Wu Z J, et al. 2019b. Permafrost deformation monitoring along the Qinghai-Tibet Plateau engineering corridor using InSAR observations with multi-sensor SAR datasets from 1997–2018. Sensors, 19 (23): 5306.

Zhang Z Q, Wu Q B. 2012.Thermal hazards zonation and permafrost change over the Qinghai–Tibet Plateau. Natural hazards, 61(2): 403-423.

Zhang Z, Tao P, Liu S, et al. 2022. What controls the surging of Karayaylak glacier in eastern Pamir? New insights from remote sensing data. Journal of Hydrology, 2022, 607: 127577.

Zhou S, Yao X, Zhang D, et al. 2021.Remote Sensing Monitoring of Advancing and Surging Glaciers in the Tien Shan, 1990-2019. Remote Sensing, 13(10): 1973.

Zscheischler J, Fischer E M, Lange S. 2019. The effect of univariate bias adjustment on multivariate hazard estimates. Earth System Dynamics, 10(1): 31-43.

Zscheischler J, Martius O, Westra S, et al. 2020. A typology of compound weather and climate events. Nature reviews earth & environment, 1(7): 333-347.

第 *4* 章

陆地水与生态

本章作者名单

首席作者

王　磊，中国科学院青藏高原研究所

主要作者

丁金枝，中国科学院青藏高原研究所

王志鹏，河北工程大学水利水电学院

孔维栋，中国科学院青藏高原研究所

李弘毅，中国科学院西北生态环境资源研究院

汪　涛，中国科学院青藏高原研究所

张扬建，中国科学院地理科学与资源研究所

范新凤，中国科学院青藏高原研究所

郑周涛，中国科学院地理科学与资源研究所

赵求东，中国科学院西北生态环境资源研究院

郭彦龙，中国科学院青藏高原研究所

唐文君，中国科学院青藏高原研究所

地球的"三极"是全球多圈层相互作用的典型区，在全球能量与水分循环中发挥着重要作用。三极地区陆地环境独特，冰川、冰盖、积雪以及冻土等冰冻圈要素广布，存储着全球大部分淡水资源和大量的有机碳；植被覆盖度较低，植被类型以苔原、高山草原和灌丛为主；生态系统脆弱，动物、植物和微生物等物种多样性一旦被破坏便难以恢复。2015 年联合国 193 个国家共同签署《改变我们的未来：2030 可持续发展议程》(以下简称为《议程》)，承诺"让世界走上可持续的、有复原力的道路"，并提出了 17 个可持续发展目标(SDGs)，其中 SDG 6、SDG 15、SDG 7、SDG 13 和分别对三极地区水资源的可持续管理、陆地生态环境(包括土地覆被、生物多样性等)的可持续发展、再生清洁能源的可持续开发，以及低碳发展的有效实现等提出了新的要求和挑战。

由于自然环境恶劣、人口稀少、经济社会发展水平较低等因素，三极地区可持续发展目标的实施和实现任重道远。为加强变化环境下三极地区可持续性科学基础研究，探究水循环、碳循环与陆地生态环境对全球变化的响应，加快联合国可持续发展目标的落实。本章节结合面向三极地区协同研究的"时空三极环境"项目下"三极水与生态时空动态"课题近年来的观测和研究成果，系统研究和归纳了三极地区水资源、土地覆被、物种多样性(动物、植物和微生物)的时空变化(4.1、4.2、4.3)，评估了第三极地区太阳能和风能对助力减排的潜力(4.4.1)，并分析了三极地区多年冻土消融对碳循环的影响(4.4.2)。

4.1 陆地水资源变化

水资源安全是除粮食安全之外对人类社会和陆地生态环境可持续发展的最重要的保障。截至 2015 年全球至少有 11 亿人无法获得经改善的水源，预计到 2025 年，全球将有 18 亿人无法获得充分的水资源供给，因此，《议程》对全球淡水资源的可持续利用与管理提出了新的要求，即到 2030 年，为所有人提供水和环境卫生并对其进行可持续管理(SDG 6)。三极地区冰川、冰盖广布，存储着全球 70%以上的淡水资源，以青藏高原为主的第三极地区更是亚洲十多条大江大河的发源地，为下游数十亿人口提供了水源补给，所以，深入研究三极地区水资源历史和未来的变化态势将为实现"人人普遍和公平获得安全和负担得起的饮用水""在各级进行水资源综合管理"以及"保护和恢复与水有关的生态系统"等 SDG 6 子目标提供数据、理论支撑。

4.1.1　北极地区

北极河流为泛北极地区人类社会提供着不可或缺的淡水资源(Haine et al.，2015；Déry et al.，2011)，向海洋持续输送淡水、热量和沉积物，影响着北大西洋的海洋环流，进一步影响着全球气候。近年来，北极地区河流淡水排放量不断增加(Bring et al.，2017)，这和海洋中淡水含量一直持续增加的现象(Haine et al.，2015)相互吻合。最近的一项综合多源遥感数据和水文模型的研究显示(Feng et al.，2021)，北极地区向海洋输出的淡水比以前报告的要多，向北冰洋输出的平均淡水量为 5169km^3/a，且泛北极地区所有河流的排水量都有明显的增加，相对以前的研究结果大 1.2～3.3 倍。有观点认为径流量的持续增加可能会稀释甚至中断与整个气候系统密切相关的北大西洋热盐环流(Peterson et al.，2002)。

北极地区六大流域近几十年的年最小月径流呈明显增加趋势，而最大月径流呈略微减小趋势，这表明流域的退水过程已经发生改变(王磊等，2021)。气温、降水等气候因素以及水电站建设等人为因素都影响着北极河流的径流排放。多年冻土退化可能会促进这一过程。春季径流的增加主要是由春季气温升高所致的积雪加速消融造成的，其次是春季降水的补给。冬季径流增加，一方面是由于冬季升温导致冻土退化或活动层加厚，冻土的隔水作用减小，促使更多的地表水变为地下水，造成流域地下水水库储水量加大；另一方面是由于冬季升温导致冻土升温，使得冻土中的未冻水含量增加而补给了径流。

在未来气候变化的情势下，由于北极放大现象的作用，预计该地区的变暖速度将比北半球其他地区高出 1.5～4.5 倍(Holl and Bitz，2003)，泛北极地区会变得更湿润(MacDonald et al.，2018)，这些变化可能会促成更早、更频繁的融水事件，径流形成机制也可能会发生重大变化。气候变化下，多年冻土会加速融化，森林火灾也可能频发，这会造成地表状态和下垫面的大幅变化，将对泛北极地区的淡水排放产生重大影响(McClell et al.，2004)。Tricia 等(2021)等模拟预测了除格陵兰岛之外的所有北极河流径流(1981～2070 年)，结果发现到 2070 年，北极地区河流排放将平均增加 22%，径流峰值提前，而年径流曲线有扁平化的趋势，其中来自欧亚大陆河流的径流增长速度更大，而北美地区径流贡献增长的百分比相对较低。

北极地区未来淡水排放的增加会加剧其与周边海洋的作用，例如影响拉布拉多海的深水形成(Yang et al.，2016)和大西洋经向翻转环流(Wang et al.，2018)，进而调节全球气候模式。北极径流的增加也可能增加海洋温度的分层，促进海洋升温(Nummelin et al.，2015)。Lambert 等(2019)使用气候响应函数的方法表明，在径流增强的情况下，热量和盐分在北极的扩散增加，最终导致盐分和热量向北极的平流输入增强。

总的来说，北极地区淡水环境及其变化是非常显著的，对当地环境有持续的影响，在北极地区发挥着重要作用。目前的可持续发展目标中尚没有具体涵盖淡水环境问题。Lento 等(2019)指出对淡水环境生物多样性的新评估可以补充为北极可持续发展目标框架中的全球可持续发展目标指标。此外，"北极视角的 2030 年议程"会和"土著自我治理和可持续发展目标"研讨会，提出了 5 个特定于北极地区的可持续发展目标(Degai and Petrov, 2021)，其中强调了冰雪和多年冻土对北极地区土著和所有北极居民的重要性。气候变化情势下，北极地区冰雪冻土加速变化，淡水释放循环加快，将对北极地区居民生活环境及其可持续发展形成长期显著影响。

4.1.2　南极地区

南极冰盖的持续融化及其与周边海洋的相互作用，是南极水资源面临的主要问题。多年来，南极冰盖一直在持续减少(Rignot et al., 2011)。其冰架融化已被越来越频繁地报道(Pritchard et al., 2012)。通过 GRACE 监测得到-南极冰盖质量变化表明，从 2002 到 2020 年，南极冰盖每年损失的质量约为 126.0±5.1Gt，且具有很强的时空不均匀性(王磊等，2021)。

海洋和大气的增温是引起南极冰盖加速退缩的主因。一般来说，温暖的海洋是冰盖消融的重要因素，但在温室气体高排放的情况下，DeConto 和 Pollard(2016)发现大气变暖很快就超过了海洋，成为南极冰损失的主要驱动力，之后即便温室气体排放减少，海洋的长期热记忆也将抑制冰基的恢复，持续数千年。使用海洋-冰架耦合模型表明，冰架融化可能在未来加速(Timmermann and Hellmer, 2013)。Weber 等(2021)指出，南极冰盖一旦开始退缩，其过程可以持续几个世纪。最近南极冰盖质量损失的加速，可能标志着冰原退缩和全球海平面大幅上升的长期阶段的开始。南极冰架的融化，可衍生一系列问题，例如海平面上升以及海冰的加速形成，这会给沿海地区带来严重影响(Rodziewicz et al., 2022)。

未来南极冰盖的加速融化将促进冰川坍塌、冰川湖扩大，并引起海平面上升。根据 2014～2020 年对南极冰盖冰川湖的观测，Arthur 等(2022)发现了体积的年际变化率大于 200%的冰川湖。在未来气温持续升高的情况下，冰川湖还会大量增加。冰盖的融化会造成冰架坍塌，而冰架的崩塌会和开裂会造成比以往更多的消融，冰海边界的空洞增多也会促进冰海相互作用。(Milillo et al., 2022)。DeConto 和 Pollard(2016)考虑表面融水造成的冰裂和大型冰崖的坍塌，使用耦合气候模式的冰盖数值模型，根据不同的排放情景，对南极洲在未来五个世纪的演变进行预测。该模型显示，如果排放继续不减，南极洲有可能在 2100 年之前使海平面上升 1m 以上，到 2500 年海平面可上升 15m 以上。在这种情况下，大气变暖将很快成为冰层损失的主要驱动力，但长期的海洋变暖将使冰层的恢复推迟数千年。

世界上大多数大城市和贸易中心长期以来都是在沿海发展起来的，海平面上升将对此产生重大影响。前述预测研究的回顾表明，一方面，目前的排放政策可显著影响未来海平面上升幅度，决定了目前的可持续发展目标是否可实现。另一方面，全球排放程度也将决定南极冰盖的稳定性，对该地区的环境、治理、旅游等多方面的可持续发展构成长期重大影响。

4.1.3 青藏高原地区

青藏高原及周边地区，具有南极、北极之外最大的冰储量，同时覆盖有大面积的积雪和冻土，因此该地区被称为地球的"第三极"。该区域是亚洲10多条主要大江大河的发源地，冰雪融水为这些河流提供的大量水资源，缓解了下游约8亿亚洲人民的工农业用水的压力，因此又被称为"亚洲水塔"。全球变暖的大背景下，"第三极"区域对气候变化尤为敏感，近50年来升温速率是全球同期平均升温率的2倍。在温升的驱动下，"第三极"区域的冰冻圈发生剧烈变化，主要表现为冻土退化，冰雪加速消融萎缩，这也使得该区域的水资源发生相应变化。

1. "第三极"区域主要河流径流组成特征

"第三极"区域同时受到西风和季风两大环流系统影响，在不同环流控制区的气候条件不同，使得不同区域流域的径流组成及其对气候变化的响应也有所差异。按照第三极地区-流域所处的气候区，主要可分为三大类(图4.1)：①西风带控制区流域：包括伊犁河、塔里木河、疏勒河、阿姆河、锡尔河及印度河，这些河流主要分布在西北部的干旱半干旱区，径流主要靠冰雪融水补给；②南部季风控制区流域：包括布拉马普特拉河、恒河、湄公河和萨尔温江，这些河流的径流主要靠5~10月份的降水补给；③西风-季风过渡区的流域：包括长江上游、黄河上游及黑河上游，径流主要靠夏季降水补给。

西风带控制的干旱半干旱区，降水量相对较少，流域的冰雪融水对河川径流的贡献高达60%以上。印度河流域是该区域冰川面积分布最广的流域，且该流域降水量年内分布较为平均，超过2/3的降水出现在冷季，降水形式主要以降雪为主，因此冰雪融水是河川径流的最主要来源，可达到76%，其中积雪融水的贡献率为67%(Armstrong et al.，2019)，冰川主要分布在河流的上游，冰川融水对上游河川径流的贡献率高达40%以上(Zhang et al.，2013；Lutz et al.，2014；Boral and Sen，2020)；西风带控制区的塔里木河流域冰川面积仅次于印度河流域，且该流域更为干旱，冰川径流对总径流的贡献同样显著，也可达到40%左右，其上游部分支流(木扎提河、昆马力克河、盖孜河、玉龙喀什河等)的冰川融水贡献可达到

50%以上,积雪融水也是塔里木河径流的重要补给源,约占总径流的20%左右(Gao et al.,2010;Zhao et al.,2013;王妍,2021);疏勒河是祁连山冰川分布最多的流域,冰川融雪对径流的贡献可达到25%以上,融雪水对河川径流贡献约在15%左右(Zhang et al.,2019a;Wu et al.,2021;李洪源等,2019);西风带的咸海流域上游的阿姆河和锡尔河流域由于其冰川覆盖面积较小,冰川融水径流的贡献有限,分别为12%和4%,流域年径流主要受融雪径流主导,融雪径流对这个流域径流的贡献高达65%以上(Armstrong et al.,2019;Khanal et al.,2021)。

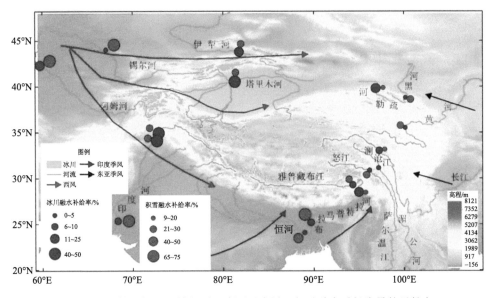

图 4.1　"第三极"区域主要河流源区冰川、积雪融水对径流量的贡献率

南部季风控制区流域,受印度洋季风影响,流域降水量大,冰川融水的贡献相对较低。布拉马普特拉河和恒河流域上游的冰川分布也极为广泛,但冰川融水贡献率最高的布拉马普特拉河上游也仅为15.9%,恒河流域源区 Paksey 水文站冰川融水对河川径流贡献仅为5%左右(Lutz et al.,2014;Su et al.,2016;Chen et al.,2017);受印度洋季风影响的湄公河的和萨尔温江流域的源区澜沧江(昌都水文站以上)、怒江(嘉玉桥水文站以上)有少量冰川的补给,冰川融水对河川径流小于5.0%(Immerzeel et al.,2010;Lutz et al.,2014;Su et al.,2016;Zhao et al.,2019)。融雪水对该四个流域的径流的贡献极为显著,其中布拉马普特拉河的 Bahadurabad 水文站控制流域的融雪径流贡献率最高,可达到66%,恒河流域(Paksey 水文站以上)的融雪径流贡献次之,也可达到40%左右(Armstrong et al.,2019);而湄公河的和萨尔温江源区的融雪径流的贡献相对较低,源区积雪融水对径流的贡献约

为 20%左右(Su et al.，2016；Chen et al.，2017；Zhao et al.，2019)。

长江源、黄河源及黑河流域上游位于西风和季风的过渡区，季风在夏季会带来丰富的降水，且 3 个流域的冰川覆盖率均较低，冰川融水对于径流的贡献有限，流域的径流主要受降雨控制，降雨对径流的贡献均超过了 70%。长江源的冰川融水的补给率最高，但在 10%以内，黑河流域上游(莺落峡水文站以上)的冰川融水的补给率小于 5%(Chen et al.，2018；Li et al.，2018)，黄河源的冰川融水补给率最小，不到 1%(Immerzeel et al.，2010；Lutz et al.，2014；Su et al.，2016；Zhao et al.，2019)；积雪融水对三个流域径流的贡献约为 20%左右(Su et al.，2016；Wang et al.，2016；Chen et al.，2018；Zhao et al.，2019)。

2. "第三极" 区域主要河流径流历史变化特征

"第三极" 区域的流域径流的变化受控于降水及冰川融水变化的共同影响，由于所处气候区及冰雪融水贡献的不同，流域径流变化也表现出一定空间的差异性(图 4.2)。过去 50 年，气温呈现明显增加趋势，而降水的变化存在空间差异性，其中西风带及西风-季风控制区的降水总体表现为增加趋势(陈仁升等，2019)，而印度洋季风控制区的降水表现不明显的变化趋势(Miller et al.，2012；Gwyn，2014)。气温升温使得冰川加速消融，大多数流域的冰川融水上呈现增加趋势，仅以小冰川组成的流域的冰川径流可能表现为不显著的下降趋势(姚檀栋等，2019；汤秋鸿等，2019)。

西风带控制区的印度河、塔里木河及疏勒河流域出山径流均呈现显著的增加趋势，冰川融水的增加对径流增加趋势的贡献非常明显，其中塔里木河冰川融水对出山径流增加的贡献超过 50%(Gao et al.，2010；王妍，2021)，印度河流域上游的径流增加主要是由于冰川融水的增加(Sharif et al.，2013；Nie et al.，2021)，疏勒河冰川融水的增加对出山径流增加趋势的贡献也达到 30%以上(Wu et al.，2021)；而冰川径流贡献小，且降水增加趋势不显著的锡尔河和阿姆河的出山径流表现为下降趋势，尤其冰川融水贡献小的锡尔河减少趋势尤为明显，这主要因为气温升高导致蒸散发的增加，冰川融水的增加不能抵消蒸散发的增加对径流的影响(Hu et al.，2021；Bissenbayeva et al.，2021)。

西风和季风的过渡区的长江源、黄河源、黑河上游径流的变化主要受降水的影响，表现为增加的趋势，其中长江源和黑河上游的径流增加趋势显著，这也与这两个流域存在较高的冰川融水的贡献有关，黑河上游和长江源冰川融水的增加对径流增加趋势的贡献率分别为 8.9%和 4%(Wu et al.，2015；Zhao et al.，2019)。

南部季风控制区的恒河流域(Farakka 水文站以上)径流表现为显著的下降趋势，同样位于印度洋季风影响区的布拉马普特拉河由于冰川融水增加的影响，其径流表现为不显著的上升趋势(Dai et al.，2009；Nepal and Shrestha，2015)；湄公河的和萨尔温江流域的上游受印度洋季风影响较小，源区径流表现为不显著的上升趋势(张建云等，2019)，根据西南诸河水资源公报，湄公河和萨尔温江上游(国内部分)的水资源量表现为不显著减少趋势(李任之等，2021；刘苏峡等，2017)。

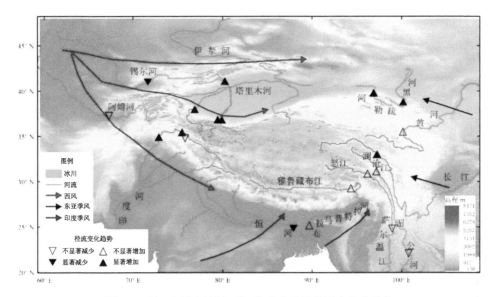

图 4.2　"第三极"区域主要河流出山径流的历史变化趋势

3."第三极"区域主要河流径流未来变化趋势

目前有大量的研究开展"第三极"河流的径流预估工作，主要是利用 IPCC 气候情景预估数据驱动水文模型来开展径流的预估，由于采用的模型及情景存在一定的差异性，导致预估的径流变化趋势存在一定的差异。总体看，未来"第三极"区域的未来气温和降水量极可能呈现出增加趋势(Panday et al.，2015；Wu et al.，2019)。气温的继续升高，会加速冰川消融和萎缩，鉴于不同流域内冰川规模、组成特征不同，冰川融水的峰值出现时间会有差异，总体上看，除塔里木河和印度河外，其它流域的冰川融水量的峰值极可能将在 21 世纪中叶之前达到拐点，而后随之下降(丁永建等，2020；Huss and Hock，2018；Khanal et al.，2021)。尽管降水有所增加，但由于气温升高导致更多的降水会以降雨形式发生，到 2050s，"第三极"区域大多数流域的融雪径流均将会有所减少(Su et al.，2016；Zhao et al.，2019；Yang et al.，2022)。

综合现有的研究来看，到 21 世纪中叶，"第三极"的主要流域的年总径流多表现为增加趋势，其中冰川融水贡献率低的黑河上游、疏勒河上游以及长江、黄河、澜沧江、怒江和雅鲁藏布江源区等流域由于降雨径流的增加会导致未来径流量上升趋势；西风主导受冰川影响大的印度河上游和塔里木河流域的径流受降雨和冰川融水的增加共同作用将来也会明显增加趋势，其中冰川融水的增加是总径流增加的主导因素(汤秋鸿等，2019；Lutz et al.，2014；Su et al.，2016；Zhao et al.，2019；Zhang et al.，2019a)。

4."第三极"区域的流域径流变化对水安全的影响

"第三极"区域这个"亚洲水塔"近 50 年来不断向失衡方向发展，主要特征是冰冻圈的萎缩。随着冰川的持续亏损，冰川储量逐步减少，冰川融水径流最终将减少甚至消失，未来可用水资源减少，冰川融水对径流的调节也会随之减弱，水资源短缺潜在风险会加剧(姚檀栋等，2019；丁永建等，2020)。积雪融水是"第三极"区域的一个重要水资源，随着气候系统变暖，融雪提前，更多的高山积雪融水将在下游工农业夏季用水的高峰期之前快速释放，这也会导致季节性洪水和水资源短缺(汤秋鸿等，2019)。此外"第三极"的多年冻土活动层的增加，会导致更大的下渗能力，增加了冷季的径流，而减少夏季径流量，这也会加剧工农业用水的风险(Zhao et al.，2019；汤秋鸿等，2019)。

"第三极"区域的冰川加速消融导致冰湖数量和面积呈现增加趋势，使得冰湖溃决性洪水风险再明显升高，如 2011 年卓乃湖溃决，直接危胁到了青藏公路的运行安全；2011 年 7 月 5 日，西藏嘉黎县然则日阿错冰湖溃决，造成了人员失踪和房屋、桥梁、道路被毁，直接经济损失高达 2.7 亿元(姚檀栋等，2019；孙美平等，2014)。目前我国境内的青藏高原，就有 210 个冰湖威胁到人类定居点，其中具有极高危险性的冰湖高达 30 个，集中分布在喜马拉雅山中段的吉隆县、聂拉木县和定日县(Nie et al.，2017；Simon et al.，2019)。此外，气温升高，雪面雨、冰雪加速消融也可能会导致雨雪冰混合型洪水事件增多，如 2015 年夏季高温导致昆仑山北坡的叶尔羌河和和田河发生冰雪消融性洪水，超警戒流量持续时间半个月以上，造成洪水灾害(商莉等，2016)。

4.2 陆地生态系统变化

陆地生态系统的保护、恢复与可持续利用是全球所有领域可持续发展的前提与基础。鉴于在全球气候变化及超出生态系统承载力的人类活动干扰的影响下，陆地生态系统正面临土地退化、资源枯竭、环境恶化，以及物种多样性逐渐消失等诸多严峻的问题与挑战，《议程》对全球自然生境与物种多样性的可持续发展提出了新的目标，即到 2030 年，保护、恢复和促进可持续利用陆地生态系统，可持续管理森林，防治荒漠化，制止和扭转土地退化，遏制生物多样性的丧失(SDG 15)。三极地区对全球变化的响应最为敏感，在气候变化和人类活动不断加剧的影响下，三极地区陆地环境与生态系统发生显著变化，主要表现为冰冻圈加速消融(冰川冰盖退化，积雪面积减少，冻土活动层加深等)、水循环周期变短(冰库水资源减少，河川径流量增加等)，以及生态系统结构改变(植被绿度增加，动植物栖息地迁移，微生物丰度增加，碳储量减少等)，这对亚洲、北半球中高纬度乃至全球范围内的水资源等自然资源、陆地生态环境和人类社会生存发展都有着深远影响。因此，全球变化背景下三极地区未来陆地生态环境的可持续发展是目前冰冻圈科学研究的重点和热点，对三极地区土地覆被、物种多样性的深入研究将服务"保护、恢复和可持续利用陆地和内陆的淡水生态系统及其服务""推动对所有类型森林进行可持续管理"以及"保护山地生态系统及其生物多样性，加强山地生态系统的能力"等 SDG 15 子目标的实现。

4.2.1　土地覆被

1. 北极地区

北极地区是全球变化响应最敏感的区域，北极地区地表气温的增暖速度是全球平均的 2～3 倍，该现象被称为北极放大效应(Serreze and Barry，2011)。根据 GlobeLand30 数据，北极地区的主要土地覆盖类型为森林、灌木、草地、稀疏植被以及冰雪等(Liang et al.，2019) (图 4.3)。北极剧烈的气候变化对其土地覆被产生了显著的影响。整体上，北极地区的植被绿度及生产力明显增加。灌木扩张是北极土地覆被变化的主要特点，但同时区域增温也导致了地衣和苔藓的减少。很多地方证据显示气候变暖导致了北极灌木的快速扩张(Elmendorf et al.，2012；Myers‐Smith and Hik，2018；Vowles and Björk，2019)，如阿拉斯加北部(桤木为主)、加拿大西部北极(桤木和柳树为主)、加拿大北极腹地(矮柳和常绿灌木物种)、魁北克北部(桦木为主)和俄罗斯北极地区(柳树为主)(Myers-Smith et al.，2018)。基于相机重复拍摄的研究发现在过去的 50 年阿拉斯加北部的大型灌木大小和数量都有所增加，并侵占了之前的非灌木地；而基于样方调查及遥感监测的研究也证实了阿拉斯加的灌木已经扩大了生长范围，同时也表明灌木在加拿大北极地区和斯堪的纳维亚半岛的大部分地区扩张，而且还可能在俄罗斯和西伯利亚发生(Tape et al.，2006)。灌木的扩张除受温度影响外，同时也与火烧有关。火烧促进了高山灌丛的扩张，但是显著降低了低地灌丛的覆盖(Chen et al.，2020)。

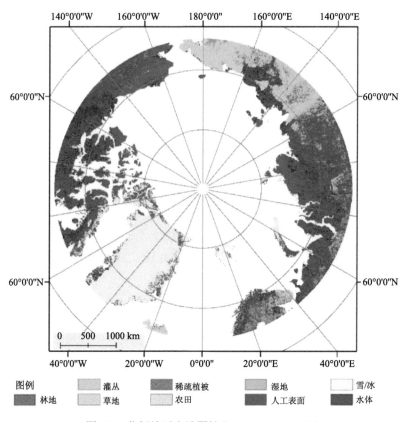

图例 ▨灌丛 ■稀疏植被 ▨湿地 □雪/冰
■林地 ▨草地 ▨农田 ■人工表面 ■水体

图 4.3 北极地区土地覆被(Liang et al., 2019)

遥感数据空间分辨率的提高能够发现更为精细的土地覆被变化。Wang 等 (2020a)基于 30m 分辨率的 L and sat 数据研究了北美洲北极区域的土地覆被变化。研究发现，该区域 $0.647\pm0.061\times10^6 km^2$ 范围的区域在 1984~2014 年期间经历了土地覆被变化。在绝对面积上，常绿林的覆被损失较大，而阔叶林的覆被则略有增加。然而，从比例来看，常绿林的减少和落叶林的增加都是巨大的。相对 1984 年，常绿林减少的面积为 $259949\pm34996 km^2$($-19.6\pm2.6\%$)，而增加的面积为 $63975\pm 18688 km^2$($+4.8\pm1.4\%$)，总体上常绿林面积减少了 $195974\pm39673 km^2$($-14.8\pm 3.0\%$)。与此同时，落叶林面积扩展了 $50244\pm17467 km^2$($+15.4\pm5.2\%$)，主要发生在北方森林的南部，而其损失可以忽略不计。总体上，森林类型净变化呈现出常绿林向落叶林的转变。此外，虽然大多数森林与低矮植被(如草本植物和灌木)间存在互相转换，但是近 1/3 落叶林增加的区域在 1984 年属于常绿林，说明森林类型之间存在较大转变。常绿林面积的损失大多由火烧导致($165078 km^2$，63.5%)，但是 1984 年之前的火烧却导致大量的常绿林($41949 km^2$，65.5%)和阔叶林

(17906km^2，35.4%)增加。森林采伐导致森林面积变化的比重较低，其中，常绿林损失量为 18053km^2(6.9%)，常绿林增加量为 640km^2(1%)。研究区内采伐面积只有 0.57%，但是导致了很大比例的阔叶林增加(7117km^2，14.1%)，这表明采伐的作用在森林类型转变中相对较大。另外，有 76818km^2(29.6%)的常绿林损失可能是来自于虫害、冻土融化导致的森林死亡和资源勘测。大约 17%的常绿林损失导致了沼泽扩张，其原因可能是由于冻土退化导致。相反地，21416km^2(33.5%)的常绿林和 25548km^2(50.5%)的落叶林增加归因于未记录火烧事件后的林线扩展和再生。

林线以上的北极地区经历了逐渐但广泛的灌木和草本植物的增加。与 1984 年相比，灌木增加面积(75843±20860km^2，13.3±3.6%)大大超过了减少面积(42154±21051km^2，−7.4±3.7%)。草本植物的面积损失可以忽略不计，但增加面积达到 104871±31699km^2(18.4±5.6%)，主要发生在加拿大北极地区(特别是在班克斯和维多利亚群岛)及阿尔伯塔省的农业区。灌木和草本植物面积的净增加量为 138560±37947km^2(7.3±2.0%)。大量的灌木增加(27057km^2，25.8%)出现在火烧地，这可能是早期被烧毁的区域生长得较慢，以至于到目前为止还没有过渡到森林。新灌木的生长超过了灌木的损失(例如，由于冻土退化或苔原火烧)，而草本植物正在扩大到以前的贫瘠土地地区，以响应气候变暖。

2. 南极地区

南极大陆面积约为 1392 万 km²，其上覆盖着巨大的南极冰盖，冰盖面积约为 1230 万 km²，平均厚度为 2126m，最厚处可达 4897m，总冰量约为 2654 万 km³。南极冰盖占世界陆地冰量的 90%，淡水储量的 70%，若全部融化可使全球海平面上升 58m。南极冰盖巨大的冷储和相变潜热，以及对海平面上升的潜在贡献，使其成为全球气候变化研究中最受关注的研究对象之一。AntarcticaLC2000 数据是基于 2000 年左右的 Landsat ETM+和 2003/2004 年南半球夏季的 MODIS 数据生成的 1：100000 南极土地覆被数据(图4.4)，其总体分类精度达到 92.3%，Kappa 系数为 0.836(Hui et al.，2017)。根据该土地覆被数据，南极地区的无冰岩石、蓝冰以及雪/粒雪的面积分别为 73269km^2(0.5%)，225937km^2(1.7%)，13345460km^2(97.8%)。

受全球变暖的影响，南极冰盖面积在发生了显著变化。根据科技部发布的《全球生态环境遥感监测 2020 年度报告》显示：①1999～2019 年，南极冰盖表面融化面积约占总面积的 19%。空间分布而言，融化区域多分布于南极半岛及冰盖边缘地区，内陆大部分地区没有发生过融化；季节分布而言，南极冰盖融化现象多发生在南半球夏季(12 月至次年 2 月)，但在极端气候影响下，南极半岛在寒冷的冬季也会发生融化。②1999～2019 年，南极冰盖表面融化范围和天数年际变化较大，整体呈上升趋势，2015/16 年强厄尔尼诺事件导致罗斯冰架发生了 20 年来最剧烈的融化。南极半岛夏季融化呈明显减弱趋势，但冬季(5~10 月)融化却在加剧，同样受强厄尔尼诺事件的影响，冬季融化在 2015/16 年达到峰值。

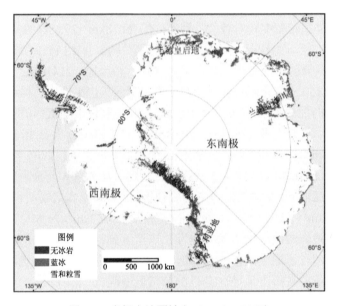

图 4.4　南极土地覆被(Hui et al.，2017)

植被扩张是南极土地覆被变化的另一个特征。但是植被在南极占据的比例极小，主要分布在南极大陆的边缘地区，关于南极洲大陆的植被变化的数据也十分缺乏。南极半岛在 20 世纪后半个世纪里经历了快速增温，但自 21 世纪开始由于冻土层的变暖又呈现降温趋势，这对植被的生长和衰退以及空间分布有着直接的影响。冰雪的融化为本地物种以及入侵物种提供了新的生存环境。气候变暖导致半岛两种本土维管束植物南极发草(*Deschampsia antarctica*)和南漆姑(*Colobanthus quitensis*)发生了快速扩张(Cannone et al.，2015；Parnikoza et al.，2009)。南极西格尼岛的调查结果表明：1960~2009 年，南极发草的分布面积每 10 年平均增长了约 21%，但在 2009~2018 年，这一数字提升到了 28%；南漆姑在近 10 年间的扩张速度更是惊人，从 1960~2009 年平均每 10 年不到 7% 的增长率，飙升到了 2009~2018 年的 154%，直接翻了 22 倍(Cannone et al.，2022)(图 4.4)。这些植物显著扩张是由夏季变暖和海狗种群数量减少同时导致的。海狗种群数量下降为植物提供了更多生长的空间，但植物扩张的主要驱动力还是气候变化。气候变暖还导致南极半岛海岸的雪藻迅速扩张，基于哨兵 2 号卫星发现南极半岛海藻的面积达到了 $1.95 \times 10^6 m^2$(Gray et al.，2020)。此外，近些年期间的降温也导致部分地衣物种覆盖面积的萎缩(Sancho et al.，2017)。Miranda 等基于无人机和高分遥感数据对南极菲尔德斯半岛的土地覆被进行了分类，并发现 2006～2013 年期间，研究区内松萝和苔藓的面积分别损失了 10.3%和 9.8%(Miranda et al.，2020)。

与南极半岛相比，南极大陆呈现出相反的气候变化趋势，直到 20 世纪末才出现明显的变暖(Doran et al.，2002)。气候变暖引起冻土融化，活动层加深，土壤含水量下降，导致苔藓面积的缩小(Guglielmin et al.，2014)。在维多利亚地的哈利特角，唯一的植被长期监测试验表明藻类植被在 1968～2004 年期间存在扩张。研究者认为这一变化很可能是由水分条件的改变造成，而不是气候变暖(Brabyn et al.，2005)。在威尔克斯地，气候干燥导致地衣植被在 1960～1990 年期间普遍增加，但同时也伴随着苔藓植物的减少(Melick and Seppelt，1997)。在毛德皇后地，Johansson and Thor(2008)报道了 1992～2002 年，他们的长期试验田中地衣植被类群的密度、丰度和数量都有所增加。这些例子说明南极大陆气候变干旱会导致地衣的增加，而苔藓的变化取决于其对水分的需求。

3. 青藏高原地区

根据国际地圈-生物圈计划(international geosphere-biosphere programme，IGBP)分类，2018 年青藏高原土地覆被类型的分布如图 4.5 所示。其中包括针叶林、阔叶林和混交林在内的森林约占高原总面积的 5%，主要分布在高原南部的湿润区；疏林(Openforest)约占高原总面积的 3.2%，主要分布在高原的东南部；灌木丛总计占 0.35%，散布在西藏中部和西部；草地面积占相较其他类型最大，约占 51.8%，广泛分布在高原的半干旱区和半湿润地区；包括建筑、农田和湿地在内的土地覆盖类型所占比例相对较小，分别仅占 0.04%，0.28%和 0.05%，建筑和农田集中于"一江两河"、河湟谷地等地区；荒漠/裸地是青藏高原第二大土地覆被类型，主要分布在北部面积占比 36.8%；冰雪和水体的面积占比总计达 1.3%。

Wang 等(2020b)的研究发现 2001～2018 年期间，青藏高原土地覆被类型变化最明显的特征是植被覆盖类型面积的扩大和荒漠/裸地面积的缩小。与 2001 年的分类结果相比，2018 年分类的植被覆盖面积增加了 33566km^2，包括森林、灌木、疏林、草地和农田，占青藏高原总面积 1.3%。具体而言，在 2001～2018 年期间，常绿阔叶林、落叶阔叶林和农田的面积持续减少；疏林/开放森林和水体的面积增加；草地面积大幅度增加后趋于稳定；湿地覆盖度先减少 2010 年之前显著减小，之后面积增加；灌木在 2007 年之后表现出显著增加的变化；城市土地和建筑

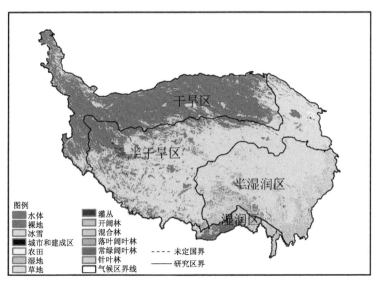

图 4.5　基于 2018 年 IGBP 分类方式的青藏高原土地覆被类型分布

用地呈指数增长。土地覆被类型从非植被转变为草地是植被扩张的主要形式，其中从裸地转变为草地是最主要的土地覆被转变类型。植被在空间位置上向西北扩张，主要发生在干旱区和半干旱区边界附近及半湿润区的西部地区。干旱区和半干旱区植被扩张多发生在两者的过渡区，也是草地和荒漠的过渡区，植被向西部更高海拔、更加干旱和强辐射的区域扩张。而半湿润地区植被扩张主要发生在半湿润区的西部，在那里由于唐古拉山和念青唐古拉山的地形特点形成了高海拔的裸地，植被东扩张到更加寒冷高海拔的区域。然而，植被扩张沿海拔的趋势并没有显著的变化趋势。造成这种不显著变化的原因可能与半湿润区 2009～2013 年强烈的降温期有关，该期间低温的气候减缓了植被向高海拔的扩张，并使植被扩张多发生在低海拔区。

据 2014 年第八次全国森林资源清查结果，西藏和青海两省区林地总面积达 25.92×10^{4}km^2，森林覆盖率分别为 11.98% 和 5.63%。青藏高原的林地变化具有明显的阶段性特征(张镱锂等，2019)。自 20 世纪 50 年代至今，历经了大规模采伐 (1950～1985 年)、采伐与造林恢复并存(1986～1998 年)到以保育和恢复为主 (1998 年至今)的转变过程，森林资源在面积、覆盖率、蓄积量、类型及空间分布格局等方面均发生了显著的变化。在 1950～1985 年由于大规模采伐、农业用地和城镇扩张，林地面积曾在短时间内迅速减少其中西藏自治区森林覆盖度下降了 4%。1986～1998 年高原林地面积和森林覆盖率未发生明显的变化。21 世纪末以来，随着天然林保护工程、退耕还林政策和生态安全屏障建设工程的陆续实施，青藏高原森林得以稳定恢复。青藏高原林地变化的另一个重要方面是林种结构的变化，由以用材林为主转变为以防护林为主，实现了林地从生产功能到生态功能的转变。如西藏自治区自 1998 年防护林工程实施以来，防护林面积由 1999 年的 66.3km^2 增加到 2016 年的 326.4km^2。

4.2.2 动植物多样性

三极地区是近百年来全球增暖最显著的区域。在全球气候变暖的背景下，物种分布区向高海拔和高纬度地区的迁移已被证实 (Lenoir et al., 2008)。随着物种分布区的迁移，尤其是植物物种分布区的变化，将导致区域植被群落的物种组成和结构发生改变，进而改变区域生物多样性格局，最后将对区域生态安全与生态系统功能产生影响 (Maclean and Wilson, 2011)。未来的气候变化将进一步影响三极地区物种分布范围，增加区域物种灭绝风险，影响地区物种丰富度，导致区域生态系统结构和组成发生改变，可能造成区域生态系统稳定性下降与功能衰退 (Rew et al., 2020)。

1. 北极地区

北极存在超过 2.1 万种生物，包括高度耐寒的哺乳动物、鸟类、鱼类、无脊椎动物、植物、真菌和微生物物种，部分物种为地区特有种 (表 4.1) (Meltofte et al., 2013)。在北极地区，分布着大约全世界植物种类 3%植物，约 5900 种，比较丰富的是一些原始的植物种类，例如藓类植物、苔类植物、地衣，以及藻类植物。维管植物区系相对贫乏。目前约有 2218 种维管植物被证实在北极地区分布，约为世界已知维管植物种类的 1%。北极的动物种较为丰富，约为 6000 种，占全球总数的 2%，其中原始种类要占比较多。分布于北极地区的脊椎动物共有 684 种。其中哺乳动物约为 102 种，鸟类 199 种，鱼类 377 种。

表 4.1 北极主要生物类群物种多样性 (Meltofte et al., 2013)

分类	物种数目	在世界总物种数目占比	地区特有种数目
陆生哺乳动物	67	1%	18
海洋哺乳动物	35	27%	11
陆生和淡水鸟类	154	2%	81
海鸟	45	15%	24
两栖动物/爬行动物	6	<1%	0
淡水鱼类	127	1%	18
海鱼	250	1%	63
陆生和淡水无脊椎动物	>4750		
海洋无脊椎动物	5000		

续表

分类	物种数目	在世界总物种数目占比	地区特有种数目
维管植物	2218	<1%	106
苔藓植物	900	6%	
陆生和淡水藻类	>1700		
海藻	>2300		
非地衣化真菌	2030	4%	<2%
地衣	1750	10%	350
地衣真菌	373	>20%	

最近几十年来，全球变暖已导致北极冰冻圈面积缩小、冰盖和冰川的质量损失、积雪和北极海冰的范围和厚度减少，使得以冰为栖息地的海洋哺乳动物和海鸟的分布范围逐渐收缩，同时气候对生产者分布的影响也使得捕食者的分布范围发生变化。例如：海冰持续时间、范围和质量的减少迫使北极熊、海豹和海象改变觅食行为和区域，改变繁殖和休息的栖息地，并经常进一步迁徙，从而导致种群生力和规模的降低。同时气候变暖正在推动灌木和树木分布区的增长和蔓延，将低北极苔原转变为亚北极条件，从而导致可以利用这一新栖息地的物种(驼鹿、欧亚麋鹿、美洲海狸和雪兔等)生物多样性增加。秋季晚雪和春季融雪提前缩短了雪盖的持续时间和质量，对旅鼠冬季繁殖产生了消极的影响，因此降低了许多捕食者捕食旅鼠的可能性(Hirawake et al.，2021；Meltofte et al.，2013；Taylor et al.，2020)。目前多种与气候有关的驱动因素对极地浮游动物的级联效应已影响了该区域食物链的结构和功能以及生物多样性。

在未来气候变化情景下，北极陆地的生物多样性预估会有损失。北极地区大约有40%的维管束植物，以及更高比例的苔藓和地衣类植物属于北方植物带，目前此类物种在北极地区分布范围较窄，主要分布在接近树线的区域及连接亚北极地区和北极地区之间的河流地带。到2050年，预估木本灌木和树木的分布区将会扩大，向高纬度地区迁移，覆盖北极苔原的24%～52%。北方森林会在其北部边缘扩展，而在其南部边缘减少，代之以低矮林地或者灌木丛。变暖、海洋酸化、季节性海冰范围减小以及多年海冰持续损失可能会影响区域物种的生境、种群数量及其生存能力，从而进一步对极地海洋生态系统产生影响[1, 2]。目前这些影响尚未明确，需要增加长期监测和相关研究工作，重点关注北极特有的环境以及它

---

① IPCC, 2019: Summary for Policymakers. In: IPCC Special Report on the Ocean and Cryosphere in a Changing Climate. In press.

② IPCC, Climate Change 2013: The Physical Science Basis. Contribution of Working Group I to the Fifth Assessment Report of IPCC on Climate Change (Cambridge University Press, Cambridge, UK, 2013).

们如何因气候变暖而发生变化(例如苔原、北极高地)，研究气候变暖对保护、恢复和促进陆地生态系统的可持续利用的作用，以防止区域生物多样性丧失。

2. 南极地区

南极洲的生存环境极端恶劣，限制了大部分动植物的生存和发展，大部分地区被冰雪覆盖，仅有少数低海拔地区有不到三个月的无雪覆盖期。漫长的冰雪低温期使高等植物很难生存，陆地上广泛分布的是地衣和苔藓，南极洲拥有三四百种地衣，约 100 种藓类植物，25 种地钱。在南极洲海岸附近的岩石和土壤上还生存着约 700 种藻类植物，绝大多数是浮游植物。维管植物只有南极发草 (*Deschampsia antarctica*)、南极漆姑草(*Colobanthus quitensis*)和非本地生的早熟禾(*Poaannua* L.)三种。只有少数陆栖脊椎动物生活在南极洲。无脊椎动物大多是些微生物，包括虱、线虫动物、缓步动物、轮形动物、磷虾、弹尾目和螨类[如南极甲螨(Wauchope et al.，2019；Singh et al.，2018)]。研究表明如果南极半岛无冰区扩大三倍，将彻底改变区域生物多样性现状。但是，在物种层面上，这些变化最终也可能导致区域尺度上生物同质化，竞争力较弱物种灭绝，入侵物种扩散 (Lee et al.，2017)。

南极附近海域生活有多种水生哺乳动物，其中一共有 3200 万海豹头，约 100 万头鲸类物种，海鸟 50 种，鱼类 357 种(许强华等，2014)。在南大洋生物资源中，南极磷虾资源数量占据优势，是南极高营养层级生物的重要食物来源对维持南极海洋生态系统稳定具有重要作用。研究表明在未来气候变暖的情景下，磷虾的生境会向南收缩，最终对该区域海洋生态系统产生巨大影响(Kawaguchi et al.，2013)。由于该区域特殊的地理环境，需要在全球背景下的制定南极海洋保护与可持续发展目标，南极的海洋保护区的设立是这一目标实现的重要保障。

3. 青藏高原地区

青藏高原是我国气候变化和生态环境演变的敏感地区和脆弱地带(姚檀栋等，2017)，是当今地球上最独特的地质-地理-生态单元，拥有独特的生物资源，在世界生物多样性版图中占有重要地位(邓涛等，2020)。该区有维管束植物 1500 属、12000 种以上，约占中国维管束植物总种数的 36.5%，其中超过 3000 种植物分布于高山生境内(树线以上)。脊椎动物方面，在整个青藏高原有鱼类 152 种，陆栖脊椎动物共有 1047 种，约占中国该类动物总数的 43.7%。青藏高原目前发现昆虫种类达 10828 种，约为全国昆虫种类的 12.5%(表 4.2)。

表 4.2　青藏高原物种多样性及其占全国的百分比

物种类型	高原属	高原种	全国种	高原占全国种数的百分比/%
维管束植物	1500	12000	32840	36.5
哺乳类动物	103	210	581	36.14
鸟类	263	532	1244	42.76
爬行类	43	83	376	22.07
两栖类	21	80	284	28.17
鱼类	45	152	3862	3.93

注：数据来源鲁春霞等（2004）；邓涛等（2020）。

近几十年来，随着全球变暖和人类活动的加剧，青藏高原植物物种、群落和生态系统都发生了前所未有的变化。总体上看，青藏高原植被返青期提前，生长期延长，覆盖度和生产力增加，植被总体趋于向好，局部变差（张宪洲等，2015）。暖湿化极大地促进了青藏高原生物多样性的增加，但是由于人类活动的影响，草原生态系统遭到破坏，原生植物群落中的物种数量减少，生物多样性退化（Sun et al.，2021）。

气候变暖对青藏高原物种多样性的影响是正面的，但这种影响仍存在时间和空间上的不平衡性。由气候变暖引起的中、低海拔物种向高海拔区域迁移，以其快速生长优势，占据更多的生态位，压缩高山本土植物的生存空间，可能会引起本区冰缘植物分布区物种竞争压力增大，死亡率增加，种群衰退，甚至局地灭绝，进而导致高山冰缘植物群落结构和多样性格局与功能的改变（杨扬等，2019）。但是对于旗舰物种冬虫夏草的研究表明，气候变化到21世纪末，气候变暖可能使该物种的潜在分布区增加18%~29%，腺苷含量高的高质量药材潜在分布区将显著增加，增加率为27%~78%（图4.6），适宜生境将向高纬度、高海拔地区转移（Guo et al.，2021）。未来气候变化对青藏高原动植物多样性的影响还需进一步厘清，针对地区可持续发展中环境和生物多样性保护的议题，需进一步归纳总结，以第二次青藏科考为契机，相关研究日益丰富，极大地便利了从理论研究成果向实践应用的转化，以保障青藏高原生态安全屏障功能。

4.2.3　土壤微生物多样性

南极、北极和青藏高原土壤中栖息着大量微生物，这些微生物驱动着三极地区元素化学循环过程（Ji et al.，2017），深刻影响三极生态系统的气候变化和人类可持续发展（SDGs）（Callaghan et al.，2012；Siciliano et al.，2014；Schuur et al.，2015）。以往的土壤微生物多样性研究主要关注非极地生态系统（Fierer and

Jackson，2006；Bahram et al.，2018；Delgado-Baquerizo et al.，2018），对极地地区研究较少。

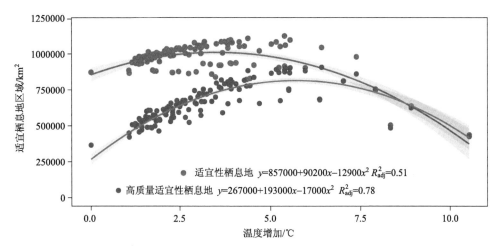

图 4.6　不同升温幅度下冬虫夏草潜在分布区以及潜在高质量分布区的面积变化

该图根据本文所涉及的 144 种增温情景，包括 9 个全球气候模型，4 种气候变化情景，4 个时间段，下冬虫夏草潜在分布区以及潜在高质量分布区面积绘制，横坐标代表不同增温情景的温度升高幅度，纵坐标代表潜在分布区面积

最近研究发现，三极土壤中生存着大量固碳微生物，这些固碳微生物具有重要的储碳潜力，对 SDG 目标实现具有重要作用。三极地区极端环境因子限制了植被固碳潜力，但微生物适应极端环境能力强，其固碳能力更凸显重要。青藏高原土壤微生物固碳潜力最高可占植物固碳量 35.8%（Zhao et al.，2018；Chen et al.，2021）。因此，三极地区微生物固碳新途径及其固碳潜力亟待深入研究，可能对这些地区的温室气体浓度升高导致的增温具有一定的减缓作用，可服务于国家碳中和战略和 SDG 目标 13（气候行动）。三极是全球增温速度最快的地区，其生态系统比非极地地区更脆弱，深入研究极地地区微生物对气候变化的响应幅度与机制是 SDG 目标 15（陆地生物）的重要内容，即全面评估三极微生物多样性对气候变化的响应与生态系统健康。

1. 极地和非极地微生物多样性比较

与非极地地区相比，三极地区具有相似的极端环境，其微生物多样性及群落组成更具有相似性（Kleinteich et al.，2017）。系统对比三极与全球非极地地区土壤微生物发现，三极土壤微生物多样性和遗传多样性低于非极地地区，顺序依次为：南极<北极<青藏高原<非极地地区（Ji et al.，2022）（图 4.7、图 4.8）。南极环境最

恶劣，寡营养、干旱和低温等极端环境导致南极土壤微生物多样性最低（Dennis et al.，2019；Zhang et al.，2020a）。在北极地区，土壤深度、活动层和永冻层微生物多样性和群落组成具有显著差异，群落结构差异主要受增温影响（Ji et al.，2020）。青藏高原位于中纬度地区，但该地区强烈的紫外线辐射、干旱和低温也极大抑制了土壤微生物多样性。因此，温度是调控三极土壤微生物多样性变化的关键因子，且通过调控其他环境因子（土壤液态水、冻融循环等）而深刻影响微生物多样性（图4.9）。在非极地地区，土壤 pH 值是驱动土壤微生物多样性的关键因子（Fierer and Jackson 2006；Barnard et al.，2020）。三极和非极地土壤微生物组成也存在显著差异（Ji et al.，2022），厚壁菌门（Firmicutes）适应极端环境能力稍弱，更倾向于局部而非长距离扩散（Bottos et al.，2014）；而放线菌（*Actinobacteria*）适应极端环境因子能力更强，其孢子可长距离传播（Kellogg et al.，2004），故该菌在三极土壤中分布更广泛（Reponen et al.，1998；Battistuzzi and Hedges 2009）。

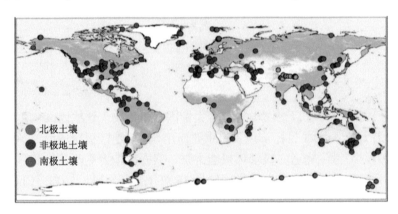

图 4.7　全球性采集样本地理位置地图

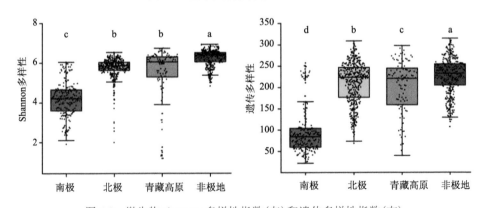

图 4.8　微生物 shannon 多样性指数（左）和遗传多样性指数（右）

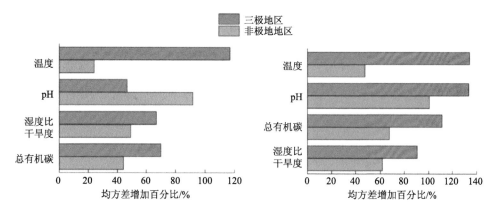

图 4.9 随机森林计算三极和非极地区环境参数对土壤微生物的相对重要性 Shannon 多样性(左)和遗传多样性(右)

2. 极地和非极土壤微生物组成比较

三极和非极地土壤共有微生物种类占总量的 21%(图 4.10),这些微生物分布于全球土壤中,说明它们对环境胁迫具有更高的适应能力。南极是独立的大陆,地理隔离限制了微生物扩散,且南极大陆极端环境条件也使大部分微生物难以生存(Hibbing et al.,2010),所以,南极土壤微生物群落结构更独特,而北极、青藏高原和非极地更相似(图 4.11)。与南极相比,青藏高原和北极与非极地地区空间距离更近,可通过风、水流和动物迁徙等传播微生物(Kleinteich et al.,2017)。因此,环境异质性和扩散限制导致南极土壤微生物结构比其他极地和非极地地区差

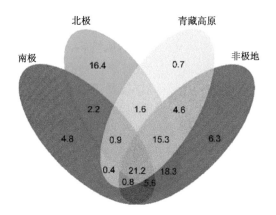

图 4.10 南极、北极、青藏高原和非极地土壤中常见和特有种(97%的序列同一性属于同一类别)的比例,数字代表的是百分比

异更大(Vyverman et al.，2010；Fraser et al.，2014；Staebe et al.，2019)。此外，青藏高原冰川末端土壤微生物群落与南极土壤相似,主要是这些地区的土壤养分、水分含量及温度等极端环境因子相似，说明环境选择是驱动三极土壤微生物群落的重要机制(Khan et al.，2020)。

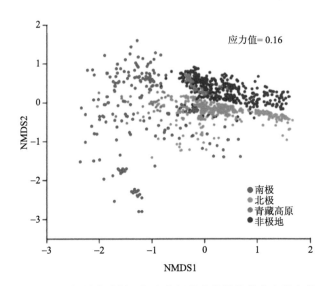

图 4.11　基于 Bray–Curtis 相异度分析三极和非极地土壤样品的非度量多维尺度(non-metric multidimensional scaling, NMDS)

3. 三极土壤微生物优势种种类少但相对丰度更高

非极地区的 α-变形菌纲与 γ-变形菌纲比例较高,但三极土壤以 γ-变形菌为主。三极土壤中微生物优势种共有 167 种，仅占总种系类型的 0.5%(图 4.12)，而非极优势种有 687 种。三极土壤优势种相对丰度显著高于非极地(图 4.13)，表明适应极端环境的微生物获取生存资源的能力更强，三极土壤非优势种因缺乏功能冗余而对极端环境因子更敏感(Mougi and Kondoh, 2012；Jousset et al.，2017)。三极土壤微生物嗜温菌较多，而非嗜冷菌，这可能是由于三极地区季节和昼夜温差大，适应寒冷的嗜温性微生物在多种环境中更具有优势。因此，全球变暖可能会进一步提高这些嗜温性优势微生物群落的丰度(Rivett and Bell, 2018)。

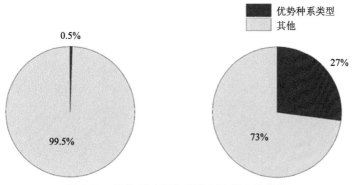

图 4.12　极地(左)和非极地(右)微生物数量

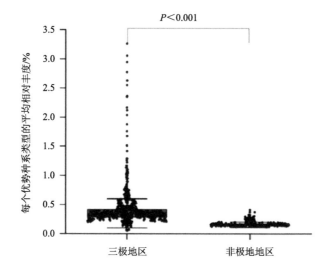

图 4.13　三极和非极地土壤中每个优势种系类型的平均相对丰度

4.2.4　雪冰微生物多样性

微生物也可在雪冰环境中生存,如冰、雪和冰尘(图 4.14),但低温、强辐射等极端环境因子极大限制了微生物多样性(Yao et al.,2006)。雪冰微生物包括细菌、古菌、真菌和藻类等驱动了雪冰生境中的生物地球化学循环过程,且使这些生境成为重要的碳汇(Lutz et al.,2016)。例如,蓝细菌和雪衣藻是雪冰生态系统的主要生产者,可通过光合作用为这些生境中的异养微生物提供碳源和能量(向述荣等,2006)。

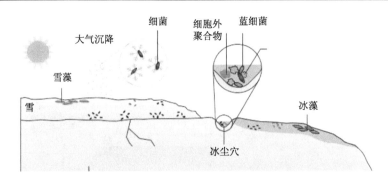

图 4.14　冰川表层典型生态系统示意图(Boetius et al.，2015)

1. 雪冰细菌

蓝细菌广泛分布于三极雪冰中(Chrismas et al.，2015)。*Phormidesmis*、*Eptolyngbya* 和 *Phormidium* 等蓝细菌可以释放胞外聚合物(EPS)保护细胞免受低温和紫外伤害素(Gokul et al.，2016)。冰尘穴中 75%~95%的有机碳由蓝细菌通过光合作用获得(Gokul et al.，2016)。南北极冰尘穴中的蓝细菌相对丰度约为2.5%，与青藏高原东南部类似，但远低于青藏高原中部和北极(35%以上)(Liu et al.，2017b)。*Polaromonas* 在三极冰川生境广泛存在，是适应冰川环境的重要类群(Franzetti et al.，2013；Gawor et al.，2016)。比较基因组学研究表明，不同种类 *Polaromonas* 的碳循环功能具有较大差异，说明不同类群通过分化适应了不同冰川生境(Gawor et al.，2016)。各拉丹冬峰果曲冰川表面细菌的丰富度季节动态变化主要受大气环流的影响(刘晓波等，2009)。

2. 雪冰藻类

藻类是三极雪冰生境的重要初级生产者，气候变暖已导致三极地区出现大量红绿雪(图 4.15)，尤其在南北极地区(Antony et al.，2014)。西伯利亚雪中主要藻类为 *Ancylonemanordenskioldii* 及 *Chloromonas sp.*，其生物量与冰川表面消融程度正相关(Tanaka et al.，2016)。*Chlamydomonas*、*Chloromonas*、*Microglena* 和 *Raphidonema* 等属大量繁殖会降低冰川表面反照率，微生物呼吸也会增加雪冰表面温度，进一步加速冰川消融。南北极地区雪冰藻类主要类群相似(Lutz et al.，2016；Ji et al.，2022)，分布不具有空间差异，可随海洋进行扩散。青藏高原雪表面主要以雪藻为主，包括 *Cylindrocystis brebissonii*、*Mesotaenium berggrenii*、*Trochiscia sp.*、*Chiamydomonas sp.*和 *Pseudochlorella sp.*等。喜马拉雅山中段南坡雪衣藻群落呈现出 3 个分布区域：在稳定的冰环境区域(5100~5200m)有 7 个种，

以 *Cylindrocystis brebissonii* 为主；在冰雪环境过渡区(5200~5300m)有 11 种，以 *Mesotaenium berggrenii* 为主；而在稳定的雪环境顶部区域(5300~5430m)只有 4 个种，以 *Trochiscia sp.* 为主(Yoshimura et al.，1997)。雪衣藻生长主要受光密度、融水及生物聚集体等生物因子影响(Zhang et al.，2006)；随着海拔增加，喜马拉雅山中段冰川雪衣藻生物总量降低(Zhang et al.，2006)。高海拔地区较厚积雪的反光作用导致光密度较低，不利于雪藻生长，但低海拔冰川消融区，雪衣藻生长较好。

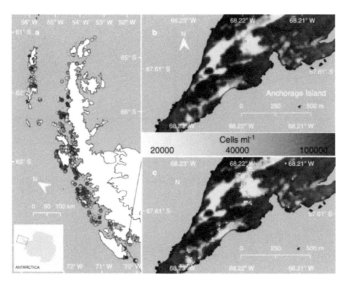

图 4.15　基于卫星数据的南极半岛绿藻藻华严重程度评估(Gray et al.，2020)

3. 雪冰真菌

与藻类和细菌相比，三极雪冰真菌研究较少。喜马拉雅山希夏邦马峰达索普冰川真菌主要是酵母，包括裂芽酵母属(*Schizoblastosporion*)和瓶形酵母属(*Pitysocporum*)(Xie et al.，1999)。南北极地区雪冰真菌以雪霉菌(snow mould)为主，包括 *Typhula ishikariensis*(speckled snow mould)、*T.incarnata*(grey snow mold)和 *Sclerotinia borealis*(snow scald)。其中，*Sclerotinia borealis* 为嗜冷菌，其最低生长温度为-5℃，最佳生长温度为 5℃，最高生长温度为 20℃。极地 *Pythium* 属雪霉菌也是典型耐冷菌，能够在 0~10℃ 生长，但最佳生长温度为 20~25℃(图 4.16)(Tojo and Newsham，2012)。同时耐冷酵母也在南北极被发现(Lutz et al.，2017；Edwards et al.，2013)；而壶菌门广泛存在于南北极雪中，壶菌门可与雪藻形成共生关系，作为生物调控机制影响冰藻的分布格局(Vimercati et al.，2019)。

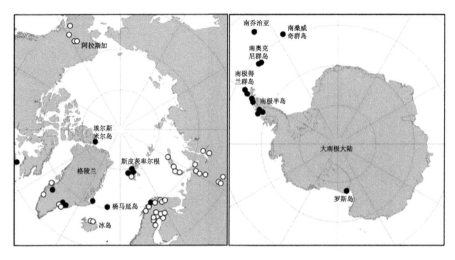

图 4.16 南北极地区感染苔藓及高等植物的雪霉菌(snow mould)
分布格局(Tojo and Newsham, 2012)

空白圆圈代表硬化菌感染(*sclerotialinfection*)，主要由 *Typhula spp.* 和 *Sclerotinia borealis* 引起，
黑色圆圈为环状感染(*ring infection*)

4.3　清洁能源与碳中和

　　能源是各国家和地区经济、社会发展的最基本的驱动力。近几十年来石油、煤炭等不可再生性能源的大量使用，给陆地生态环境和全球气候变化等带来了一系列负面影响，而随着社会经济发展和人类生活水平的提高，这些传统能源也都将面临枯竭的窘境。因此，在当今全球能源短缺、环境污染严重和能源结构革新的背景下，《议程》提出了全球能源发展的愿景，即到 2030 年，确保人人获得负担得起的、可靠和可持续的现代能源(SDG 7)，开发新型清洁可再生的能源已成为确保人类社会和生态环境可持续发展的重要举措。以青藏高原为中心的第三极地区海拔高、空气稀薄、日照强烈，是全世界太阳辐射最强的地区之一，太阳能资源得天独厚；此外，该地区风能资源丰富，发展潜力突出。虽然青藏高原地区太阳能、风能等可再生能源的利用还未大范围普及，但其在未来的应用潜力是毋庸置疑的。在保护当地生态环境的前提下，有效开发利用青藏高原地区绿色清洁能源不仅能减轻该地区对传统不可再生能源的依赖，而且对亚欧大陆气候、生态环境的调节和改善也会有独特的作用和贡献。南北极地区，太阳能、风能也非常

丰富，但该地区清洁能源的开发利用、有效传输的难度也远高于青藏高原地区，有效开发极地地区清洁能源任重道远。随着科学技术的进步和先进的太阳能、风能采集和传输设备的广泛使用，三极地区将成为全球可再生能源的重要生产基地，这将有效助力"确保人人都能获得负担得起的、可靠的现代能源服务"，"大幅增加可再生能源在全球能源结构中的比例"，"全球能效改善率提高一倍"，"加强国际合作以促进获取清洁能源的研究和技术"以及"增建基础设施并进行技术升级，为所有人提供可持续的现代能源服务"等 SDG 7 子目标的实现。

实施绿色低碳发展是应对全球气候变化与能源危机的重要举措。《议程》在 SDG 7 提到"将应对气候变化的举措纳入国家政策、战略和规划"，年温室气体总排放量更是衡量该目标的是否有效实现的重要指标。除了通过节能减排提高传统能源利用效率、开发清洁可再生能源以实现能源结构转型升级等主要"减碳"方式之外，开发、利用陆地生态系统的"碳汇"功能也是未来促进"减碳"的重要手段。三极地区陆地生态系统独特，多年冻土广布，而多年冻土具有非常明显的"碳汇"功能，存储着大量的陆地有机碳。不过，在持续全球气候变暖的影响下，三极地区多年冻土将不断消融，存储在冻土或土壤中的碳也将被释放到大气中，增加大气中 CO_2 的含量。因此，量化三极地区陆地生态环境变化(尤其是冻土消融)的碳排放量不仅可以为"减碳"提供数据支持，更是衡量三极地区未来 SDG 7 子目标完成度的标准之一。

4.3.1　第三极太阳能和风能潜力

在全球可持续发展方兴未艾之际，在我国社会经济快速发展的时代背景下，合理开发和使用清洁能源，对于区域乃至全国能源发展将有很大推动作用，可为全球可持续发展目标 7：经济适用的清洁能源，实现人人都能获得负担得起的、可靠的现代能源服务和改善能效提供中国智慧与中国范式。第三极地区太阳能和风能开发潜力巨大，是大规模开发清洁能源的理想之地。

中国国家主席习近平在 2020 年 9 月的第 75 届联合国大会上宣布了一个雄心勃勃的目标：即在 2030 年前达到碳排放峰值，并在 2060 年前努力实现碳中和。为实现碳中和承诺，太阳能和风能将作为主要的清洁能源来替代产生 CO_2 的煤电。根据清华大学学者的预测(Mallapaty, 2020)，到 2060 年中国的总用电量将至少翻一番达到 15 万亿度，将主要由清洁能源来供应，那么和现有装机总量相比，光伏发电和风电装机量将至少要增长 16 倍和 9 倍。

青藏高原是世界屋脊、亚洲水塔和地球第三极，生态系统极其敏感和脆弱，始终把绿色可持续的发展理念放在第一位(Yao et al., 2012)。青藏高原也是"中华电塔"，除了拥有丰富的水能和地热能，太阳能和风能资源也极其丰富。青藏高原因其空气稀薄、气溶胶浓度低、空气含水量少，其地表接收到的太阳能比中国其他地方高得多 (Yang et al., 2010)。据统计，青藏高原太阳辐射年平均值比中国气象局规定的适合光伏发电的阈值高 60% 左右。同时，青藏高原也非常利于风能的发展 (Liu et al., 2019)，部分区域位于中国风能资源最丰富的"三北"地区 (即中国的东北、华北和西北)。青藏高原约占中国国土面积的 25% 左右，其光伏发电和风电的储量据初步估算分别占全国总储量的 45.6% 和 38.5% 左右 (Zhuang et al., 2021; Chen et al., 2019; Lu and Mc Elroy, 2017)。青藏高原巨大的清洁能源资源使其有望成为中国未来大规模的清洁能源基地，将为中国 2060 年的碳中和目标作出重要贡献。

但是，青藏高原的太阳能和风能装机容量并不高。据统计，到 2020 年底，青藏高原的光伏发电和风电装机量分别占全国装机总量的 7% 和 4% 以下[①]。主要有四方面因素限制了青藏高原太阳能和风能的大规模发展。第一，作为珍稀动物的自然栖息地和中国乃至亚洲的重要生态安全屏障，青藏高原的生态保护一直是中国政府的重中之重。光伏发电或风电的发展可能会破坏当地的生态环境，青藏高原生态系统极其脆弱，一旦被破坏将很难恢复。第二，在青藏高原建设大型光伏和风力发电厂的建设成本较高，抑制了投资者的热情。第三，青藏高原当地工业不发达，人口密度稀少，总用电量很小，对大型光伏和风力发电厂的需求并不迫切。此外，青藏高原水电和地热资源丰富，在总发电量中的占比相对较高。第四，与中国其他省级电网相比，青藏高原的电网建设落后，与周边地区的互联互通程度较低，过多的电力无法有效地转移出去。这一点可以从青藏高原较高的弃风率和弃光率中得到进一步证实。

然而，上述情况有望在将来得到改善。首先，以往大部分研究表明，风能和太阳能发电站可能对当地的生态环境产生正面影响，尤其是对沙漠和贫瘠地区有较好的生态环境效应。其次，光伏、风电和储能系统的成本在过去十年中急剧下降，全球光伏、陆上风电和储能的度电成本 (levelized cost electricity, LCOE)，从 2010 年到 2019 年分别下降了 82%，39% 和 87% (He et al., 2020; IRENA, 2020[②])。这大大增加了在青藏高原建设包含储能系统的大规模太阳能和风电厂的可行性。通过特高压输电线路，将巨大的清洁电力输出到中国中部和东部的电力负荷中心，替代当地的火电设施，将在中国的碳中和实施路径中发挥重要作用。

本节目的是试图利用高分辨率、高精度且经过验证的太阳辐射和风速数据，

① National New Energy Consumption Monitoring and Early Warning Centre. 2020. National New Energy Power Consumption Assessment and Analysis Report, National Energy Agency.

② IRENA. 2020. Renewable power generation costs in 2019.

评估青藏高原太阳能和风能资源的潜力，筛选出未来可能成为国家大型清洁能源基地的区域，提出将青藏高原上太阳能和风能资源输出到中国电力负荷中心的可能途径。此外，本研究还考虑了各种土地限制因子(如土地使用类型、地表坡度和自然保护区等)，以及太阳能和风能电厂的不同配置对发电量的影响。研究发现，柴达木盆地具有成为国家清洁能源基地的潜力，每年可提供至少 6.6 万亿度的清洁发电量。

1. 理论潜力

从太阳辐射和 10m 风速年均值及其对应的光伏发电和风电的容量系数(CFs)的空间分布可以发现青藏高原拥有非常丰富的太阳能和风能资源(图 4.17)。青藏高原大部分地区的光伏发电容量系数大于 0.2，资源最丰富的地区位于高原的西南部。假设太阳能电池板以最佳的固定倾斜角度安装，光伏平均容量系数大于 0.25。同时，我们注意到，青藏高原光伏发电容量系数普遍大于世界其他地区，它几乎是世界上效率最高的地区。这主要是因为青藏高原较高的太阳辐射，较低的空气温度(对应光伏面板转换效率高)，干净的空气(面板衰减较小)。此外，如果将固定角度的光伏板(the fixed-angle panels, FIX)改为单轴跟踪(one-axis tracking, OAT)或双轴跟踪(two-axis tracking, TAT)的光伏板，那么青藏高原的太阳能光伏 CF 将相应地逐渐增加。

青藏高原风能资源禀赋较强的地区位于其西北和西南部，以及柴达木盆地，假设风机的轮毂高度为 100m，风能的 CF 值在 0.24 和 0.4 之间。同样，如果风机的轮毂高度从 80m 逐渐增加到 140m，青藏高原风能的 CF 值也会相应地略有增加。这是因为风速一般随着高度的增加而增加，在更高的高度可以获取更多风能。

理论上，如果整个青藏高原铺满光伏板和风机时，对于固定的倾斜角度情况，整个青藏高原光伏发电的年发电潜力高达 183.9 万亿度，相当于 2020 年中国总用电量的 24.5 倍(约 7.5 万亿度)。如果将固定角度情况改为单轴旋转和双轴旋转情况，整个青藏高原光伏发电的年发电潜力将分别增加到 218.5 万亿度和 239.2 万亿度。青藏高原风电的年发电潜力比光伏发电的年发电潜力小得多。假设风机的轮毂高度为 80m，青藏高原风电的年发电潜力约为 9.2 万亿度，仅约为光伏发电潜力的 1/20。如果将风机的轮毂高度逐渐增加到 100m、120m 和 140m，其年发电潜力将以约 10% 的速率分别增加到 10.4 万亿度、11.5 万亿度和 12.5 万亿度[图 4.18(a)]。

本研究中，青藏高原 100m 处的风电理论潜力约为 10.4 万亿度，仅是 Zhuang 等人(2021)估计的技术潜力(15 万亿度)的 2/3 左右。此外，Zhuang 等人对技术潜力的计算排除了不适合的土地(被森林、水、永久的雪或冰覆盖，城市或建筑，坡度超过20%)，而本研究对理论潜力的计算包括所有土地。这进一步表明，Zhuang等人明显高估了青藏高原风能的潜力。这主要是因为全球再分析产品的计算忽略了青藏高原地形阻力的影响，造成青藏高原风速的严重高估。

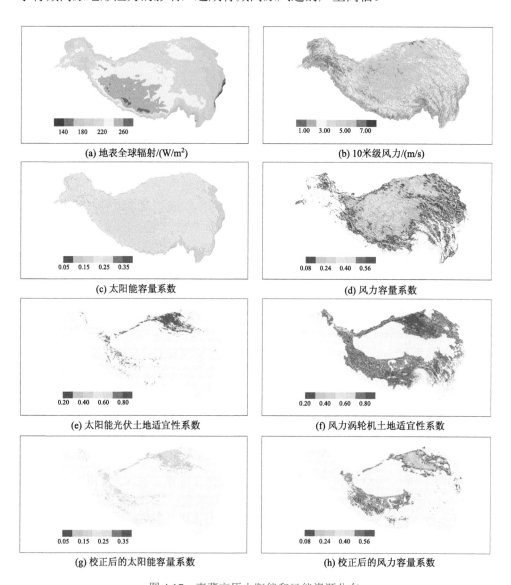

(a) 地表全球辐射/(W/m²)

(b) 10米级风力/(m/s)

(c) 太阳能容量系数

(d) 风力容量系数

(e) 太阳能光伏土地适宜性系数

(f) 风力涡轮机土地适宜性系数

(g) 校正后的太阳能容量系数

(h) 校正后的风力容量系数

图 4.17　青藏高原太阳能和风能资源分布

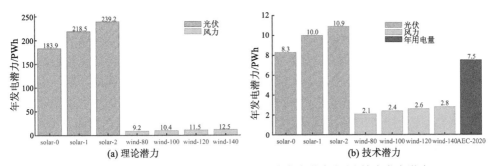

图 4.18　青藏高原太阳能和风能的(a)理论发电潜力和(b)技术发电潜力

2. 技术潜力

除了能源禀赋因子外,实际的年发电潜力还受到场地适用性的限制。在这里,我们使用土地适宜性系数,其值在 0 和 1 之间,来衡量场地适宜性。为了确定青藏高原上适合光伏发电和风电区域,我们根据土地利用类型、坡度、自然保护区以及太阳辐射和风速的能源禀赋情况在空间上进行筛选。青藏高原国家自然保护区面积占中国的70%以上,有超过一半的地区因为是国家自然保护区,而不适合开发太阳能和风能。

如果考虑到土地制约因素,光伏发电和风电在青藏高原上的技术潜力(也称为可安装容量)会大大降低,分别为其理论潜力的5%和25%。相应地,青藏高原光伏发电的技术潜力降低到8.3 万亿度、10.0 万亿度和10.9 万亿度(对于三种不同的太阳能电池板安装方案),青藏高原的风力发电技术潜力分别为 2.1 万亿度、2.4 万亿度、2.6 万亿度和 2.8 万亿度[对应四种不同的轮毂高度 80m,100m,120m 和 140m,图 4.18(b)]。太阳能和风能发电的技术潜力比 Zhuang 等人的估计值小得多,因为他们包含了青藏高原上的国家自然保护区的潜力,并使用了不太准确的风速和太阳辐射数据。此外,他们高估了风力发电量是另一个原因。尽管比理论潜力小得多,但太阳能和风能的总潜力至少达到 10.4 万亿度,这足以基本满足中国 2020 年(约 7.5 万亿度)和 2030 年(约 10.7 万亿度)的总用电量需求。这一巨大的零碳发电量相当于减少了 87.5 亿 t 的二氧化碳排放。随着技术的进步,未来安装密度将会增加,如太阳能电池板和风力涡轮机的转换效率的提高。因此,未来青藏高原太阳能和风能潜力有望进一步提高 10%~20%。

3. 未来贡献

考虑土地适宜性因子和能源禀赋情况,我们发现柴达木盆地适合大面积同时开发太阳能和风能,未来有成为国家可再生能源基地的可能(图 4.19)。柴达木盆地太阳能和风能的理论潜力仅占青藏高原的约 9%和 15%，但技术潜力分别占青藏高原高达约34%和65%。在 FIX、OAT 和 TAT 光伏面板情况下，柴达木盆地上光伏发电的技术潜力约为 5.7 万亿度、6.8 万亿度和 7.3 万亿度；风机轮毂高度为80~140m 的风力发电技术潜力分别为 0.9 万亿~1.2 万亿度。因此，柴达木盆地光伏和风力发电潜力至少可以达到 6.6 万亿度(图 4.20)。如果柴达木盆地的清洁电力能够传输到华东和华中地区(主要包括长江三角洲、珠江三角洲和京津冀、湖北、湖南、河南、山东、江西、广西和福建等省)，对中国实现碳中和具有重要意义。华东和华中地区人口比例高，经济基础大，未来仍将是主要负荷中心。根据全球能源互联发展与合作组织的计算和预测，2020 年华中和华东地区的年用电量占中国总用电量的65.2%(约 4.6 万亿度)，2030 年将占约 63.1%(约 6.8 万亿度)，2060 年占61.3%(约 10.4 万亿度)。如果不考虑输电损耗因素，柴达木盆地的清洁电力潜力能够分别满足 2030 年和 2060 年中国东部和中部的97%和63%的总电力消费需求。这对完成 2060 年前碳中和目标和达到《巴黎协定》的减排承诺有重要意义。随着储能技术的进步和广泛使用，以及特高压电网的逐步建立，这种情况将在未来成为可能。如果用柴达木盆地的零碳发电量(6.6 万亿度)来取代中国东部和中部的燃煤电厂的发电量，将带来 55.5 亿 tCO_2、132 万 tSO_2 和 126 万 $t NO_x$ 的减排量，这种减排将进一步产生正面的气候和健康效益，促进世界各地的人类福祉。

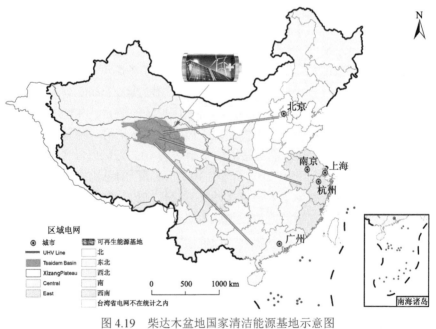

图 4.19　柴达木盆地国家清洁能源基地示意图

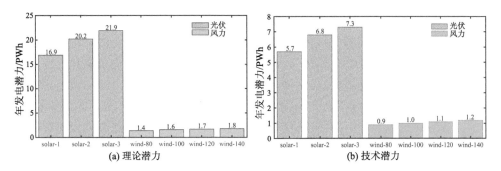

图 4.20　柴达木盆地太阳能和风能的(a)理论发电潜力和(b)技术发电潜力

4.3.2　气候变暖背景下的多年冻土变化对碳循环的影响

多年冻土主要分布在北半球高纬度和高海拔的寒冷地区，从北纬 28°N 的喜马拉雅山脉一直延伸至 75°N 以北的格陵兰岛和加拿大北极群岛，其中超过 90% 的多年冻土分布在 46°N 以北的地区，总面积达 $14.77 \times 10^6 \, km^2$(Ran et al., 2022)。青藏高原是仅次于南北两极的最大冰雪储存库，一多半地区被多年冻土所覆盖，总面积约为 $14.6 \times 10^6 \, km^2$(Obu et al., 2019)，约占全球冻土面积的 9.9%。寒冷的气候条件极大地限制了微生物的分解作用，使得通过植物光合作用进入到土壤中的有机质得以在土壤中缓慢累积，从而形成了巨大的多年冻土碳库。按照最新的估计，北极冻土分布区 3 m 深度土壤有机碳储量约为 1000 PgC（1 Pg = 10^{15} g）(Mishra et al., 2021)；青藏高原多年冻土区 3 m 深度土壤有机碳储量约为 36.6 PgC(Ding et al., 2019)。并且多年冻土中的碳年龄较为古老。全球放射性碳同位素数据显示多年冻土 0~30 cm 和 30~100 cm 平均碳年龄为 2770 年和 15440 年，是非冻土分布区的 4 倍以上(Shi et al., 2020)。

在人类历史的大部分时间里，多年冻土一直发挥着显著的碳汇功能。然而，近几十年来气候变暖已经导致包括高纬度和高海拔地区在内的多年冻土融化，首先表现在多年冻土的快速升温(Smith et al., 2022)。过去三十年里北半球高纬度和高海拔地区的多年冻土地温均呈显著增加趋势。2007~2016 十年间，全球多年冻土地温平均增幅达 0.29 ± 0.12℃，连续冻土的地温增幅(0.39 ± 0.15℃)显著高于非连续冻土(0.20 ± 0.10℃)，年均温更低的北极地区地温增幅高于相对温暖的亚北极地区(Biskaborn et al., 2019)。活动层显著增加是冻土融化的主要表现形式之一(Smith et al., 2022)。然而，由于观测站点分布不均，活动层年际变动较大，以及地表植被、水分、微地形等因素的影响，活动层的长期变化趋势较之多年冻土地温而言更为复杂。除了活动层厚度变化之外，冻土融化还表现在地表沉降以及其他与冻土融化相关的剧烈的景观地貌改变(Smith et al., 2022)。已有研究表明，自20世纪中叶以来，高纬度地区剧烈的冻土融化现象较为普遍。高海拔地区日趋频繁的岩石冰川复合体失稳现象也与永冻层退化相关，这意味着冻土融化已经威胁到高海拔地区山体的稳定性。虽然目前还无确切的数字对整体变化趋势加以量化，但是可以肯定的是，随着全球气候变暖，多年冻土分布范围和体积正在逐年萎缩。

大量观测证据显示，多年冻土融化会造成冻土中原本因低温冰冻而封存的有机碳以多种形式损失。例如，基于北半球1900个实测样点(包括苔原、森林、泥炭土)的土壤^{14}C荟萃分析结果表明，北极多年冻土融化造成长期封存在冻土中的老碳在排水良好的好氧土壤中损失比例有所增加(Estop-Aragonés et al., 2020)。另外，冻土融化还能通过水文联系向周边江河湖泊输出大量有机碳，其中一部分有机碳随水流以溶解态和颗粒态形式流失到海洋，一部分进入受纳水体后通过微生物作用产生CO_2和CH_4向大气排放(Regnier et al., 2022)。例如，西伯利亚西部的江河每年向北冰洋输送有机碳10 TgC，而该地区的江河湖泊每年向大气的碳排放(CO_2和CH_4)高达104 TgC(Karlsson et al., 2021)；青藏高原冻土区江河每年向下游江河输送的有机碳、无机碳以及向大气的碳排放合计约为8.5 TgC(Zhang et al., 2020a)。同时，北半球高纬度地区湿地及泥炭地的甲烷排放也可能由于冻土融化而在非生长季的大幅增加(Zhang et al., 2017)。尽管不少观测研究证实了与冻土融化相关的碳损失增加的事实，但由于观测站点有限且观测时间较短，再加上冻土分布区地面环境复杂、异质性较大，目前还很难基于这些站点、生态系统水平的监测数据推算整个冻土分布区碳损失的变化趋势。总之，目前的研究还未证实过去30年以来多年冻土分布区CH_4排放呈明显增加态势。至少在21世纪以内，冻土融化造成的碳排放还不太可能导致全球碳排放轨迹的明显偏离。

在未来气候持续变暖的情景下，多年冻土融化造成的碳释放很有可能还会持续。CMIP6预估结果显示，如果只考虑地表以下3 m深度，那么地表气温每增加1℃，多年冻土体积约下降25%±5%。鉴于冻土地温升高具有垂直方向的延迟效应，冻土融化不会仅限于3 m深度以内，实际的敏感性可能更大。由于气温增加是导致多年冻土变化的主要驱动力，未来持续气候变暖背景下多年冻土融化和退化速度还会加快，其后果可能引起更强的温室气候排放。到2100年，全球气温每增加1℃，多年冻土CO_2排放将可能增加18(3.1~41) PgC，CH_4排放将可能增加2.8(0.7~7.3) PgC。但需要指出的是，当前阶段对未来冻土碳释放的模拟可靠性仍然较低。例如，RCP8.5高碳排放情景下，预计2100~2300年多年冻土CO_2排放介于81~642 PgC，而CH_4排放介于2.8~10 PgC，不确定性极大。对于青藏高原而言，随着气候变暖，预计至21世纪末该区域多年冻土层约22.2%~45.4%有机碳将发生融化进而可能分解释放(Wang et al., 2020c)，其大小将极大地增加青藏高原多年冻土区从碳汇转变为碳源的风险。

　　综上，虽然冻土融化会造成未来冻土碳损失，但由于对关键的冻土碳过程考虑不足(如热喀斯特现象)、观测数据有限，加之目前的模型对于未来冻土碳循环-气候之间反馈的大小、方向，以及 CO_2 和 CH_4 的来源、时空差异和相对贡献的认识还不够全面。今后的研究仍需注重实地测量、大气反演和遥感技术的结合应用，这对于成功观测跨时空尺度的多年冻土碳排放至关重要，不仅能增加对冻土碳循环关键过程的理解、描述和表达，还能够更好地预测多年冻土未来发展态势。鉴于多年冻土碳储量巨大，气候变暖背景下多年冻土融化造成的碳释放风险增大，因此在特定的温升目标下，冻土碳循环及其气候反馈是决定未来 CO_2 排放空间的关键因素之一，可能会给全球"净零" CO_2 排放目标的实现带来额外的挑战和减排压力，需要给予高度重视。未来应从冻土碳循环对全球变化响应的角度寻求适应青藏高原不同发展阶段的既区别于其他自然地形单元又符合内部差异化诉求的可持续发展模式，保障青藏高原生态安全屏障功能。

4.4　本 章 小 结

　　本章对三极陆地水与生态的时空变化及其未来可持续发展进行较为详细的讨论与分析。三极地区陆地生态环境独特而脆弱，在全球变化的背景下，如何实现未来三极地区水资源、自然生境、生物多样性以及能源等可持续利用与发展是当前科学研究的重要议题。

　　三极地区对气候变化具有"放大"效应，河川径流、冰川冰盖等大量存储三极地区的淡水资源对全球变化的响应也非常敏感。北极地区主要表现为冰川积雪加速变化、淡水释放循环加快，南极地区主要表现为冰盖加速退缩、海平面上升，而青藏高原地区受降水、冰雪消融等变化的影响，发源于此的大多数河川径流量将在 20 世纪中叶之前持续增加。对于三极地区水资源的研究，将助力"保护和恢复与水有关的生态系统"等可持续发展目标(SDG 6)的有效实施。

　　三极地区陆地生态系统脆弱而敏感，在全球变化与人类活动干扰的影响下，三极地区土地覆被、生物多样性等也发生显著变化。在土地覆被方面，北极地区的植被绿度明显增加，主要表现为灌木覆被面积扩张与草本植物的增加；南极地区冰盖表面的加剧融化为扩张的植物群提供了新的生存环境；青藏高原地区也表现出明显的植被覆盖面积扩张。在动植物多样性方面，北极地区未来陆地生物多样性可能会有所损失；南极地区未来自然生境的变化将彻底改变该区域动植物多样性的现状；气候变暖对青藏高原地区动植物多样性的影响总体来看是具有积极

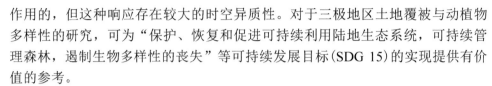

作用的，但这种响应存在较大的时空异质性。对于三极地区土地覆被与动植物多样性的研究，可为"保护、恢复和促进可持续利用陆地生态系统，可持续管理森林，遏制生物多样性的丧失"等可持续发展目标(SDG 15)的实现提供有价值的参考。

三极地区土壤、雪冰、冻土等环境具有非常重要的"碳汇"功能。三极土壤微生物优势种种类较少，但相对丰度更高，微生物对极端环境的适应性也优于非极地地区。作为三极地区的特有生境，雪冰环境存在着大量细菌、真菌和藻类等可以固碳的微生物。在气候变暖的影响下，三极地区多年冻土的消融将会向大气、水环境中输出大量有机碳，给全球零碳排放目标带来压力与挑战。因此，深入了解三极地区微生物多样性及其对全球变化的响应，有效评估三极地区微生物的固碳能力，加强对冻土碳过程的观测与模拟，可服务于保护物种多样性、实现陆地生态系统可持续发展(SDG 15)以及减少温室气体排放、实现绿色低碳发展(SDG 13)等可持续发展目标的实现。

三极地区拥有丰富的太阳能、风能等清洁可再生能源。以青藏高原为例，该地区光伏发电的年发电潜力高达183.9万亿度(约为2020年中国总用电量的24.5倍)，而风电的年发电潜力(80m处)约为9.2万亿度。在青藏高原地区，柴达木盆地太阳能和风能的理论应用潜力最高，年发电潜力可达6.6万亿度。未来三极地区清洁能源的有效推广利用，对实现能源的可持续利用、增加大幅增加可再生能源在全球能源结构中的比例等可持续发展目标(SDG 7)具有非常深远的影响。

参 考 文 献

陈仁升, 张世强, 阳勇, 等. 2019. 冰冻圈变化对中国西部寒区径流的影响. 北京: 科学出版社.

邓涛, 吴飞翔, 苏涛, 等. 2020. 青藏高原—现代生物多样性形成的演化枢纽. 中国科学: 地球科学, 50: 177-193.

丁永建, 赵求东, 吴锦奎, 等. 2020. 中国冰冻圈水文未来变化及其对干旱区水安全的影响. 冰川冻土, 42(1): 23-32.

李洪源, 赵求东, 吴锦奎, 等. 2019. 疏勒河上游径流组分及其变化特征定量模拟. 冰川冻土, 41(4): 907-917.

李任之, 黄河清, 余国安, 等. 2021.气候变化和人类活动对澜沧江-湄公河流域径流变化的影响. 资源科学, 43(12): 2428-2441.

刘苏峡, 丁文浩, 莫兴国, 等. 2017. 澜沧江和怒江流域的气候变化及其对径流的影响. 气候变化研究进展, 13 (4): 356-365.

刘晓波, 康世昌, 姚檀栋, 等. 2009. 各拉丹冬峰果曲冰川雪中细菌的季节变化特征. 冰川冻土, 31(4): 634-641.

鲁春霞, 谢高地, 肖玉, 等. 2004. 青藏高原生态系统服务功能的价值评估. 生态学报, 24(12),

2749-2755.

商莉, 黄玉英, 毛炜峰. 2016. 2015 年夏季南疆地区高温冰雪洪水特征. 冰川冻土, 38: 480-487.

孙美平, 刘时银, 姚晓军, 等. 2014. 2013 年西藏嘉黎县"7.5"冰湖溃决洪水成因及潜在危害. 冰川冻土, 36(1): 158-165.

汤秋鸿, 兰措, 苏凤阁, 等. 2019. 青藏高原河川径流变化及其影响研究进展. 科学通报, 64: 2807-2821.

王磊, 王宁练, 沈嗣钧, 等. 2021. 第五章: 三极水资源变化. 地球三极: 全球变化的前哨. 北京: 科学出版社.

王妍. 2021. 塔里木河三源径流及组分变化. 西安: 西安理工大学.

向述荣, 姚檀栋, 陈勇, 等. 2006. 冰川微生物菌群分布的研究概况及其前景. 生态学报, 26(9): 3098-3107.

许强华, 吴智超, 陈良标. 2014. 南极鱼类多样性和适应性进化研究进展. 生物多样性, 22(1), 80.

杨扬, 陈建国, 宋波, 等. 2019. 青藏高原冰缘植物多样性与适应机制研究进展. 科学通报, 64: 2856-2864

姚檀栋, 陈发虎, 崔鹏, 等. 2017. 从青藏高原到第三极和泛第三极. 中国科学院院刊, 32(9): 924-931.

姚檀栋, 邬光剑, 徐柏青, 等. 2019. "亚洲水塔"变化与影响. 中国科学院院刊, 34(11): 1203-1209.

张建云, 刘九夫, 金君良, 等. 2019. 青藏高原水资源演变与趋势分析. 中国科学院院刊, 34(11): 1264-1273.

张宪洲, 杨永平, 朴世龙, 等. 2015. 青藏高原生态变化. 科学通报, 60(32): 3048-3056.

张镱锂, 刘林山, 王兆锋, 等. 2019. 青藏高原土地利用与覆被变化的时空特征. 科学通报, 64(27): 2865-2875.

Antony R, Grannas A M, Willoughby A S, et al. 2014. Origin and sources of dissolved organic matter in snow on the East Antarctica ice sheet. Environmental Science & Technology, 48(11): 6151-6159.

Armstrong R L, Rittger K, Brodzik M J, et al. 2019. Runoff from glacier ice and seasonal snow in High Asia: separating melt water sources in river flow. Regional Environmental Change, 19(5): 1249-1261.

Arthur J F, Stokes C R, Jamieson S S R, et al. 2022. Large interannual variability in supraglacial lakes around East Antarctica. Nature communications, 13(1): 1-12.

Bahram M, Hildebrand F, Forslund S K, et al. 2018. Structure and function of the global topsoil microbiome. Nature, 560(7717): 233-237.

Barnard S, Van Goethem M W, de Scally S Z, et al. 2020. Increased temperatures alter viable microbial biomass, ammonia oxidizing bacteria and extracellular enzymatic activities in Antarctic soils. FEMS Microbiology Ecology, 96(5): fiaa065.

Battistuzzi F U, Hedges S B. 2009. A major clade of prokaryotes with ancient adaptations to life on land. Molecular Biology and Evolution, 26(2): 335-343.

Biskaborn B K, Smith S L, Noetzli J, et al. 2019.Permafrost is warming at a global scale. Nature communications, 10(1): 1-11.

Bissenbayeva S, Abuduwaili J, Saparova A. et al. 2021. Long-term variations in runoff of the Syr Darya River Basin under climate change and human activities. Journal of Arid Land, 13: 56-70.

Boetius A, Anesio A M, Deming J W, et al. 2015. Microbial ecology of the cryosphere: sea ice and glacial habitats. Nature Reviews Microbiology, 13(11): 677-690.

Boral S, Sen I S. 2020. Tracing 'Third Pole' ice meltwater contribution to the Himalayan Rivers using oxygen and hydrogen isotopes. Geochemical Perspectives Letters, 13: 48-53.

Bottos E M, Woo A C, Zawar-Reza P, et al. 2014. Airborne bacterial populations above desert soils of the McMurdo Dry Valleys, Antarctica. Microbial Ecology, 67 (1):120-128.

Brabyn L, Green A, Beard C, et al. 2005. GIS goes nano: vegetation studies in Victoria Land, Antarctica. New Zealand Geographer, 61(2): 139-147.

Bring A, Shiklomanov A, Lammers R B. 2017. Pan-Arctic river discharge: Prioritizing monitoring of future climate change hot spots. Earth's Future, 5(1): 72-92.

Callaghan T V, Johansson M, Key J, et al. 2012. Feedbacks and interactions: from the Arctic cryosphere to the climate system. Ambio, 40: 75-86.

Callaghan, T V, Björn, L O, Chernov, Y, et al. 2004. Biodiversity, distributions and adaptations of Arctic species in the context of environmental change. AMBIO: A Journal of the Human Environment, 33(7), 404-417.

Cannone N, Guglielmin M, Convey P, et al. 2015. Vascular plant changes in extreme environments: effects of multiple drivers. Climatic Change, 134(4): 651-665.

Cannone N, Malfasi F, Favero-Longo, et al. 2022. Acceleration of climate warming and plant dynamics in Antarctica. Current Biology, 32(7): 1599-1606.

Chen H, Kong W, Shi Q, et al. 2021. Patterns and drivers of the degradability of dissolved organic matter in dryland soils on the Tibetan Plateau. Journal of Applied Ecology, 59(3): 884-894.

Chen R S, Wang G, Yang Y, et al. 2018. Effects of cryospheric change on alpine hydrology: combining a model with observations in the upper reaches of the Hei River, China. Journal of Geophysical Research: Atmospheres, 123: 3414-3442.

Chen S, Lu X, Miao Y, et al. 2019. The potential of photovoltaics to power the belt and road initiative. Joule, 3(8): 1895-1912.

Chen X, Long D, Hong Y, et al. 2017. Improved modeling of snow and glacier melting by a progressive two-stage calibration strategy with GRACE and multisource data: How snow and glacier meltwater contributes to the runoff of the Upper Brahmaputra River basin? Water Resources Research, 53(3): 2431-2466.

Chen Y, Hu F S, Lara M J. 2020. Divergent shrub-cover responses driven by climate, wildfire, and permafrost interactions in Arctic tundra ecosystems. Global Change Biology, 27(3): 652-663.

Chrismas N A M, Anesio A M, Sánchez-Baracaldo P. 2015. Multiple adaptations to polar and alpine environments within cyanobacteria: a phylogenomic and Bayesian approach. Frontiers in Microbiology, 6: 1070.

Dai A, Qian T, Trenberth K E, et al. 2009. Changes in continental freshwater discharge from 1948 to 2004. Journal of climate, 22(10): 2773-2792.

DeConto R M, Pollard D. 2016. Contribution of Antarctica to past and future sea-level rise. Nature, 531(7596): 591-597.

Degai T S, Petrov A N. 2021. Rethinking Arctic sustainable development agenda through indigenizing U N sustainable development goals. International Journal of Sustainable Development & World Ecology, 28: 518-523.

Delgado-Baquerizo M, Oliverio A M, Brewer T E, et al. 2018. A global atlas of the dominant bacteria found in soil. Science, 359(6373): 320-325.

Dennis P G, Newsham K K, Rushton S P, et al. 2019. Soil bacterial diversity is positively associated with air temperature in the maritime Antarctic. Scientific Reports, 9: 2686.

Déry S J, Mlynowski T J, Hernández-Henríquez M A, et al. 2011. Interannual variability and interdecadal trends in Hudson Bay streamflow. Journal of Marine Systems, 88(3): 341-351.

Ding J, Wang T, Piao S, et al. 2019. The paleoclimatic footprint in the soil carbon stock of the Tibetan permafrost region. Nature Communications, 10(1): 4195.

Ding Y J, Zhao Q D, Wu J K, et al. 2020. The future changes of Chinese cryospheric hydrology and their impacts on water security in arid areas. Journal of Glaciology and Geocryology, 42(1): 23-32. (In Chinese)

Doran P T, Priscu J C, Lyons W B, et al. 2002. Antarctic climate cooling and terrestrial ecosystem response. Nature, 415(6871): 517-520.

Edwards A, Douglas B, Anesio A M, et al. 2013. A distinctive fungal community inhabiting cryoconite holes on glaciers in Svalbard. Fungal Ecology, 6(2): 168-176.

Elmendorf S C, Henry G H, Hollister R D, et al. 2012. Plot-scale evidence of tundra vegetation change and links to recent summer warming. Nature climate change, 2(6): 453-457.

Estop-Aragonés C, Olefeldt D, Abbott B W, et al. 2020. Assessing the potential for mobilization of old soil carbon after permafrost thaw: A synthesis of 14C measurements from the northern permafrost region. Global Biogeochemical Cycles, 34(9): e2020GB006672.

Feng D, Gleason C J, Lin P, et al. 2021. Recent changes to Arctic river discharge. Nature Communications, 12: 6917.

Fierer N, Jackson R B. 2006. The diversity and biogeography of soil bacterial communities. Proceedings of the National Academy of Sciences of the United States of America, 103(3): 626-631.

Franzetti A, Tatangelo V, Gandolfi I, et al. 2013. Bacterial community structure on two alpine debris-covered glaciers and biogeography of Polaromonas phylotypes. The ISME Journal, 7(8): 1483-1492.

Fraser C I, Terauds A, Smellie J, et al. 2014. Geothermal activity helps life survive glacial cycles. Proceedings of the National Academy of Sciences of the United States of America, 111(15): 5634-5639.

Gao X, Ye B S, Zhang S Q, et al. 2010. Glacier runoff variation and its influence on river runoff during 1961–2006 in the Tarim River Basin, China. Science China Earth Sciences, 2010, 53(6): 880-896.

Gawor J, Grzesiak J, Sasin-Kurowska J, et al. 2016. Evidence of adaptation, niche separation and microevolution within the genus Polaromonas on Arctic and Antarctic glacial surfaces. Extremophiles, 20(4): 403-413.

Gokul J K, Hodson A J, Saetnan E R, et al. 2016. Taxon interactions control the distributions of cryoconite bacteria colonizing a high Arctic ice cap. Molecular Ecology, 25(15): 3752-3767.

Gray A, Krolikowski M, Fretwell P, et al. 2020. Remote sensing reveals Antarctic green snow algae as important terrestrial carbon sink. Nature Communications, 11: 2527.

Guglielmin M, Fratte M D, Cannone N. 2014. Permafrost warming and vegetation changes in continental Antarctica. Environmental Research Letters, 9(4): 045001.

Guo Y, Zhao Z, Li X. 2021. Moderate warming will expand the suitable habitat of Ophiocordyceps sinensis and expand the area of O. sinensis with high adenosine content. Science of The Total Environment, 787: 147605.

Gwyn R H. 2014. Potential impacts of climatic warming on glacier-fed river flows in the Himalaya. Salford: University of Salford.

Haine T W N, Curry B, Gerdes R, et al. 2015. Arctic freshwater export: Status, mechanisms, and prospects. Global and Planetary Change, 125: 13-35.

He G, Lin J, Sifuentes F, et al. 2020. Rapid cost decrease of renewables and storage accelerates the decarbonization of China's power system. Nature communications, 11(1): 1-9.

Hibbing M E, Fuqua C, Parsek M R, et al. 2010. Bacterial competition: surviving and thriving in the microbial jungle. Nature Reviews Microbiology, 8(1): 15-25.

Hirawake T, Uchida M, Abe H, et al. 2021. Response of Arctic biodiversity and ecosystem to environmental changes: Findings from the ArCS project. Polar Science, 27: 100533.

Holl M M, Bitz C M. 2003. Polar amplification of climate change in coupled models. Climate dynamics, 21(3-4): 221-232.

Hu Y A, Duan W L, Chen Y N, et al. 2021. An integrated assessment of runoff dynamics in the Amu Darya River Basin: Confronting climate change and multiple human activities, 1960-2017. Journal of Hydrology, 603:126905.

Hui F M, Kang J, Liu Y, et al. 2017. AntarcticaLC2000: The new Antarctic land cover database for the year 2000. Science China Earth Sciences, 60(4): 686-696.

Huss M, Hock R. 2018. Global-scale hydrological response to future glacier mass loss. Nature Climate Change, 8(2): 135-140.

Immerzeel W W, Beek L P H, Bierkens M F P. 2010. Climate change will affect the Asian water towers. Science, 328: 1382-1385.

Ji M, Greening C, Vanwonterghem I, et al. 2017. Atmospheric trace gases support primary production in Antarctic desert surface soil. Nature, 552(7685): 400-403.

Ji M, Kong W, Jia H, et al. 2022. Polar soils exhibit distinct patterns in microbial diversity and dominant phylotypes. Soil Biology & Biochemistry, 166: 108550.

Ji M, Kong W, Liang C, et al. 2020. Permafrost thawing exhibits a greater influence on bacterial richness and community structure than permafrost age in Arctic permafrost soils. Cryosphere, 14(11): 3907-3916.

Johansson P, Thor G. 2008. Lichen species density and abundance over ten years in permanent plots in inland Dronning Maud Land, Antarctica. Antarctic Science, 20(2): 115-121.

Jousset A, Bienhold C, Chatzinotas A, et al. 2017. Where less may be more: how the rare biosphere pulls ecosystems strings. The ISME Journal, 11(4): 853-862.

Karlsson J, Serikova S, Vorobyev S N, et al. 2021. Carbon emission from Western Siberian inland waters. Nature communications, 12(1): 1-8.

Kawaguchi S Y, Ishida A, King R, et al. 2013. Risk maps for Antarctic krill under projected Southern Ocean acidification. Nature Climate Change, 3(9): 843-847.

Kellogg C A, Griffin D W, Garrison V H, et al. 2004. Characterization of aerosolized bacteria and fungi from desert dust events in Mali, West Africa. Aerobiologia, 20: 99-110.

Khan A, Kong W, Ji M, et al. 2020. Disparity in soil bacterial community succession along a short time-scale deglaciation chronosequence on the Tibetan Plateau. Soil Ecology Letters, 2: 83-92.

Khanal S, Lutz A F, Kraaijenbrink P D A, et al. 2021. Variable 21st Century Climate Change Response for Rivers in High Mountain Asia at Seasonal to Decadal Time Scales. Water Resources Research, 57(5): e2020WR029266.

Kleinteich J, Hildebrand F, Bahram M, et al. 2017. Pole-to-Pole connections: similarities between Arctic and Antarctic microbiomes and their vulnerability to environmental change. Frontiers in Ecology and Evolution, 5: 137.

Lambert E, Nummelin A, Pemberton P, et al. 2019. Tracing the imprint of river runoff variability on Arctic water mass transformation. Journal of Geophysical Research: Oceans, 124(1): 302-319.

Lee J, Raymond B, Bracegirdle T, et al. 2017.Climate change drives expansion of Antarctic ice-free habitat. Nature 547, 49-54.

Lenoir J, Gégout J C, Marquet P A, et al. 2008. A significant upward shift in plant species optimum elevation during the 20th century. Science, 320(5884): 1768-1771.

Lento J, Goedkoop W, Culp J, et al. 2019. State of the Arctic Freshwater Biodiversity. Conservation of Arctic Flora and Fauna International Secretariat, Akureyri, Iceland.

Li H Y, Zhao Q D, Wu J K, et al. 2019. Quantitative simulation of the runoff components and its variation characteristics in the upstream of the Shule River. Journal of Glaciology and Geocryology, 41 (4): 907-917. (In Chinese)

Li R Z, Huang H Q, Yu G A, et al. 2021. Contributions of climatic variation and human activities to streamflow changes in the Lancang-Mekong River Basin. Resources Science, 43 (12): 2428-2441. (In Chinese)

Li X, Cheng G D, Ge Y C, et al. 2018. Hydrological cycle in the Heihe River Basin and its implication for water resource management in endorheic basins. Journal of Geophysical Research: Atmospheres, 123: 890-914.

Liang L, Liu Q, Liu G, et al. 2019. Accuracy evaluation and consistency analysis of four global land cover products in the Arctic region. Remote Sensing, 11: 1396.

Liu F, Sun F, Liu W, et al. 2019. On wind speed pattern and energy potential in China. Applied Energy, 236: 867-876.

Liu S X, Ding W H, Mo X G, et al. 2017a. Climate Change and Its Impact on Runoff in Lancang and Nujiang River Basins. Climate Change Research, 13 (4): 356-365. (In Chinese)

Liu Y, Vick-Majors T J, Priscu J C, et al. 2017b. Biogeography of cryoconite bacterial communities on glaciers of the Tibetan Plateau. FEMS Microbiology Ecology, 93 (6): fix072.

Lu X, McElroy M B. 2017. Global potential for wind-generated electricity//Wind Energy Engineering. City: Academic Press: 51-73.

Lu X, McElroy M B, Kiviluoma J. 2009. Global potential for wind-generated electricity, PNAS, 106 (27), 10933-10938.

Lutz A F, Immerzeel W W, Shrestha A B, et al. 2014. Consistent increase in High Asia's runoff due to increasing glacier melt and precipitation. Nature Climate Change, 4 (7): 587-592.

Lutz S, Anesio A M, Raiswell R, et al. 2016. The biogeography of red snow microbiomes and their role in melting arctic glaciers. Nature Communications, 7: 11968.

MacDonald M K, Stadnyk T A, Dery S J, et al. 2018. Impacts of 1.5 and 2.0℃ warming on pan-Arctic river discharge into the Hudson Bay complex through 2070. Geophysical Research Letters, 45 (15): 7561-7570.

Maclean I M, Wilson R J. 2011. Recent ecological responses to climate change support predictions of high extinction risk. Proceedings of the National Academy of Sciences, 108 (30): 12337-12342.

Mallapaty S. 2020. How China could be carbon neutral by mid-century. Nature, 586 (7830): 482-484.

McClell J W, Holmes R M, Peterson B J, et al. 2004. Increasing river discharge in the Eurasian Arctic: Consideration of dams, permafrost thaw, and fires as potential agents of change. Journal of Geophysical Research: Atmospheres, 109 (D18), doi: 10.1029/2004JD004583.

Melick D, Seppelt R. 1997. Vegetation patterns in relation to climatic and endogenous changes in Wilkes Land, continental Antarctica. Journal of Ecology, 85 (1): 43-56.

Meltofte H, Barry T, Berteaux D, et al. 2013. Arctic Biodiversity Assesment. Synthesis. Conservation of Arctic Flora and Fauna (CAFF).

Milillo P, Rignot E, Rizzoli P, et al. 2022. Rapid glacier retreat rates observed in West Antarctica. Nature Geoscience, 15(1): 48-53.

Miller J D, Immerzeel W W, Rees G. 2012. Climate change impacts on glacier hydrology and river discharge in the Hindu Kush-Himalayas. Mountain Research and Development, 32(4):461-467.

Miranda V, Pina P, Heleno S, et al. 2020. Monitoring recent changes of vegetation in Fildes Peninsula (King George Island, Antarctica) through satellite imagery guided by UAV surveys. Science of the Total Environ, 704: 135295.

Mishra U, Hugelius G, Shelef E, et al. 2021. Spatial heterogeneity and environmental predictors of permafrost region soil organic carbon stocks. Science advances, 7(9): eaaz5236.

Mougi A, Kondoh M. 2012. Diversity of interaction types and ecological community stability. Science, 337(6092): 349-351.

Muller, S. W. 1943. Permafrost or permanently frozen ground and related engineering problems.

Myers‐Smith I H, Hik D S. 2018. Climate warming as a driver of tundra shrubline advance. Journal of Ecology, 106(2): 547-560.

Nepal S, Shrestha A B. 2015. Impact of climate change on the hydrological regime of the Indus, Ganges and Brahmaputra river basins: a review of the literature. International Journal of Water Resources Development, 31(2): 201-218.

Nie Y, Pritchard H D, Liu Q, et al. 2021. Glacial change and hydrological implications in the Himalaya and Karakoram. Nature Reviews Earth & Environment, 2: 91-106.

Nie Y, Sheng Y W, Liu Q, et al. 2017. A regional-scale assessment of Himalayan glacial lake changes using satellite observations from 1990 to 2015. Remote Sensing of Environment, 189: 1-13.

Nummelin A, Li C, Smedsrud L H. 2015. Response of A rctic O cean stratification to changing river runoff in a column model. Journal of Geophysical Research: Oceans, 120(4): 2655-2675.

Obu J, Westermann S, Bartsch A, et al. 2019. Northern Hemisphere permafrost map based on TTOP modelling for 2000-2016 at 1 km2 scale. Earth-Science Reviews, 193: 299-316.

Panday P K, Thibeault J, Frey K E. 2015. Changing temperature and precipitation extremes in the Hindu Kush-Himalayan region: an analysis of cmip3 and cmip5 simulations and projections. International Journal of Climatology, 35(10): 3058-3077.

Parnikoza I, Convey P, Dykyy I, et al. 2009. Current status of the Antarctic herb tundra formation in the Central Argentine Islands. Global Change Biology, 15(7): 1685-1693.

Peterson B J, Holmes R M, McClelland J W, et al. 2002. Increasing river discharge to the Arctic Ocean. science, 298(5601): 2171-2173.

Pritchard H D, Ligtenberg S R M, Fricker H A, et al. 2012. Antarctic ice-sheet loss driven by basal melting of ice shelves. Nature, 484(7395): 502-505.

Ran Y, Li X, Cheng G, et al. 2022. New high-resolution estimates of the permafrost thermal state and hydrothermal conditions over the Northern Hemisphere. Earth system science data, 14(2): 865-884.

Regnier P, Resplandy L, Najjar R G, et al. 2022. The land-to-ocean loops of the global carbon cycle. Nature, 603(7901): 401-410.

Reponen T A, Gazenko S V, Grinshpun S A, et al. 1998. Characteristics of airborne actinomycete spores. Applied and Environmental Microbiology, 64(10): 3807-3812.

Research Report on China's Carbon neutrality before 2060. 2021. Global Energy Interconnection Development and Cooperation Organization.

Rew L J, McDougall K L, Alexander J M, et al. 2020. Moving up and over: redistribution of plants in alpine, Arctic, and Antarctic ecosystems under global change. Arctic, Antarctic, and Alpine Research, 52(1), 651-665.

Rignot E, Velicogna I, van den Broeke M R, et al. 2011. Acceleration of the contribution of the Greenland and Antarctic ice sheets to sea level rise. Geophysical research letters, 38(5), doi: 10.1029/2011GL046583.

Rivett D W, Bell T. 2018. Abundance determines the functional role of bacterial phylotypes in complex communities. Nature Microbiology, 3(7): 767-772.

Rodziewicz D, Amante C J, Dice J, et al. 2022. Housing market impairment from future sea-level rise inundation. Environment Systems and Decisions, 42: 637-656.

Sancho L G, Pintado A, Navarro F, et al. 2017. Recent warming and cooling in the Antarctic Peninsula region has rapid and large effects on lichen vegetation. Scientific Reports, 7: 5689.

Schuur E A G, McGuire A D, Schadel C, et al. 2015. Climate change and the permafrost carbon feedback. Nature, 520 (7546): 171-179.

Serreze M C, Barry R G. 2011. Processes and impacts of Arctic amplification: A research synthesis. Global and Planetary Change, 77(1-2): 85-96.

Sharif M, Archer D R, Fowler H J, et al. 2013. Trends in timing and magnitude of flow in the upper Indus basin. Hydrology and Earth System Sciences, 17(9):1503-1516.

Shi Z, Allison S D, He Y, et al. 2020. The age distribution of global soil carbon inferred from radiocarbon measurements. Nature Geoscience, 13(8): 555-559.

Siciliano S D, Palmer A S, Winsley T, et al. 2014. Soil fertility is associated with fungal and bacterial richness, whereas pH is associated with community composition in polar soil microbial communities. Soil Biology & Biochemistry, 78: 10-20.

Simon K A, Zhang G Q, Wang W C, et al. 2019. Potentially dangerous glacial lakes across the Tibetan Plateau revealed using a large-scale automated assessment approach. Science Bulletin, 64(7): 435-445.

Singh J, Singh R P, Khare R. 2018. Influence of climate change on Antarctic flora. Polar Science, 18, 94-101.

Smith S L, O'Neill H B, Isaksen K, et al. 2022. The changing thermal state of permafrost. Nature

Reviews Earth & Environment, 3(1): 10-23.

Staebe K, Meiklejohn K I, Singh S M, et al. 2019. Biogeography of soil bacterial populations in the Jutulsessen and Ahlmannryggen of Western Dronning Maud Land, Antarctica. Polar Biology, 42(8): 1445-1458.

Su F G, Zhang L, Ou T H, et al. 2016. Hydrological response to future climate changes for the major upstream river basins in the Tibetan Plateau. Global and Planetary Change, 136: 82-95.

Subcommittee P. 1988. Glossary of permafrost and related ground-ice terms. Associate Committee on Geotechnical Research, National Research Council of Canada, Ottawa, 156.

Sun Y, Liu S, Liu Y, et al. 2021. Effects of the interaction among climate, terrain and human activities on biodiversity on the Qinghai-Tibet Plateau. Science of The Total Environment, 794, 148497.

Tanaka S, Takeuchi N, Miyairi M, et al. 2016. Snow algal communities on glaciers in the Suntar-Khayata Mountain Range in eastern Siberia, Russia. Polar Science, 10(3): 227-238.

Tape K E N, Sturm M, Racine C. 2006. The evidence for shrub expansion in Northern Alaska and the Pan-Arctic. Global Change Biology, 12(4): 686-702.

Taylor J J, Lawler J P, Aronsson M, et al. 2020. Arctic terrestrial biodiversity status and trends: A synopsis of science supporting the CBMP State of Arctic Terrestrial Biodiversity Report. Ambio, 49(3): 833-847.

Timmermann R, Hellmer H H. 2013. Southern Ocean warming and increased ice shelf basal melting in the twenty-first and twenty-second centuries based on coupled ice-ocean finite-element modelling. Ocean Dynamics, 63(9-10): 1011-1026.

Tojo M, Newsham K K. 2012. Snow moulds in polar environments. Fungal Ecology, 5(4): 395-402.

Tricia A S, Tefs A, Broesky M, Déry S J, et al.2021. Changing freshwater contributions to the Arctic: A 90-year trend analysis (1981-2070). Elementa-Science of the Anthropocene, 9(1): 00098.

Vimercati L, Solon A J, Krinsky A, et al. 2019. Nieves penitentes are a new habitat for snow algae in one of the most extreme high-elevation environments on Earth. Arctic, Antarctic, and Alpine Research, 51(1): 190-200.

Vowles T, Björk R G. 2019. Implications of evergreen shrub expansion in the Arctic. Journal of Ecology, 107(2): 650-655.

Vyverman W, Verleyen E, Wilmotte A, et al. 2010. Evidence for widespread endemism among Antarctic micro-organisms. Polar Science, 4(2): 103-113.

Wang H, Legg S, Hallberg R. 2018. The effect of Arctic freshwater pathways on North Atlantic convection and the Atlantic meridional overturning circulation. Journal of Climate, 31(13): 5165-5188.

Wang J A, Sulla-Menashe D, Woodcock C E, et al. 2020a. Extensive land cover change across Arctic-Boreal Northwestern North America from disturbance and climate forcing. Global Change Biology, 26(2): 807-822.

Wang L, Sun L T, Shrestha M, et al. 2016. Improving Snow Process Modeling with Satellite-Based Estimation of Near-Surface-Air-Temperature Lapse Rate. Journal of Geophysical Research-Atmospheres, 121:12005-12030.

Wang T, Yang D, Yang Y, et al. 2020c. Permafrost thawing puts the frozen carbon at risk over the Tibetan Plateau[J]. Science Advances, 6(19): eaaz3513.

Wang Z, Wu J, Niu B, et al. 2020b. Vegetation expansion on the Tibetan Plateau and its relationship with climate change. Remote Sensing, 12: 4150.

Wauchope H S, Shaw J D, Terauds A. 2019. A snapshot of biodiversity protection in Antarctica. Nature communications, 10(1): 1-6.

Weber M E, Goledge N R, Fogwill C J. et al.2021 decadal scale onset and termination of asymmetric ice mass loss during the last deglaciation. Nat commun, 12, 6683.

Wu F, Zhan J Y, Wang Z, et al. 2015. Streamflow variation due to glacier melting and climate change in upstream Heihe River Basin, Northwest China. Physics and Chemistry of the Earth, 79-82: 11-19.

Wu J K, Li H Y, Zhou J X, et al. 2021. Variation of runoff and runoff components of the upper Shule River in the Northeastern Qinghai-Tibet Plateau under climate change. Water, 13(23): 3357.

Wu S Y, Wu Y J, Wen J H. 2019. Future changes in precipitation characteristics in China. International Journal of Climatology, 39(8): 3558-3573.

Xie S, Yao T, Kang S, et al. 1999. Climatic and environmental implications from organic matter in Dasuopu glacier in Xixiabangma in Qinghai-Tibetan Plateau. Science in China Series D-Earth Sciences, 42(4): 383-391.

Yan P, Hou S, Qu J, et al. 2016. Diversity of snow bacteria from the Zangser Kangri Glacier in the Tibetan Plateau environment. Geomicrobiology Journal, 34(1): 37-44.

Yang K, He J, Tang W, et al. 2010. On downward shortwave and longwave radiations over high altitude regions: Observation and modeling in the Tibetan Plateau. Agricultural and Forest Meteorology, 150(1): 38-46.

Yang Q, Dixon T H, Myers P G, et al. 2016. Recent increases in Arctic freshwater flux affects Labrador Sea convection and Atlantic overturning circulation. Nature communications, 7(1): 1-8.

Yang Y, Chen R S, Liu G H, et al. 2022. Trends and variability in snowmelt in China under climate change. Hydrology and Earth System Sciences, 26: 305-329.

Yao T, Xiang S, Zhang X, et al. 2006. Microorganisms in the Malan ice core and their relation to climatic and environmental changes. Global Biogeochemical Cycles, 20(1): GB1004.

Yao T, Thompson L, Yang W, et al. 2012. Different glacier status with atmospheric circulations in Tibetan Plateau and surroundings, Nature Climate Change, 2(9): 663-667.

Yoshimura Y, Kohshima S, Ohtani S. 1997. A community of snow algae on a Himalayan glacier-change of Algal biomass and community structure with altitude. Arctic and Alpine Research,

29(1): 126-137.

Zhang E, Thibaut L M, Terauds A, et al. 2020a. Lifting the veil on arid-to-hyperarid Antarctic soil microbiomes: a tale of two oases. Microbiome, 8(1): 37.

Zhang J Y, Liu J F, Jin J L, et al. 2019a. Evolution and Trend of Water Resources in Qinghai-Tibet Plateau. Bulletin of Chinese Academy of Sciences, 34(11): 1264-1273. (In Chinese)

Zhang L L, Su F G, Yang D Q, et al. 2013. Discharge regime and simulation for the upstream of major rivers over Tibetan Plateau. Journal of Geophysical Research-Atmospheres, 118(15): 8500-8518.

Zhang L, Xia X, Liu S, et al. 2020b. Significant methane ebullition from alpine permafrost rivers on the East Qinghai–Tibet Plateau. Nature Geoscience, 13(5): 349-354.

Zhang W, Zhang G, Liu G, et al. 2012. Diversity of Bacterial Communities in the Snowcover at Tianshan Number 1 Glacier and its Relation to Climate and Environment. Geomicrobiology Journal, 29(5): 459-469.

Zhang X, Yao T, An L, et al. 2006. A study on the vertical profile of bacterial DNA structure in the Puruogangri (Tibetan Plateau) ice core using denaturing gradient gel electrophoresis. Annals of Glaciology, 43: 160-166.

Zhang Z H, Deng S F, Zhao Q D, et al. 2019b. Projected glacier meltwater and river run-off changes in the Upper Reach of the Shule River Basin, north-eastern edge of the Tibetan Plateau. Hydrological Processes, 33(7): 1059-1074.

Zhang Z, Zimmermann N E, Stenke A, et al. 2017. Emerging role of wetland methane emissions in driving 21st century climate change. Proceedings of the National Academy of Sciences, 114(36): 9647-9652.

Zhao K, Kong W, Wang F, et al. 2018. Desert and steppe soils exhibit lower autotrophic microbial abundance but higher atmospheric CO_2 fixation capacity than meadow soils. Soil Biology & Biochemistry, 127: 230-238.

Zhao Q D, Ding Y J, Wang J, et al. 2019. Projecting climate change impacts on hydrological processes on the Tibetan Plateau with model calibration against the glacier inventory data and observed streamflow. Journal of Hydrology, 573: 60-81.

Zhao Q D, Ye B S, Ding Y J, et al. 2013. Coupling a glacier melt model to the variable infiltration capacity (VIC) model for hydrological modeling in North-western China. Environmental Earth Sciences, 68(1): 87-101.

Zhuang M, Lu X, Peng W, et al. 2021. Opportunities for household energy on the Qinghai-Tibet Plateau in line with United Nations' Sustainable Development Goals. Renewable and Sustainable Energy Reviews, 144: 110982.

第 5 章

极地海域环境变化

素材提供：杨光

本章作者名单

首席作者

李超伦，中国科学院南海海洋研究所

主要作者

杨　光，中国科学院海洋研究所

徐志强，中国科学院海洋研究所

极地海域是全球变化的敏感区域，是气候环境的航向标和放大器，蕴藏着丰富的自然资源和生物资源。受到气候变暖的影响，一些中高纬度物种入侵进入高纬度极地海区。北极海域海冰的减少对北冰洋生物及生态系统产生影响，甚至使得北极航道在未来成为可能。而不同于北极海域，南大洋不同扇区间温度、海冰等环境变化的速率甚至是方向不一致，南大洋大西洋扇区温度升高、海冰减少使得南大洋生态系统的关键物种—南极磷虾的种群减少，进而通过上行效应影响到更高营养级生物。近些年来气候变化、人类活动，以及两者的叠加效应及其对两极海域水体环境、生态系统及其服务功能的影响逐渐受到人们的关注，比如国际上南极海洋资源养护委员会针对南大洋环境及生态系统的变化提出了在南大洋建立海洋保护区，我国"十四五"发展规划提出了提高参与"南极保护和利用能力"的极地战略。

为此，本章通过综述国内外相关研究成果，分别针对北极海域和南极海域环境现状及未来变化开展分析和讨论，主要关注因素包括两极：①物理环境（如温度、盐度、水团、海冰等）；②化学环境（营养盐、叶绿素、微量元素、生物泵等）；③生物生态过程（浮游生物、高营养级生物、生态系统服务功能等）。期望通过本章节的总结，为认识北极和南极未来气候变化、人类活动对水体物理、化学及生态过程的影响提供一定的科学基础，为如何在气候变化背景下采取紧急行动应对气候变化及其影响 SDG13 和保护和可持续利用海洋和海洋资源以促进可持续发展目标 SDG14 做支撑。

5.1 北冰洋环境条件及其变化

5.1.1 北冰洋的主要环境因素

北冰洋是地球四大洋之一，面积约 1475 km^2，约占世界海洋面积的 4.1%。除以地理北极点为中心的海区外，还包括巴伦支海、波弗特海、挪威海、格陵兰海，以及西伯利亚海以及楚科奇海等在内的众多边缘陆架海（图 5.1）。季节性的海冰消退与形成是北冰洋自然环境的显著特点之一。在春季，靠近陆地的边缘海首先出现海冰的消退，逐渐扩展到高纬度冰区。海冰由多年冰（3 年及以上）、2 年冰和 1 年冰组成。多年冰分布在靠近北极点的北冰洋中心区，其外围为少量的 2 年冰，而且 2 年冰分布的位置和面积存在极大的年际间差异。几乎所有的边缘海以及 80°N 以南的水域都是 1 年冰。

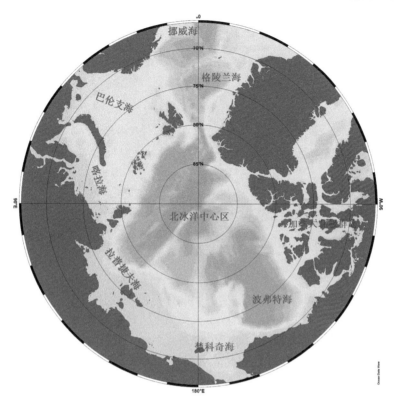

图 5.1 北冰洋主要的组成与附属边缘海

　　由于被亚洲、欧洲和美洲大陆所环绕，因此北冰洋是一个被大陆所环绕的"地中海"。在东侧，北冰洋通过宽而阔的弗拉姆海峡与北大西洋相连接，在西侧则是通过狭窄的白令海峡与太平洋相连接（图 5.1）。大西洋水和太平洋水的涌入为北冰洋带来了热量和营养盐，经冷却下沉后形成寒冷的深层水再回流至大西洋和太平洋，成为全球热盐环流的重要部分（图 5.2）。因此大西洋和太平洋的水流输送对北冰洋的水文条件和生态系统具有特殊的意义，尤其是北大西洋承担了北冰洋约80%的水流交换（Wassmann et al., 2011）。

　　最近的几十年里北冰洋的气候环境发生了剧烈的变化，主要集中在气温、海冰、融冰水、淡水输入和海洋循环等方面（Stroeve et al., 2012）。随着气候环境的变化，人类涉足北冰洋的活动也在逐年增加，对北冰洋环境的影响也越来越显著（Chan et al., 2019）。

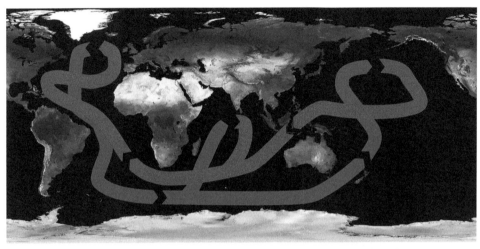

图 5.2　全球热盐环流模拟图(红色代表温热水团，蓝色代表寒冷水团)

首先是气温的升高。有观测证据表明北极气温的变化经历了两个主要的时期(图 5.3)。第一个时期是 1920s 至 1930s，此时的变暖源于气候系统内部的自然变动。第二个时期是 1970s 至今，变暖的幅度相较于第一个时期大幅增加，主要是由温室气体的急剧增加导致的(Johannessen et al., 2004)，而且进入 2000 年以后气温的变化愈加剧烈(Overland et al., 2008)。

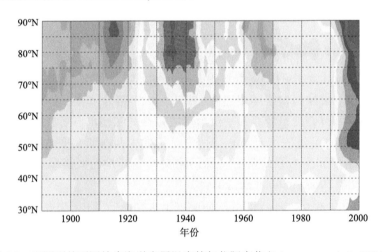

图 5.3　观测到的不同纬度海洋表层温度的年代际变化(Johannessen et al., 2004)

随着气温的升高，海冰也在快速消退。观测研究表明 1979～2015 年的 9 月份海冰覆盖的平均估测值是每十年减少约 13.4%，而且多年冰所占的比例在下降(图

5.4)。2012 年 9 月记录到了北冰洋海冰覆盖面积的极小值,仅为 338 万 km^2 (Stroeve et al., 2012)。从时间和空间分布上看,巴伦支海和格陵兰海、鄂霍茨克海等冬季的变化最大,而夏季变化最大是在波弗特海和西伯利亚海以及楚科奇海。最近的模型模拟结果显示最早大约在 2040 年,北冰洋夏季就可能就会出现完全无冰的状态 (Overland and Wang, 2013)。

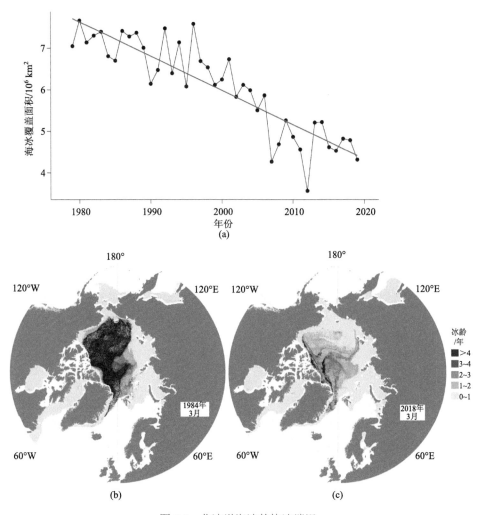

图 5.4　北冰洋海冰的快速消退

(a)1979~2019 年海冰覆盖面积的变化; (b), (c)1984 年和 2018 年冬季不同年龄海冰的组成比例. (Ardyna and Arrigo, 2020)

海冰快速消退的另一直观结果就是开放水域的增加和无冰期的延长。据统计，在海冰覆盖面积最小的 2012 年，平均无冰期长达 147d（Ardyna and Arrigo, 2020）。无冰期的延长会显著增加浮游植物的生长季节，造成初级生产的增加，由此又沿着食物链逐级传递，影响到更高营养级的生物。另外，无冰期的延长还会直接促使人类活动的增加，比如航运、渔业捕捞、油气勘探以及旅游等。在一定程度上，增加了对北冰洋环境条件的人为影响（Johannessen and Miles, 2011）。

北冰洋的淡水来源主要包括陆地径流输入，大气降水，融冰水和陆地冰川的融化等。在多种途径淡水输入增加的驱使下，相比于 1980～2000 年，最近北冰洋表层海水的淡水体积增加了超过 11%，共计约 8000km^3（Haine et al., 2015）。其中冰川融水是最主要的部分。格陵兰冰盖是北极众多冰川中体积最大的，也最受关注。在 2021 年联合国出版的《极地报告》中，格陵兰冰盖的面积已经连续 25 年出现了缩减。据估计，格陵兰冰盖的完全融化将会导致全球的海平面上升7m（Gregory et al., 2004）。

5.1.2 营养元素的生物地球化学循环

营养元素的生物地球化学循环是指碳、氮、磷、硅等生物生存所必需的营养元素通过物理、化学、生物和地质等过程在生物系统和环境之间的循环往复，是地球功能的基本组成部分。北冰洋由众多的陆地边缘海及中心海盆区构成，分别具有不同的生物地球化学循环模式。这种地理差异的直接体现就是不同海区具有不同的生产力水平和生物多样性。因此，深刻理解营养元素在北冰洋的生物地球地理化学循环对可持续利用渔业资源实现零饥饿（SDG2）和应对气候变化实现气候行动目标（SDG13）具有重大的意义。

1. 北冰洋的营养盐供给

北冰洋的营养盐供给（主要是 N，其次是 Si 和微量元素 Fe）决定了生物地理学特征和营养状况（寡营养或富营养）。营养盐供给首先会影响到冰藻和浮游植物的种类和生物量，并且沿着食物链逐级传递，影响到更高营养级生物，从而控制着整个生物群落的组成和稳定（Ardyna and Arrigo, 2020）。

北冰洋深水海盆区的自然环境相对稳定，受外界干扰较少，总体上是寡营养盐的。风生的水流（包括风力的强度、持续时间和方向）和垂直混合作用会直接影响到营养盐在水体内的分布，从而直接影响到营养盐的再循环（Tremblay et al., 2015）。此外，气溶胶的下沉是深水海盆区营养盐的另一个主要来源。气溶胶的形成、下沉，以及位置都与大气动力学有关。在高纬度冰区，气溶胶会积聚在海冰、积雪之上，随后者的融化进入海洋。最近十几年，北极的森林以及苔原地带在夏季野火频发。野火向北冰洋周围的环境中释放大量的碳和氮，形成气溶胶后通过下沉作用进入海冰、积雪的上部或者内部，不但可以改变海冰的透光特性，甚至影响到海洋生物地球化学循环。一方面，这些颗粒通过吸收入射光和增加反射率，导致进入水体的可见光减少；另一方面，吸收的入射光会加快海冰的消融速率。目前对北冰洋大气营养盐的沉降研究非常少，不能确定气溶胶能否作为夏季初级生产的营养盐(主要是氮)来源，但是全球其他海区的营养盐收支模型显示通过气溶胶输入的氮和磷是非常少的(Torres-Valdés et al., 2016)。

北冰洋的边缘海区除上述过程外，其营养盐和生源物质受陆地径流、上升流、大洋环流、冰川融水，以及人类活动等的影响较大。东部的北大西洋暖流和西部的白令海入流水为巴伦支海、楚科奇海等带来了丰富的营养盐。西伯利亚海、门捷列夫海、波弗特海，以及加拿大北部的北极群岛也存在大量的陆地径流分支和上升流区。陆地径流输入和垂直混合作用极大地影响了当地的水文条件和营养盐浓度。

陆地-海洋的连通性与相互作用是北冰洋生物地球化学循环的最主要影响因素之一，尤其是冰川融水和周边陆地径流的输入将会明显地改变沿岸区域的生物化学循环。北极的冰川融水汇集到峡湾后影响了近岸的营养盐供给(磷，硅和铁)，不仅会在春季影响到浮游植物的暴发，甚至可能会在夏季催生出浮游植物的二次暴发(Arrigo et al., 2017)。陆地径流的输入也将会影响到海洋沿岸的生物地球化学循环。但是，统计分析结果表明陆地径流输入的营养盐仅会对当地产生重要的影响，而对整个北冰洋的净初级生产的作用不大(Tremblay et al., 2015)。例如波弗特海边缘的麦肯齐河，野外观测和模型的结果均显示来自河流的无机氮被局限在三角洲几十公里的范围之内，而且随着向外的延伸，几乎全被消耗掉了(Tremblay et al., 2014)。因此，三角洲附近形成了一个高生产力区域，而外围依然是寡营养盐的。

最近几十年，随着研究的深入，微型和微微型生物(包括细菌、蓝藻及原生动物等)在生物地球化学循环中的作用也逐渐被重视起来，尤其是北冰洋和南大洋大部分都是寡营养盐的，而且接收的外源物质极少。水体内部营养物质的再循环就显得尤为重要。生物碎屑、残渣，以及粪便等颗粒有机物在沉降的过程中，通过微型或微微型生物的摄食等作用进入微食物环，经过不同的生物的逐级分解，形成可供浮游植物吸收利用的营养元素，再回到经典的食物链过程中去。

2. 碳循环与海洋酸化

北冰洋的碳循环主要受到溶解泵和生物泵的调控，两者相辅相成。首先，在海气界面，由于大气与海洋表层的二氧化碳分压存在差异，大气中的二氧化碳，溶解进入海洋表层，形成溶解无机碳，最终趋于相对稳定的平衡状态，当这个平衡被打破时，就会出现二氧化碳在大气与水体之间的流动，这就是溶解泵过程。

其后，溶解进入水体的无机碳在冰藻及浮游植物的光合作用下，被固定转化成为有机物，有机物沿着食物链传递，最终以残渣、碎屑、粪便，以及尸体的形式沉降进入海底，以沉积物的形式埋藏，这便是生物泵过程。当前随着人类活动排放的二氧化碳持续增多，其最终的去向成为人们所关注的焦点，而海洋作为最大的碳汇，吸引了更多的目光。Reigstad 等(2011)评估了北部巴伦支海低营养级内部碳的流动以及浮游生物和底栖生物之间的联系。在没有海冰覆盖的大西洋一侧，平均的基础生产力在 $110\sim130$ g $C/m^2 \cdot a$，而且年际间的变化也比较小。季节性海冰覆盖区域的年际间变化较大，但是其初级生产力比较低，平均约为 $55\sim65$ g $C/m^2 \cdot a$。

不同的生态类群具有不同的生物量和碳转换效率。以研究最为深入的巴伦支海为例，大型浮游生物和底栖生物生物量最多约占 50%。其次是小型的浮游有机体(藻类 $<10\mu m$，细菌，原生动物和中型浮游动物)36%。碳收支研究已经说明了捕食者对垂直通量调节的重要作用，即向下高通量的碳输出与异养生物低丰度密切相关。但是冰缘区中型浮游动物的通量却会因为年份的不同差异较大。北冰洋陆架区最成功的越冬植食性桡足类，北极哲水蚤相对于飞马哲水蚤，由于其具有提前冰下摄食的食性，导致其更容易受到春季浮游植物暴发的影响，冰缘区的浮游—底栖食物链的耦合也因此会因为海冰—藻类的变动而变动(Søreide et al., 2010; Grebmeier, 2012)。沉积碳的埋藏反应的则是长时间尺度的变化，高生产力的区域往往会有更高的碳埋藏效率。研究表明，巴伦支海的碳埋藏速率是稳定的，不存在显著的年代际变化。

由于寒冷海水吸收二氧化碳的能力更强，因此极地的海洋酸化及与之相关的溶解泵格外受到关注。一些海洋酸化的极值也是在北冰洋所记录到的，这在一定程度上与海冰融化、陆地径流增加以及低 pH 水团的流入等有关[1]。从目前的观测结果看，北冰洋的海洋酸化现象并不具备同质性，不同的海区存在很大的时空差异。总的来说，北极和亚北极的浮游植物群落对海洋酸化并不敏感，虽然总的初级生产力有所增加，但与二氧化碳分压的增加并不存在显著的相关关系。生物种类的反应也存在很大的差异，呈现出特有的北极或亚北极特点。例如，许多微微型的真核生物会受益于更高的二氧化碳分压，而普林藻纲的种类会受害(包括颗石藻)，而且硅藻的反应各不相同。

5.1.3 海洋生物对气候变化的响应

气候变化对生物的影响体现在生物生产的各个阶段。首先是造成特定种类形态学、生理学、物候学，以及分布范围的变化；其次是在种间作用下发生群落结

---

[1] AMAP. 2018. AMAP Assessment 2018: Arctic Ocean Acidifcation.

构和功能的变化，包括种类的组成、丰度和分布等；最后导致整个生态系统物流和能流的改变(图 5.5)。具体到观测结果上就是某个种类的消亡或者其他种类的入侵，以及宏观上初级、次级生产力和食物链的变化等。相对于人文、社科类范畴的可持续发展目标，对水下生物资源的保护和可持续利用(SDG14)是北极可持续发展极为重要的领域。其中最受关注的是渔业资源的变化，这也是可持续发展报告中消除饥饿目标(SDG12)的重要课题。最近几年，越来越多的倡议也提示人们同时要重视冰和冰盖变化对赖以生存的生物的影响(例如北极熊、海豹等)。

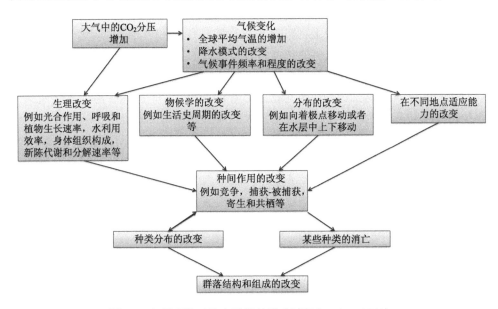

图 5.5　气候变化对生态系统的影响过程(Hughes, 2000)

1. 北冰洋影响生物的主要环境因素

影响北冰洋生物群落结构和功能的主要环境因素包括大气、温度、盐度、海底地形以及海冰等(Wassmann et al., 2011, Johannessen and Miles, 2011)。大气通过海–气界面会将温度及二氧化碳等气体传导进入海洋，同时气旋造成的风生水流也会影响到海洋水体的混合以及热量、营养物质的传递等。温度则与海洋生物的个体发育存在显著的相关性。在积温发育模型中，随着温度的升高，几乎所有的海洋生物发育周期会缩短。海底地形主要通过改变水流的速度和流向，改变当地的水文特征。例如，加拿大北极群岛存在错综复杂的水道，水流的速度和方向各不相同，形成了多样的生物区系。

海冰在北冰洋的生态系统中具有基础的决定性作用，其季节性的形成和消退伴随着不同的生物生产过程（Wassmann et al., 2011）。在海冰消退之前，冰藻吸附在海冰的下表面生长，海冰融化后一部分被浮游动物摄食，一部分沉降进入海底。在无冰期水体浮游植物暴发，借由浮游动物摄食沿着食物链将物质和能量传递给更高的营养级。而且，诸如海鸟、海豹、海象、鲸鱼，以及北极熊等高营养级的许多生物都赖以海冰为栖息地。

大洋之间水团的平流输送是影响北冰洋生物区系特征的主要因素之一（Grebmeier, 2012; Chan et al., 2019）。但是，平流输送过程主要是改变了那些低运动能力的营养级生物（例如浮游植物，浮游动物和一些鱼类），对于一些具有洄游习性的鱼类及更高营养级的生物影响并不显著。

由于北冰洋包含数量众多的边缘海以及岛屿附近的峡湾，因此物理环境在空间分布上具有典型的区域性特征，食物网的结构和组成不同的海区也存在较大的差异（Drinkwater et al., 2012）。以东西北冰洋的差异为例，巴伦支海通过宽而深的弗拉姆海峡与北大西洋相连接，温暖的大西洋水为巴伦支海提供了丰富的营养物质和浮游生物，大部分的洄游鱼类可以通过弗拉姆海峡进入巴伦支海，因此巴伦支海具有极高的渔获量，是北冰洋主要的渔业捕捞区之一。而西北冰洋一侧的楚科奇海通过窄而浅的白令海峡与北太平洋相接，初级生产来不及被浮游动物摄食，就沉降进入海底，供养了大量的底栖生物，渔获量极低。在联合国粮农组织的统计中，楚科奇海的渔获量不足巴伦支海的十分之一（Zeller et al., 2011）。

2. 初级生产力的变化

冰藻和浮游植物通过光合作用生产有机物的同时固定能量，是北冰洋最主要的初级生产者。它们随着海冰的季节性消退和形成而有规律地暴发和消亡。在20世纪末期，人们开始认识到冰藻对初级生产的贡献最大，其可能占总初级生产的2/3，过去一直认为北冰洋是"生物的荒漠"就是缺少了对冰藻生物量的估计（Wheeler and Gosselim, 1996; Lewis et al., 2019）。

在经典的初级生产过程中，海冰在6月中旬开始消退，冰藻在5月份光照条件达到光合作用阈值时就已经开始生长，并积累了可观的生物量（图5.6）。其后海冰融化，冰藻沉降进入水体，同时为水体浮游植物的暴发起到了"播种"作用。由此开始，水体浮游植物进入生长周期，直至9月中旬海冰完全形成。在海冰形成的过程中，冰藻短暂地吸附在海冰的下表面开始秋季的生长期。然而随着海冰的快速消退，这种模式随即被打破。在高纬度海区，冰藻的春季生长期出现延长，水体浮游植物的暴发提前，而且在7月中旬结束，总的浮游植物初级生产下降，秋季的冰藻生产也出现一定程度的降低。在低纬度海区，冰藻的春季进一步延长，浮游植物分别在6月和9月出现两次暴发，但是6～8月的无冰期却生产力极低，总的初级生产力仅为海冰正常消退情况下的一半。

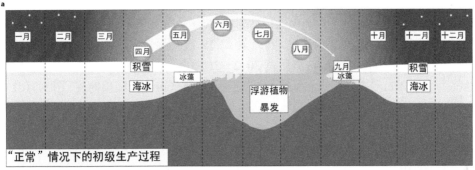

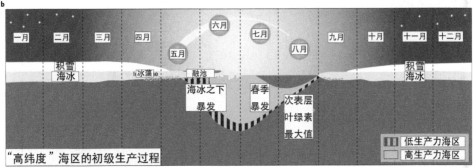

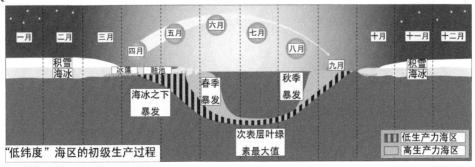

图 5.6　海冰快速消退情况下冰藻和浮游植物的生产过程(Ardyna and Arrigo, 2020)

但是卫星遥感的观测却显示北冰洋的初级生产力呈增加的趋势，这主要源陆架区生产力的提高。据统计，年度的净初级生产力(net primary production, NPP)在整个北冰洋的开放海域从 1998～2012 年增加了约 30%(Arrigo and van Dijken, 2015)。净初级生产力最大的增加量局限在北极的陆架区域(拉普捷夫海，喀拉海及西伯利亚)，在过去的 15 年里增加了 70%～112%。海冰快速消退最为直接的影响就是浮游植物生长季节的延长以及可供其生长的开放水域增加。1998～2012 年开放水域的增加速率为 88000 km^2/a, 2012～2018 年有所减缓，为 620 km^2/a(Lewis et al. 2020)[图 5.6(a)]。无冰期从也从 1998~2012 年的 147d 增加到了 2012~2018 年的 152d。与此同时，无冰期年度净初级生产由 1998 的 6.8 Tg·C/a 增加到了 2018 年的 391 Tg·C/a[图 5.6(c)]。净 NPP 的增加也伴随着表层叶绿素 a 浓度的增加[图 5.6(b)]。在 2012 年之前,叶绿素 a 的浓度在整个北冰洋都是相对稳定的,每年只增加约 0.002 mg/m³。然而在 2012~2018 年间，平均叶绿素 a 的浓度增加速率为 0.43%/a,是 2012 年之前的 16 倍之多,主要来自边缘陆架海区[图 5.7(d)]。

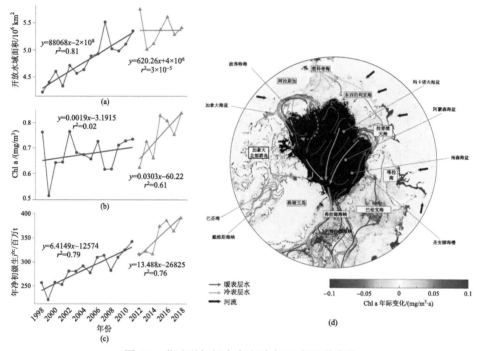

图 5.7　北冰洋初级生产在过去 20 年里的变化

(a)开放水域的变化；(b)叶绿素 a 的变化；(c)净初级生产的变化；(d)叶绿素 a 在不同海区的变化。其中(a)～(c)分为两个时期，红色为 1998~2012 年，蓝色为 2012~2018 年. (Ardyna and Arrigo, 2020)

　　具体到种类组成的变化上，当前主流的观点是浮游植物生长主要受到氮供给的限制，硅藻是主要的类群。硅藻的暴发通常随季节和时间的不同在种类上不断更替，一般会由两侧对称的种类向中心或者辐射对称的种类更替。除硅藻外，很多真核生物是混合型营养的，不但可以进行光合作用，还可以通过渗析或者吞噬作用吸收外界的养分 (Stoecker and Lavrentyev, 2018)。在当前海冰持续消退的情况下，光合浮游植物面临的环境越来越严苛，而真核生物的这种适应性策略可能会使其逐渐变得更具竞争性。然而，这种情况也可能会增加有害或有毒种类暴发的风险，对本来脆弱的北极海洋生态系统来说雪上加霜。

北冰洋的浮游生物群落由硅藻占主导的群落向微微型浮游植物占主导的群落转变已经在北冰洋某些海区得到了证实(Li et al., 2009; Tremblay et al., 2012)。除硅藻外，还记录到了棕囊藻和球石藻的暴发(Simo-Matchim et al., 2017; Crawford et al., 2018)。棕囊藻暴发的原因可能是由于硅限制。与 1990s 的早期相比，进入北冰洋的大西洋水团中硅的浓度降低了约 20%。因此，随着北大西洋入流水硅供给的持续减少，硅藻占主导的浮游植物暴发频率在长的时间尺度上会出现降低，而棕囊藻的暴发可能会越来越普遍。球石藻被认为是在北大西洋水流的平流输送作用下由温带水域进入到北冰洋的入侵物种。气候变暖导致北冰洋为球石藻的暴发提供了适宜的条件。

3. 次级生产力的变化

浮游动物是海洋中最主要的次级生产者，它们一方面摄食浮游植物，另一方面被鱼类、鸟类，以及哺乳动物等摄食，是食物链中承上启下的关键环节。桡足类的种类最多，生物量最高，是最主要的浮游动物类群。植食性的桡足类物种能够迅速地将初级生产转化为自身的脂类储存起来(Falk-Petersen et al., 1987)。经过浮游动物摄食，脂类水平可由浮游植物中的 10%～20%转变为 50%～70%。以脂类为基础的能量流动也是北冰洋大量鱼类、鸟类，以及哺乳动物赖以生存的基础。

目前北冰洋中心区最受各国学者关注的主要哲水蚤类(图5.8)包括细长长腹水蚤(*Metridia longa*)、飞马哲水蚤(*Calanus finmarchicus*)、北极哲水蚤(*Calanus glacialis*)和极北哲水蚤(*Calanus hyperboreus*)，亚北极海区更为关注的飞马哲水蚤(*Calanus*

图 5.8 北冰洋中心区 3 种最为主要的哲水蚤类

finmarchicus)。飞马哲水蚤是北大西洋的典型优势种，属于北温带种类，随北大西洋暖流可以一直分布到最北部的南森海盆，生活史周期 1 年或者不足 1 年，但是它们无法在冰封区完成整个生活史周期(Falk-Petersen et al., 2007)。北极哲水蚤现在被普遍定义为泛北极种类(pan-Arctic)，因为它广泛地分布在整个北冰洋以及亚北极海区，生活史周期 1～2 年 (Kosobokova, 1999)。极北哲水蚤是体型最大的种类，仅分布在北冰洋高纬度的深水海盆区，生活史周期 3～4 年(Hirche et al., 1997)。最近的研究显示，海盆与陆架交界的陆坡区可能是其种群补充和繁殖的潜在热点(Xu et al., 2018)。

浮游植物与主要哲水蚤类生长周期的耦合被认为是食物链中物质和能量传递的关键一环(图 5.9)。首先是在春季，海冰消退之前冰藻(主要是硅藻种类)便吸附在海冰的下表面生长，深水层越冬的浮游动物迁移至海冰之下摄食冰藻并完成产卵，充分利用冰藻生产力。其次是海冰完全融化以后，水体浮游植物的暴发。此时新产生的哲水蚤类卵依靠自身能量孵化并成长为可摄食浮游植物的无节幼体，正好充分利用水体浮游植物的暴发，在冬季来临之前储备足够的油脂度过黑暗的冬季。在海冰快速消退的情况下，这种耦合机制则会被打破。海冰的快速消退导致哲水蚤类的产卵严重滞后于冰藻生产，新孵化的无节幼体也无法充分利用水体浮游植物的暴发下的生长优势，导致个体生长速度和发育周期的延长，最终无法得到有效的种群补充。

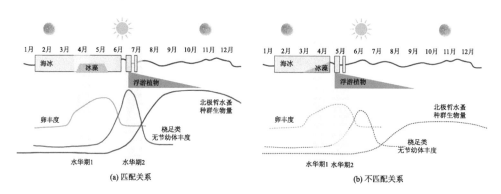

图 5.9　浮游植物和浮游动物的耦合图(Søreide et al., 2010)

不同于初级生产力可以利用卫星遥感的数据观测，以浮游动物生物量为代表的次级生产力难以衡量。针对气候变化对浮游动物的影响，不同学者纷纷提出了自己的观点，但是由于浮游动物生活史复杂而且容易受多重环境因素的影响，所得结论并不一致。Beaugrand 等(2009)认为水温升高对传统的北极种不利，进而促进亚北极种进入北冰洋，该观点忽视了海冰消退初期主要是厚度和覆盖面积变化，对温度的影响并不显著，同时也难以与初级生产力消费和传递建立联系。Falk-Petersen 等(2007)从生活史周期的角度认为气候变暖更有利于飞马哲水蚤等生活史周期较短的种类，而对北极哲水蚤等生活史周期较长的种类不利，然而Pertsova 等(2010)却认为北极哲水蚤完全可以适应目前气候的变化，是受益者。

总体来说，尽管目前已经充分关注到气候变化对浮游动物产生的生态效应，但是对于其趋势没有一致的结论。一是长期以来的关注度不够，相关的研究实例远低于鱼类、鸟类和哺乳类等(Wassmann et al., 2011)；二是调查数据的极度缺乏，导致长周期的分析难以开展，同时调查的方式、季节和覆盖区域也存在差异；三是浮游动物自身属性和北冰洋的恶劣环境决定了很难像陆地生态系统一样从生理、个体再到群落的顺序(Hughes, 2000)来系统地研究气候变化带来的生态效应。

4. 鱼类的变化

北极和亚北极的许多海区是目前主要的渔业捕捞区。理解气候变化背景下鱼类的变化对渔业资源的可持续发展和保护具有非常重要的意义。海冰、水团和大洋环流模式等环境因素的变动会直接影响到鱼类的生长、分布、迁移，以及种群补充，也会通过改变种间作用而间接地影响鱼类(包括捕食者、猎物、种间相互作用和疾病等)。

在北冰洋食物链的传递中，鳕鱼扮演着至关重要的作用，承担了浮游生物和脊椎动物之间能量流动的一个重要分支(Welch et al., 1992)。在夏季末期，北极鳕鱼的幼苗在海洋的表层被海鸟所捕食(Karnovsky and Hunt, 2002)，在冬季迁移到深水区后也会被他们的同类成体摄食。更大的体型会降低被鸟类、同类捕食的概率，也更容易熬过冬季的饥饿。因此，北极鳕鱼会尽早在冬季或者春季完成产卵和孵化，这样其后代就可以充分利用接下来的生长季节，快速地积累物质和能量。

温度被认为是对鱼类影响最大的环境因素。陆地淡水的输入以及融冰淡水会在表层为鳕鱼提供温度保护(Bouchard and Fortier, 2011)。河流水的注入会在海冰下层形成盐分较高的水层，其温度稍低于 0℃，这样的温度有利于鳕鱼幼苗的胚胎发育，也有利于其尽快地摄食和冬季的生存。在淡水输入比较少的区域，例如巴芬湾的北部，海冰下表面–1.8℃的冬季水会减慢鳕鱼卵的孵化，而且会限制到幼苗开口摄食和生存。气候变化导致的融冰水和陆地径流水输入的变化，会引起表层海水温度的变化，进而影响到鳕鱼的产卵。

温度也会直接影响幼鱼的发育速度，而且随着温度的升高死亡率会下降(Ottersen and Loeng, 2000)。在巴伦支海，鲱鱼、黑线鳕和鳕鱼三个种类的长度与海水的温度是存在正相关关系。例如，巴伦支海的鳕鱼在温暖的年代里体长要更长一些(Michalsen et al., 1998)。根据喀拉海一侧的数据，温度和巴伦支海的鱼类现存量也存在明显的相关关系（Toresen and Østvedt, 2000）。

在巴伦支海和毗连的挪威海，气候变化对鳕鱼的影响非常明显。鳕鱼从产卵场到主要的深水生活区域具有一条非常长的漂流路径（600～1200km）。Ottersen和 Sundby（1995）发现在此范围内南向风场的变异导致鳕鱼的年龄长度比平均值高。这一方面是因为温度效应的影响，另一方面可以由巴伦支海摄食区域含有更多的浮游生物来解释。另外研究发现，巴伦支海鳕鱼种群的更替在存在长尺度的年际间变化和小的空间尺度变化。这些都是与温度的变化相关的，在气候寒冷的时期，鳕鱼趋向于聚集在巴伦支海的西南部，而在气候变暖的时期，鳕鱼的分布会向东和北部扩展（Ottersen et al., 1998）。

从历史数据上来看，温度的增加趋向于对大部分的鱼类现存量产生积极的影响。一些鱼类的储量随着温度增加会得到更好的补充，至少是在短期内是有利的。但是，增加的鱼类密度也会导致生长速率的降低，甚至更坏的生存条件，反过来会降低种群补充。另外，不同的鱼类对温度的变化有不同的偏好，这种温度的变化在海洋里可能会导致不同鱼类存量的不同分布，而且传统的高渔获量区域在将来可能会变得不再那么高产。研究表明气候的变化对巴伦支海渔获量产生25%的影响，而且影响的方向并不确定，因此很难说是有益的还是有害的。

5. 底栖生物的变化

在北冰洋的浅水陆架海区，海冰融化时，无法被浮游动物摄食的冰藻和浮游植物通过沉降进入了底栖食物链。太平洋一侧的楚科奇海、西伯利亚海，以及亚北极的白令海北部底栖生物极为丰富。

最近几十年的研究发现，气候变化会影响底栖生物群落，包括种类组成和现存量（Grebmeier et al., 2006; Bluhm et al., 2009）。目前在白令海、亚北极和北极区域已经观测到了底栖生物随气候变化分布区域北移的实例。比如白令海鱼类和无脊椎动物分布范围出现了北移（Mueter and Litzow, 2008），太平洋起源的蛤蜊向北进入到楚科奇海（Sirenko and Gagaev, 2007）。从群落水平上看（种类组成和丰度），白令海和楚科奇海的底栖生物存在时间序列上和纬度方向上的差异（图 5.10）。例如，圣劳伦斯岛南部主导双壳类物种的总生物量自 1980s～2010s 就出现了下降（Lovvorn et al., 2010）。这些底栖生物种类和数量的向上变化也明显地影响到了更高营养级的生物。比如白令海北部蛤蜊种群丰度的降低，导致了以其为食的眼镜绒鸭数量的急剧减少，并对依赖蛤蜊为食的潜水鸭形成威胁（Lovvorn et al., 2010）。

6. 高营养级生物

北冰洋的鸟类主要栖居在陆地的沿岸，以浮游动物、鱼类，以及底栖生物为食，并在岩壁或者苔原上筑巢产卵。研究显示，气候的快速变化会对鸟类的摄食、产卵以及种群分布产生不可忽视的影响(Dunn, 2004)。在气温偏高的年份，卵的个体更大，孵化率也更高。气候变化导致的浮游动物、鱼类，以及底栖生物等的改变也会直接影响到鸟类可获取的食物，影响到鸟类能量的分配和幼鸟孵育的成功率。另外，除可获取食物的变化外，开放水域条件的变化会增加鸟类更高的能量消耗，额外增加其过冬的压力(Lovvorn et al., 2009)。

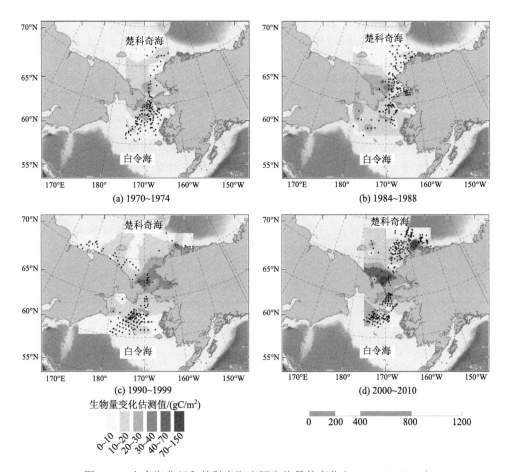

图 5.10 白令海北部和楚科奇海底栖生物量的变化(Grebmeier, 2012)

从现有的统计中可以看到，鸟类对气候变化的反应具有空间异质性(表 5.1)。例如在哈德逊湾，气候的变暖和海冰变化导致海鸭(sea ducks)食物的减少和死亡率上升。而厚嘴海鸭具有更宽的食谱，死亡率并没有变化。厚嘴海鸭在加拿大的科茨岛(Coast Island)产卵时间出现提前，而在加拿大利奥波德王子岛(Prince

Leopold Island)的北部的繁殖成功率增加。

表 5.1 统计到的不同海区鸟类变化

种类	调查区域	气候驱动因素	具体变化
海鸭	哈德逊湾	变暖、海冰变化	死亡率增加
眼镜绒鸭	白令海	变暖	优先捕食猎物数量变化
厚嘴海鸭普通海鸭	泛北极海区	变暖	种群大小出现变动
厚嘴海鸭	加拿大北极沿岸	海冰变化	产卵提前
厚嘴海鸭	加拿大利奥波德王子岛	海冰变化	在北部孵化成功率升高
厚嘴海鸭	哈德逊湾	变暖	食物组成和比例变化
象牙海鸥	加拿大北极区域	疑似气候变暖	群体数量下降

北极的海洋哺乳动物大部分都要依赖于海冰生存，至少是季节性的海冰覆盖或者是一些坚冰区。海象和大部分种类的海豹、北极熊，以及灰鲸沿着冰缘线分布，利用海冰捕食、休息甚至是繁育后代。海象和海豹遭受到的冲击最为严重，海冰边缘向深海收缩对它们来说是致命性的，因为它们要在浅水的陆架区觅食。根据统计结果，海豹以及北极熊的数量出现了下降(表5.2)。海象在捕食的间隙会停留在海冰上休息，但是由于海冰的快速消退，甚至整个夏季都已成为无冰区，在美国和俄罗斯的海岸观测到了越来越多的海象(Jay et al., 2011)。同样的，北极熊

表 5.2 海豹、灰鲸，以及北极熊等分布的变化

种类	调查区域	气候驱动因素	具体变化
灰鲸	白令海	变暖和海冰变化	摄食区域出现北移
北极熊	西部哈德逊湾	海冰减少	种群数量减少
北极熊	西部哈德逊湾	海冰减少	生存条件恶劣导致行为改变
北极熊	西部哈德逊湾	海冰减少	种群大小下降
北极熊	北部阿拉斯加	海冰减少	巢穴向陆地转移
北极熊	北部阿拉斯加	海冰减少	夏秋季阿拉斯加北极熊增加
北极熊	南部波弗特海	海冰减少	生存条件恶劣幼兽存活率降低
北极熊	波弗特海	海冰减少	溺亡/消瘦/同类相食
北极熊	斯瓦尔巴德	海冰减少	出生率低
北极熊	西部哈德逊湾	海冰减少	雌性个体身体状况下降
竖琴海豹	白海	海冰减少	出生率下降
环斑海豹	西部哈德逊湾	变暖和海冰变化	幼崽出生率/存活率下降

的活动区域也开始向沿岸迁移。随着开放水域的增加，北极熊需要在水中长期跋涉从而增加了溺死的风险(Monnett and Gleason, 2006)。北极气候变化评估委员会(Arctic Climate Impact Assessment, ACIA)在 2005 年的报告中提醒人们要关注这些哺乳动物的变化，2008 年北极熊被列为濒危物种。

到目前为止，对于海洋哺乳动物至关重要的气候变化阈值和时期仍然不清楚，主要基于两个原因，一是模型预测的结果本身就不精确，尤其是在区域性的尺度上。二是，海洋哺乳动物与低营养级的生物种类密不可分的，它们的分布与低营养级的摄食对象具有协同性，气候变暖导致的鱼类分布范围的变化也会使得哺乳动物的生存更加脆弱。比如北冰洋的灰鲸主要捕食磷虾以及端足类等大型甲壳动物，因此后者种群大小及分布的变化决定着前者栖息地的改变(Shelden and Mocklin, 2013)。

此外，部分大型的水母会捕食浮游动物及鱼类的幼苗，而几乎没有更高营养级捕食水母，因此水母在一定意义上属于顶级捕食者。但是相较于全球温度范围内水母暴发给渔业生产带来的危害，北冰洋的水母数量和对渔业资源的影响可以忽略不计。

7. 食物网结构的变化

冰藻和浮游植物作为北冰洋最主要的初级生产者，是整个生态系统物质和能量的来源；浮游动物作为次级消费者一方面摄食浮游植物，另一方面被鱼类、鸟类及哺乳类等捕食，将物质和能量向更高营养级生物传递。由于海冰的特殊生态效应，在北冰洋包含两种不同的食物链(图 5.11)。在东北冰洋的大部分海区，以飞马哲水蚤和北极哲水蚤为代表的植食性哲水蚤类大量摄食初级生产并产生极高的生物量，自身作为鱼类饵料供养了大量的经济鱼类，这便是浮游食物链。而西北冰洋一侧的楚科奇海和西伯利亚海水深较浅(<50m)，同时缺乏大型的植食性哲水蚤，冰藻来不及被浮游动物摄食就沉降进入海底，催生了大量的底栖生物，这便是底栖食物链。

北冰洋具有许多类似楚科奇海的浅水陆架海区，随着气候变暖和无冰期的延长，许多学者认为会出现底栖食物链占主导向浮游食物链占主导的转变，而楚科奇海将是这一假设最先得到验证的海区(Grebmeier et al., 2012)。在大量海冰的情况下，冰藻是最主要的初级生产者，贴着海冰下表面的冰藻初级生产来不及被浮游动物摄食，大部分随着海冰的融化沉降至 30~60m 的海底，催生了大量的底栖生物群落。而在有限海冰的情况下，水体浮游植物是最主要的初级生产者，预计将会有大量的初级生产会通过浮游动物进入鱼类等更高营养级，因此主要食物链会向浮游食物链转化(图 5.12)。

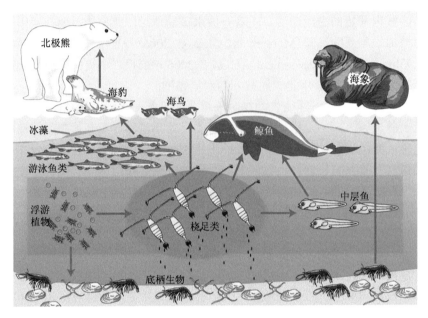

图 5.11　北冰洋食物链示意图

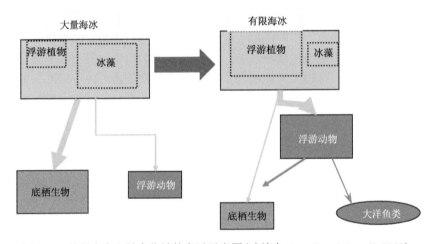

图 5.12　楚科奇海主导食物链的变迁示意图（改编自 Carroll and Carroll, 2003）

5.1.4　人类活动的影响

随着气候环境的变化，人类参与北冰洋的活动也在日益增加，包括航运、渔业捕捞、海水养殖、资源开采、娱乐活动和旅游等（Ricciardi et al., 2017）。人类活动除向大气中排放大量的温室气体间接地影响北冰洋的环境和生态系统外，对海洋生物的影响主要集中于非本地物种的传播，即随着人类活动将本来不属于北冰洋的物种带入北冰洋的海域。

北冰洋一直以来被认为物种入侵的风险很低，主要是由于缺少进入的路径，同时严苛的环境条件以及匮乏的食物来源等阻碍了入侵物种的生存、生长和繁殖（Vermeij and Roopnarine, 2008）。北极本地的生物种类一般会生活在相对狭窄的低温环境中（Moore and Huntington, 2008）。海冰范围的减少将会对许多本地生物种类带来消极的影响，而对一些南方种类来说却可能是有利的环境条件。例如，软体动物和鱼类就有可能从太平洋穿过北冰洋进入到大西洋（Wisz et al., 2015）。在气候变暖及人类活动的影响下，北冰洋目前面临着前所未有的物种入侵风险（Ricciardi et al., 2017）。当前一些高纬度生态系统的条件已经适合温带生物种类的生存，因此一旦具有足够的繁殖体，它们就有可能迅速地建立起稳定的种群（de-Rivera et al., 2011）。而且，额外的气候变暖可能会进一步提高北极沿岸区域对温带种类的适合性（Goldsmit et al., 2018）。

在一项统计研究中，北冰洋 54 个非本地种扩散事件中，只有 6 个来自北冰洋的内部，其余的都来自于邻近的大西洋和太平洋（Chan et al., 2019）。从发生的海区上来看，冰岛陆架区的入侵物种数量最多 14 个，然后是巴伦支海 11 个和挪威海 11 个（图 5.13）。而且这些海区大部分的非本地种都建立了稳定的种群，成为名副其实的入侵物种。这说明大西洋一侧对生物入侵更加敏感，也更适合入侵物种建立稳定种群。此外，随着北冰洋变暖，这些区域也会逐渐变得更加适合温带种类（Lind et al., 2018）。其他的区域都有少量的非本地种引入，但是都没能够建立稳定的种群。观测到的这种模式可能是因为在冰岛陆架、巴伦支海和挪威海的研究比较多，所获得的数据也比较多有关。从物种引入的途径来看，人类活动的影响远大于自然传播。大部分种类具有单一的引入途径（68%），其中航运（48%）是最主要方式，然后是自然扩展 19%，水产养殖 14% 和野外渔业捕捞 14%。对于多种引入途径的种类，加权评估的结果显示航运依然是最主要的方式 39%，然后是自然传播 30% 以及水产养殖行为 25%。

海上航运是当前极地探索、油气勘探、渔业捕捞和旅游等活动最主要的方式[①]。随着气候变化和海冰的消退，北冰洋航道逐渐兴盛起来，如果通过东北航道或者西北航道取代巴拿马运河或者苏伊士运河，商业船只可以节省数周的时间和上千公里的航线。这无疑会为非本地种通过航运进入北冰洋提供更大的机会。船载的压舱水是物种入侵重要的介质（Ware et al., 2016）。另外，污损生物可能会比压舱水的威胁更大（Chan et al., 2015）。但是，污损生物在北极航运的过程中存

---

① Arctic Council. 2009. Arctic Marine Shipping Assessment 2009 Report. Akureyri, Iceland.

活下来的可能性比较低，只有一小部分可以从温带码头存活到极地码头(Chan et al., 2016)。除北极航道外，近年来诸如游轮、钓鱼船、浮动平台，以及其他人造交通工具日益增多，但是还没有研究分析评估这些工具对物种入侵的影响(Wanless et al., 2010)。不仅如此，漂流的失事船只、货物，甚至包括塑料制品也都可能将生物传播至北极水域(Barnes and Milner, 2005)。

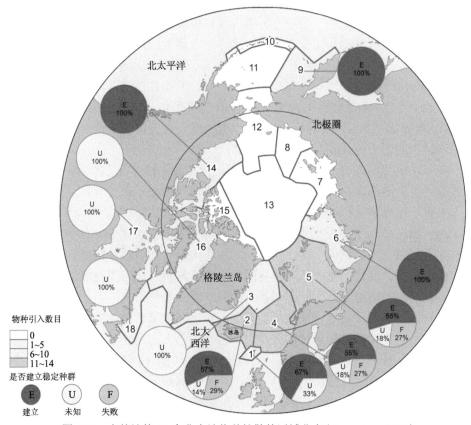

图 5.13　有统计的 54 个非本地物种扩散的区域分布(Chan et al., 2019)

图中数字代表分区

海水养殖和渔业捕捞也是将非本地种引入北冰洋的重要途径。例如，虹鳟鱼是北太平洋的种类，目前在北极水域内进行封闭养殖(Berger and Naumov, 2002)。虹鳟鱼在养殖区的逃逸是非常普遍的，但是它们进入自然环境后能够成功繁殖后代的成功率不高。同时，高密度的养殖行为经常会增加病虫害及寄生虫的传播(Minchin, 2007)。实际上，在大西洋鲑鱼(三文鱼)从瑞典的孵化场到挪威发育地的迁移过程中，三代虫病也被携带进入挪威海和白海。很多非本地的藻类品种，例如日本红海藻和日本金属线藻，通过养殖设备的运送以及贝壳类等的迁移也会被带到挪威海和冰岛陆架区。随着气候的变暖，渔业捕捞和养殖业的兴盛将会进一步增加北冰洋物种入侵的机会(Barange et al., 2014)。

此外，渔业捕捞中的副渔获物也会对海洋生命带来严重的威胁，比如说格陵兰睡鲨是一种大型的鲨鱼，体长可达 6m，体重超过 1000kg，是北冰洋的顶级捕食者。为获得格陵兰鲨鱼的肝油，格陵兰鲨鱼在过去被大量地捕杀。尽管自从 20 世纪中期开始，捕杀量大幅下降，但是在捕获其他渔获物的时候，相当数量的格陵兰睡鲨会被一起捕捞上来。Barkley 等(2020)的研究表明格陵兰鲨对捕获并不敏感，只要及时地放生就可以迅速地恢复。因此，针对副渔获物有意识地放生在一定程度上可以有效地保护北冰洋的生物多样性。

5.2　南极海洋环境

5.2.1　南极海洋温度、盐度及水团变化

南大洋主要物理环境包括水团、锋面、海冰等。气候变化引起了南大洋区域性的物理环境的变化，如南极半岛周边海域温度的升高、海冰的减少，太平洋扇区海冰的增加等。这些物理环境的变化将会影响南大洋的生物地球化学循环及生态系统，对 SDG14.2、SDG14.3 和 SDG14.4 的实现提出了挑战。同时南大洋这种不同扇区间物理环境因子变化速率甚至方向的差异又使得被环南极流包围的南大洋为我们提供了一个天然的实验场，用于验证和预测未来气候变化对南大洋生态系统的影响，为相关决策的提出提供指导信息。

1. 南极水体物理环境

南大洋主要包括从南极近岸到极锋区的海域(图 5.14)，其面积大约为 $2.2 \times 10^7 \text{ km}^2$，约占世界海洋总面积的 6.1%。极锋区是南大洋重要的锋面之一，极锋区以南 30～50km 海域范围内海水温度骤降 3～5.5℃。海冰是南大洋最为关键的环境因子之一，在冬季海冰可以覆盖 $2.0 \times 10^7 \text{ km}^2$ 的海域，而在夏季海冰的覆盖范围将减小大约 $1.0～1.5 \times 10^7 \text{ km}^2$。大部分的无冰海岸线位于南奥克尼岛、南设得兰岛和凯尔盖朗群岛。然而，在冬季所有大陆的海岸线都被海冰覆盖。

南大洋对热量的吸收在很大程度上是由于南大洋表面和深海之间的紧密联系，使得深海和大气之间的热量和气体交换异常频繁。世界上大部分深水在风应力、涡旋的共同作用下在中高纬度的南大洋上升为绕极深层水(circumpolar deep water, CDW)。CDW 密度较小的分支向北输送并转化为南极中层水(antarctic intermediate water, AAIW)和亚南极模态水(subantarctic model water, SAMW)，这是吸收人类产生的热量和碳的重要水团；密度较大的分支向南输送至南极大陆架，在海冰的作用下形成南极底层水(antarctic bottom water, AABW)，这是地球上最冷、密度最大的水体(Sallée et al., 2012)。

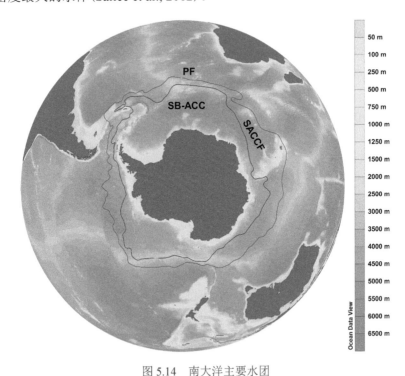

图 5.14　南大洋主要水团

PF：极锋，SACCF：环南极流南部锋，SB-ACC：环南极流南边界

在南极海洋环境中，影响生物的主要物理因素是盐度、温度、海冰、海底地形和海洋深度。许多物理因素随深度发生显著变化，尤其是在 0～100m 之间，但在 1000m 及更大深度也会发生变化。浮游植物的生产力主要发生在上层水体 0～100m 处，为消费者提供新陈代谢所需的能量。随着深度的增加，颗粒物大部分会被大洋物种消耗或被微生物分解，到达海底的颗粒物对食悬浮动物来说可利用率较低，但对沉积掠食动物来说则可利用率较高(Kiorboe, 2001)。

海冰对南大洋的栖息地有几个主要影响。在开阔海域，冬季海冰的形成减少了风介导的海水混合，导致水柱分层，并且显著降低了光线对下层水柱的穿透。夏季海冰的消退使得海水混合成为可能，将营养盐带到真光层，并增加了光照强度。然而，海冰覆盖面积与水体生产力之间的关系是复杂的。在一个给定的系统中，海冰覆盖面积的减少会提高或降低生产力。如果永久冰盖被移除，增加的光穿透会提高生产率(Montes-Hugo et al., 2009)，从而提高生产力和生物量，这在全球范围内具有显著的生态学意义。然而，最近对南极半岛的研究表明，海冰覆盖面积的总体减少加上水体分层程度低可能导致了多年来较低水平的浮游植物生物量(Rozema et al., 2016)。

南极海洋环境在空间和时间上都存在异质性和不完整性(图 5.15)，这对生物多样性格局产生了重大影响。这种异质性不仅体现在海床上，而且在水柱和相关的冰层上也很明显。在水柱中，由于营养动态的变化、夏季光可利用期的长度、盐度变化和冰川径流等因素，在一定范围内存在斑块现象。由于垂直梯度和小尺度上盐度的剧烈变化，海冰栖息地在小空间尺度上呈斑块状。同时由于不同纬度光照输入水平的相互作用、陆地屏障的影响，及洋流、热传递和风在海冰中形成的永久冰间湖，导致海冰栖息地在较大尺度上的不完整性。

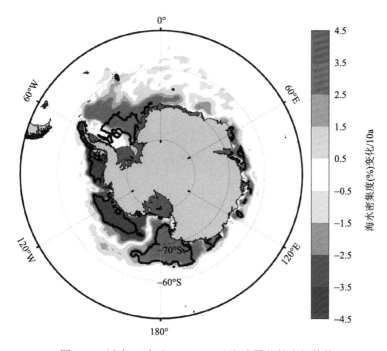

图 5.15　过去 40 年(1978～2018)海冰覆盖的空间趋势

海冰本身对某些生物是有积极影响的，因为在海冰的基底表面具有较高的生产力，很多生物都可以利用，包括冬季的磷虾幼体。Atkinson 等人认为南极半岛海域磷虾数量的减少与海冰的减少有关(Atkinson et al., 2004)另外有一些特定的群落也与海冰密切相关，这些群落包括鱼类等捕食者，如伯氏肩孔南极鱼

(*Trematomus bernacchii*)和侧纹南极鱼(*Pleuragramma antarctica*)。

在海底，冰扰动是 550 m 以下浅层和深层栖息地的主要结构性生态因素。现已证明，冰山对 99.5%以上的大型生物和 90%以上的小型生物的消失是有影响的。在南极半岛的罗瑟拉站点，对一个定期监测的网格点进行监测，发现从 2002 年到 2010 年之间冰山增加了大约 4 倍，这使得一种常见的苔藓虫——(*Fenestrulina rugula*)的年死亡率从 89.5%增加到 93%。

2. 气候变化对南大洋物理环境的影响

过去几十年，南极和南大洋的生态系统一直在发生变化，最明显的物理环境的变化，其中包括海洋酸化、海洋温度升高、海洋锋向极地移动，以及海冰范围和持续时间的变化(Rackow et al., 2022)。南大洋温度的上升和水团淡化可能与海冰面积或冰架融化的区域趋势有关，也可能是由于海洋热量的平流推动了冰架融化。

截至目前观测到的南大洋温度和盐度的变化反应了反转系统的复杂性(Bilbao et al., 2019)。几乎没有证据表明高纬度南大洋(60°S 以南)表层发生了可监测到的人类活动引起的变化，但在北部区域，模态水和中层水已经变暖和变淡(Gao et al., 2018)。这可能是由于经向翻转环流将变暖的表层水向北输送到模态水和中层水形成的区域，并用旧的 CDW 补充高纬度表层，导致中高纬度海域变暖延迟，以及热量进一步向北汇聚(Armour et al., 2016)。虽然高纬度的南大洋表层可能会延迟变暖，但在深层情况却并非如此。观测结果表明，自二十世纪中叶以来，南极大陆架西部和大陆架外绕极水域的海水普遍变暖，而且在更深的地方，观察到 AABW 的变暖和盐度降低。

南大洋气候变化影响最严重的地区之一是南极半岛西部海域(west antarctic peninsula, WAP)。在过去的 50 年里，WAP 上空的年平均气温上升了 2～3℃(Turner et al., 2005)，而夏季海面温度上升了 1℃左右。WAP 地区温度的增加与海冰季节的缩短和冰川冰流量的增加有关(Depoorter et al., 2013)。这些大规模的变化，强烈地影响着水柱的物理性质，从而也可能影响海洋食物网(Constable et al., 2014)。在 1979～2004 年间，海冰持续时间减少了近 90d，与此形成对比的是，南极洲周围海冰面积总体上略有增加，其他地方的变化速度要慢得多(Stammerjohn et al., 2008)。WAP 海冰的减少主要是由于秋季提前到来，而春季延后来临(Stammerjohn et al., 2008)。结果导致了 WAP 地区的年平均海冰覆盖率在 26 年间减少了近 40%。

水团的温度随地区和深度发生变化，罗斯海可能是地球上最冷的栖息水体，冬季的温度接近海水的冰点(-1.86℃)。在靠近陆地的海床上的冰或海冰的结冻期间，如果盐度升高，温度甚至可能低于此温度。夏季，浅水区的温度仅上升到大约-1.5℃(Orsi and Wiederwohl, 2009)。罗斯海 500m 以下的海水温度更高，最高可达 1.5℃左右，这是绕极深层水(circumpolar deep water, CDW)在该地区能达到的深度。绕极深层水是一个相对温暖的大型盐水团，占据南极绕极流的中间深度。其特征是温度比表层水高 2~4℃，海洋学家将其分为上层绕极深层水(upper circumpolar deep water, UCDW)和下层绕极深层水(lower circumpolar deep water, LCDW)。与 20 世纪 90 年代相比，21 世纪南太平洋和南印度洋的南极底层水盐度更低，毗邻南极大陆坡海水的盐度最低，表明该地区产生的南极底层水的盐度发生了变化(Purkey and Johnson, 2013)。威德尔海底层水表现出的水体盐度明显低于南部其他两个盆地。

沿南极半岛、南设得兰群岛南部和奥克尼群岛南部，冬季表层温度与罗斯海相似，但在夏季能达到正值。在阿德莱德岛的罗瑟拉站，夏季的峰值温度通常在 1.5℃左右，而南极半岛更北的区域如安弗斯岛的帕尔默站温度可以达到 2℃ (Schram et al., 2015)。沿着南极半岛，在大多数年份中 UCDW 渗透到大陆架的深度小于 300 m，这可能会对海冰、沿海冰川、冰架和海洋生产力产生重大的影响 (Ducklow et al., 2013)。

WAP 地区变暖的另一个影响是由于冰川加速消退，夏季流入海洋中导致冰川融水增加(Cook et al., 2005)。玛格丽特湾(Marguerite Bay)是 WAP 中部的一个主要海湾，被消退的冰川包围，受到海冰动态变化的强烈影响(Cook et al., 2005)。在玛格丽特湾，海冰覆盖面积的减少与冬季混合层的加深有关(Venables et al., 2013)。夏季偶尔的强风会引起良好的混合，并导致混合层深度(mixed layer depth, MLD)相对短期的变化。然而，最近关于玛格丽特湾北部的研究发现，冬季海冰覆盖的减少与随后的春夏分层的减少有关(Venables et al., 2013)。冬季的强风会在低冰层覆盖时期将水柱混合到更深的地方。在随后的春季和夏季，这些水域可能出现较弱的分层。此外，冬季海冰的减少会导致次年春季和夏季可融冰的数量减少，从而减少了潜在的淡水输入并对上层海洋的重新分层产生影响。南极半岛变暖的原因还没有被彻底解释清楚，耦合气候模型目前未能对此进行重现。最近的数据显示，南极半岛区域的大气环流和气温之间存在很强的相关性，观测到的气温上升趋势可能伴随着气旋性大气环流的转变(Turner et al., 2005)。

南大洋的盐度在大小空间尺度上都有所不同。这种变化主要来自两个方面：海冰的形成和融化及陆地冰川和沿海冰架的径流和融化。盐度的下降与海岸径流的距离有关，但盐度下降的信号仍然可以在数百公里外的大陆架和更远的表层水中检测到(Meredith et al., 2013)。在近岸环境中，在小空间尺度和较浅深度上，盐度可能接近淡水，这是物种栖息在融化冰川附近的潮间带和潮间带边缘地区的重要因素。当海冰生成时，盐度会升高从而导致冰下出现盐水通道，而当冷盐水下沉时在海冰下会出现冰流。生活在浅水区的物种，尤其是那些靠近海岸的物种，

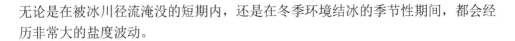

无论是在被冰川径流淹没的短期内，还是在冬季环境结冰的季节性期间，都会经历非常大的盐度波动。

5.2.2 南大洋营养盐、叶绿素等生源要素

生物地球化学循环过程是指化学元素通过物理、化学、生物和地质过程在生命系统及其环境中的循环，是地球功能的基本组成部分。碳、微量营养元素和营养盐的生物地球化学循环对于极地生态系统和海-气的交换具有重要意义。南大洋通过生物、溶解泵等过程吸收大气中的二氧化碳，并从深海释放二氧化碳，这在季节性至千年时间尺度上对调节地球气候起了重要作用。海洋生物地球化学循环对初级生产和浮游生物群落组成方面起着关键的控制作用，而这反过来又对海洋生物地球化学产生了强烈的影响。底层和中上层食物网中的碳和营养元素的储存、迁移和转化调节了这些成分在南大洋系统中的输出、耦合或者循环和再利用的程度。亚南极区域形成的模态水和中层水通过形成全球温跃层的生物地球化学循环，影响世界海洋的初级生产和碳输出，从而向表层水供应营养元素。

人为气候变化正在影响南大洋的生物地球化学循环，通过海洋对二氧化碳的直接吸收和由此产生的海洋酸化，间接对海冰动力学、冰川融水输入、风和海洋物理学过程产生影响。已记载的和预测的生物地球化学和初级生产中由气候驱动的变化将影响生态系统功能，并通过底栖和中上层食物网转移碳、能源和养分，进而对海洋生物地球化学和气候产生复杂的反馈。由于浮游植物动力学、营养需求和供应机制以及碳输出的根本差异，生物地球化学和生态系统对持续气候和环境变化的反应可能在时间和空间上存在巨大差异，尤其是在大陆架区域和开放的南大洋之间。

1. 微量营养元素及营养盐的生物地球化学过程

铁是浮游植物进行光合作用和硝酸盐同化所必需的，是南大洋大部分地区隶属于高营养盐-低叶绿素(high nutrient low chlorophyll, HNLC)区域的主要限制性微量因素。无论是南大洋的北部还是南部，表层水体铁供应的程度和途径都在发生改变。例如，据预测，灰尘和野火排放富含铁的气溶胶的频率和规模将随着干旱和风力增加等区域气候的趋势而增加。西部边界流的增强很可能导致更大的涡旋输送，从而导致从亚热带到亚南极的富铁水域的对流输入，同时，翻转环流的减弱和风向的改变可能导致分层模式的变化，从而影响营养物质从下向上的输送(Rintoul, 2018)。此外，绕南极的暖水流也会驱动冰川融化以及冰山的崩解，释放富含铁的陆源物质(van der Merwe et al., 2019)。浅层沿海地区的冰山冲刷也可能会增强地表水层的重要沉积铁供应机制，并且随着冰层流失会使更多的冰川沉积

物暴露在风力驱动的运输下，来自南极洲本身的尘埃输入可能会增加(Duprat et al., 2019)。气候变暖很可能会减少南极海冰的范围和厚度，这些海冰积累了铁和其他生物活性金属，随后在春季和初夏释放到表层水体中。海洋酸化将改变海水中必需微量元素和营养元素的形成和溶解度，但目前尚不清楚 pH 值降低是否会增加或减少浮游植物的铁供应。

环境条件的变化会对铁的来源和循环产生复杂且反常的影响。例如，虽然来自大洋洲、巴塔哥尼亚和南非的灰尘输入增加预计会增加表层水体铁浓度并提高生产力，但大部分灰尘可能仍未溶解，并作为沉降颗粒有机碳(particulate organic carbon, POC)的额外压载物。这将加深铁再矿化的平均深度，并可能为溶解铁的吸附清除提供新的颗粒表面，从而减少下层的铁汇(Bressac et al., 2019)。因此，即使在与海冰减少和西风增强相关的层化减弱的南大洋区域，垂直方向的铁梯度也会减少(Rintoul, 2018)。随着层化减弱，自养生物在更大的深度范围内混合。除非发生生理适应，不然会增加对铁的需求(Strzepek et al., 2019)。相比之下，在靠近南极洲的地方，通过增加大气热通量和来自冰山、冰川和冰架的淡水输送可能会加强分层。

由于环流、底层深度、生产力和生物地球化学以及与大气和低温层相互作用的巨大差异，开阔南大洋和南极大陆架在微量营养元素动力过程方面差异很大。虽然来自更北部大陆的垂直混合和大气尘埃输入是南大洋大部分地区的主要铁源，但大陆架区域的表层水则更接近大陆和沉积铁源。在与冰架接壤的地区，冰架在冰-洋界面被温暖的洋流融化,可以通过冰架内富含铁的颗粒和陆基冰基的液态水为邻近的表面海洋提供冰川铁源(Raiswell et al., 2018)。几十年来，南极洲西部的冰川融水输入增加了可用于浮游植物生长的铁(Rignot et al., 2019)。除了海洋铁源之外的这些冰川和沉积铁源意味着虽然西南极半岛、阿蒙森海和罗斯海夏季存在铁限制，但春季大多数大陆架地区和夏季沿岸内陆架地区的表层水都富含铁。虽然有证据表明，西南极半岛和威德尔海西部陆架沉积物衍生的铁会输送到下游的开阔海区，但大部分铁通过陆架环流模式和锋面保留在陆架系统中(Rintoul, 2018)，并且通过浮游植物大量繁殖时对铁的吸收，将铁输出到大陆架底层(Annett et al., 2017)。鉴于冰川融水输入和沉积铁输送的增加，以及无海冰表层水碳输出的增加对大陆架沉积物氧化还原过程的影响，能够进行合理推测的是随着气候变化的加剧，大陆架上对初级生产者的铁供应将比开阔的南大洋多(St-Laurent et al., 2019; Dinniman et al., 2020)。

虽然铁是南大洋浮游植物生长的主要限制营养元素，但主要来自绕极深层水(CDW)的营养盐(硝酸盐、磷酸盐、硅酸盐)在调节南大洋的初级生产和碳通量方面也发挥着重要作用(Moore et al., 2018)。南非南部开阔海域及西南极半岛沿海地区玛格丽特湾的营养盐浓度和比率的季节性变化表明尽管在高生产力沿海和大陆架地区的水华高峰期观察到短期的硝酸盐限制，但是氮和磷在总体上不会限制南大洋的初级生产。此外，不同程度的铁限制下的硅藻在南极和极地锋的硅酸盐消耗程度远高于硝酸盐，导致夏季出现硅限制的情况。亚南极锋以南水体会优先去除硅酸盐，进而富含硝酸盐和磷酸盐(Sarmiento et al., 2004)。这种有利于非硅质浮游植物生长的条件可能会减少碳的输出，因为硅藻致密的硅质外壳使它们比其他浮游植物下沉更快。

冬季营养盐供应和夏季营养盐下降之间的平衡是南大洋控制大气二氧化碳方面的核心部分。对于开放的南大洋，尽管存在较强的混合，表层营养盐浓度仍低于下层水体。这种情况的发生是因为季节性地将相对低营养盐的夏季表面混合层融入冬季混合层，稀释了后者的营养盐浓度(Smart et al., 2015)。因此，夏季的生物摄入会影响混合层全年营养盐浓度。此外，硝化作用在南大洋的冬季混合层中发生率很高，生产回收硝酸盐，随后可供生物春季使用(Mdutyana et al., 2020)。目前，对季节性变化的混合层内的营养(再)循环对南大洋碳通量的影响仍然知之甚少。

2. 南大洋碳汇与生物碳泵的变化

由于物理、化学和生物过程之间复杂的相互作用，南大洋是二氧化碳和其他气候活性气体进行海气交换的一个全球重要区域。大气中的二氧化碳被溶解吸收到表层水中，然后下沉到海底，将二氧化碳输送到海洋内部，由于表层水体温度低，深层和中层水团的形成，导致溶解度在高纬度地区尤其强烈(Gruber et al., 2019)。在光合作用期间，二氧化碳被浮游植物和其他初级生产者转化为有机碳，储存在浮游植物和浮游动物组织中，然后在藻类和其他生物死亡时输送到深海和海底。溶解度和生物泵过程与上升流过程之间的平衡，及其对海水和大气pCO_2差异的综合影响，决定了表层海洋是作为二氧化碳的汇还是源(图5.16)。二氧化碳通量的大小主要取决于风速，因为风速强烈影响海气输送速度(Wanninkhof, 2014)。

南纬30°～50°的南大洋是全球大气二氧化碳的主要碳汇区，因为夏季的生物吸收量和溶解泵程度超过了主要由冬季上升流和垂直混合驱动的二氧化碳的排放。南大洋二氧化碳汇约占人为CO_2的海洋总吸收量的40%，此过程也导致海洋酸化的加剧(Roobaert et al., 2019)。南大洋深层二氧化碳输送发生在特定区域，此过程取决于多个对气候变化敏感的物理特性之间的相互作用，如混合层深度、洋流、锋面、涡流和风。

生物泵碳的吸收、输出和储存对南大洋碳汇的贡献受到初级和次级生产的强烈影响。虽然南大洋大部分地区初级生产受到铁供应的限制，但在许多亚南极区域的岛屿、上升流和混合区、沿海/陆架区和海冰区铁不受限制，这可能导致有机碳大量输送到深水和海底。由于上游岛屿的铁供应增加，大西洋扇区的初级生产和碳通量特别高。

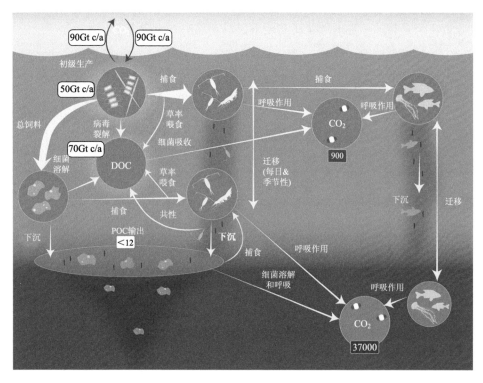

图 5.16　南大洋生物泵过程

　　浮游植物种类组成对生物泵起着重要的控制作用，与较小的非硅藻浮游植物相比，硅藻体积大，转运更快。因此，硅藻是将有机碳输送到南大洋深海的重要载体，沉积物中包埋的完整的硅藻强调了它们在碳通量过程中的重要性，并表明它们是直接输送到海底而不是被消耗（Cavan et al., 2015）。春季藻类暴发后，硅藻可以转化为休眠孢子并迅速沉入深海，冬季结束后再以活细胞的形式回到水面，从而逃避被捕食，但也存在许多孢子没有返回到表层水体而是在永久埋藏在海底并对长期碳储存产生贡献（Rembauville et al., 2018）。

　　南极磷虾等浮游动物在南大洋生物泵中起着非常重要的作用（图 5.17）。浮游动物粪便颗粒通常是南大洋生物碳汇的主要来源（Cavan et al., 2015），其中南极磷虾的集群可以产生大量的粪便颗粒（Belcher et al., 2019）。虽然粪便颗粒对沉降颗粒的大量贡献会导致向深层水体的大量碳沉降，但通量效率在不同区域间差异很大，因为颗粒在到达深海之前很容易被微生物分解。细菌和病毒之间的相互作用已被证明有助于包括铁在内的营养物质再生的循环过程，以及产生难以被生物呼吸代谢利用的有机物。虽然这些相互作用减少了颗粒有机碳向深海的输送及食物网中的碳储存，这种微生物碳泵在深海中产生的大量难溶有机质构成了一个重要的碳汇，但是目前相关的量化研究还不足，仍需进一步探索。

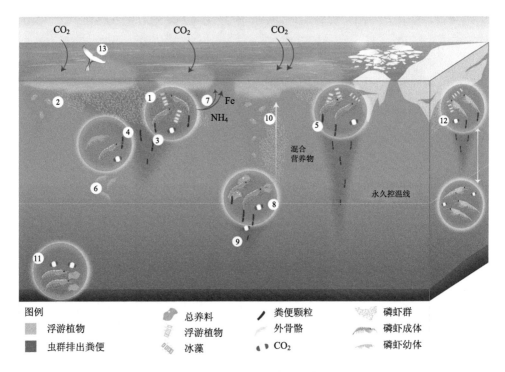

图 5.17　南极磷虾在生物地球化学循环中的作用

1：磷虾在表层对浮游植物进行摄食；2：仅有一部分作为植物碎屑沉降；3：粪便沉降过程中可能被分解；4：粪便被磷虾、细菌和浮游动物分解；5：在边缘冰区，粪便通量能到达更深的水层；6：磷虾蜕皮也能对碳通量产生贡献；7：磷虾的粪便能将 Fe，铵等释放到水体；8：有些成体磷虾长时间在深层水体，对深水区有机物进行消耗；9：沉降到永久温跃层以下的碳能在深海被封存至少一年；10：磷虾的垂直移动能促进深水营养盐向表层水体的混合；11：有些成体磷虾在海底摄食，可被底栖捕食者摄食；12：磷虾幼体经历大范围的昼夜垂直移动；13：磷虾被包括鲸鱼在内的很多捕食者摄食，使得有些磷虾的碳作为捕食者的生物量被储存多年

初级生产力的变化对生物碳吸收有直接而显著的影响。与全球尺度上碳通量减少相反的是，21 世纪整个南大洋碳通量的变化很可能会随着初级生产的增加而整体增加(Moore et al., 2018)。碳通量的增加主要是由浮游植物对铁输入增加、混合层变浅和海洋变暖的响应驱动的，体现在群落生长速度、总初级生产量和物种组成等方面。一些模型预测硅藻会受益于风的压力增加以及南大洋表层海水中营养物质的可获得性增加，进而增加碳通量；而另一些模型则表明，由于变暖导致的生长速

度增加成为主要影响，整个浮游植物不同群组也会等量受益(Laufkötter et al., 2015)。

南大洋沿海和陆架地区具有较强的区域性 CO_2 的汇，冰川融水输入的增加会使得这些区域的碳吸收进一步增强，因为表层水冷却和淡化除了增加铁供应和初级生产外，还可以增加溶解度泵(Monteiro et al., 2020)。海冰动力学的变化也可能影响碳吸收，因为更长的无冰生长季节和更分层的海洋上层条件促进了浮游植物的大量繁殖，从而驱动生物泵(Costa et al., 2020)。

在南极半岛，局部地方初级生产的增加和浮游植物生长的变化与海冰减少、冰川融水输入增加、海洋变暖和变淡有关，并导致近几十年来夏季陆架沿线的二氧化碳吸收增加了 5 倍(Rogers et al., 2020)。然而，这些变化存在很强的年际差异，同时正在进行的和预计的物种向较小的非硅藻浮游植物的转变可能会通过降低生物泵效率和初级生产而大幅降低碳向深海的输送(Schofield et al., 2017)。因此，假设未来几十年生物碳吸收总体下降，是对整个南极半岛地区持续变暖和海冰减少的响应。即使在硅藻群落繁盛的地区，受到海洋酸化影响，硅藻的硅产量会减少及向更小、壳更薄的物种转变，也可能会在未来几十年降低硅藻的沉降率，进而降低碳通量效率(Petrou et al., 2019)。在南极绕极流(Antarctic Circumpolar Current, ACC)，预计铁供应的增加可能会随着硅藻通量的下沉而增加碳通量，部分抵消了与酸化相关的输出效率的下降，但是这些过程的相对强度目前尚不清楚。

南大洋生物的碳吸收和储存主要由沿海和大陆架生态系统、边缘冰区和亚南极岛屿下游主导(Hoppe et al., 2017)。当光线和营养充足时，浮游植物通过初级生产吸收大部分碳，而碳则由食物网中的动物储存。大型硅藻对初级生产力和浮游植物生物量的主要贡献，以及浮游植物物种组成的区域、季节和年际变化，影响了生态系统中碳吸收和存储的程度及持续时间。虽然初级生产的碳吸收与南大洋溶解度泵过程对二氧化碳的直接吸收在量级上相似，但初级生产过程中的固定碳转移到异养生物可以导致快速固碳，通过埋藏储存在沉积物和深海中，以彻底去除循环中的碳。初级生产的直接命运是决定碳最终命运(固存或再循环)、转移效率和途径的一个重要的食物网步骤，但这些命运途径的相对比例很少受到限制。

浮游植物的碳可以被直接吸收，被微生物分解，或者被深海动物摄食，而动物产生的粪便颗粒最终可能会到达海底。根据区域、时间尺度和数量的不同，对每种归宿路径下初级生产比例的估计在不同研究中存在很大差异。约有 1%初级生产通过下沉和埋藏直接固定在海底，避免了被水体和含氧水层中的微生物完全分解。全球约有一半的初级生产被水体或海底的微生物过程分解。南大洋的微生物循环和细菌生产可能比其他海区的速度慢，但占据初级生产很大比例，并通过有机物循环和营养物质再生对食物网动态作出重大贡献。第二大碳途径是浮游动物(微、中、大型浮游动物)的植食行为，其年生产量可高达初级生产量的

80%（Moreau et al., 2020）。

除了初级消费外，动物途径通常很短，但仍然能够支持多达四个营养级所需的大量营养。营养级的数量直接影响食物链中储存的碳量，而碳储存的持续时间取决于消费者的寿命。在大西洋扇区，一个高效的浮游食物链只包含三个营养层次：硅藻、磷虾和须鲸。在南大洋发现的须鲸生长缓慢，寿命可达 90 岁。微生物还会分解鲸落的有机物质，释放出大量的营养物质，而二氧化碳和潜在的难降解的溶解有机碳会在深海中滞留数十年甚至数百年。在普里兹湾附近，头足类动物主导着食物网，大部分碳循环通过它们到达抹香鲸和豹海豹。

有新的证据表明，气候对南大洋食物网产生了胁迫作用，并对物种相互作用产生了复杂的影响（Henley et al., 2019）。预计初级生产量的增加很可能有利于浮游和底栖消费者，因为浮游植物种类组成的变化对某些消费者有利而对另一些消费者不利。例如，夏季以硅藻为主的浮游植物大量繁殖为特征，与春季和夏季长期的冬季海冰覆盖和分层的表层水相关，导致接下来的夏季磷虾增长迅猛。因此，长期的海冰减少和浮游植物向小型化的持续转移可能会导致磷虾数量的减少。

3. 动物体内碳和营养物质的交换和再分配

通过一系列的生物和物理过程的耦合，底栖和浮游生态系统在调节南大洋的生物地球化学和生态功能中发挥着关键作用。沉积物内的养分（尤其是铁元素）循环和释放，以及随后通过横向和垂直运输输送到透光层的表层水，是维持食物网的一个关键底栖-浮游耦合机制。

磷虾通过摄食和排泄过程释放出的溶解的铁、铵和磷酸盐，都为浮游植物大量繁殖提供了营养来源。桡足类也可以通过植食和粪便颗粒的快速循环，在海洋表面的铁再生和保留中发挥着重要作用。鲸鱼产生富含铁的粪便，构成了高度集中的铁源。在南大洋的铁限制区域，铁的循环利用尤为重要，磷虾、其他浮游动物、海洋哺乳动物和海鸟等在表层海水及以上区域活动的动物释放的铁可以刺激浮游植物的生产力。

海豹、企鹅和其他海鸟在将海洋中的碳、氮和磷运输到亚南极岛屿和南极洲的陆地环境中发挥着重要作用。有证据表明，亚南极地区的海豹和海鸟及其栖息地通过粪便向沿海海洋环境提供了包括铁在内的营养物质。虽然在南大洋的生物地球化学背景下，这些营养物通量很小，但它们在当地对促进近岸浮游植物大量繁殖和大型藻类生长很重要，从而支撑近岸生态系统和底栖食物网。

5.2.3　极地生物生态

1. 浮游生物物种组成及变化

浮游植物通过群落水平的变化和物种组成影响南大洋生物地球化学。例如，碳、氮、磷和铁为活跃表层水体的初级生产提供养料，而初级生产者反过来会影响这些元素的循环。浮游植物产生的有机物垂直迁移到深海是南大洋生物地球化学时空变异的关键驱动力，这种生物碳泵对海洋二氧化碳的吸收和全球气候具有强有力的控制作用。不同的浮游植物种群在一系列生物地球化学循环中发挥多重作用(Boyd, 2019)，硅藻是生物碳泵、矿化和生态化学(特别是硅和氮循环)的主要驱动因素。此外，小型浮游植物南极棕囊藻(*Phaeocystis antarctica*)对硫循环有重要作用，球石藻是碳酸盐的主要调节者(Goto-Azuma et al., 2019)。

南大洋是全球最大的高营养低叶绿素(HNLC)地区，夏季在极锋以北，初级生产受铁和硅的限制，冬季受光照限制。浮游植物生物量和净初级生产力在大西洋扇区极锋以北、太平洋扇区的亚热带锋附近，以及普里兹湾、罗斯海、阿蒙森海和别林斯高晋海的南极大陆架上最高。生物量和净初级生产力在极锋和南极环流的南部边界之间最低，特别是在海冰区内的印度洋扇区。尽管物种组成的相关数据很少，但在南极和亚南极地区的高营养低叶像素(high nutrient low chlorophyll, HNLC)水域，浮游植物生长受到铁的限制，往往会存在浮游植物季节变化的现象(Eriksen et al., 2018)。高叶绿素区域，例如岛屿下游和边缘冰区，往往以硅藻、棕囊藻或是微型浮游生物的旺发为主。在极锋以南的富含硅酸的水体中硅藻也往往占据主导地位，而在受硅酸限制的极锋以北地区则有利于更小的浮游植物生存(Boyd et al., 2012; Mangoni et al., 2017)。

南大洋净初级生产力的增加与全球净初级生产力下降的趋势形成鲜明对比。模型表明，南大洋净初级生产力的控制作用在纬度带上发生变化，对应于由锋面隔开的不同环极水(Leung et al., 2015)。铁供应的增加和浅混合层在北部区域及50°S以北的亚南极水域的净初级生产力增加上发挥着关键作用，而控制光照的因素对减少50°S至65°S之间的净初级生产力影响更大。增加铁供应和减少季节性海冰覆盖面积促进了65°S以南海区净初级生产的增加。

南极磷虾是南大洋生态系统的关键物种，它们主要以群体的方式出现，是各种海洋哺乳动物、鸟类、海豹和鱼类的主要食物来源(Trathan and Hill, 2016)。它们在生物地球化学循环中发挥着潜在的重要作用，是南极渔业的主要目标(Belcher et al., 2019)。有证据表明，磷虾的繁殖、分布和生长受到环境强有力的控制(Murphy et al., 2012)。海冰对它们第一个越冬期的存活有重要的影响。温度、硅藻和大型浮游植物细胞的可用性会影响磷虾的生长，而洋流会影响其分布（Murphy et al., 2012）。南极磷虾在环南极分布模式上存在很大的不均一性，大约75%的磷虾种群主要聚集在南大洋的大西洋扇区（Atkinson et al., 2008）。受到海冰减少的影响，南大洋大西洋扇区磷虾丰度显著降低（Atkinson et al., 2004），且向极地高纬度海域收缩（Atkinson et al., 2019）。近期一项研究结果显示南极磷虾通过新的避难所对南大洋主要栖息地的快速升温和海冰减少呈现一定的恢复力，在环境快速变化的大西洋扇区磷虾丰度减少，相对稳定的印度洋和太平洋扇区成为南极磷虾的避难所（图 5.18），能够比一个世纪之前容纳更多的磷虾种群（Yang et al., 2021）。区域尺度的数量变化与冬季温度、海冰时间和范围，以及南大洋环状模型（southern annular model, SAM）有关（图 5.19），这些关系的强度在区域之间有所不同。预测模型表明，涉及温度升高、海冰覆盖范围减少和硅藻产量减少的状况可能会导致磷虾栖息地进一步收缩和种群数量下降（Cavanagh et al., 2017; Klein et al., 2018）。然而，一项研究表明，气候变化可能会在磷虾第一个越冬期增加合适栖息地的可用性（Melbourne-Thomas et al., 2016）。磷虾分布和数量的任何负面变化都有可能增加捕食者和磷虾渔业之间的竞争（Klein et al., 2018）。

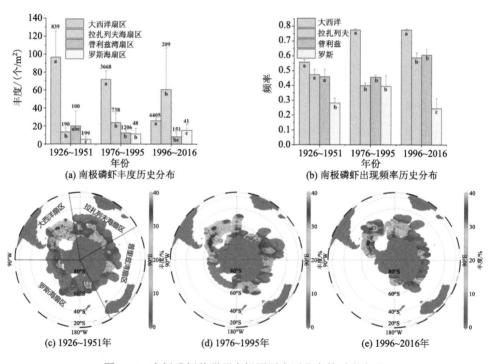

图 5.18　南极磷虾种群环南极不同扇区分布的时空变动

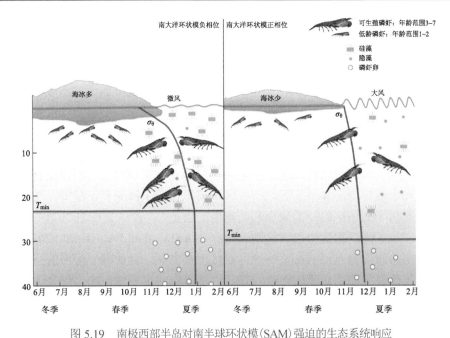

图 5.19　南极西部半岛对南半球环状模(SAM)强迫的生态系统响应

σθ 是任何给定深度的海水密度；其梯度决定了水柱的垂直稳定性。Tmin 是水柱中的最低温度，是前一个冬季的残余深水的指标

　　纽鳃樽是一种被囊类动物，其平均大小与南极磷虾相似，但其最大长度可达到磷虾的三倍，且栖息地要求不同，生命周期完全不同，有性生殖和无性生殖交替(Pakhomov et al., 2002)。在南极锋以南的三种纽鳃樽物种中，被囊类(*Salpa thompsoni*)是数量最多、分布最广的一种。从亚热带到南极大陆陆架水域，其密度在南极锋区内达到最大(Pakhomov et al., 2002)。水温和食物可能是触发无性繁殖和局部种群快速增长的主要因素(Pakhomov and Hunt, 2017)。个体生长率表明，*Salpa thompsoni* 的寿命可能长达两年(Henschke et al., 2018)。它是一种灵活的物种，对一系列与温暖和低盐度水团相关环境的耐受性较高。与磷虾不同的是，随着海冰覆盖面积的增加，*S. thompsoni* 的生物量会迅速下降(Atkinson et al., 2004)。

　　早期认为纽鳃樽不会被捕食，但随着越来越多的证据表明纽鳃樽在各种南极动物的饵料中具有至关重要的地位。它们是非选择性和高效的滤食性动物，能够捕获各种大小的食物(1μm～1mm)，但会优先捕食小型鞭毛虫和硅藻(Atkinson et al., 2012)。浮游动物和浮游植物在南大洋磷虾饵料清单上的相对重要性尚不清楚，但这可能会对磷虾和纽鳃樽之间的相互作用产生重要影响(Atkinson et al., 2012)。磷虾和纽鳃樽都是初级生产者的主要捕食者，也是垂直碳通量的重要媒介(Pakhomov et al., 2002; Belcher et al., 2019)。纽鳃樽产生的粪便颗粒相较磷虾而言，含碳量更高且下沉速率更快，提高了营养物质和碳从表层水向深海转移的速度和效率。即使在不是以纽鳃樽为主要浮游生物的地区，它们的碳颗粒对向下碳通量的贡献也会很高。此外，在昼夜迁移过程中，纽鳃樽在夏季向下迁移至约300~500m，在冬季停留在 500~1000m 深处，从而可能增加更深水域的碳通量（Manno et al., 2015）。然而，磷虾和纽鳃樽粪便的衰减率高度可变，这意味着碳通量下降的预测也是很难确定的（Iversen et al., 2017; Belcher et al., 2019）。

研究结果表明，纽鳃樽分布向南转移且密度普遍增加（Pakhomov et al., 2002, Atkinson et al., 2004）。南极磷虾和纽鳃樽栖息地似乎在中尺度上明显重叠，尽管这在微观和宏观尺度上并不明显。一些区域模型包括了磷虾和纽鳃樽，这些模型再现了西南极半岛地区磷虾的减少和纽鳃樽的增加，并预测到在 2050 年，磷虾生物量会进一步下降，纽鳃樽生物量则会增加（Suprenand and Ainsworth, 2017）。这些预测表明，纽鳃樽有可能在某些地区取代南极磷虾。目前唯一可用的整个南大洋生态系统模型强调了纽鳃樽在吸收铁元素过程中的重要性，南大洋是一个铁元素有限的系统，因此这一过程至关重要（Maldonado et al., 2016）。随着观察到的及未来潜在的纽鳃樽丰富度增加的趋势，我们有必要将其纳入生物地球化学模型，以便于更好地理解南大洋碳循环。

由于磷虾和纽鳃樽是南大洋的主要捕食者，它们对未来气候变化做出的反应对捕食者、渔业和生物地球化学循环有着多种影响（Henschke et al., 2018）。预测表明这两个物种的分布都在向南转移。由于我们对这两个物种的生态和生活史的了解存在差距，因此，如果栖息地进一步收缩，这些物种之间的竞争潜力还无法评估。要了解这些生态系统变化的影响，就需要进一步研究和评估磷虾和纽鳃樽在南大洋不同海域的分布和丰富度。

2. 高营养级生物（企鹅、鲸鱼和海豹等）

企鹅的种群因物种和栖息地的地理位置而异。例如，阿德利企鹅在东南极地区数量稳定或增加，但在 WAP 上有所下降（Casanovas et al., 2015; Southwell et al., 2017）。帽带企鹅的数量在 WAP 中也在下降，但在南桑威奇群岛是稳定的（Roberts et al., 2017）。巴布亚企鹅在 WAP 上的数量正在增加，可能是以阿德利企鹅和帽带企鹅数量的减少为代价的；阿德利企鹅数量的下降被认为是由气候变化导致的海冰变化引起的。巴布亚企鹅种群的分布范围在南部扩张中最为迅速（Casanovas et al., 2015）。帝企鹅主要在南极圈以内繁殖，但尚未能够在足够长的时间内对其种群进行调查以观察其长期变化。

多项证据表明，帽带企鹅和阿德利企鹅在大陆架、大陆架断面处或斜坡上觅食，它们是磷虾的专业捕食者。相比之下，巴布亚企鹅更善于在近岸觅食。巴布亚企鹅在种群水平上表现出与其他企鹅不同的是其高水平的种群遗传结构具有局部分化性，并在冬季停留在繁殖区。

南大洋鳍足动物群落主要由海狗、象海豹、食蟹海豹、豹海豹组成。在大多数情况下，由于与计数相关的逻辑和技术限制，很难获得准确的数量估计，并且只能获得这些物种的一个子集。研究最多的物种是南部象海豹，自停止捕杀象海豹以来的 70 年中，其数量一直在增加。目前已识别出四个基因不同的群体（Corrigan et al., 2016）。其中三个，即南乔治亚州、阿尔德斯半岛和克格伦的种群目前的数量稳定或略有增加，而麦格理岛种群的数量正在减少，但其机制尚不清楚（Hindell et al., 2016）。

这几种海豹栖息在高度多变的环境中，对气候变化特别敏感。取样的限制使得进行可靠的估计变得极具挑战性。然而，现代卫星技术使得从太空中对这些动物进行计数成为可能，这种方法有望提供一个平台，以改进目前对南大洋这些海豹数量的估计，估计范围为 1500 万～5000 万只（Southwell et al., 2012）。

南极周围须鲸种群的数量正在恢复，但速度缓慢。目前，由于调查方法涉及较小的种群规模，无法对某些种群趋势进行准确的预测。例如，蓝鲸、长须鲸和白鲸分布广泛，却似乎没有集中的繁殖地，无法通过个体确定种群趋势。南极小须鲸没有受到极端捕捞的影响，因此其在南极周围保持了相对较高和稳定的丰富度。然而，该物种与作为首选栖息地的海冰密切相关，WAP 西侧的海冰覆盖率和持续时间正在迅速减少（Williams et al., 2014）。因此，人们担心，该地区的现有栖息地数量和环境承载能力正在迅速降低，能够在那里生存的南极小须鲸数量可能会减少。南大洋周围的座头鲸种群似乎在大幅增加，其中一些种群的生物增长率达到了最大值（Bejder et al., 2016）。

南极的须鲸几乎完全以磷虾为食。大多数须鲸对气候变化的物候和行为反应方面缺乏相关的信息。然而，Weinstein 和 Friedlaender（2017）最近的研究表明，南极西部半岛（west antarctic peninsula, WAP）周围的座头鲸在夏季广泛分布于大陆架，在整个秋季甚至冬季更集中地分布于 Gerlache 和 Bransfield 海峡以及相关的沿海海湾。这是一个无冰期时间最长的区域，鲸鱼在此开阔水域集中并大量觅食，直到它们迁徙到热带繁殖地或因海冰侵蚀而被迫进入近海水域（Friedlaender et al., 2016）。

3. 区域变化

虽然在气候变化及其影响和物种反应方面，南大洋往往被视为一个单一的海洋，但在物理环境变化方面，则明显存在着巨大的区域差异。海洋生态系统和生物群落结构的区域差异意味着区域对气候变化影响产生的反应是复杂的。气候变化对海洋生态和生物地球化学影响的一般模型表明，物理作用对生态系统组成部分的影响是通过浮游植物组合的变化来调节的(Saba et al., 2014)。

南极边缘海冰区和大陆架中的浮游植物种群含有高浓度的营养元素(铁)，其数量往往有限。海冰融化稳定了表层水体，减轻了光照限制，并引发了浮游植物水华。在南极半岛的部分地区，冰川退缩和冰架解体为太阳光的穿透提供了新的区域，创造了浮游植物新的生长区域。南极洲西部，尤其是南极洲半岛南部和奥克尼岛南部地区季节性的海冰损失延长了水华持续时间，增加了初级消费量和底栖碳储量(Barnes, 2015)。相比之下，在安弗斯岛以北的地区，1978 年至 2006 年期间，浮游植物数量持续下降，这是由于海冰减少和水柱不太稳定，导致垂直混合层变深和光照限制增加(Montes-Hugo et al., 2009)。

对比 Montes-Hugo 等(2009)的原始观测数据，这两个地区之间的过渡带向南迁移了大约 400km，表明过去十年蓝色区域南部边缘一直在延伸。按照这个速度，浮游植物可能在未来十年沿整个 WAP 呈持续下降的趋势。浮游植物细胞的平均大小也在变化(图 5.19)。大型浮游植物减少的区域(>20μm，即硅藻)主要位于大陆架上方，硅藻增加的区域位于近岸斜坡水域和南极环极流中(图 5.20)。这些观察现象得出的总体结论是，沿 WAP，浮游植物种群正在减少，硅藻的重要性正在下降。硅藻是磷虾的主要食物来源，它们的减少对食物网动力学有重要影响。然而，较小的浮游植物，如纤毛虫和鞭毛虫，对许多以悬浮物为食的底栖生物很重要，这可能会提高其生长性能(Barnes and David, 2017)。但无法确定如果该地区全年无冰，海洋生态系统及其服务将如何发挥作用。

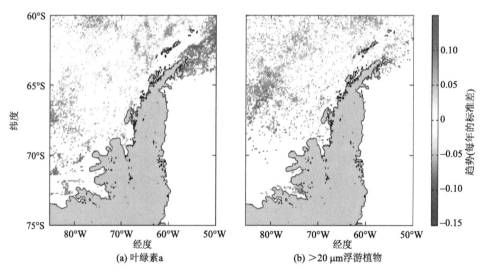

图 5.20　沿南极西部半岛(a)浮游植物总浓度和(b)浮游植物细胞大小的趋势

从 1997 年到 2015 年，每个彩色像素与时间呈显著回归($p<0.05$)

从上层海洋输出固定有机碳是将海洋初级生产与全球碳循环联系起来的关键生物地球化学过程。初级生产固定的无机碳的可变部分从表面透光区排出。排出部分(通常占初级生产总量的5%~30%)可能是快速下沉的大颗粒,小的悬浮颗粒或溶解性有机碳。大颗粒的重力沉降是最常见的过程,也通常被认为是最重要的过程。在一些地方,包括WAP,排放通量存在显著的年际变化,但未观察到方向性的长期趋势。并非所有初级生产都会被排出,大多数被植食性物种消耗,包括微型浮游动物和中型浮游动物,或者在微生物循环中分解并回收二氧化碳。呼吸消耗剩下的初级生产力部分被称为群落净生产,群落净生产难以进行衡量,目前还没有长期的观察结果。

罗斯海大陆架的年平均净初级生产力约为 $83.4Tg/Cy^{-1}$,相当于南大洋年总产量的三分之一(Arrigo et al., 2008)。Arrigo 等(2008)进一步估计,罗斯海大陆架的水域占整个南大洋总 CO_2 吸收量的25%以上。尽管初级生产力很高,罗斯海表层水中的大量营养素(硝酸盐、磷酸盐和硅酸盐)在生长季节内很难被耗尽。然而,在生长季节的部分时间内,微量营养元素铁的可用性会限制罗斯海浮游植物的生长。

McGillicuddy 等(2015)提供了罗斯海溶解性铁的需求和供应的年度收支,其中考虑了来自底栖生物、海冰融化、绕极深层水和冰川融化的输入(图 5.21)。该

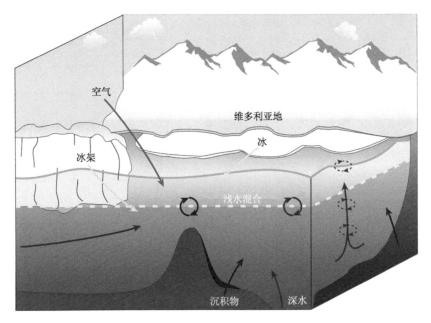

图 5.21　罗斯海的铁来源

分析表明,溶解性铁的两个最大来源是冬季储存(依赖于底栖生物)和海冰融化(富含多种来源的铁,包括大气沉降、海水清除、冰川融化和藻类产生),其贡献大致相等,且二者总和占总贡献的 80%以上。在一项相关研究中,Mack 等(2017)在罗斯海实施的高分辨率环流模型中使用被动示踪剂,估计并预测了表层水溶解性铁供应的大小和途径。示踪剂的模拟空间模式表明,溶解性铁供应源具有相当大的空间异质性。沿陆架外部和罗斯海西部,混合层的主要铁源来自海冰融化。内陆架的铁供应主要由底栖铁源控制。

　　罗斯海浮游植物的生物量和组成与海冰分布、混合层深度,以及光照可用性相耦合。罗斯海的浮游植物生长主要受光照可用性控制,呈现出一个季节性周期,其特征是浮游植物群落的演替(图 5.22)。春季水华以南极棕囊藻为主,随后是以硅藻为主的二次水华(Smith et al., 2014a)。Kaufman 等(2014)利用 2010~2011 年夏季收集的高分辨率自主滑翔机数据,描述了罗斯海从以南极棕囊藻为主的群落到以硅藻为主的群落的时空演替。由于这两种功能群在食物网中的元素比例和作用不同,浮游植物组合的变化特征对生物地球化学循环也会有影响。罗斯海大部分的初级生产是被排放到了深海,而不是被消耗。

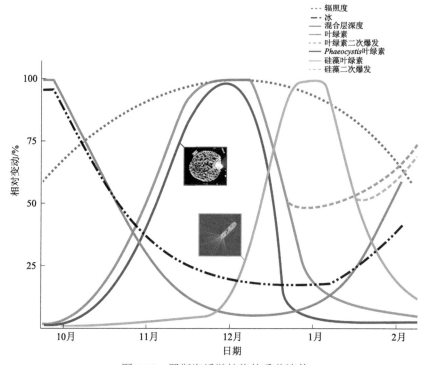

图 5.22　罗斯海浮游植物的季节演替

对罗斯海中小型浮游动物的分布、生理学和生态学的研究有限，但现有的研究表明相对于初级生产力和有限的捕食影响，其生物量低于预期。三个重要的中营养级消费者——南极磷虾、晶磷虾和南极银鱼与特定栖息地有关(Davis et al., 2017)。这些物种的低生物量归因于顶端食肉动物的高丰度所驱动的营养级联，其中许多以磷虾和南极银鱼为食，而这些银鱼又主要以磷虾为食。此外，这些物种对罗斯海可用度有限的特定栖息地(图 5.23)的依赖性被认为是限制其分布的一种机制(Davis et al., 2017)。这种栖息地的特殊性使这些物种容易受到食物来源生产、可用性变化，以及海冰分布和时间变化的影响，这些是它们的生活史的重要影响因素。罗斯海中高级营养级较为丰富，鱼类区系以南极鱼类为主，包括商业捕捞的南极牙鱼。

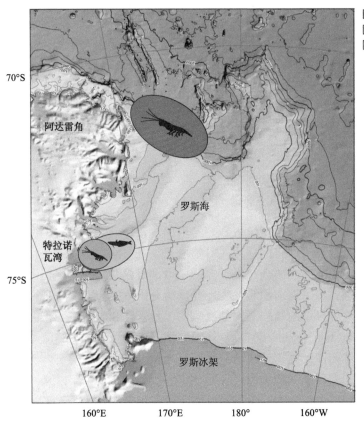

图 5.23　罗斯海西部南极磷虾、晶磷虾和南极银鱼的主要栖息地分布

　　罗斯海除商业捕鱼外受人类直接活动的干扰相对极小。使用高分辨率海冰-海洋-冰架模型研究了大气温度和风的预测变化对罗斯海环流的影响，结果表明，截止到 2050 年和 2100 年，夏季海冰密集度将分别减少 56% 和 78%，意味着到 2050 年和 2100 年，罗斯海波利尼亚海冰将在夏季扩张 56% 和 78%(Smith et al.，2014b)。因此，到 2050 年和 2100 年，陆架混合层的持续时间将分别增加 8.5 d 和 19.2 d，夏季平均混合层深度将分别减少 12% 和 44%。这些变化代表着浮游植物的年产量将增加约 14%，并向以硅藻为主的组合发生转变(Smith et al.，2014b)。该地区一些以浮游植物为食的底栖生物的生长已经迅速增加，这被认为是风导致水华延长的直接结果，从而扩大了波利尼亚海冰的范围。

　　Kaufman 等(2017)使用一维生物地球化学模型评估了气候变化对浮游植物组成、初级生产和排放的影响，其中包括硅藻和南极棕囊藻个体和群体形式。Smith 等(2014b)的研究中使用了 2050 年和 2100 年的大气预测数据进行的模拟显示，到 2050 年和 2100 年初级生产力分别增长 5% 和 14%，碳通量也在相应增加。在 21 世纪上半叶，硅藻生物量增加，而南极棕囊藻生物量减少，因为混合层深度较浅，有利于硅藻生长。在二十一世纪后半叶，海冰的早期减少延长了有利于南极棕囊藻生长的低光条件。因此，南极棕囊藻生物量增加，硅藻生物量保持相对稳定。这些变化的后果包括硅藻的转变，对于桡足类和磷虾等植食性动物是有利的。然而，海冰的减少将对与冰有关的物种产生负面影响，如晶磷虾和南极银鱼，以及可能捕食这些物种的顶级捕食者。

4. 气候变化对生态系统服务功能的影响

　　随着资源变得更容易获取和初级生产力的增加，预计南大洋海洋生态系统输出的食物资源供应将增加。这将由全球人口的增长以及由此产生的对动物源蛋白质的需求来推动。由于库存耗尽会产生一定的风险，所以预测的前提是资源和库存得到可持续的管理。海冰退缩和其他物理变量的变化可能会降低南极物种的生产力，为渔业和管理带来新的挑战。物种敏感性、耐受性和对环境变化的适应可能会改变食物网(Constable et al.，2014)。气候变化可能导致非本地、流动、温带物种向极地迁移。然而，此类物种成功建立栖息地的可能性尚不确定。

　　南大洋有潜在的未开发渔业资源，包括蓝鳍金枪鱼等自 1991 年以来一直没有受到商业捕捞的重视。中层鱼类的生物量可能比之前预估的要大，未来这种资源的捕捞可能会增加。此外，随着南大洋地区越来越容易进入，全球人口不断增加，非法、未报告和无管制捕捞的活动可能会越来越多地影响供应和鱼群数量，可能也意味着生态系统、群落和资源安全会发生变化，对 SDG 目标 14 产生重要挑战。

　　预计到 2100 年，遗传多样性和自然产品资源将有相对显著的增长。预测的增长基于南大洋生态系统,该生态系统被视为独特遗传多样性的来源和许多特有物种的归宿,支持继续勘探和生物勘探。例如,南大洋海洋生态系统是已知的抗菌药物资源的产地,也是具有生物活性的海绵的家园,这些海绵在肿瘤学应用中具有广阔的前景。

非生物资源的供应包括可再生能源、碳氢化合物和矿物。目前只有 3/4 的南极条约协商国通过了具有约束力的管理碳氢化合物和矿产资源的法律制度。也有国家表示有兴趣开发南极水域和大陆的非生物资源。考虑到南大洋的极端条件及与拥有炼油能力的沿海国家的距离,勘探石油和天然气可能没有较大的经济吸引力。同样,短期内新形式的碳氢化合物储量的可用性,以及长期全球经济脱碳的举措也降低了该地区勘探的可能性。

国家管辖范围以外地区的海底矿产资源目前由联合国国际海底管理局管理。然而,关于南大洋内指定的多边协议仍存在争议,受南极条约体系管辖。该地区的极端天气,以及到陆上炼油厂或矿石加工设施的距离,可能使该地区的海洋矿产开采至少在中短期内缺乏经济吸引力。研究站对风能的使用为进一步利用南大洋中的生态系统供应服务提供了先例(Llano and McMahon, 2018)。然而,风力涡轮机可能对鸟类造成危险,在太阳能增加使用的沿海地区,鸟类的死亡一直是一个严峻的问题。能源采集、储存和输出的未来发展也可能出现变化。

预计文化生态系统服务至 2100 年将大幅增加。这一预期得到了科学和教育业、探险旅游和生态旅游的支持(Liggett et al., 2017)。例如,旅游业从 2000 年初的每季度约 10000 名游客增加到 2016~2017 年的 45000 多名游客。这种旅游主要通过游轮和船上考察进行,但也有人提出了在更远的区域基础设施内接待游客的想法。除了荒野,生态系统的主要吸引力在于其独特的物种,如企鹅、海豹和鲸鱼,游轮路线通常由这些种群的位置决定。旅游业的预期增长还得益于该地区交通便利程度的提高。例如,在 WAP 地区,气候变化导致冰川减少,海冰的范围和持续时间缩短,这促进了旅游业,延长了旅游季节。然而,如果这种旅游业得不到有效管理,可能会导致环境退化,影响物种的正常繁殖。

预计南大洋海洋生态系统的调节服务将增加。据预测,由于气候的变化,生物碳储存和封存过程将会加快;浮游植物水华时间延长,水柱中的藻类和营养物质增加,进一步影响大气和气候条件,提高了光合能力,从而提高了该区域的初级生产力(Deppeler and Davidson et al., 2017; Barnes et al., 2018)。生物 CO_2 捕获量的潜在增加支持了该地区对气候和天气调节的持续贡献(Le Quéré et al., 2007)。

浮游植物是南大洋碳泵的基础,南极磷虾是南大洋浮游食物网中的关键物种,在浮游植物和对气候变化敏感的较高营养级之间建立了关键联系(Murphy et al., 2016; Belcher et al., 2017)。虽然浮游消费者主导了碳捕获到储存的转化,但底栖消费者在通过掩埋将生物储存的碳(称为蓝碳)转化为真正的封存碳过程中起着关键作用(Barnes et al., 2018)。事实上，有证据表明，在过去 25 年中，受海冰损失的影响，南极西部海域周围的底栖蓝碳增加了一倍，从而对气候产生了负面影响(Barnes, 2015)。

总之，气候变化对南大洋生态系统的影响可能会增加一些生态系统服务的供应，并使人类到 2100 年能够进一步对其进行开发。然而，气候变化不一定有益于南大洋物种、其海洋生态系统及其环境健康。

5.3　本章小结

气候变化及其对温度、海冰等环境因子的影响以及人类活动对极地海洋生态系统产生了重要影响，如何在此背景下实现极地海洋环境和海洋资源的保护和可持续利用是当前极地科学研究的重要议题，也是 SDG14 的重要目标之一。本章分别从北极海域和南极海域进行综述，对两极海域的物理环境、化学环境和生态环境(关键物种、生态系统)的现状及其变化进行分析，总结了极地可持续发展的研究进展及其未来的挑战。

受到气候变化影响，北冰洋依赖于海冰的海象、海豹以及北极熊的数量下降，食物网结构由底栖生物主导向浮游生物主导转变；南大洋生态系统的基石生物——南极磷虾丰度减少且通过食物链的传递影响高营养级生物，对于极地海域关键物种、食物网及生态系统对气候变化的响应研究，可为 SDG14.2(可持续管理和保护海洋和沿海生态系统，以免产生重大负面影响，并采取行动帮助它们恢复原状，使海洋保持健康，物产丰富)的实现提供理论支撑。

极地海域因为较低水温使得 CO_2 有更高的溶解度进而成为海洋酸化的重灾区，酸化会对翼足类等具有碳酸钙外壳的钙化生物产生影响，同时也会对南极磷虾等非钙化生物产生影响。深入了解极地海域酸化的形成及影响因子，可服务于SDG14.3(通过在各层级加强科学合作等方式，减少和应对海洋酸化的影响)等目标的实现。

极地海域有丰富的渔业资源，仅南极磷虾的可捕捞量就可以达到全世界渔业捕捞量的总和。气候变化使得南极磷虾种群聚集区丰度降低从而在环南极尺度更加均匀，对气候变化背景下南极磷虾等渔业资源种的种群变动进行研究，将对SDG14.4(渔业资源的可持续发展)等目标的实现有深远影响。

参 考 文 献

Annett A L, Fitzsimmons J N, Seguret M J M, et al. 2017. Controls on dissolved and particulate iron distributions in surface waters of the Western Antarctic Peninsula shelf. Marine Chemistry, 196(20): 81-97.

Ardyna M, Arrigo K R. 2020. Phytoplankton dynamics in a changing Arctic Ocean. Nature Climate Change, 10(10): 892-903.

Armour K C, Marshall J, Scott J R, et al. 2016. Southern Ocean warming delayed by circumpolar upwelling and equatorward transport . Nature Geoscience, 9(7): 549-554.

Arrigo K R, van Dijken G L, Bushinsky S. 2008. Primary production in the Southern Ocean, 1997-2006. Journal of Geophysical Research: Oceans, 113:C08004.

Arrigo K R, van Dijken G L, Castelao R M, et al. 2017. Melting glaciers stimulate large summer phytoplankton blooms in southwest Greenland waters. Geophysical Research Letters, 44(12): 6278-6285.

Arrigo K R, van Dijken G L. 2015. Continued increases in Arctic Ocean primary production. Progress in Oceanography, 136: 60-70.

Atkinson A, Hill SL, Pakhomov EA, et al. 2019. Krill (Euphausia superba) distribution contracts southward during rapid regional warming. Nature Climate Change, 9:142-147.

Atkinson A, Siegel V, Pakhomov A, et al. 2008. Oceanic circumpolar habitats of Antarctic krill. Marine Ecology Progress Series 362: 1-23.

Atkinson A, Siegel V, Pakhomov E, et al. 2004. Long-term decline in krill stock and increase in salps within the Southern Ocean. Nature, 432(7013): 100-103.

Atkinson A, Ward P, Hunt B, et al. 2012. An overview of Southern Ocean zooplankton data: Abundance, biomass, feeding and functional relationships. CCAMLR science: journal of the Scientific Committee and the Commission for the Conservation of Antarctic Marine Living Resources, 19:171-218.

Barange M, Merino G, Blanchard J L, et al. 2014. Impacts of climate change on marine ecosystem production in societies dependent on fisheries. Nature Climate Change, 4(3): 211-216.

Barkley A N, Broell F, Pettitt‐Wade H, et al. 2020. A framework to estimate the likelihood of species interactions and behavioural responses using animal-borne acoustic telemetry transceivers and accelerometers. Journal of Animal Ecology, 89(1): 146-160.

Barnes D K A, David K A. 2017. Polar zoobenthos blue carbon storage increases with sea ice losses, because across-shelf growth gains from longer algal blooms outweigh ice scour mortality in the shallows. Global Change Biology, 23: 5083-5091.

Barnes D K A, Fleming A, Sands C J, et al. 2018. Icebergs, Sea ice, blue carbon and Antarctic climate feedbacks. Philosophical Transactions of the Royal Society Mathematical Physical and Engineering Sciences, 376: 20170176.

Barnes D K A, Milner P. 2005. Drifting plastic and its consequences for sessile organism dispersal in the Atlantic Ocean. Marine Biology, 146(4): 815-825.

Barnes D K A. 2015. Antarctic sea ice losses drive gains in benthic carbon immobilization. Current Biology, 25:789-790.

Beaugrand G, Luczak C, Edwards M. 2009.Rapid biogeographical plankton in the North Atlantic Ocean. Global Change Biology, 15（7）:1790-1803.

Bejder M, Johnston D W, Smith J, et al. 2016. Embracing conservation success of recovering humpback whale populations: Evaluating the case for downlisting their conservation status in Australia. Marine Policy, 66:137-141.

Belcher A, Henson S A, Manno C, et al. 2019. Krill faecal pellets drive hidden pulses of particulate organic carbon in the marginal ice zone. Nature Communications, 10: 889.

Belcher A, Tarling G A, Manno C, et al. 2017. The potential role of Antarctic krill faecal pellets in efficient carbon export at the marginal ice zone of the South Orkney Islands in spring. Polar Biology, 40: 2001-2013.

Berger V J A, Naumov A D. 2002. Biological invasions in the White Sea//Invasive aquatic species of Europe. Distribution, impacts and management. Dordrecht: Springer, 235-239.

Bilbao R A F, Gregory J M, Bouttes N, et al. 2019. Attribution of ocean temperature change to anthropogenic and natural forcings using the temporal, vertical and geographical structure. Climate Dynamics, 53: 5389-5413.

Bluhm BA, Iken K, Mincks Hardy S, et al. 2009. Community structure of epibenthic megafauna in the Chukchi Sea. Aquatic Biology. 7:269-293.

Bouchard C, Fortier L. 2011. Circum-arctic comparison of the hatching season of polar cod Boreogadus saida: a test of the freshwater winter refuge hypothesis. Progress in Oceanography 90: 105-116.

Boyd P W, Dillingham P W, Mcgraw C M, et al. 2012. Physiological responses of a Southern Ocean diatom to complex future ocean conditions. Nature Climate Change, 6: 207-213.

Boyd P W. 2019. Physiology and iron modulate diverse responses of diatoms to a warming Southern Ocean. Nature Climate Change, 9（2）: 148-152.

Bressac M, Guieu C, Ellwood M J, et al. 2019. Resupply of mesopelagic dissolved iron controlled by particulate iron composition . Nature Geoscience, 12（12）: 995-1000.

Carroll ML, Carroll J. 2003. The Arctic Seas. In Black KD, Shimmield GB（eds）Biogeochemistry of marine systems. Oxford: Blackwell Publishing Ldt., 126-156.

Casanovas P, Naveen R, Forrest S, et al. 2015. A comprehensive coastal seabird survey maps out the front lines of ecological change on the western Antarctic Peninsula. Polar Biology, 38（7）: 927-940.

Cavan E L, Moigne F A C L, Poulton A J, et al. 2015. Attenuation of particulate organic carbon flux in the Scotia Sea, Southern Ocean, is controlled by zooplankton fecal pellets. Geophysical Research Letters, 42: 821-830.

Cavanagh R D, Murphy E J, Bracegirdle T J, et al. 2017. A Synergistic Approach for Evaluating Climate Model Output for Ecological Applications. Frontiers in Marine Science, 4:308.

Chan F T, MacIsaac H J, Bailey S A. 2015. Relative importance of vessel hull fouling and ballast water as transport vectors of nonindigenous species to the Canadian Arctic. Canadian Journal of

Fisheries and Aquatic Sciences, 72(8): 1230-1242.

Chan F T, MacIsaac H J, Bailey S A. 2016. Survival of ship biofouling assemblages during and after voyages to the Canadian Arctic. Marine Biology, 163(12): 1-14.

Chan F T, Stanislawczyk K, Sneekes A C, et al. 2019. Climate change opens new frontiers for marine species in the Arctic: Current trends and future invasion risks. Global change biology, 5(1): 25-38.

Constable A J, Melbourne-Thomas J, Corney S P, et al. 2014. Climate change and Southern Ocean ecosystems I: how changes in physical habitats directly affect marine biota. Global Change Biology, 20: 3004-3025.

Cook A J, Fox A J, Vaughan D C, et al. 2005. Retreating Glacier Fronts on the Antarctic Peninsula over the Past Half-Century. Science.

Corrigan L J, Fabiani A, Chauke L F, et al. 2016. Population differentiation in the context of Holocene climate change for a migratory marine species, the southern elephant seal. Journal of Evolutionary Biology, 29(9):1667-1679.

Costa R R, Rafael C, Mendes C R B, et al. 2020. Dynamics of an intense diatom bloom in the Northern Antarctic Peninsula, February 2016. Limnology and Oceanography, 66: 1-20.

Crawford D W, Cefarelli A O, Wrohan I A, et al. 2018. Spatial patterns in abundance, taxonomic composition and carbon biomass of nano-and microphytoplankton in Subarctic and Arctic Seas. Progress in Oceanography, 162: 132-159.

Davis L B, Hofmann E E, Klinck J M, et al. 2017. Distributions of krill and Antarctic silverfish and correlations with environmental variables in the western Ross Sea, Antarctica. Marine Ecology Progress Series, 584: 45-65.

de Rivera C E, Steves B P, Fofonoff P W, et al. 2011. Potential for high‐latitude marine invasions along western North America. Diversity and Distributions, 17(6): 1198-1209.

Depoorter M A, Bamber J L, Griggs J A, et al. 2013. Corrigendum: Calving fluxes and basal melt rates of Antarctic ice shelves. Nature, 502: 89.

Deppeler S L, Davidson A T. 2017. Southern Ocean Phytoplankton in a Changing Climate. Frontiers in Marine Science, 4:40.

Dinniman M S, P St‐Laurent, Arrigo K R, et al. 2020. Analysis of Iron Sources in Antarctic Continental Shelf Waters. Journal of Geophysical Research: Oceans, 125(5).

Drinkwater K F, Hunt Jr G L, Astthorsson O S, et al. 2012. Comparative studies of climate effects on polar and subpolar ocean ecosystems, progress in observation and prediction: an introduction. ICES Journal of Marine Science, 69(7): 1120-1122.

Ducklow H W, Fraser W R, Meredith M P, et al. 2013. West Antarctic Peninsula: An Ice-Dependent Coastal Marine Ecosystem in Transition. Oceanography, 26(3): 190-203.

Dunn P. 2004. Breeding dates and reproductive performance. Advances in ecological research, 35: 69-87.

Duprat L, Kanna N, Janssens J, et al. 2019. Enhanced Iron Flux to Antarctic Sea Ice via Dust

Deposition From Ice - Free Coastal Areas. Journal of Geophysical Research: Oceans, 124(12).

Eriksen R, Trull T W, Davies D, et al. 2018. Seasonal succession of phytoplankton community structure from autonomous sampling at the Australian Southern Ocean Time Series (SOTS) observatory. Marine Ecology Progress Series, 589: 13-31.

Falk-Petersen S, Pavlov V, Timofeev S, et al. 2007. Climate variability and possible effects on arctic food chains: the role of Calanus. Arctic alpine ecosystems and people in a changing environment. Springer Berlin Heidelberg, 147-166.

Falk-Petersen S, Sargent J R, Tande K S. 1987. Lipid composition of zooplankton in relation to the sub-arctic food web. Polar Biology, 8(2): 115-120.

Friedlaender A S, Johnston D W, Goldbogen J A, et al. 2016. Two-step decisions in a marine centralplace forager. Royal Society Open Science. 3:160043

Gao L, Rintoul S R, Yu W. 2018. Recent wind-driven change in Subantarctic Mode Water and its impact on ocean heat storage. Nature Climate Change, 8: 58-63.

Goldsmit J, Archambault P, Chust G, et al. 2018. Projecting present and future habitat suitability of ship-mediated aquatic invasive species in the Canadian Arctic. Biological Invasions, 20(2): 501-517.

Goto-Azuma K, Hirabayashi M, Motoyama H, et al. 2019. Reduced marine phytoplankton sulphur emissions in the Southern Ocean during the past seven glacials. Nature Communications, 10(1):3247.

Grebmeier J M, Cooper L W, Feder H M, et al. 2006. Ecosystem dynamics of the Pacific-influenced northern Bering and Chukchi Seas in the Amerasian Arctic. Progress in Oceanography, 71(2-4): 331-361.

Grebmeier J M. 2012. Shifting patterns of life in the Pacific Arctic and sub-Arctic seas. Annual review of marine science, 4: 63-78.

Gregory J M, Huybrechts P, Raper S C B. 2004. Threatened loss of the Greenland ice-sheet. Nature, 428(6983): 616.

Gruber N, Landschützer P, Lovenduski N S. 2019. The Variable Southern Ocean Carbon Sink. Annual Review of Marine Science, 11: 159-186.

Haine T W N, Curry B, Gerdes R, et al. 2015. Arctic freshwater export: Status, mechanisms, and prospects. Global and Planetary Change, 125: 13-35.

Henley S F, Schofield O M, Hendry K R, et al. 2019. Variability and change in the west Antarctic Peninsula marine system: research priorities and opportunities. Progress in Oceanography, 173: 208-237.

Henschke N, Pakhomov E A, Groeneveld J, et al. 2018. Modelling the life cycle of Salpa thompsoni. Ecology Model. 387:17-26.

Hindell M A, McMahon C R, Bester M N, et al. 2016. Circumpolar habitat use in the southern elephant seal: implications for foraging success and population trajectories. Ecosphere, 75: 01213.

Hirche H J, Meyer U, Niehoff B. 1997. Egg production of Calanus finmarchicus: effect of temperature, food and season. Marine Biology, 127(4): 609-620.

Hoppe C, Klaas C, Ossebaar S, et al. 2017. Controls of primary production in two phytoplankton blooms in the Antarctic Circumpolar Current . Deep-sea research Part II: Topical studies in oceanography, 138: 63-73.

Hughes L. 2000. Biological consequences of global warming: is the signal already apparent? Trends in ecology & evolution, 15(2): 56-61.

Iversen M H,Pakhomov E A, Hunt B P V, et al. 2017. Sinkers or floaters? Contribution from salp pellets to the export flux during a large bloom event in the Southern Ocean. Deep-sea research, Part II. Topical studies in oceanography, 138:116-125.

Jay C V, Marcot B G, Douglas D C. 2011. Projected status of the Pacific walrus (Odobenus rosmarus divergens) in the twenty-first century. Polar Biology, 34(7): 1065-1084.

Johannessen O M, Bengtsson L, Miles M W, et al. 2004. Arctic climate change: observed and modelled temperature and sea-ice variability. Tellus A: Dynamic Meteorology and Oceanography, 56(4): 328-341.

Johannessen O M, Miles M W. 2011. Critical vulnerabilities of marine and sea ice–based ecosystems in the high Arctic. Regional Environmental Change, 11(1): 239-248.

Karnovsky N J, Hunt Jr G L. 2002. Estimation of carbon flux to dovekies (Alle alle) in the North Water. Deep Sea Research Part II: Topical Studies in Oceanography, 49(22-23): 5117-5130.

Kaufman D E, Friedrichs M A, Smith W O, et al. 2014. Biogeochemical variability in the southern Ross Sea as observed by a glider deployment. Deep Sea Research Part I Oceanographic Research Papers, 92: 93-106.

Kaufman D E, Friedrichs M A, Smith W O. 2017. Climate change impacts on southern Ross Sea phytoplankton composition, productivity, and export. Journal of Geophysical Research Oceans, 122: 2339-2359.

Kiorboe T. 2001. Formation and fate of marine snow: small-scale processes with large-scale implications. Scientia marina, 65:55-71.

Klein E S, Hill S L, Hinke J T, et al. 2018. Impacts of rising sea temperature on krill increase risks for predators in the Scotia Sea. Plos One, 13(1):e0191011.

Kosobokova K N. 1999. The reproductive cycle and life history of the Arctic copepod Calanus glacialis in the White Sea. Polar Biology, 22(4): 254-263.

Laufkötter C, Vogt M, Gruber N, et al. 2015. Drivers and uncertainties of future global marine primary production in marine ecosystem models. Biogeosciences, 12(23): 6955-6984.

Le Quéré C, Rödenbeck C, Buitenhuis E T, et al. 2007. Saturation of the Southern Ocean CO_2 sink due to recent climate change. Science, 316:1735-1738.

Leung S, Cabré A, Marinov I. 2015. A latitudinally banded phytoplankton response to 21st century climate change in the Southern Ocean across the CMIP5 model suite. Biogeoences, 12(19): 8157-8197.

Lewis K M, Arntsen A E, Coupel P, et al. 2019. Photoacclimation of Arctic Ocean phytoplankton to shifting light and nutrient limitation. Limnology and Oceanography, 64(1): 284-301.

Lewis K M, van Dijken G, Arrigo K R. 2020. Changes in phytoplankton concentration, not sea ice, now drive increased Arctic Ocean primary production. Science, 369:198-202 .

Li W K W, McLaughlin F A, Lovejoy C, et al. 2009. Smallest algae thrive as the Arctic Ocean freshens. Science, 326(5952): 539.

Liggett D, Frame B, Gilbert N, et al. 2017. Is it all going south? Four future scenarios for Antarctica. Polar Record, 53(5):459-478.

Lind S, Ingvaldsen R B, Furevik T. 2018. Arctic warming hotspot in the northern Barents Sea linked to declining sea-ice import. Nature climate change, 8(7): 634-639.

Llano D X, Mcmahon R A. 2018. Modelling, control and sensorless speed estimation of micro-wind turbines for deployment in Antarctica. Iet Renewable Power Generation, 12(3): 342-350.

Lovvorn J R, Wilson J J, McKay D, et al. 2010. Walruses attack spectacled eiders wintering in pack ice of the Bering Sea. Arctic, 53-56.

Lovvorn JR, Grebmeier JM, Cooper LW, et al. 2009. Modeling marine protected areas for threatened eiders in a climatically shifting Bering Sea. Ecological Applications. 19:1596-1613.

Mack S L, Dinniman M S, McGillicuddy D J Jr, et al. 2017. Dissolved iron transport pathways in the Ross Sea: Influence of tides and horizontal resolution in a regional ocean model. Journal of Marine Systems, 166: 73-86.

Maldonado M T, Surma S, Pakhomov E A. 2016. Southern Ocean biological iron cycling in the pre-whaling and present ecosystems. Philosophical Transactions of the Royal Society A-Mathematical Physical and Engineering Sciences, 374(2081):20150292.

Mangoni O, Saggiomo V, Bolinesi F, et al. 2017. Phytoplankton blooms during austral summer in the Ross Sea, Antarctica: Driving factors and trophic implications. Plos One, 12(4): e0176033.

Manno C, Stowasser G, Enderlein P, et al. 2015. The contribution of zooplankton faecal pellets to deep-carbon transport in the Scotia Sea (Southern Ocean). Biogeosciences, 12(6):1955-1965.

McGillicuddy D J Jr, Sedwick P N, Dinniman M S, et al. 2015. Iron supply and demand in an Antarctic shelf ecosystem. Geophysical Research Letters, 42: 8088-8097.

Mdutyana M, Thomalla S J, Philibert R, et al. 2020. The Seasonal Cycle of Nitrogen Uptake and Nitrification in the Atlantic Sector of the Southern Ocean. Global Biogeochemical Cycles, 34(7): 1-29.

Melbourne-Thomas J, Corney S P, Trebilco R, et al. 2016. Under ice habitats for Antarctic krill larvae: Could less mean more under climate warming? Geophysical Research Letters, 43: 10322-10327.

Meredith M P, Venables H J, Clarke A, et al. 2013. The Freshwater System West of the Antarctic Peninsula: Spatial and Temporal Changes. Journal of Climate, 26(5): 1669-1684.

Michalsen K, Ottersen G, Nakken O. 1998. Growth of North-east Arctic cod (Gadus morhua L.) in relation to ambient temperature. ICES Journal of Marine Science, 55(5): 863-877.

Minchin D. 2007. Aquaculture and transport in a changing environment: overlap and links in the spread of alien biota. Marine Pollution Bulletin, 55(7-9): 302-313.

Monnett C, Gleason J S. 2006. Observations of mortality associated with extended open-water swimming by polar bears in the Alaskan Beaufort Sea. Polar Biology, 29(8): 681-687.

Monteiro T, Kerr R, Orselli I, et al. 2020. Towards an intensified summer CO_2 sink behaviour in the Southern Ocean coastal regions. Progress In Oceanography, 183:102267.

Montes-Hugo M, Doney S C, Ducklow H W, et al. 2009. Recent Changes in Phytoplankton Communities Associated with Rapid Regional Climate Change Along the Western Antarctic Peninsula. Science, 323(5920): 1470-1473.

Moore J K, Fu W, Primeau F, et al. 2018. Sustained climate warming drives declining marine biological productivity. Science, 359(6380): 1139-1143.

Moore S E, Huntington H P. 2008. Arctic marine mammals and climate change: impacts and resilience. Ecological Applications, 18(2): S157-S165.

Moreau S, Boyd P W, Strutton P G. 2020. Remote assessment of the fate of phytoplankton in the Southern Ocean sea-ice zone. Nature Communications, 11(1): 3108.

Mueter F J, Litzow M A. 2008. Sea ice retreat alters the biogeography of the Bering Sea continental shelf. Ecological Applications, 18(2): 309-320.

Murphy E J, Cavanagh R D, Drinkwater K F, et al. 2016. Understanding the structure and functioning of polar pelagic ecosystems to predict the impacts of change. Proceedings of the Royal Society B: Biological Sciences, 283:20161646.

Murphy E J, Watkins J L, Trathan P N, et al. 2012. Spatial and temporal operation of the Scotia Sea ecosystem. In Antarctic Ecosystems: An Extreme Environment in a Changing World, ed. AD Rogers, NM Johnston, EJ Murphy, A Clarke, 160-212.

Orsi A H, Wiederwohl C L. 2009. A recount of Ross Sea waters. Deep-Sea Research Part II: Topical Studies in Oceanography, 56(13-14): 778-795.

Ottersen G, Loeng H. 2000. Covariability in early growth and year-class strength of Barents Sea cod, haddock, and herring: the environmental link. ICES Journal of Marine Science, 57(2): 339-348.

Ottersen G, Michalsen K, Nakken O. 1998. Ambient temperature and distribution of north-east Arctic cod. ICES Journal of Marine Science, 55(1): 67-85.

Ottersen G, Sundby S. 1995. Effects of temperature, wind and spawning stock biomass on recruitment of Arcto-Norwegian cod. Fisheries Oceanography, 4(4): 278-292.

Overland J E, Wang M, Salo S. 2008. The recent Arctic warm period. Tellus A: Dynamic Meteorology and Oceanography, 60(4): 589-597.

Overland J E, Wang M. 2013. When will the summer Arctic be nearly sea ice free?. Geophysical Research Letters, 40(10): 2097-2101.

Pakhomov E A, Froneman P W, Perissinotto R. 2002. Salp/krill interactions in the Southern Ocean: spatial segregation and implications for the carbon flux. Deep Sea Research Part II: Topical Studies in Oceanography, 49:1881-1907.

Pakhomov E A, Hunt B. 2017. Trans-Atlantic variability in ecology of the pelagic tunicate Salpa thompsoni near the Antarctic Polar Front. Deep Sea Research Part II Topical Studies in

Oceanography, 138: 126-140.

Pertsova N M, Kosobokova K N. 2010.Interannual and seasonal variation of the population structure, abundance, and biomass of the arctic copepod Calanus glacialis in the White Sea. Oceanology, 50: 531-541.

Petrou K, Baker K G, Nielsen D A, et al. 2019. Acidification diminishes diatom silica production in the Southern Ocean. Nature Climate Change, 9: 781-786.

Purkey S G, Johnson G C. 2013. Antarctic Bottom Water Warming and Freshening: Contributions to Sea Level Rise, Ocean Freshwater Budgets, and Global Heat Gain. Journal of Climate, 26(16): 6105-6122.

Rackow T, Danilov S, Goessling H F, et al. 2022. Delayed Antarctic sea-ice decline in high-resolution climate change simulations. Nature Communications, 13: 637.

Raiswell R, Hawkings J, Elsenousy A, et al. 2018. Iron in Glacial Systems: Speciation, Reactivity, Freezing Behavior, and Alteration During Transport. Frontiers in Earth Science, 6:222.

Reigstad M, Carroll J L, Slagstad D, et al. 2011. Intra-regional comparison of productivity, carbon flux and ecosystem composition within the northern Barents Sea. Progress in Oceanography, 90(1-4): 33-46.

Rembauville M, Blain S, Manno C, et al. 2018. The role of diatom resting spores in pelagic-benthic coupling in the Southern Ocean. Biogeoences, 15(10): 3071-3084.

Ricciardi A, Blackburn T M, Carlton J T, et al.2017. Invasion science: a horizon scan of emerging challenges and opportunities. Trends in Ecology & Evolution, 32(6): 464-474.

Rignot E, Mouginot J, Scheuchl B, et al. 2019. Four decades of Antarctic Ice Sheet mass balance from 1979–2017 . Proceedings of the National Academy of Sciences, 116(4): 201812883.

Rintoul S. 2018. The global influence of localized dynamics in the Southern Ocean. Nature, 558: 209-218.

Roberts S J, Monien P, Foster L C, et al. 2017. Past penguin colony responses to explosive volcanism on the Antarctic Peninsula. Nature Communications, 8:14914.

Rogers A D, Frinault V, Barnes D, et al. 2020. Antarctic Futures: An Assessment of Climate-Driven Changes in Ecosystem Structure, Function, and Service Provisioning in the Southern Ocean. Annual Review of Marine Science, 12(1):87-120.

Roobaert A, Laruelle G G, Landschützer P, et al. 2019. The Spatiotemporal Dynamics of the Sources and Sinks of CO_2 in the Global Coastal Ocean. Global Biogeochemical Cycles, 33: 1-22.

Rozema P D, Venables H J, Poll W, et al. 2016. Interannual variability in phytoplankton biomass and species composition in northern Marguerite Bay（West Antarctic Peninsula）is governed by both winter sea ice cover and summer stratification. Limnology and Oceanography, 62: 235-252.

Saba G K, Fraser W R, Saba V S, et al. 2014. Winter and spring controls of the summer marine food web in the western Antarctic Peninsula. Nature Communication. 5:4318.

Sallée J B, Matear R J, Rintoul S R, et al. 2012. Localized subduction of anthropogenic carbon dioxide in the Southern Hemisphere oceans. Nature Geoscience, 5: 579-584.

Sarmiento J L, Gruber N, Brzezinski M A, et al. 2004. High-latitude controls of thermocline nutrients and low latitude biological productivity. Nature, 427(6969): 56-60.

Schofield O, Saba G, Coleman K, et al. 2017. Decadal variability in coastal phytoplankton community composition in a changing West Antarctic Peninsula. Deep Sea Research Part I: Oceanographic Research Papers, 124: 42-54.

Schram J B, Mcclintock J B, Amsler C D, et al. 2015. Impacts of acute elevated seawater temperature on the feeding preferences of an Antarctic amphipod toward chemically deterrent macroalgae. Marine Biology, 162(2): 425-433.

Shelden K E W, Mocklin J A. 2013. Bowhead whale feeding ecology study (BOWFEST) in the western Beaufort Sea. Final Report, OCS Study BOEM, 114.

Simo-Matchim A G, Gosselin M, Poulin M, et al. 2017. Summer and fall distribution of phytoplankton in relation to environmental variables in Labrador fjords, with special emphasis on Phaeocystis pouchetii. Marine Ecology Progress Series, 572: 19-42.

Sirenko B I, Gagaev S Y. 2007. Unusual abundance of macrobenthos and biological invasions in the Chukchi Sea. Russian Journal of Marine Biology. 33:355-364.

Smart S M, Fawcett S E, Thomalla S J, et al. 2015. Isotopic evidence for nitrification in the Antarctic winter mixed layer. Global Biogeochemical Cycles, 29: 427-445.

Smith W O, Ainley D G, Arrigo K R, et al. 2014a. The Oceanography and Ecology of the Ross Sea. Annual Review of Marine Science, 6(1): 469.

Smith W O, Dinniman M S, Hofmann E E, et al. 2014b. The effects of changing winds and temperatures on the oceanography of the Ross Sea in the 21st century. Geophysical Research Letters, 41(5):1624-1631.

Søreide J, Leu E, Berge J, et al. 2010. Timing in blooms algal food quality and Calanus glacialis reproduction and growth in a changing Arctic. Global Change Biology, 16 (11): 3154-3163.

Southwell C J, Emmerson L, Takahashi A, et al. 2017. Recent studies overestimate colonization and extinction events for Adelie Penguin breeding colonies. The Auk, 134:39-50.

Southwell C, Bengtson J, Bester M N, et al. 2012. A review of data on abundance, trends in abundance, habitat use and diet of ice-breeding seals in the Southern Ocean. CCAMLR Science, 19: 49-74.

Stammerjohn S E, Martinson D G, Smith R C, et al. 2008. Trends in Antarctic annual sea ice retreat and advance and their relation to El Niño-Southern Oscillation and Southern Annular Mode variability. Journal of Geophysical Research: Oceans, 113C03S90.

St-Laurent P, Yager P L, Sherrell R M, et al. 2019. Modeling the Seasonal Cycle of Iron and Carbon Fluxes in the Amundsen Sea Polynya, Antarctica. Journal of Geophysical Research: Oceans, 124: 1544-1565.

Stoecker D K, Lavrentyev P J. 2018. Mixotrophic plankton in the polar seas: A pan-arctic review. Frontiers in Marine Science, 5: 292.

Stroeve J C, Serreze M C, Holland M M, et al. 2012. The Arctic's rapidly shrinking sea ice cover: a research synthesis. Climatic Change, 110(3-4): 1005-1027.

Strzepek R F, Boyd P W, Sunda W G. 2019. Photosynthetic adaptation to low iron, light, and temperature in Southern Ocean phytoplankton. Proceedings of the National Academy of Sciences, 116(10): 4388-4393.

Suprenand P M, Ainsworth C H. 2017. Trophodynamic effects of climate change-induced alterations to primary production along the western Antarctic Peninsula. Marine Ecology Progress, 569:37-54.

Toresen R, Østvedt O J. 2000. Variation in abundance of Norwegian spring-spawning herring (Clupea harengus, Clupeidae) throughout the 20th century and the influence of climatic fluctuations. Fish and Fisheries, 1(3): 231-256.

Torres‑Valdés S, Tsubouchi T, Davey E, et al. 2016. Relevance of dissolved organic nutrients for the Arctic Ocean nutrient budget. Geophysical Research Letters, 43(12): 6418-6426.

Trathan PN, Hill SL. 2016. The importance of krill predation in the Southern Ocean. In Biology and Ecology of Antarctic Krill, ed. V Siegel, 321-350.

Tremblay J É, Anderson L G, Matrai P, et al. 2015. Global and regional drivers of nutrient supply, primary production and CO_2 drawdown in the changing Arctic Ocean. Progress in Oceanography, 139: 171-196.

Tremblay J É, Raimbault P, Garcia N, et al. 2014. Impact of river discharge, upwelling and vertical mixing on the nutrient loading and productivity of the Canadian Beaufort Shelf. Biogeosciences, 11(17): 4853-4868.

Tremblay J É, Robert D, Varela D E, et al. 2012. Current state and trends in Canadian Arctic marine ecosystems: I. Primary production. Climatic Change, 115(1): 161-178.

Turner J, Colwell S R, Marshall G J, 2005. Antarctic climate change during the last 50 years. International Journal of Climatology, 25: 279-294.

van der Merwe P, Wuttig K, Holmes T, et al. 2019. High lability Fe particles sourced from glacial erosion can meet previously unaccounted biological demand: Heard Island, Southern Ocean. Frontiers in Marine Science, 6:332.

Venables H J, Clarke A, Meredith M P. 2013. Wintertime controls on summer stratification and productivity at the western Antarctic Peninsula. Limnology and Oceanography, 58: 1035-1047.

Vermeij G J, Roopnarine P D. 2008. The coming Arctic invasion. Science, 321(5890): 780-781.

Wanless R M, Scott S, Sauer W H H, et al.2010. Semi-submersible rigs: a vector transporting entire marine communities around the world. Biological Invasions, 12(8): 2573-2583.

Wanninkhof R. 2014. Relationship between wind speed and gas exchange over the ocean revisited. Limnology and Oceanography: Methods, 12: 351-362.

Ware C, Berge J, Jelmert A, et al. 2016. Biological introduction risks from shipping in a warming A rctic. Journal of Applied Ecology, 53(2): 340-349.

Wassmann P, Duarte C M, Agusti S, et al. 2011. Footprints of climate change in the Arctic marine ecosystem. Global change biology, 17(2): 1235-1249.

Weinstein B G, Friedlaender A S. 2017. Dynamic foraging of a top predator in a seasonal polar marine environment. Oecologia, 185(3):1-9.

Welch H E, Bergmann M A, Siferd T D, et al. 1992. Energy flow through the marine ecosystem of the Lancaster Sound region, Arctic Canada. Arctic, 343-357.

Wheeler P A, Gosselim M. 1996. Active cycling of organic carbon. Nature, 380: 25.

Williams R, Kelly N, Boebel O, et al. 2014. Counting whales in a challenging, changing environment. Scientific Reports, 4(7491):4170.

Wisz M S, Broennimann O, Grønkjær P, et al. 2015. Arctic warming will promote Atlantic-Pacific fish interchange. Nature Climate Change, 5(3): 261-265.

Xu Z, Zhang G, Sun S. 2018. Accelerated recruitment of copepod Calanus hyperboreus in pelagic slope waters of the western Arctic Ocean. Acta Oceanologica Sinica, 37(5): 87-95.

Yang G, Atkinson A, Hill S, et al. 2021. Changing circumpolar distributions and isoscapes of Antarctic krill: Indo-Pacific habitat refuges counter long-term degradation of the Atlantic sector. Limnology and Oceanography, 66:272-287.

Zeller D, Booth S, Pakhomov E, et al. 2011. Arctic fisheries catches in Russia, USA, and Canada: baselines for neglected ecosystems. Polar Biology, 34(7): 955-973.

第 6 章

三极 SDG 大数据平台

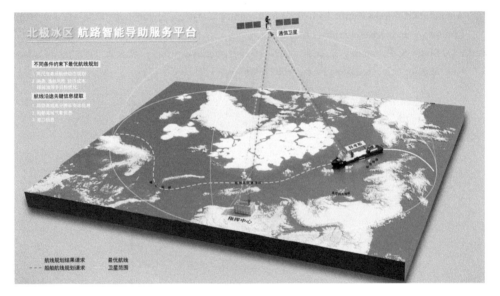

素材提供：吴阿丹

本章作者名单

首席作者

车　涛，中国科学院西北生态环境资源研究院

吴阿丹，中国科学院西北生态环境资源研究院

主要作者

晋　锐，中国科学院西北生态环境资源研究院

潘小多，中国科学院青藏高原研究所

王旭峰，中国科学院西北生态环境资源研究院

段安民，厦门大学海洋与地球学院

何　编，中国科学院大气物理研究所

庄默然，中国科学院大气物理研究所

傅文学，中国科学院空天信息创新研究院

邱玉宝，中国科学院空天信息创新研究院

段建波，中国科学院空天信息创新研究院

方　苗，中国科学院西北生态环境资源研究院

邓　婕，中国科学院西北生态环境资源研究院

盖春梅，中国科学院西北生态环境资源研究院

6.1 三极 SDG 大数据平台建设目标及意义

随着三极数据获取能力的不断提升，三极科学已进入大数据时代，为三极 SDGs 研究提供了大量的数据支撑，同时也带来了前所未有的挑战：①数据资源整合和共享不足，特别是三极地区科学数据资料仍然存在分散、没有形成体系、对全球潜在数据资源没有充分利用等问题（Li et al., 2020）；②多源数据分析与应用能力不足，已有的数据服务系统主要关注数据共享和可视化服务，不具备在线分析和决策的能力；③数据缺失是 SDGs 在具体实施过程中面临最艰巨的挑战。由于缺少充分有效的数据支持，无法对全球范围约 68%的 SDG 指标进行及时有效地监测（Campbell et al., 2019）。

为了应对上述问题和挑战，"地球大数据科学工程"专项建立了三极 SDG 大数据平台(简称三极大数据平台)，开展三极环境数据共享与集成，以促进可持续目标实现。三极大数据平台以地球大数据专项云平台为基础，集成三极多要素数据、三极多圈层模型和大数据分析方法，有效实现了三极数据汇聚、处理、产品研制一体化管理和共享，并提供三极可持续发展评价及决策支持服务。三极大数据平台是地球大数据专项 SDG 平台的子系统，围绕三极气候、海洋、生物、水、城市等 SDGs 目标，主要从三个方面为 SDG 指标监测与评估提供支撑：① 提供三极 SDGs 产品共享服务，努力成为联合国可持续发展目标实施过程中的数据提供者、生产者；② 开展三极不同区域 SDG 指标的在线计算；③ SDGs 成果可视化展示。

三极大数据平台的建立，不仅可极大地提升我国三极研究的基础支撑能力、科技服务能力、决策支持能力，而且通过生产新的数据集，进一步提高监测指标的覆盖范围，填补和重构时间序列的空缺，得到时空分辨率更精细的 SDG 指标监测结果，服务于专项 SDG 中心建设。

本章首先介绍平台的建设思路，在此基础上从数据共享及决策分析两个层面详细介绍三极大数据平台的服务成效。

6.2 三极 SDG 大数据平台设计及实现

三极大数据平台是地球大数据工程专项体系的重要组成，是支撑其它专题平台的基础平台。平台基于对象存储系统和云服务模式，实现 SDGs 数据的统一存储、管理与计算，面向公众和科研人员提供不同类型的信息服务。

6.2.1　总体设计

三极大数据平台实现了三极地区已有数据以及专项新数据的大集成，开展全方位三极信息服务。通过与专项"大数据与云服务""数字地球科学平台"互操作与共享，实现集成三极数据库-模型库-方法库的综合平台，为三极 SDGs 科学研究提供有力的支持，如北极海冰预测、北极冰区航线智能规划等。首先，针对多源、海量三极 SDGs 数据，构建分布式数据库实现数据的高效共享。在数据集成和共享的基础上，发展适用于时空三极环境的数据清洗、计算和分析的方法库，形成三极环境数据挖掘和知识发现的高可靠性、高可扩展性、高效性和高容错性工具仓库，提供三极环境多源异构、多粒度、多时相、长时间序列的空间大数据分析方法接口。最后，集成三极冰冻圈模型、水循环模型、生态系统模型、多圈层气候模型，以及社会经济评估等模型，对这些模型进行标准化处理，构建三极科学模型库，实现基于地球大数据云平台的在线交互计算框架，支持 SDGs 案例在线分析(图 6.1)。

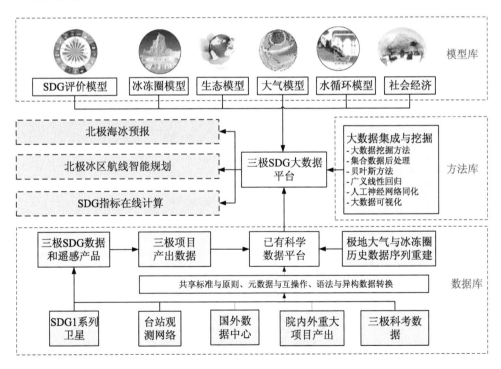

图 6.1　基于数据库-模型库-方法库的三极 SDG 大数据平台

三极大数据平台以面向云计算为理念，基于底层的虚拟化软硬件设备实现三极数据分析、数据共享及信息服务，包括三个核心模块：基础设施层、服务层和应用层，如图6.2所示。

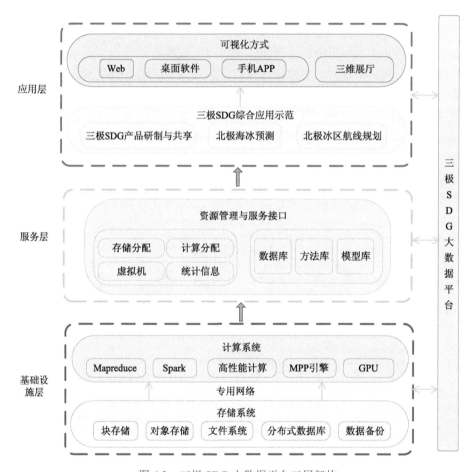

图 6.2　三极 SDG 大数据平台三层架构

基础设施层包含云环境所用的软硬件资源，如服务器计算资源、操作系统、存储资源、数据资源，并对资源进行了相应的虚拟化处理以及资源整合。

服务层部署软件开发环境和资源池，为应用层提供基础软件环境及调用应用编程接口，处理应用请求，访问基础设施层的虚拟资源，并将处理结果返回给用户。服务层提供数据服务、方法库服务及模型库服务，是实现在线信息服务的关键。

应用层在数据检索、模型库集成的基础上，对 SDGs 应用案例集中整合，建设综合、开放的三极应用服务管理系统，为三极科学研究和行业应用提供数据共享、信息处理、决策支持、业务化运行等服务。

6.2.2　数据库

数据库是三极大数据平台的核心与基础。三极地区涉及的数据体量大、增长速度快，处理时效性要求高，传统的数据处理方式和单机数据库无法高效管理和处理海量结构化、非结构化的三极 SDGs 数据。大数据技术是三极大数据平台实现海量 SDGs 数据高效存储和实时计算的关键。大数据技术包括数据智能采集与感知、海量异构数据存储、数据智能分析及可视化等，其内涵是改变传统的分析策略和方法，使用新的工具、方法、技术解决由数据庞大、多样性和复杂性产生的数据管理、存储及科学分析等问题。三极平台主要借鉴分布式数据库、任务自动调度、分布式计算等大数据关键技术高效管理三极 SDGs 数据，其中分布式数据库满足多节点读写分离需求，具备数据高速加载、负载均衡、故障隔离、数据自动备份及计算和存储扩展能力。

在分布式数据库构建的基础上，整理三极地区已有多源异构数据，集成三极环境数据和产品，包括冰冻圈、大气、生态、水资源及城市大数据产品等。同时，建立开放型三极 SDG 科学数据共享系统，实现三极多源异构数据的存储服务及智能搜索服务，为三极科学研究提供可靠、及时、全面的数据信息。

6.2.3　方法库

三极环境大数据分析方法库以构建适用于三极大数据质量控制、计算、分析和交互式可视化的方法库为核心目标，形成三极 SDG 大数据挖掘的高可靠性、高可扩展性、高效性和高容错性工具库，实现三极环境多源异构、多粒度、多时相、长时间序列大数据的协同分析方法集成和在线计算(图 6.3)。该方法库可为三极时空环境变化分析、时空特征提取、模型和观测的同化、参数估计、数据后处理等数据挖掘分析提供基础和领域方法库的支持。

大数据分析方法库的建设主要包括以下两个内容：

(1)大数据分析方法库的构建和管理:收集和整理时空三极领域大数据挖掘方法，定义数据挖掘方法的元数据标准，撰写方法元数据，建立了方法库元信息管理系统；对方法库进行统一在线管理和共享；对方法库涉及的文献、帮助文档进行整理，设置知识词条，形成知识库。目前方法库中集成了机器学习、深度学习、数据同化、参数估计、时间序列分析、高级的统计、后处理、因果分析、盲源分解和 Meta 分析共 10 大类 60 余种具体方法。

图 6.3　三极大数据分析方法库

（2）方法库在线计算：基于 Hadoop/Spark 集成大数据分析方法，搭建了高效的存算一体化平台和方法库在线运行环境，可实现时空大数据获取、处理、信息挖掘，并支持方法库的在线编辑、运行和交互式动态可视化；实现三极时空环境方法库及其在线计算环境与专项 SDG 大数据平台的方法共享与互操作；以随机森林算法融合多源雪深数据产品、北半球雪深长时间序列分析及通用陆面数据同化开发平台三个典型方法作为在线计算案例，打通了整个方法库的计算链条。

6.2.4　模型库

科学模型是将三极作为一个整体进行综合研究的有效手段，也是量化 SDG 指标必不可少的技术手段，科学模型（模型库）与大数据分析方法（方法库）互相补充、各有优势。三极环境的复杂性、相互依赖性和不确定性使得构建一个大型复杂模型对其所有过程和过程间交互进行综合模拟在目前阶段很难实现，但是大数据和云计算平台的快速发展为地学模型的集成应用带来了新的机遇。构建统一模型集成环境，把多个不同学科的模型集成起来，可以模拟复杂的三极环境过程交互问题。通过多级抽象和封装，将不同学科模型在实现机理、算法结构、数据需求、时空尺度、文件格式和运行环境等方面进行统一，实现在线交互的多学科模型服务。

对模型进行标准化处理，统一输入和输出接口，构建三极科学模型库。模型库构建的具体内容包括：模型库的基本业务流程构建(后台管理流程、前台用户使用流程)；模型信息管理(基本信息、运行信息、数据信息等)；模型库调用(基本属性浏览、模型调用、模型结果可视化)。通过需求调研与模型开发能力评估，分别在冰冻圈模型、水循环模型、生态系统模型、多圈层气候模型几个大类中遴选几个代表性强，集成可行度较高的模型进行集成方案构建与测试，总共收集了 14 个具有代表性的模型，通过集成这些模型来实现三极综合研究。

三极大数据模型库为科学模型提供了统一的在线运行环境，并在云环境中实现了海量数据与模型间的传递和转换，如图 6.4 所示。

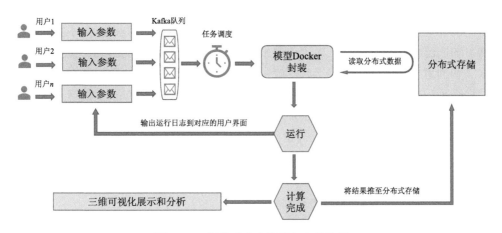

图 6.4 三极模型库在线服务实现流程

6.3 三极 SDGs 数据集成与开放共享

科学数据是国家科技创新和发展的基础性战略资源。如何促进科学家积极共享数据，实现多源数据科学分类和管理，达到易存取、可发现、互操作，以及可重用的目标，是实现科学数据开放共享、促进数据资源高效利用的关键问题。而三极 SDG 评估指标设计和综合应用案例研究需要科学数据进一步融合和集成，以更好应对 SDGs 在具体实施过程中面临数据缺失的难题。三极大数据平台围绕SDGs 产品，主要从数据共享机制、数据开放共享两个方面展开工作（Li et al., 2020; Pan et al., 2021; 潘小多等, 2022）。

6.3.1 三极 SDGs 数据共享理念和机制

大数据时代的数据爆炸式增长给地球科学领域带来了挑战和机遇。其中对数据 FAIR 原则〔可发现性(findability)、可获取性(accessibility)、可互操作性(interoperability)、可重用性(reusability)〕的研究，对于应对挑战和利用数据资源至关重要。从科学数据共享生态出发，Li 等(2021)强调科学家应积极共享数据，促进科学研究范式的转变，自上而下的公共数据共享政策与自下而上奖励数据贡献者的激励措施是中国实现更广泛数据共享实践的关键。三极大数据平台基于这样的理念，在政策、管理、技术和国际化等方面采取具体的行动，以更大的力度和措施促进科学家共享数据的意愿，提高中国科学数据中心的影响力，推动更为广泛的 SDGs 数据共享：

(1)政策。进一步明确敏感数据及其使用界线。地球科学数据在本质上可能是敏感的，尤其是那些涉及国家安全、商业秘密和个人隐私的数据。为了实现数据共享的广泛性和精准性，三极大数据平台实现了对敏感数据的明确定义及对共享限制和约束规则的确定。对于共享规则限制之外的数据，平台数据共享采用可发现性、可访问性、互操作性和可重用性的原则。此外，平台对科学数据开放了新的知识产权协议，如将知识共享协议作为一种惯例引入。

(2)管理。将科学数据质量等指标纳入评价机制，三极大数据平台可通过推进数据和引用、利用数据重用指标来量化每个数据集的影响，以激励数据贡献者。只有对数据提供者的数据成果进行准确的评估，数据版权得到充分的维护，数据共享才能变成一种自愿的行动。

(3)技术。在大数据时代，三极大数据平台的角色从数据仓库转变为智能信息提供者。这种转变整合了来自大数据和机器学习的技术，三极大数据平台可以将大数据转化为有用的信息和知识，更有效地为用户服务。三极大数据平台可以与免费开源的数据操作工具进行合作和互操作，提供对用户更友好，数据更容易找到，更容易访问的数据访问工具。此外，加强了多领域多学科的数据收集工作，并利用人工智能实现自动化的数据质量控制和智能信息服务。

(4)国际化。三极大数据平台以中英文双语发布元数据和数据，并积极参与国际认证，以增强三极数据中心的国际影响力。

三极 SDGs 数据共享机制主要包括数据共享、答复咨询、信息反馈、数据共享成效跟踪、数据出版和数据知识产权。数据共享形式包括开放获取和申请获取两种，申请共享需要数据提供者审核通过方可下载数据，开放获取可直接通过平台免登录下载，降低了用户下载数据的门槛；及时答复数据用户关于数据获取、数据使用等各类咨询；及时将数据用户在使用过程中遇到的问题、提出的建议等信息反馈给数据提供者，结合数据中心的交流机制，搭建数据用户与数据作者之间的无缝沟通桥梁，促进数据再利用及数据质量提高；定期根据数据提供者要求对数据共享情况进行统计、并对共享成效(如基于共享数据发表的科研文章、出版的专著、申请的专利等)进行跟踪,形成数据共享报告。采用多方措施来保障数据作者的知识产权:①为每个自有产权的数据赋予唯一的数字对象标识符(digital object identifier,DOI)和中国科技资源(China science and technology resource,CSTR)标识,体现数据的跟踪价值、引用价值、集成价值和互联价值;②采用知识共享(creative commons,CC)4.0 协议,保留作者版权,同时授权他人在协议限定范围内的转载、使用和二次演绎等行为;③建议和鼓励用户进行数据引用和数据关联文献引用,并在数据详情页提供数据引用和数据关联文献引用信息;④秉承数据开放获取的原则,同时兼顾数据作者对特殊数据保护的诉求,设置不超过两年的数据保护期,或根据数据作者对数据共享需要附加额外条件的要求,设置数据申请审批流程。

6.3.2　三极 SDGs 数据资源及共享

1. SDGs 数据集成

对已有的三极地区科学数据、专项新产出数据和 SDGs 产品进行收集,针对不同类型的科学数据建立数据标准,包括元数据、数据文档、头文件等数据说明信息标准和数据实体标准。通过标准化的数据整理,提高收集数据的应用质量,构建三极 SDG 环境科学专题数据库。

目前,三极大数据平台集成了 1983 个三极气候、生态、环境 SDG 数据产品,包括:气温、降水、径流、微生物、植被物候、河湖冰、海冰、冰川流速、冰雪冻融、物质平衡、积雪面积、热融湖塘、气溶胶光学厚度、地表冻融、冻土稳定性等,数据量超过 42TB,填补了三极区域 SDG 大数据产品和数据集的空白(图 6.5)。

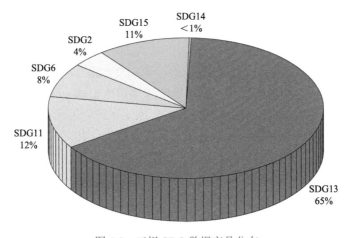

图 6.5　三极 SDG 数据产品分布

2. SDGs 数据在线制备

在方法库、模型库支持下，三极大数据平台实现了三极 SDGs 专题数据的在线制备，并将多源异构数据进行整合与分析，从中挖掘新知识、新价值，提升了对三极地区科学发现的支撑能力。如，利用三极大数据平台提供的随机森林机器学习方法结合多源雪深产品数据、环境因子变量及地面观测雪深数据等制备了北半球 1980～2019 年积雪水文年(上一年 9 月 1 日至本年度 5 月 31 日)的逐日格网雪深数据集（Hu et al., 2021）（图 6.6）。

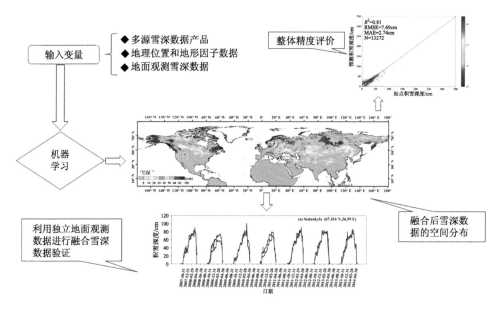

图 6.6　机器学习方法融合北半球长时间序列逐日雪深数据集(1980～2019 年)

基于方法库提供的 GIS 决策方法，综合高精度的多年冻土范围、气候条件、植被结构、土壤条件和地形条件，以及极富冰多年冻土(yedoma)分布图，生产了全球第一个考虑气候-生态系统敏感性的多年冻土生物物理分区图(图 6.7)，该图从多年冻土的形成演化和脆弱性特征来定义多年冻土，将陆地多年冻土划分为气候驱动型、气候驱动/生态系统改造型、气候驱动/生态系统保护型、生态系统驱动型和生态系统保护型，更好地描述了多年冻土与气候和生态过程的复杂交互作用（Ran et al., 2021）。

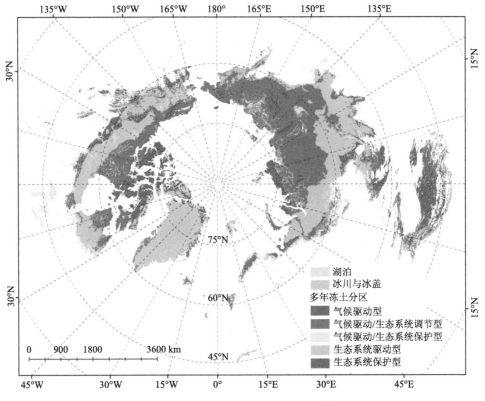

图 6.7 北半球多年冻土生物物理分区

利用三极大数据平台提供的多机器模型集合模拟方法，融合更加密集的地面观测与遥感冻结指数、融化指数、积雪日数、GLASS 叶面积指数、土壤数据和辐射等空间数据，模拟得到北半球空间分辨率为 1km 的年平均地温和活动层厚度数据集（Ran et al., 2022）(图 6.8)。

以模型库提供的 MPI-ESM-P 地球系统模型算子、以 EnSRF 方法为同化算法、同化 PAGES2k Consortium 组织所发布的北半球 396 条年分辨率的温度代用资料（包括：树轮、冰芯、湖泊记录、历史文献记录），重建北半球过去千年、逐年、2°空间分辨率的年均气温格网化数据（Fang et al., 2022）。重建结果和格网化观测数据、格网化重建数据以及多条基于多源代用资料重建的北半球气温序列之间具有很好的时空一致性。(图 6.9)。

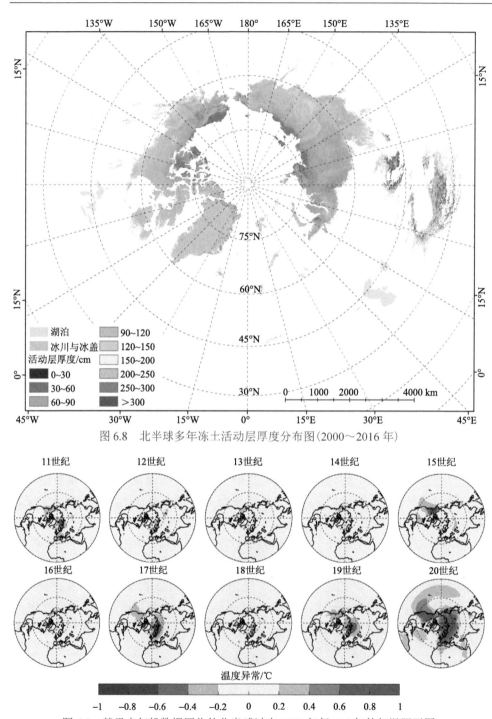

图 6.8　北半球多年冻土活动层厚度分布图（2000～2016 年）

图 6.9　基于古气候数据同化的北半球过去 1000 年每 100 年的气温距平图

3. SDGs 数据共享与服务

三极大数据平台发布了中/英文双语版本，为国内外相关科研机构和科学家提供三极科学数据资源。注册用户 5.6 万人，月均访问量达 86 万人次，月均下载次数达 1.6 万人次，月均下载量达 50 TB。2020 年以来，三极大数据平台部署在地球大数据云平台，开展三极 SDG 数据共享服务、支持 SDG 案例在线计算等科学分析。

三极大数据平台服务支撑科研项目 412 个，支持 SCI 论文发表超过 360 篇，如 Wang 等（2020）在 *Science Advances* 上发表关于气候变化对青藏高原多年冻土中碳的影响；La 等（2021）在 *Science Bulletin* 上发表了关于青藏高原湖冰融化期间水迅速变暖的新发现。还有一系列发表在 *Nature Geoscience*、*Nature Ecology & Evolution*、*Earth-Science Reviews* 等地学重要期刊的论文也引用了三极大数据平台，这表明：三极大数据平台集成的 SDGs 数据有力支撑了气候变化背景下的冰冻圈变化、亚洲水塔、生态变化、灾害预警和遥感反演等方面的重大科学研究和发现，为揭示三极地区环境变化过程与机制及其对全球环境变化的影响和响应规律，提高区域灾害预测、预警和减灾能力提供了数据保障。同时，也标志着三极大数据平台作为数据管理、新技术应用等方面的实施主体，在推进 SDGs 数据共享，助力基于多学科、大数据、大平台的三极地球系统科学研究方面起到重要作用。

6.4　三极 SDGs 信息服务与决策支持

地球大数据开启了地球科学认知的新范式。在三极大数据平台构建及 SDGs 数据共享基础之上，充分利用三极大数据平台的方法库、模型库等计算资源，进一步开展三极科学信息的多方位信息服务和决策支持，为南极、北极和青藏高原 SDGs 案例研究提供可视化分析工具及在线计算环境。本节重点介绍三极科学数据可视化、北极海冰预报、北极冰区航线智能规划等决策信息服务。

6.4.1　三极 SDGs 数据可视化服务

1. 服务目标

在三极大数据平台提供的 SDGs 数据和方法支持下，实现了一系列三极协同对比研究的新发现，但由于缺乏有效的可视化手段，这些科学新认知很难被非科研人员理解和认知。如何面向不同人群，快速直观地展示三极最新科学发现，已成为数据可视化研究迫切需要解决的问题。基于三极科学数据和成果的特点，三极大数据平台提供了一个基于开源框架的三维可视化子系统（"三极球"），实现了三极科学发现的三维场景展示，生动、直观地再现三极科学重大发现（吴阿丹和车涛，2021）。

2. 服务内容

"三极球"是为三极科学研究搭建的信息化平台，是三极研究的展示中心，也是播放三极的历史、现在和将来的演播室。"三极球"实现了二维地图和三维地图互操作，将弧形屏幕和球形屏幕无缝衔接，实现一个具有较强视觉冲击的三维展示系统，其建设流程主要包括需求分析、框架设计、数据预处理、系统开发及测试运行五个方面。

3. 技术路线

基于二维、三维可视化技术，通过多种屏幕互操作构建出生动、易懂的三极数字化 3D 平台，在集成场景选择和科普信息检索等功能后，形成一套完备的三极科学发现可视化系统。此系统能够以立体、动态的形式展示最新三极科学发现，在场景浏览中完成科普浏览及体验，可满足不同观众的参观需求。

"三极球"采用浏览器/服务器模式(B/S)架构。系统整体框架包括基础设施层、服务层和应用层三个层面，如图 6.10 所示。基础设施层提供整个系统运行的硬件环境及软件环境。"三极球"基础设施使用中国科学院网络中心提供的云环境；服务层由一系列 Web 服务组成，包括基于不同数据源的可视化服务、数据预处理服务、互操作服务以及分析结果自动生成服务；应用层调用服务层 Web 服务提供的各种方法，实现对三极科学发现及科普的信息查询及浏览，也支持弧形屏幕、球形系统，以及浏览器三类终端的数据可视化。

4. 应用案例

"三极球"以"数据-知识-服务"为主线，建设一个集数据管理、计算分析、服务、展示于一体的地球大数据可视化环境，实现了"数据-信息-可视化模拟"的全过程。目前，"三极球"重点实现了北极放大效应、三极冰雪冻融对比与关联及三极联动对东亚气候的影响三个典型科学案例，并针对球形屏幕和弧形屏幕对系统界面进行定制开发，通过移动终端可实现不同屏幕之间的内容切换，其中球形屏幕是演示的核心区域，所有科学案例均以球形屏幕为中心展开。弧形屏幕是对球形屏幕的进一步补充和说明，分为 A，B 两个屏幕，A 屏幕侧重系统实时演示，B 屏幕对其科学原理进一步展示。

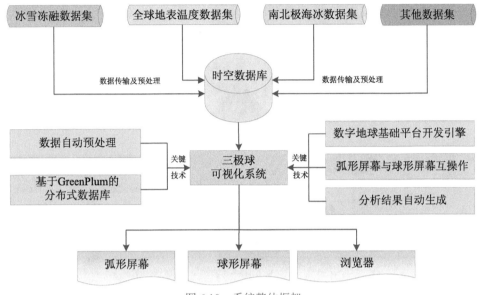

图 6.10 系统整体框架

1）北极放大效应

球形屏幕展示内容：显示 1870 年至 2014 年全球温度异常，视角从格陵兰转到青藏高原再到南极［图 6.11(a)］，该过程由程序自动控制。A 屏幕内容［图 6.11(b)］："利用我国自主研发的全球预报系统准确再现了 20 世纪全球增温效应。从 1979 年到 2014 年温室气体排放显著增加的时期，三极升温速度明显要比全球其他地区要快。尤其是北极地区升温明显，称之为北极放大效应"。B 屏幕内容［图 6.11(c)］："针对这一问题，专项利用自主研发的 FGOALS-f2 模型开展对北极海冰变化的实时预测，并结合已有的数值模拟结果分析了北极放大效应的原因"。

(a) 球形屏幕显示全球温度异常场(数据动态变化)

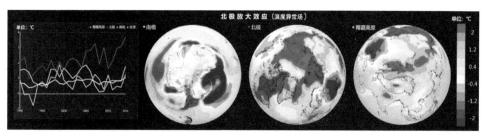

(b) A屏幕展示三极温度异常变化

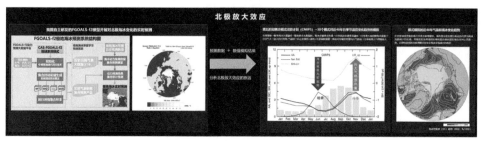

(c) B屏幕解释北极放大效应发生的原因

图 6.11　北极放大效应场景展示

2）三极冰雪冻融对比与关联

球形屏幕展示内容[图 6.12（a）]：展示三极温度异常对其冰冻圈的影响最为显著。A 屏幕内容[图 6.12（b）]："近 40 年格陵兰与青藏高原地区受到温度升高影响，这两个区域冰雪融化持续时间增长，而南极受到海-冰-气相互作用，其冰盖融化持续时间缩短"。B 屏幕内容[图 6.12（c）]："南极与格陵兰冰盖融化面积年际变化呈现出'相反的变化趋势'（负相关），究其原因是大气和海洋的在两极间的热量输送作用导致的"。

3）三极联动对东亚气候的影响

球形屏幕展示内容[图 6.13（a）]：显示 2011 年 1 月全球温度异常场，视角北极转到中国与东亚区域，可以看出冬季北极增暖伴有中东亚特别是我国极端冷事件。A 屏幕内容[图 6.13（b）]："南北极海冰的异常变化造成大气环流发生变化，进一步影响东亚气候异常"。B 屏幕内容[图 6.13（c）]："自主研发的气候模式针对三极相互作用物理过程开展研究，发现两极气候变化导致中国与东亚地表温度的异常，这为理解三极联动协同影响中国天气气候提供了重要科学依据"。

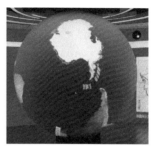

(a) 球形系统展示三极温度异常对格陵兰岛、青藏高原及南极的影响(数据动态变化)

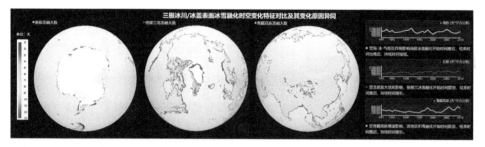

(b) A屏幕展示三极冰雪融化时间变化对比分析

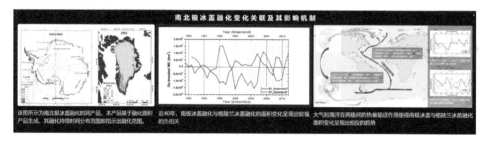

(c) B屏幕解释南北极冰盖变化关联及影响机制

图 6.12 三极冰雪冻融对比与关联场景展示

(a) 球形屏幕显示2011年1月温度异常场(数据动态变化)

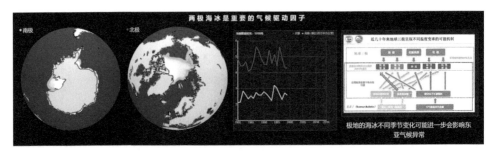

(b) A屏幕展示南北极海冰是重要的气候驱动因子

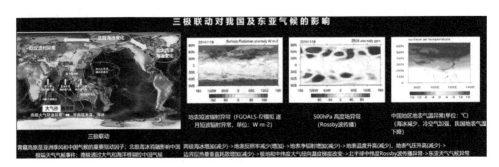

(c) B屏幕解释三极联动对我国及东亚气候的影响

图 6.13　三极联动对东亚气候的影响场景展示

6.4.2　北极海冰预报

1. 服务目标

北极地区是全球气候变化的敏感区和研究热点。近几十年，北极地区的气候快速变化，特别是北极增暖放大效应尤为显著，其增暖幅度为全球平均增暖幅度的 2～3 倍（Cohen et al., 2018; Dai et al., 2019; Blackport and Screen, 2020）。与此同时，北极地区的海冰也加速融化，在夏季甚至出现无冰区。北极海冰的快速减少不仅对全球气候系统变化具有重要作用，还对人类社会经济生活存在显著的影响。例如：北极海冰减少将极大地影响北极航道的开通和变化（Smith and Stephenson, 2013; Chen et al., 2021），尤其是在当前全球新冠疫情影响下，北极航道的开通和保障是影响国家经济发展的重要环节。因此，建立和维护北极海冰预报系统以持续性地开展北极海冰预测工作一方面可以为北极资源开发等相关应用提供良好的科学依据，另一方面对我国和国际上针对气候变化的应对行动具有重要的科学意义和应用价值，例如：为 SDG13"气候行动"的重点目标内容等提供空间数据和决策支持。

2. 建设内容

北极海冰预测系统(简称预测系统)由中国科学院(the Chinese Academy of Sciences, CAS)大气物理研究所(the Institute of Atmospheric Physics, IAP)的大气科学和地球流体力学数值模拟国家重点实验室(Laboratory of Numerical Modelling for Atmospheric Sciences and Geophysical Fluid Dynamics, LASG)模式发展和应用团队基于一个全球气候系统模式 CAS FGOALS-f2(the Chinese Academy of Sciences,Flexible Global Ocean-Atmosphere-Land System)建立,可应用于开展北极海冰的实时预测工作。

预测系统的核心模式是大气物理研究所 LASG 研发的气候系统模式 CAS FGOALS-f2。CAS FGOALS-f2 是包括大气、海洋、陆地和海冰四大圈层相互作用的全球耦合模式,具有 100km 和 25km 两个水平分辨率版本。CAS FGOALS-f2 的大气分量模式为 FAMIL2(the finite-volume atmospheric model),其动力内核采用基于立方球面网格上的有限体积方法(the finite volume method, FV3),主要的物理过程包括:自主研发的显式对流降水方案(resolving convective precipitation scheme, RCP)、考虑一阶湍流能量(turbulent kinetic energy, TKE)闭合的边界层方案、RRTMG(rapid radiative transfer model for GCMs)辐射方案、单参数云微物理方案和诊断云方案。

预测系统提供的是完全动力的天气-气候无缝隙预测结果,包括:天气-延伸期预报(1~60d)和季节预报(1~6 个月)两个预测时效的两套产品。预测结果包含北极海冰范围和北极海冰厚度。

3. 技术路线

预测系统首先对 CAS FGOALS-f2 模式进行初始场同化、生成集合样本,并开展多样本多模式的集合预测积分。然后,将所有模式成员的预测数据进行后处理,最终得到针对北极海冰范围和厚度的预报产品。下面简述各模块具体的方法原理和技术路线:

(1)初始化过程。为保证系统预测的实时性,预测系统使用日本气象厅 JRA55(the Japanese 55-yr Reanalysis)一日四次的大气再分析资料和美国国家环境预报中心(National Centers for Environmental Prediction, NCEP)的逐候海洋再分析资料 GODAS(Global Ocean Data Assimilation System)作为初始场资料。将 JRA55 资料中的标准等压面风场、温度场和高度场插值到模式的时间-空间分辨率上,用以替换模式中的相同变量。大气再分析资料的同化时间窗口为 6 h。采用牛顿松弛逼近同化大气和海洋再分析资料,使模式值逐步逼近观测值,并保证每个时间步长各要素场之间的平衡。

将 GODAS 再分析资料中的多层次海洋温度场插值到各模式的海洋水平分辨率和垂直分辨率上，利用 nudging 方法订正海洋模式中的温度变量。海洋资料同化窗口为 1 d。

(2) 集合扰动初值生成。利用滞后平均预报法和时间滞后扰动法相结合的方式生成集合样本。其中，滞后平均预报法(Lagged Average Forecast，LAF)是将不同 lead time (LT；当天起报 LT=0 天，前一天起报 LT=1 d，…，前 n 天起报 LT= n d) 下预报的同一天结果(LT=0 预报的第 5 天，LT=1 预报的第 6 天，…，LT=n 预报的第 n+5 天)进行算术或加权平均得到。此外，CAS FGOALS-f2 还应用时间滞后扰动方法将不同 nudging 时间长度(比如，nudging 2、4、6 个小时)所得到的分析场作为集合样本初值，用以增加集合样本数。因此，CAS FGOALS-f2 目前共有 24 个集合样本。

(3) 实时产品生成和推送。模式产生的原始数据经过标准化处理，采用双线性插值法插值到标准等压面，其中，大气模块的水平分辨率为 1°×1°，垂直方向为 17 层标准等压面，海洋模块的水平分辨率为 1°×1°，垂直方向包含 21 层。

产品生成后实时传输给各展示平台，如大气物理研究所 LASG 平台，国家气候中心平台，国际海冰预测网 SIPN2 平台(Sea Ice Prediction Network；https://www.arcus.org/sipn/www.arcusOrg/sip) 等实时发布海冰预测信息 (图 6.14)。

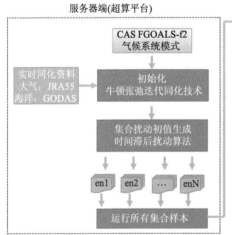

图 6.14　CAS FGOALS-f2 北极海冰预测系统技术流程图

4. 应用案例

1) 在国家气候中心的应用

基于中国科学院大气物理研究所 CAS FGOALS-f2 季节预测系统开发的北极

海冰预测平台自 2019 年 7 月 1 日正式上线投入业务应用以来已连续稳定运行近 3 年。该系统每月开展未来 6 个月的北极海冰密集度和海冰范围的预测，并产生未来 60d 的逐日预测数据。所预测的数据实时提交国家气候中心，为国家北极资源开发等相关战略规划提供参考信息。

　　2）对 SDG 重点目标的支持

　　基于中国科学院大气物理研究所 CAS FGOALS-f2 开发的北极海冰预测平台于 2019 年 6 月 1 日起报的海冰预测数据，6 月 30 日北极海冰面积为 $9.28 \times 10^6 km^2$，海冰范围分布如图 6.15 所示。对比可知，CAS FGOALS-f2 对北极海冰具有优异的预测技巧，其预测结果与美国国家大气冰雪中心 NSIDC 的数据具有很高的相似度。该成果在 2019 年写入了《地球大数据支撑可持续发展目标》报告，相关北极海冰预测结果可以为北极航道开发等相关战略规划提供参考信息。

　　北极海冰作为气候系统的关键组成部分，其变化可对区域及大尺度的天气气候事件产生重要影响，是指示全球气候变化的重要标志之一。CAS FGOASL-f2 北极海冰预测系统生产的时空数据对深入分析当下及未来北极海冰消融及其对气候反馈的物理机制具有重要的科学意义，也可对海冰监测与预测工作、对落实联合国 2030 可持续发展目标 SDG13.1 "减少气候有关灾害" 和 SDG13.3 "加强气候变化响应认知" 提供时空数据和决策支持（图 6.15）。

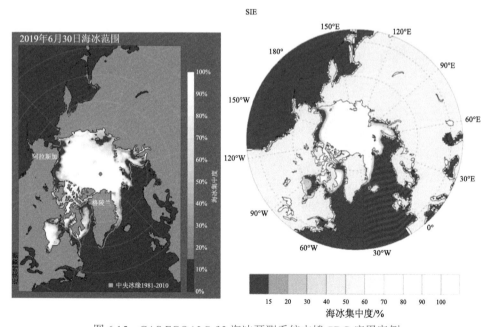

图 6.15　CAS FGOALS-f2 海冰预测系统支撑 SDG 应用案例

摘自 2019 年《地球大数据支撑可持续发展目标报告》

3) 国际海冰预测网络 SIPN2 比较计划

预测系统自 2019 年以来连续三年参加国际海冰预测网络 SIPN2 的海冰预测比较计划，提供每年 9 月北极海冰预测的二维分布（图 6.16）。在 2019 年，该北极海冰预测系统预测的北极海冰空间分布布莱尔分数(Brier score，BS)评分排名第一；在 2020 年，全球 43 个组织预测的 9 月海冰覆盖范围存在系统性偏高，CAS FGOALS-f2 预测的海冰覆盖范围结果稳定，和观测值接近。在 2021 年，共 48 个海冰预测系统参与 SIPN2 的海冰预测比较计划，模式预测北极 9 月最小和最大海冰覆盖面积分别为 $3.11 \times 10^6 km^2$ 和 $4.47 \times 10^6 km^2$，大多数模式的预测结果均比观测偏少。CAS FGOALS-f2 预测的 9 月北极海冰覆盖面积为 $4.23 \times 10^6 km^2$，与观测($4.72 \times 10^6 km^2$)相比，存在约 $0.50 \times 10^6 km^2$ 的预测误差（图 6.16）。

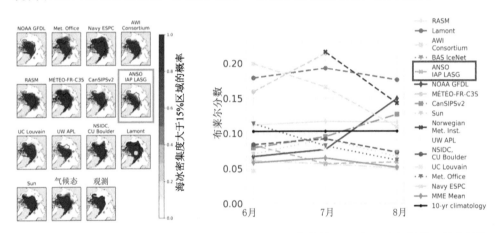

图 6.16　（左)CAS FGOALS-f2 海冰预测系统给 SIPN 提供的从 2020 年 6 月起报的 9 月北极海冰面积预测结果，（右)多模式 2020 年 9 月北极海冰预测技巧 BS 评分

摘自 SIPN2 2020: Post-Season Report 图 12-13

6.4.3　北极冰区航线智能规划

过去 40 年北极海冰范围的大幅度下降为夏季北极航道的开通创造了条件(Yu et al., 2021; Cao et al., 2022)。北极航道主要由东北航道、西北航道以及中央航道构成（Ostreng et al., 2013)。与传统苏伊士运河路线相比，东北航道的开通将从东北亚到欧洲西部的路程缩短40%,航行时间减少20天左右（Yumashev et al., 2017; Zhu et al., 2018)。北极地区呈现出的航道开发潜力引起了全球关注，开发利用"冰上丝绸之路"成为北极地区诸多国家的重要战略。2018 年,《中国的北极政策》白皮书发布，进一步阐明了中国与各方共建"冰上丝绸之路"的主张，将通过与

泛北极国家的合作，深入开展北极科学研究与开发利用，参与北极治理，促进整个北极地区的繁荣与稳定，推动北极的可持续发展。在此背景下，开展北极航道前瞻性研究，加强北极航道智能化服务水平具有重要意义。同时，聚焦 SDG 目标13，规划最优航行路线，动态评估每条航线的燃料成本、航程时间和成本，评估短期、中长期北极航线作为苏伊士运河替代航线的可行性，可为船舶公司航线运输选线提供决策依据。

1. 服务目标

面向"冰上丝绸之路"建设与发展需求，研发在线可交互的北极冰区航线智能规划系统，实时提取航道通航关键信息，为北极船舶航行提供短-中-长期规划，进一步提升北极通航信息服务水平。

2. 服务内容

基于地球大数据云平台构建可用于在线信息实时提取的计算架构，在此基础上集成风险量化评估、路径智能规划及海冰在线提取等方法，结合三维可视化、海量数据自动预处理、存储、分析等大数据技术，发展北极航道船舶航行智能规划系统（RouteView），建立"数据-信息-决策"的信息提取体系。基于海量多源数据，RouteView 可自动计算过去 10 年至未来 100 年北极东北航道不同船舶的最优航线分布，可根据不同约束条件实时计算未来 60 天船舶最优航线分布。同时，系统也提供了在线可交互的海冰图像提取接口，不仅可基于 FY-3D 数据自动提取海冰真彩色图像，而且能够基于 Sentinel-1 数据实时获取海冰-海水分类结果。相比已有北极信息服务系统，RouteView 能够实时处理海量数据，根据不同条件约束规划出时效性更高、更为安全经济的航线，从信息提取方式和计算效率方面提高了北极航道信服服务的智能化水平。

3. 技术路线

RouteView 是一个基于数字地球基础平台（DESP Client for WebGL，DespWeb）的北极冰区航线在线规划系统（Wu et al., 2022b）。RouteView 最新的可用版本是V3.0，其目标是通过实时计算将大量数据转化为有价值的决策知识（Wu et al., 2022a）。RouteView 软硬件资源全部部署在地球大数据科学工程专项云服务平台当中（BEDCSP, http://english.casearth.com/index.php）。

RouteView 采用松耦合策略，将数据收集、计算和可视化分为三个独立的模块，图 6.17 给出了这三个不同模块之间的关系：

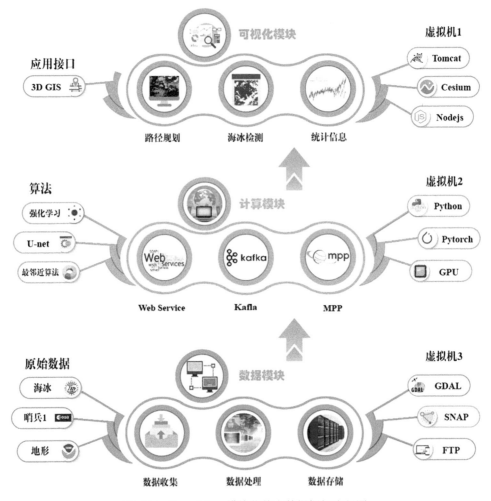

图 6.17　RouteView 模块化的大数据框架流程图

　　数据模型实现对各类原始数据的收集及预处理，如哨兵、海冰产品和气象数据。为降低获取和准备所需数据的复杂性，开发数据自动采集和处理中间件来对原始数据进行自动收集和预处理。

　　计算模型将大数据转化为有价值的小数据，即"信息"。为降低信息提取的复杂性，将路径分析方法、冰水分类模型等发布为 Webservice 服务，部署于地球大数据云服务平台。

　　可视化模型通过 DespWeb 为用户提供交互界面，实现不同约束条件下最优路径的实时计算和海冰-水在线自动分类。为了提升用户体验，还使用了瓦片、WebGL、Ajax 等技术来增强可视化效果。

4. 应用案例

本节主要介绍 RouteView 的 2 个应用案例：基于 3D GIS 的商船最优航线分析(场景 1)和不同条件约束下的商船航线实时规划(场景 2)。

1)基于 3D GIS 的商船最优航线分析

RouteView 集成深度强化学习模型,可自动计算普通商船(无破冰能力)和 PC6 破冰船(可在海冰厚度大于 70 cm 的冰区航行)过去 10 年及未来 80 年夏季通航期逐日的最优航线分布,也可按照不同的条件实时计算未来 60 天逐日的最优航线分布。航线规划的时间分为三个阶段：历史航线(2012 年 7 月至 2020 年 10 月)、近期航线(2020 年 5 月至今,未来 60 天每天更新数据),以及未来航线(2025 年 5 月至 2100 年 11 月)。

本节以普通商船为例(场景 1),说明系统的航线自动规划服务。图 6.18 A 区域中,黄线为系统自动计算出的 2020 年 7 月 15 日商船在北极东北航道航行的最优航线。橙色和红色区域表示商船在该区域通航风险较高(RIO < 0),而商船能够在绿色或蓝色区域(RIO > 0)安全航行。同时,系统可分析最优航线沿途的海冰及通航风险变化,并使用 3D 图表进行可视化分析,有助于指导船舶航行 (图 6.18 C 区域)。此外,系统也提供了局部海域气象条件分析和预测,例如,在 3D GIS 中点击航线局部区域可获取未来 10~15d 的温度变化趋势(图 6.18 D 区域)。

为了更方便地指导船舶航行,系统进一步将通航风险大于零的区域定义为缓冲区(图 6.18 B 区域中的紫色区域),船舶在该区域内可安全航行。

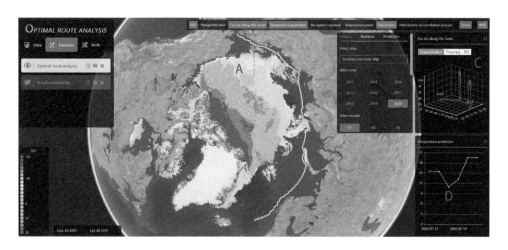

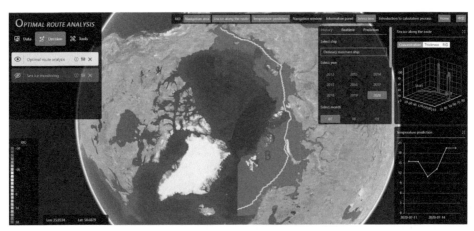

图 6.18　基于 3D GIS 实现北极东北航道最优路线分析

A 区域中的黄线是系统计算出的 2020 年 7 月 15 日商船在北极东北航道航行的最优航线；不同的颜色代表了商船航行的通航风险指数分布；B 区域显示了商船可以安全航行的缓冲区域；C 区域 3D 曲线显示了沿最优航线海冰密集度和厚度的变化情况；D 区域显示了最优航线某区域未来 10 至 15 天的温度变化趋势

2) 不同条件约束下的商船航线实时规划

场景 1 的结果由系统自动生成并在三维球形系统中展示，在此基础上，本节构建更加智能的航线规划服务：通过 RouteView 的 3D GIS 界面，可以灵活输入航线的起点和终点位置、船舶类型和航行开始时间等计算参数。提交这些参数后，系统可以快速实现不同约束条件下最优航线的在线提取，其结果自动显示在系统界面中。

场景 2 提供了一个针对商船的航线规划计算案例(图 6.19)。选择 2021 年 9 月 1 日，商船，并定义起点和终点后，系统可计算航线最优空间分布、航程时长、

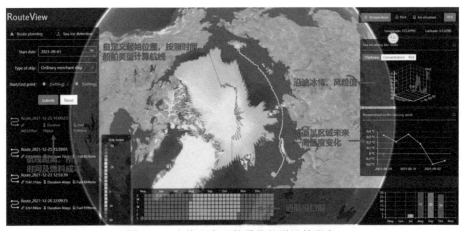

图 6.19　在线可交互的最优航道计算服务

中央黄线为实时计算得到的 2021 年 9 月 1 日商船航行路线。数据来源于中国科学院大气科学研究所的 FGOALS-f2 北极海冰预报系统

油耗、沿线海冰时空变化和风险值,以及未来一周局部海域温度变化。此外,自动分析北极东北航道 2021 年通航窗口期(包含通航期开始和结束日期)。在线实时提取的这些航道通航关键信息,回答了北极航道到底哪些地方有通航能力,什么时候能通航,可通航多久等关键问题。

6.5　本章小结

三极大数据平台是集 SDGs 数据共享、在线计算及三维可视化分析于一体的信息服务云平台(https://poles.tpdc.ac.cn),也是开放数据系统中连接决策者、数据贡献者、数据管理者和数据用户的集成平台。平台已形成存储、处理、加工、分析、挖掘和发布等数据全生命周期规范化管理,部署在中国科学院战略先导专项地球大数据科学工程提供的云平台运行。三极大数据平台从政策、管理、技术和国际化等方面加强开放数据措施,打破了当前三极 SDGs 数据共享的瓶颈,使得全球用户都能在统一的共享与交换标准下公开访问和使用由平台集成的 SDGs 数据,共同推动基于大数据驱动的三极科学研究。

三极大数据平台实现了三极 SDGs 数据可视化服务,提供了"数据-信息-决策"一体化的 SDG 指标在线计算功能,为三极 SDGs 科学研究和决策提供有力的分析工具。三极大数据平台将进一步集成与共享三极环境变化相关数据,支撑三极整体、系统、对比、协同研究,支持三极地区实现联合国可持续发展,服务于可持续发展大数据国际研究中心建设以及未来的三极环境气候变化专项。

参 考 文 献

潘小多, 李新, 冉有华, 等. 2022. 开放科学背景下的科学数据开放共享. 大数据, 8(1): 8-9.

吴阿丹, 车涛. 2021. 面向三极科学的三维可视化系统应用研究. 冰川冻土, 43(1): 274-284.

Blackport R, Screen J A. 2020. Insignificant effect of Arctic amplification on the amplitude of midlatitude atmospheric waves. Science advances, 6(8): eaay2880.

Campbell J, Sebukeera C, Giada S, et al. 2019. Measuring Progress: Towards achieving the environmental dimension of the SDGs. United Nations Environment Programme.

Cao Y F, Liang S L, Sun L X, et al. 2022. Trans-Arctic shipping routes expanding faster than the model projections. Global Environmental Change, 73: 102488.

Chen J L, Kang S C, Du W T, et al. 2021. Perspectives on future sea ice and navigability in the Arctic. The Cryosphere, 15(12): 5473-5482.

Cohen J, Pfeiffer K, Francis, J A. 2018. Warm Arctic episodes linked with increased frequency of extreme winter weather in the United States. Nature communications, 9(1): 1-12.

Dai A G, Luo D H, Song M R, et al. 2019. Arctic amplification is caused by sea-ice loss under increasing CO_2. Nature communications, 10(1): 1-13.

Fang M, Li X, Chen H W, et al. 2022. Arctic amplification modulated by Atlantic Multidecadal Oscillation and greenhouse forcing on multidecadal to century scales. Nature communications, 13(1): 1-8.

Hu Y X, Che T, Dai L Y, et al. 2021. Snow Depth Fusion Based on Machine Learning Methods for the Northern Hemisphere. Remote Sensing, 13(7): 1250.

La Z, Yang K, Hou J Z, et al. 2021. A new finding on the prevalence of rapid water warming during lakeice melting on the Tibetan Plateau. Science Bulletin, 66(23): 2358-2361.

Li X, Che T, Li X W, et al. 2020. CASEarth Poles: Big data for the three poles. Bulletin of the American Meteorological Society, 101(9): 1475-1491.

Li X, Cheng G D, Wang L X, et al. 2021. Boosting geoscience data sharing in China. Nature Geoscience, 14(8): 541-542.

Ostreng W, Eger K M, Fløistad B, et al. 2013. Shipping in Arctic waters: a comparison of the Northeast, Northwest and trans polar passages. Springer Science & Business Media, 9783642167904: 1-414.

Pan X D, Guo X J, Li X, et al. 2021. National Tibetan Plateau Data Center: Promoting Earth System Science on the Third Pole. Bulletin of the American Meteorological Society, 102(11): 2062-2078.

Ran Y H, Jorgenson M T, Li X, et al. 2021. Biophysical permafrost map indicates ecosystem processes dominate permafrost stability in the Northern Hemisphere. Environmental Research Letters, 16(9): 095010.

Ran Y H, Li X, Cheng G D, et al. 2022. New high-resolution estimates of the permafrost thermal state and hydrothermal conditions over the Northern Hemisphere. Earth system science data, 14(2): 865-884.

Smith L C, Stephenson S R. 2013. New Trans-Arctic shipping routes navigable by midcentury. Proceedings of the National Academy of Sciences, 110(13): E1191-E1195.

Wang T H, Yang D W, Yang Y T, et al. 2020. Permafrost thawing puts the frozen carbon at risk over the Tibetan Plateau. Science advances, 6(19): eaaz3513.

Wu A D, Che T, Li X, et al. 2022a. Routeview: an intelligent route planning system for ships sailing through Arctic ice zones based on big Earth data. International Journal of Digital Earth, 15(1): 1588-1613.

Wu A D, Che T, Li X, et al. 2022b. A ship navigation information service system for the Arctic Northeast Passage using 3D GIS based on big Earth data. Big Earth Data, 6(4): 453-479.

Yu M, Lu P, Li Z Y, et al. 2021. Sea ice conditions and navigability through the Northeast Passage in the past 40 years based on remote-sensing data. International Journal of Digital Earth, 14(5): 555-574.

Yumashev D, Hussen K, Gille J, et al. 2017. Towards a balanced view of Arctic shipping: estimating economic impacts of emissions from increased traffic on the Northern Sea Route. Climatic Change, 143(1): 143-155.

Zhang Y Q, Kong D D, Gan R, et al. 2019. Coupled estimation of 500 m and 8-day resolution global evapotranspiration and gross primary production in 2002-2017. Remote Sensing of Environment, 222: 165-182.

Zhu X N, Cao W Z, Ai W Z. 2018. The study on necessity of actively participating in opening up the Arctic northeast passage. IOP Conference Series Earth and Environmental Science, 189(6): 062042.

第 7 章

支持可持续发展的大数据产品

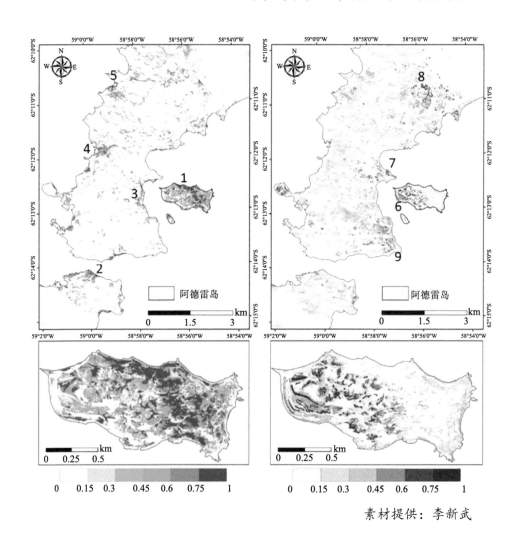

素材提供：李新武

本章作者名单

首席作者

　　李新武，中国科学院空天信息创新研究院

主要作者

　　车　涛，中国科学院西北生态环境资源研究院

　　王　磊，中国科学院青藏高原研究所

　　邱玉宝，中国科学院空天信息创新研究院

　　冉有华，中国科学院西北生态环境资源研究院

　　徐希燕，中国科学院大气物理研究所

　　赵传峰，北京大学

　　丛志远，中国科学院青藏高原研究所

　　白建辉，中国科学院大气物理研究所

　　吴文瑾，中国科学院空天信息创新研究院

　　光　洁，中国科学院空天信息创新研究院

　　孙中昶，中国科学院空天信息创新研究院

　　范新凤，中国科学院青藏高原研究所

　　李青寰，中国科学院空天信息创新研究院

　　梁　爽，中国科学院空天信息创新研究院

　　石利娟，中国科学院空天信息创新研究院

　　包　韬，中国科学院大气物理研究所

　　胡艳兴，中国科学院西北生态环境资源研究院

　　杨以坤，北京大学

　　万　欣，中国科学院青藏高原研究所

　　李思佳，成都理工大学

2015 年，联合国通过了包含 17 项可持续发展目标的《2030 年可持续发展议程》，希望到 2030 年实现经济、社会、环境的和谐发展。近年来的实践表明，落实 2030 年可持续发展议程依然面临数据缺失、指标体系研究不足、发展不平衡等问题。其中，在数据缺失方面，高质量的高时间和高空间分辨率支撑 SDG 研究的全球或区域数据和产品目前极度缺乏，还不能切实支撑全球、区域、国家和局地层面的 SDG 研究、监测和评估。

地球的南极、北极和青藏高原(第三极)(简称"地球三极")的气候和环境变化可直接和间接影响全球可持续发展目标的实现。地球三极地理位置特殊，空间面积大，地域分布广，空间对地观测是唯一可以实现对地球三极大范围、多尺度、长期空间无缝和时间连续观测的技术，为地球三极 SDG 研究提供技术和数据源保证。2018 年在中国科学院战略性先导专项(A 类)："地球大数据科学工程"的资助下，面向 SDG6、SDG9、SDG11、SDG13、SDG14 和 SDG15 六个目标，针对地球三极典型自然环境和人类活动环境要素如冰盖/冰架/冰川、积雪、冻土、海冰、河湖冰、植被和气溶胶等，开展了三极冰川表面冻融、冰川运动速度、冰架冰裂隙、积雪范围和厚度、冻土类型、海冰范围、海冰密集度、植被类型、植被指数、气溶胶类型、气溶胶光学厚度和城市不透水层等产品的生产和研发，构建了地球三极可持续发展研究大数据集及产品，为深度开展三极气候、环境和生态系统变化研究，三极资源开发研究，三极气候与环境可持续发展研究提供坚实的数据产品与资源环境信息支撑。

本章结构如下，概述主要就三极产品生产的背景及意义进行简单介绍，第 7.1 节到第 7.5 节分别就冰冻圈大数据产品、大气大数据产品、生态大数据产品、水资源大数据产品和城市大数据产品进行详细论述，主要内容包括：产品概述、产品生产方法及流程、产品的精度评估和产品的应用分析等。表 7.1 为支持可持续发展的大数据产品名称、概述及与 SDG 的关系。

表 7.1 支持可持续发展的大数据产品名称、概述及与 SDG 的关系

产品名称	产品概述	与 SDG 的关系
冰盖冻融产品	基于 1978～2020 年被动微波辐射计数据，研制了全南极和格陵兰冰盖 40 多年的冰盖冻融数据集并获取了南北极冰盖冻融时空变化信息	面向 SDG13：气候行动，为气候变化研究提供产品支撑
冰裂隙产品	利用机器学习方法及 Sentinel-1 SAR 数据制备了高精度高分辨率的南北极典型冰架冰川裂隙数据集	面向 SDG13：气候行动，为气候变化研究以及科考活动安全提供产品支撑

续表

产品名称	产品概述	与 SDG 的关系
积雪深度产品	基于全球地面积雪观测数据,在多种机器学习融合雪深方法对比基础上,利用随机森林数据融合框架制备 1980～2019 年逐日雪深数据集	与 SDGs 9, SDGs 13, SDGs 6 等目标都密切相关,是开展 SDGs 相关研究的基础数据
多年冻土产品	利用多机器学习模型集合模拟方法,整合地面观测与多源遥感数据,生产了 2000～2016 年间空间分辨率为 1km 的北半球多年冻土热状态数据集	与 SDGs 9, SDGs 13, SDGs 6 等目标都密切相关,是开展 SDGs 相关研究的基础数据
北半球湖冰物候数据集	基于被动微波数据反演湖泊亮温曲线,研制 1978～2020 年北半球湖冰物候数据集	面向 SDG13:气候行动,为气候变化研究提供产品支撑
河冰覆盖数据集	以亚欧大陆北极地区流向北冰洋的六大流域及其北部地区为研究区,利用 2002～2021 年的 MODIS 逐日积雪 500m 格网数据产品,采用经典的归一化差分积雪指数识别冰水像元,研制冰河覆盖数据集	面向 SDG13:气候行动,为气候变化研究提供产品支撑
海冰融池覆盖度产品	通过开发一种新的基于物理的算法,基于遥感数据反演海冰上融池的覆盖面积,并应用该算法研制了 2000～2021 年共 22 年的北极融池覆盖度和海冰覆盖度产品	面向 SDG13:气候行动,为气候变化研究提供产品支撑
气溶胶类型数据产品	综合利用 CALIPSO 和 MERRA2 资料,生成了 2006～2021 年 0.5°×0.625° 三极地区每月的气溶胶类型产品	面向 SDG13:气候行动,为气候变化研究提供产品支撑
气溶胶光学厚度覆盖产品	利用 TERRA/MODIS 和 AQUA/MODIS 传感器以及 AATSR 双角度数据协同反演的方法和耦合 BRDF 特性的陆地上空大气气溶胶遥感反演算法,研制 2002～2020 年 0.1°×0.1° 气溶胶光学厚度	面向 SDG13:气候行动,为气候变化研究提供产品支撑
太阳辐射数据产品	基于分析代表性的 3 个站点北极 Sodankylä 站,南极 Dome C 站,珠峰站,太阳辐射和气象参数测量数据,发展了太阳总辐射经验计算模型,采用不同方法进行了模型检验	面向 SDG13:气候行动,为气候变化研究提供产品支撑
植被丰度产品	基于 WorldView-2 (WV-2) 数据研制了 2018 年和 2019 年苔藓和地衣丰度产品	面向 SDG13:气候行动和 SDG15:陆地生物,为植被对气候变化研究提供产品支撑
青藏高原水资源大数据产品	通过构建、验证包含积雪-冰川-冻土描述的多圈层综合水文模型,定量解析青藏高原七大主要流域的水资源变化,并模拟生成各流域 1998 年以来近 20 年高时空分辨率的水资源数据产品(径流、蒸发)	面向 SDG13:气候行动,为多圈层研究河流下游可持续发展提供产品支撑
全球 10m 不透水面数据产品	基于多时相升降轨 Sentinel-1SAR 和 Sentinel-2 MSI 多光谱光学数据,结合散射特征、纹理特征和物候特征进行 2018 年全球 10m 分辨率的不透水面产品	面向 SDG11:可持续城市和社区,为城市发展建设提供产品支撑

7.1 冰冻圈大数据产品

7.1.1 冰川与冰盖产品

冰川和冰盖是南北极重要环境要素，本节介绍中国科学院 A 类先导专项"地球大数据科学工程"近期发展的新的南北极冰川和冰盖产品，分析长时序的南北极冰盖表面冻融的时空分布特征及南北极裂隙特征差异。

1. 南北极辐射计冰盖冻融产品

极地冰盖的融化既是全球变暖的敏感因子，也是气候变化的贡献因子。冰盖冻融的探测对于极区气候变化及高纬度和山地区域的冻融-径流水文模拟研究非常重要。近期，在中国科学院先导专项"地球大数据科学工程"支持下，中国科学院空天信息创新研究院改进了基于小波分析的冰盖表面冻融探测算法(Liang et al., 2019)，并研发长时序的南北极冰盖冻融数据集(Liang et al., 2013)。

1)产品生产方法及流程

改进的冰盖表面冻融探测算法利用微波辐射计交叉极化比率(cross-polarized gradient ratio, XPGR)及小波分析方法。交叉极化比率采用了微波辐射计的 18/19 GHz 的水平极化亮温和 36/37 GHz 的垂直极化亮温数据计算获得。采用双高斯模型和交叉极化比率自适应获取干湿雪信号的阈值，然后运用小波变换模型对 XPGR 的长时间序列数据做小波变换，得到南极和格陵兰冰盖融化开始、持续和结束时间信息。算法的详细介绍内容可以参考(Liang et al., 2013)。

2)产品的精度评估

利用自动气象站(AWS)对冰盖融雪检测方法的有效性和精度进行了定量验证。空间上表面融化的发生对应于温度的空间模式。采用正确检测率(correct detection rate, CDR)、先验真阳性率(priori true positive rate, priori TPR)和后验真阳性率(posterior true positive rate, posterior TPR)三个指标评估冰盖冻融探测方法的精度。其中，CDR 为正确检测结果数与检测结果总数(或温度数据总数)之比；Priori TPR 是正确检测到的"融化"结果与 0℃以上温度数据数之比；Posterior TPR 是正确检测到的"融化"结果的数量与检测到的"融化"结果的数量之间的比率。采用 Larsen Ice Shelf、Butler island、Bonaparte point、Amery G3 的站点气温数据的验证结果表明基于气温监测的结果与辐射计冻融探测结果较为一致。

3）南北极冰盖冻融时空变化分析

利用基于改进的小波分析方法和多种被动微波辐射计数据，研制了全南极和格陵兰冰盖 40 多年（1978～2020 年）的冰盖冻融数据集，获取了 40 余年南北极冰盖冻融时空变化信息（图 7.1、图 7.2）。为了对南极冰盖冻融长时间时空变 化进行定量分析，引入融化程度、融化指数（Liu et al., 2020）和平均融化持续时间 3 个指标对 1978～2014 年进行年际变化分析（Liang et al., 2019），融化程度反映的是每年南极冰盖融化面积，而融化指数一定程度上反映了每年南极冰盖融化的剧烈程度。1978～2014 年南极冰盖平均融化面积为 109.8km^2，约占南极冰盖总面积的 10%。此外，在 1978～2014 年间，平均每年融化持续时间约为 2d，超过 80% 的融化区域每年至少经历 10d 的融化。格陵兰冰盖的绝对季节性融化面积小于南极冰盖，1978～2014 年平均受影响面积为 76.4 万 km^2。然而，格陵兰冰盖的相对融化面积远大于南极冰盖。在格陵兰冰盖中，超过 60% 的融化区域每年至少融化 10d，平均每年 28d。

2. 南北极冰盖冰裂隙产品

冰裂隙是冰川内应力的外在表现，是评估冰川稳定性，量化物质损失的重要指标。除此，活跃的冰裂隙会对在极地开展科学考察的野外科研人员造成严重的安全隐患。近期，在中国科学院先导专项"地球大数据科学工程"支持下，中国科学院空天信息创新研究院研发了南北极裂隙半自动提取框架（Zhao et al., 2022），利用机器学习方法及 Sentinel-1 SAR 数据制备了高精度高分辨率的南北极典型冰架/冰川裂隙数据集。

1）产品生产方式及流程

南极冰盖和格陵兰冰川典型区域的裂隙产品生产过程包括数据预处理、样本制作和模型训练。模型训练的样本南极共 1970 对，格陵兰 1065 对，其中 85% 的样本数据进行模型训练，15% 的样本数据进行精度验证。机器学习模型采用改进的 U-Net 网络，当模型精度达到最优时训练终止。算法的详细介绍内容可以参考 Zhao 等（2022）。

2）精度评价及验证

将经过预处理的 SAR 影像输入训练好的模型后获得冰裂隙探测结果，为了验证裂隙探测的结果精度，采用定性加定量评价的方法进行精度验证。采用机器学习常用的精确度（precision）、召回率（recall）、F1 评分（F1 score）和准确率（accuracy）四项指标进行定量精度评价，整体探测精度达到 90% 以上。

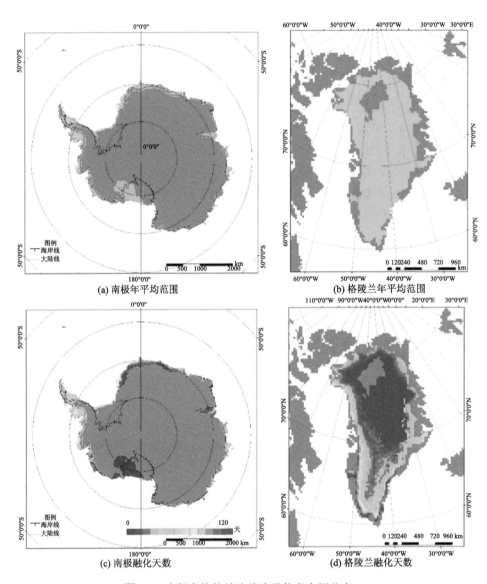

(a) 南极年平均范围

(b) 格陵兰年平均范围

(c) 南极融化天数

(d) 格陵兰融化天数

图 7.1　南极和格陵兰冰盖冻融信息空间分布

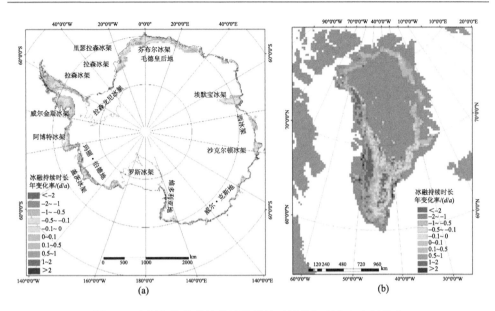

图 7.2　南极和格陵兰冰盖冻融持续时长的年变化率空间分布

3) 南北极裂隙特征对比分析

基于自主研发的裂隙识别算法，获取了 2020 年南北极典型冰架/冰川的裂隙产品，对南极和格陵兰冰裂隙特征(长度、密度和类型)进行对比分析，进一步揭示南极和格陵兰冰裂隙的特征及差异(如图 7.3、图 7.4 所示)。南极 5 个典型冰架区分别为北部 Fimbul 冰架和 Jelbart 冰架、西部 Thwaites 冰架、西南部 Nickerson冰架、东北部 Amery 冰架和东部 Shackleton 冰架。就裂隙长度而言，总体上南极地区东北地区 Amery 冰架和北部地区 Fimbul 冰架裂隙较长，格陵兰则东南地区Kangerlussuaq 冰川和北部地区 Petermann 冰川表面裂隙最长。相同点则表现为两极地区均位于西北区域的冰川表面裂隙最短，为南极 Thwaites 冰架和格陵兰Sverdrup 冰川。在类型特征上，南极冰裂隙类型较为丰富，格陵兰冰裂隙类型较为单一，且主要为横向裂隙和冰瀑。南极冰盖北部地区 Fimbul 冰架以横向裂隙为主要裂隙类型，其次发育了一定程度的雁行裂隙，冰川后壁裂隙及冰裂均零星发育。西北地区 Thwaites 冰架发育裂隙类型较为单一，主要为横向裂隙，其次外展裂隙也广泛分布。东北地区 Amery 冰架冰裂隙类型主要为横向裂隙，占裂隙总数量的 82%。西南地区 Nickerson 冰架冰裂隙类型丰富，横向裂隙、雁行裂隙和外展裂隙数量相当，且分布较为集中，此外还有冰瀑和冰裂零散分布。东南地区 Shackleton 冰架冰裂隙类型丰富，冰瀑在一定区域内集中发育，横向裂隙，外展裂隙，雁行裂隙及冰裂均有发育。格陵兰冰盖北部 Petermann 冰川、西北地区 Sverdrup 冰川、东北地区 Zachariae 冰川均以冰瀑为主要裂隙类型。西南地区 Kangilernata 冰川和东南地区 Kangerlussuaq 冰川，表面裂隙以横向裂隙为主。东南地区 Kangerlussuaq 冰川同西南地区 Kangilernata 冰川裂隙类型组成较为相似，西北地区 Sverdrup 冰川和北部地区 Petermann 冰川裂隙类型组成较为相似。

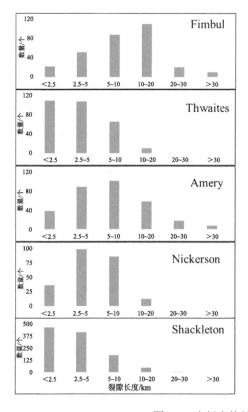
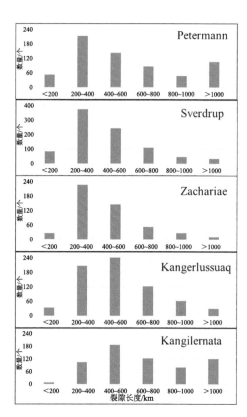

图 7.3　南极和格陵兰冰裂隙长度对比

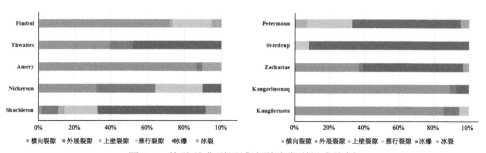

图 7.4　格陵兰典型区域冰裂隙类型组成比例

7.1.2　积雪与多年冻土产品

积雪与冻土是三极冰冻圈的关键要素，与 SDGs 9, SDGs 13, SDGs 6 等目标都密切相关，是开展 SDGs 相关研究的基础数据。本节介绍了中国科学院 A 类先导专项"地球大数据科学工程"近期新发展的北半球积雪和多年冻土数据产品，分析了北半球雪深和多年冻土地温与活动层厚度分布特征。

1. 积雪深度产品

积雪研究中两个重要的参数是积雪覆盖(积雪面积)和积雪深度(雪水当量)。积雪覆盖提供积雪的空间覆盖信息，而积雪深度除了提供积雪的覆盖信息外，还提供积雪的质量信息。相比积雪覆盖而言，缺乏高精度长时间序列逐日雪深数据集是制约北半球积雪深度定量研究及趋势变化的可信度相对较低的主要因素(Prichard, 2021)。近期，在中国科学院 A 类先导专项"地球大数据科学工程"支持下，中国科学院西北生态环境资源研究院收集全球地面积雪观测数据，在多种机器学习融合雪深方法对比基础上(Hu et al., 2021)，利用随机森林数据融合框架制备高精度、长时间序列的逐日雪深数据集(车涛等，2021)。

1) 产品生产方法

利用随机森林回归方法 (random forest regression) 将 AMSR-E (advanced microwave scanning radiometer for earth observation system)、AMSR2 (advanced microwave scanning radiometer2)、NHSD (long time series of daily snow depth over the northern hemisphere)、GlobSnow (global snow monitoring for climate research)、ERA-Interim 和 MERRA-2 (modern-era retrospective analysis for research and applications，version 2) 等 6 种格网雪深产品、地面观测雪深和辅助数据等进行融合。将格网雪深产品、经度、纬度和海拔高程作为随机森林模型的自变量，地面观测雪深作为模型的因变量。通过大量地面观测数据对模型进行训练和优化，形成随机森林数据融合框架，从而制备 1980~2019 年长时间序列格网雪深数据集。由于在不同时间阶段，使用的训练样本数量不一致，随机森林中各超参数的确定主要使用网格搜索法确定。

根据常用格网雪深产品数据的时间序列和数量，我们分 3 个主要阶段进行 1980~2019 年长时间序列雪深数据的融合工作。①1980~2002 年和 2012~2013 年，我们采用 NHSD、GlobSnow、ERA-Interim 和 MERRA-2 等 4 种格网雪深产品数据进行制备；②2003~2011 年采用 AMSR-E、NHSD、GlobSnow、ERA-Interim 和 MERRA-2 等 5 种格网雪深产品进行制备；③2013~2019 年采用 AMSR2、

NHSD、GlobSnow、ERA-Interim 和 MERRA-2 等 5 种格网雪深产品进行制备。在数据融合前，先将北半球陆地按照土地覆被类型划分为林地、草地、灌木、裸地和未分类等 5 大类。将前一年的 9 月到本年度的 5 月定义为一个完整的积雪水文年，并把积雪水文年划分为 3 个季节，秋季(9~11 月)，冬季(12~2 月)和春季(3~5 月)。以 2003~2011 年为例，采用"留一积雪水文年"验证的方式进行时间序列数据的制备。以制备 2011 年积雪水文年逐日雪深数据为例，选择"2003~2010"年的数据作为训练样本，然后分不同季节逐日制备 2011 积雪水文年不同季节的逐日雪深数据。以此类推，最终制备获得 2003~2011 年积雪水文年逐日融合雪深数据集。由于 GlobSnow 雪深产品只覆盖北纬 35°N 以北的区域，在雪深数据集制备过程中，分北纬 35°N 以南和北纬 35°N 以北进行数据融合，GlobSnow 雪深产品只在北纬 35°N 以北参与运算。最后，将逐日北纬 35°N 以南和北纬 35°N 以北的数据在空间上进行拼接，即可得到覆盖整个北半球陆地的雪深产品。在几个不同阶段中，均采用"留一积雪水文年"验证的方式进行时间序列数据的制备。

2)产品精度评估

根据稀疏采样的原则，留出 10%的地面观测数据作为独立验证点，这部分点不参与模型的训练和优化。利用这些地面观测点对应的几种雪深产品值进行交叉对比评估。融合雪深数据的 R^2 从最优产品 GlobSnow 的 0.23 提升至 0.81，而 RMSE 从最优产品 GlobSnow 的 15.86 cm 减小至 7.69 cm，MAE 从最优产品 ERA-Interim 的 6.14 cm 降低至 2.74 cm(图 7.5)。本研究利用大量的地面观测雪深数据训练和优化模型，在数据融合工作中对精度提升起着至关重要的作用。

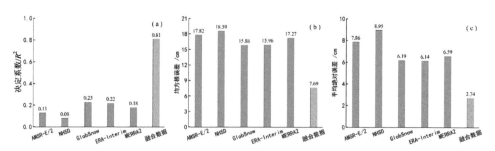

图 7.5 融合雪深数据和原始格网雪深产品数据与地面观测数据的交叉对比评估

注：图中灰色柱代表的是原始雪深产品，橘色代表的是融合数据(a)为决定系数，(b)为均方根误差，(c)为平均绝对误差

　　为了检验融合数据在时间序列上的精度，利用地球系统模型——积雪模型对比计划(ESM-SnowMIP)提供的独立地面观测点(Ménard et al., 2019)对数据进行验证。其中 Sodankylä(SOD)观测点的验证精度最高，其总体精度 R^2 达到 0.89，RMSE 和 MAE 分别只有 8.7 cm 和 6.4 cm，融合数据整体上高估地面数据 3.9 cm(表 7.2)。综合 7 个独立地面观测点的对比结果来看，位于芬兰的 Sodankylä(SOD)及加拿大的 Old Aspen(OAS)、Old Black Spruce(OBS)和 Old Jack Pine(OJP)这 4 个地面观测的融合雪深精度较高。融合雪深数据在地面观测点海拔较低，地表环境较为均一，雪深在 100 cm 以内时，可以在时间序列趋势上较为准确地拟合雪深变化。Senator Beck Basin Study Area(SBBSA)、Swamp Angel Study Plot(SASP)和 Weissfluhjoch(WFJ)这 3 个点的验证来看，融合数据在积雪较深(超过 100 cm)、海拔较高(超过 2500 m)及地表环境较为复杂的区域，融合雪深精度较低。

表 7.2　独立地面观测点的精度验证

站点名称	R^2	RMSE/cm	MAE/cm	Bias/cm	天数
(a) Sodankylä(SOD)	0.89	8.7	6.4	3.9	1611
(b) Old Aspen(OAS)	0.76	8.2	4.4	−3.4	2673
(c) Old Black Spruce(OBS)	0.76	6.8	4.5	4.0	2456
(d) Old Jack Pine(OJP)	0.77	7.6	4.5	1.1	3512
(e) Senator Beck Basin Study Area(SBBSA)	0.22	56.5	42.2	−37.8	2365
(f) Swamp Angel Study Plot(SASP)	—	130.2	110.3	−110.3	2378
(g) Weissfluhjoch(WFJ)	—	129.1	103.7	−103.6	5443

3) 雪深时空趋势变化分析

　　利用融合雪深产品数据计算 1980~2019 年北美和欧亚大陆逐积雪水文年平均雪深变化趋势及空间分布格局(图 7.6)。从时间序列趋势变化情况来看，北美和欧亚大陆都呈现出波动下降趋势，北美的下降趋势强于欧亚大陆，欧亚大陆的平均雪深变化趋势较为平缓。2012 积雪水文年，北美和欧亚大陆的平均雪深都呈现出最小值，2013~2019 年表现出较为平稳的趋势。从空间分布格局来看，雪深的高值区主要出现在西伯利亚平原、落基山脉、阿尔卑斯山脉及加拿大的北部和东部区域。中西伯利亚高原的平均雪深约为 20~30 cm，相比东西伯利亚山地和西伯利亚平原的积雪深度较浅，这可能与高原积雪变化较快有关。加拿大积雪深度从西到东逐渐从 10 cm 左右增加至 40 cm 左右。北纬 40° N 以南的区域，大多数雪深小于 5 cm，青藏高原地区也较浅，除高原东部区域的雪深在 5~10 cm。融合雪深数据在高原上精度较低的主要原因是高原上站点较少，对数据融合框架中精度提升有限。

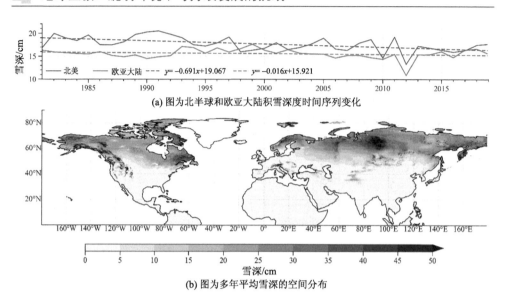

(a) 图为北半球和欧亚大陆积雪深度时间序列变化

(b) 图为多年平均雪深的空间分布

图 7.6 1980~2019 年北半球多年平均雪深的空间分布图及欧亚大陆和北美的时间序列变化趋势图

从北半球积雪深度季节变化趋势来看，秋季(9~11 月)、冬季(12 月~次年 2 月)和春季(3~5 月)积雪深度绝对值变化基本稳定，秋季积雪深度显著低于冬季和春季。秋季平均积雪深度的数值小于 5 cm，冬季平均积雪深度最厚，春季次之。从空间分布格局来看，不同季节和空间分布格局相近，积雪较深区域主要分布在高纬度地区，西伯利亚平原、落基山脉、阿尔卑斯山脉及加拿大的北部和东部区域。北纬 40° N 以南区域的雪深较浅(图 7.7)。

2. 多年冻土产品

年平均地温和活动层厚度是两个最重要的多年冻土热状态指标，长期以来，受过程认知、数据积累和制图方法等方面的限制，北半球一直缺少高精度的年平均地温和活动层厚度数据集。近期，中国科学院西北生态环境资源研究院在系统整编北半球多年冻土地面观测数据的基础上，利用多机器学习模型集合模拟方法，整合地面观测与多源遥感数据，生产了更高精度、空间分辨率为 1km 的北半球多年冻土热状态数据集(Ran et al., 2022)和国际上第一个考虑多年冻土-生态系统复杂交互作用的北半球多年冻土分区图(Ran et al., 2021)，可为气候变化背景下北半球寒区可持续发展应用提供多年冻土基础数据。

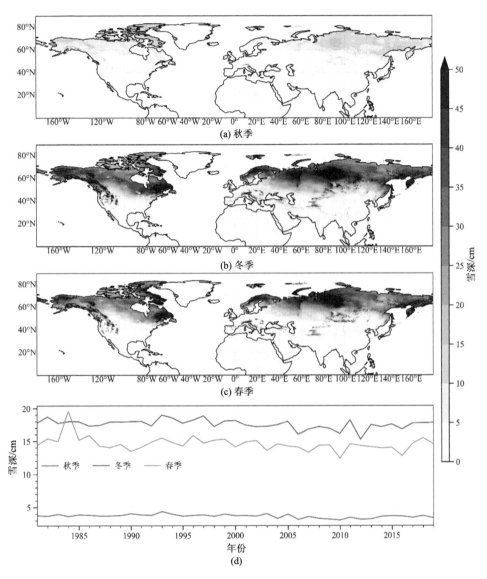

图 7.7　北半球 1980～2019 积雪水文年秋季、冬季和春季平均积雪
深度的时空变化趋势图

1) 产品生产方法

系统整编了 2000～2016 年间北半球 1002 个钻孔的年变化深度的地温钻孔观测数据和 452 个活动层厚度观测数据，是目前该时期北半球数据最多的多年冻土观测数据库，特别是在青藏高原和中国东北多年冻土区更加密集 (Ran et al.,

2022）。在此基础上，利用广义加性模型、支持向量回归、随机森林、XGBoost四种模型的 1000 次集合平均，融合这些更加密集的地面观测与基于 MODIS 地表温度的冻结指数、融化指数、积雪日数、GLASS 叶面积指数、土壤数据和辐射数据等，模拟得到了北半球 1km 年平均地温（图 7.8）和活动层厚度（图 7.9）。交叉验证表明，该数据集具有更高的精度。

在多年冻土分区方面，提出了多年冻土生物物理分区的 GIS 多准则决策方法，综合新的多年冻土热状态数据、气候条件、植被结构、土壤条件和地形条件以及冰楔复合体（Yedoma）专题图（Ran et al., 2021），将北半球陆地多年冻土划分为气候驱动型、气候驱动-生态系统调节型、气候驱动-生态系统保护型、生态系统驱动型和生态系统保护型（图 7.10）。类型定义如表 7.3 所示。

表 7.3 多年冻土生物物理分区的定义（**Shur and Jorgenson, 2007; Ran et al., 2021**）

类型	形成条件	脆弱性
气候驱动型	寒冷或极寒气候条件下的多年冻土，其形成与植被无关，地表暴露于大气中后很快形成，甚至可在浅水下形成	这种多年冻土是最容易受到快速气候变暖影响的类型，因为活动层已经接近最大值。由于植被和土壤发育非常缓慢，其稳定或恢复也很缓慢
气候驱动/生态系统调节型	寒冷地区的多年冻土是由气候驱动形成的，但地下冰和热状况会因植被演替和有机质积累而改变	与气候驱动的多年冻土相比，它的热稳定性更高，但融化稳定性更低（更富冰）。在气候变暖期间，由于生态系统受到保护，这种类型的多年冻土可以持续很长时间
气候驱动/生态系统保护型	多年冻土是在非常寒冷的气候条件下形成的，例如在晚更新世或小冰期，具有独特的低温结构，在演替后期受生态系统的保护在中性气候条件下持续存在。这里主要指富冰和富含有机质多年冻土	通过自然或人为干扰移除植被和有机土壤通常会导致多年冻土退化，而且一旦退化，原始多年冻土特征就无法重建。然而，在某些情况下，上部土壤剖面的退化部分可以恢复为生态系统驱动型多年冻土
生态系统驱动型	多年冻土形成于低洼或朝北的景观条件下，仅气候不足以形成多年冻土，因此受到植被演替和有机质积累的强烈影响	一旦受到火灾或人类活动的干扰，多年冻土就会从地表开始缓慢融化。它可以在深层部分或完全退化。退化一直持续到植被恢复使活动层底部的年平均地温为负时
生态系统保护型	在生态系统发展的后期演替阶段，多年冻土可以持续存在，但在扰动后不能被恢复	在温暖的气候条件下，多年冻土以零星斑块的形式存在，但在扰动后无法恢复。它是对生态系统干扰最敏感的类型

2）多年冻土分布与热状态

对于多年冻土分布，存在两个容易混淆的术语，即多年冻土区面积和多年冻土面积。多年冻土面积被定义为具有年平均地温小于等于 0℃ 的区域，而多年冻土区被定义为多年冻土发生概率大于 0 的区域（Zhang et al., 2000）。根据新的年平均地温模拟结果，剔除冰川和水体，北半球多年冻土面积约为 1477 万 km^2，多年冻土区面积约为 1982 万 km^2，该结果略低于最近基于多年冻土顶板温度模型的模拟结果 (Obu et al., 2019)，相同条件下比国际冻土协会 1997 年发布的环北极多年冻土图的估计值小约 259 万 km^2，其差异主要分布在多年冻土的南部/下界，如蒙古高原和青藏高原区域。

　　北半球年平均地温分布具有明显的纬度梯度，从高北极极低温多年冻土区逐渐过渡到低纬度高山和高原(如青藏高原和蒙古高原)的高温多年冻土区(图 7.8)。在北极山地多年冻土区，年平均地温也显示出显著的空间分布特征，即东西伯利亚低地、中西伯利亚高原、乌拉尔山脉、欧洲斯堪的纳维亚半岛和加拿大西部的育空河流域上游山区的多年冻土相对于同纬度多年冻土具有更低的温度。以青藏高原为核心的第三极多年冻土年平均地温约为–1.56°C，而北

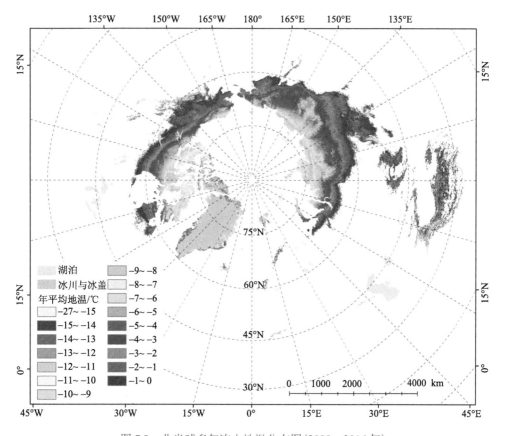

图 7.8　北半球多年冻土地温分布图(2000～2016 年)

极多年冻土年平均地温约为–4.70℃。在高北极地区，多年冻土年平均地温可达到–10℃。活动层厚度的分布特征与年平均地温相似，但空间分布的细节有显著差异（图 7.9）。区域平均活动层厚度从高北极的 77cm 到低纬度高山和高原多年冻土区的 232cm。

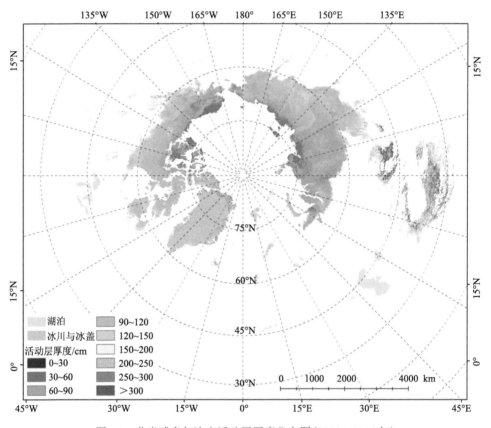

图 7.9　北半球多年冻土活动层厚度分布图（2000～2016 年）

3）多年冻土生物物理分区

现存的全球尺度多年冻土分区主要从多年冻土本身的分布特征来划分，一般将多年冻土划分为连续（90%～100%）、不连续（50%～90%）、零星（10%～50%）和岛状（<10%）多年冻土。Ran 等（2021）发展的新的多年冻土生物物理分区图（如图 7.10 所示）考虑了多年冻土对气候和生态系统的敏感性，在半球尺度上更好地描述了多年冻土与气候和生态过程的复杂交互作用。该图显示，北半球 19%的多年冻土完全由气候驱动，主要分布在加拿大北极和中低纬高山地区，如青藏

高原西部。这种类型的多年冻土极易受到快速气候变暖和扰动(如冰楔)的影响。气候驱动/生态系统调节型约占 41%，主要分布在欧亚大陆北部和北美北部，以及蒙古国南部和青藏高原东部。与原始气候驱动的多年冻土相比，它的热稳定性更高，但其一般具有较高的含冰量，其工程稳定性更低。气候变暖和生态系统干扰是影响该类多年冻土稳定性的主要因素。气候驱动/生态系统保护型约占 3%，其主要与更新世形成的 Yedoma、晚更新世冰川沉积和中性冰楔地形气候有关。生态驱动型多年冻土占 29%，主要分布在欧亚大陆和北美不连续多年冻土带的南缘。生态保护型多年冻土约占 8%，主要沿多年冻土带南缘零星分布，并可能在年平均气温高达 2℃的地区持续存在，它仅存于演替后期的生态系统，是对干扰最敏感的多年冻土类型，且在当前气候下干扰后无法恢复。总体来看，北半球约 81%的多年冻土与生态系统有关，说明在全球尺度上生态过程可能是气候变化背景下多年冻土稳定性的主导因素。

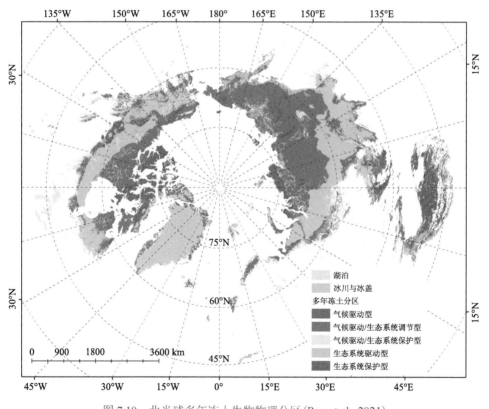

图 7.10　北半球多年冻土生物物理分区(Ran et al., 2021)

7.1.3　海冰和河湖冰

1. 基于被动微波遥感的北半球湖冰物候数据集

1）概述

湖冰是全球气候观测系统(global climate observing system, GCOS)的关键性气候变量(environmental climate variables, ECVs)。每年冬天，全球有超过 5000 万个湖泊会出现结冰现象(Filazzola et al.,2020)。湖冰物候作为描述湖泊冻融的季节性循环的术语，包括湖泊的开始冻结、完全冻结、开始融化、完全融化四个参数(Duguay et al., 2006)。湖冰物候研究表现出冻结日期推迟、融化日期提前、冰覆盖时长缩短的总体趋势(Magnuson et al., 2000; Cai et al., 2019)，根据地面观测数据模拟，在未来气温升高分别增加 2℃、8℃时，分别会有 35300、230400 个湖泊出现间歇性冰覆盖(Sharma et al., 2019)。

受到观测人员经验、观测点的限制，地面观测只能获得目视范围内的湖泊冻融。随着遥感对地观测技术的发展，使得像青藏高原这样环境恶劣区域的湖泊也能得到监测。而且遥感可以回溯近 40 年的数据，为湖冰监测提供长时间序列的数据源。尽管北半球的很多湖泊都被监测过，但单个研究所获得的湖冰物候数量少，且数据源不统一，为不同区域之间的湖冰物候对比分析带来数据间的误差(Guo et al., 2020)。

2）生产方法与流程

基于被动微波遥感的湖冰物候算法整体流程如图 7.11 所示。

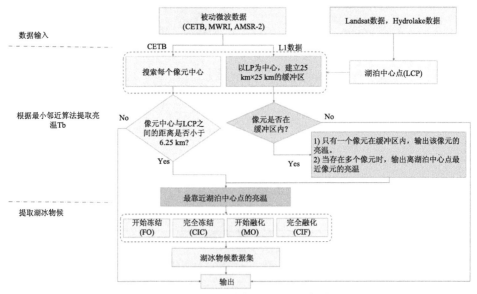

图 7.11　基于被动微波遥感的湖冰物候算法流程图

数据集采用被动微波数据作为湖冰物候判别的基础，被动微波数据不受天气扰动影响，可以频繁获取，且有长时间序列数据。根据传感器类型不同，选取增强分辨率被动微波观测，选取时间从 1978～2020 年，包括 SMMR、SSM/I、AMSR-E、MWRI、AMSR2。

被动微波数据分辨率低，为减少陆地混合像元的影响，根据 Hydrolake 的面积属性及被动微波增强分辨率数据的分辨率，挑选面积大于 40km^2(6.25×6.25km)的湖泊，并根据柯本气候区划剔除热带、亚热带地区等不发生冻结现象的湖泊。然后基于 Hydrolake 及谷歌地球高分遥感数据，确定湖泊中心点坐标，但自然界有很多形状不规则的湖泊，则选取水域面积较大区域的中心坐标。获取湖泊中心坐标后，根据最邻近像元算法，提取每日的距离湖泊中心坐标最近像元的亮温，得到长时间序列的湖泊亮温曲线。

根据其他研究，将湖泊第一次出现冻结、融化现象的日期定义为开始冻结、开始融化日期，第一次出现完全封冻、完全无冰的日期定义为完全冻结、完全融化日期(Cai et al.,2019)。如下图 7.12 所示，本数据集提取湖泊开始冻结、完全冻结、开始融化、完全融化四个参数。

3) 精度评估及验证

经过上述湖冰物候的判读，共获得了 753 个湖泊的湖冰物候数据，但并非每个湖泊在每个冰冻季都能获得明确的四个湖冰物候参数，所以在数据集中可以看到某些湖泊在某些冰冻季并没有被标识物候参数，这些湖泊会在未来工作中进一步构建模型来获得物候参数。

经过同更高分辨率的光学传感器所获结果 (Qiu et al., 2019)对比验证表明(图 7.12)，二者所获的湖冰物候日期呈显著相关(平均相关系数为 0.90，$P<0.001$)，平均 RMSE 为 7.87d；四个参数中，完全融化日期的 RMSE 与偏差最小，分别是 4.39d 和 3.86d。

4) 数据科学应用分析

数据集对外免费开放，链接如下：http://www.doi.org/10.11922/sciencedb.j00076.00081。

根据湖泊开始冻结、完全融化参数计算冰覆盖时长，开展时空变化分析(图 7.13)：冰覆盖时长随纬度增加而增加，冻结时间越早、融化时间越晚、冰覆盖时长越长；同一纬度条件下，45°N 以北的北美湖泊比欧亚大陆的平均湖泊冰覆盖时长更长[图 7.13(c)]。对 2000 年以后的开始冻结日期、完全融化日期开展空间分布分析[图 7.13(d)和(e)]，冻结、融化日期变化具有一致的空间分布特征，即冻结开始早的湖泊，融化出现的晚，冻结出现晚得湖泊，融化出现得早。

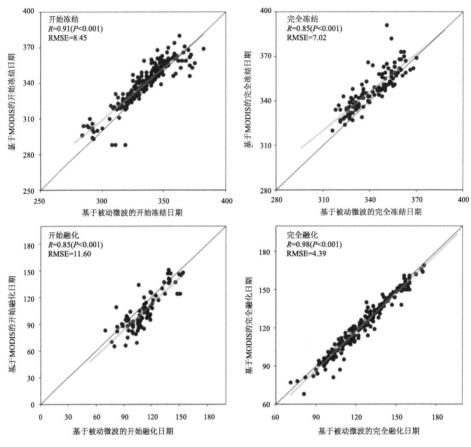

图 7.12 湖冰物候验证：与基于 MODIS 数据获取的湖冰物候进行对比

对比分析北美和欧亚大陆湖泊冰覆盖时长，北美地区湖泊冰覆盖时长非常明显随纬度增加而变长，表明其变化主要受温度所影响，环哈德逊湾、青藏高原北部(约 35°N～40°N)这两个区域的冰覆盖时长比同纬度要更长。按照前后各 21 年分两个时间段分析[图 7.13(b)]，青藏高原低纬度湖泊(28°N～40°N)冰覆盖时长较高纬度区(40°N～45°N)湖泊更长；对比前后 21 年各纬度区域的冰覆盖时长，发现青藏高原湖泊区的冰覆盖时长在后 21 年具有明显的变长，而高纬度地区冰覆盖时长则全面缩短。

2. 基于 MODIS 提取的逐日河冰覆盖度数据

1)概述

河冰是陆地冰冻圈的重要组成部分，能通过影响河流的物理环境、温度、光照等因素，进而影响冬季淡水生态系统(Lindenschmidt et al., 2018)。同时，由于

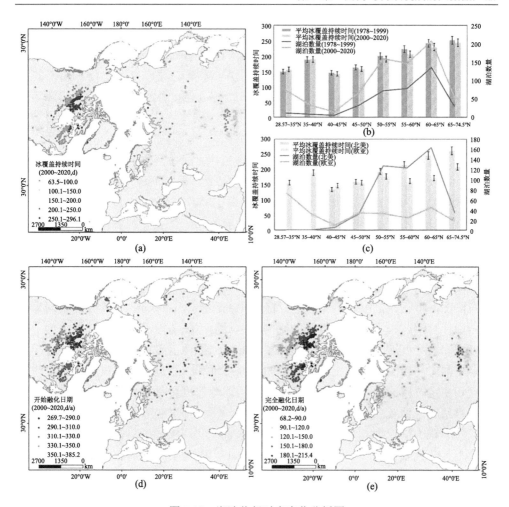

图 7.13　湖冰物候时空变化分析图

(a)、(d)、(e) 分别是 2000～2020 年平均冰覆盖时长、平均开始冻结日期、平均完全融化日期。(b) 和 (c) 为分区域冰覆盖时长统计图

河冰的各种形态和物理过程直接受大气环流通量的控制，其时空变化趋势可以作为气候变化的指标(Prowse et al., 2007)。目前的河冰监测数据主要来源于河流水文站点获取的实测数据和遥感监测数据。现有的实测河冰数据产品包括加拿大河冰数据集(de Rham et al., 2020)、多瑙河年度淡水冰物候数据(Takács et al., 2018)和俄罗斯河冰厚度和持续时间数据集(Shiklomanov and Lammers, 2014)等。

实测数据受到水文站点位置和观测标准的影响，往往稀疏分布，无法直观地代表大型流域河冰的变化情况，而遥感数据的应用能更全面更细致地反映河冰的变化。尽管已有基于 Landsat 系列卫星监测的河冰范围数据集揭示了河冰的全球变化模式（Yang et al., 2020），但高时间分辨率的遥感数据产品在刻画流域尺度的河冰变化的作用不容忽视。为了更好地理解河冰在流域尺度的变化，明确其空间分布特征与时间变化规律，我们研制了一套基于 MODIS 的高时间分辨率河冰覆盖度数据集。

2）生产方法与流程

数据集以亚欧大陆北极地区流向北冰洋的六大流域（自西向东为：北德维纳河流域、伯朝拉流域、鄂毕河流域、叶尼塞河流域、勒拿河流域和科雷马河流域）及其北部地区为研究区。研究利用 2002 年～2021 年的 MODIS 逐日积雪 500m 格网数据产品（MOD10A1/MYD10A1），采用经典的归一化差分积雪指数（normalized different snow index，NDSI）识别冰水像元，并对数据进行重分类处理。然后基于河流像元的时空连续性进行像元级的去云处理，制备少云的河冰覆盖数据（分辨率为 500m）。研究区内流域覆盖范围广阔，为了描述流域不同位置的河冰覆盖度的分布情况，将研究范围内各流域进行格网化处理。以 12.5km×12.5km 的格网为单位分别计算河冰、河水与云像元的比例，估算河冰覆盖度。在此基础上，为了减弱云层和高纬度地区秋冬季节极夜现象对提取河冰覆盖度的影响，假设短时间内单个格网内河冰的面积不变，采用时间滤波处理和一系列再处理过程，去除河冰发育和稳定阶段的异常突变，制备无云的河冰覆盖度数据（分辨率为 12.5km）。

3）精度评估及验证

对于缺少站点实测数据的泛北极流域来说，利用实测资料进行的精度评价的结果不具有代表性意义。因此，采用 Landsat7 和 Landsat8 遥感影像进行验证，Landsat 影像具有 30m 分辨率，16d 的重访周期，其高空间分辨率能清晰获得河冰变化情况。对 Landsat 进行彩色合成，多光谱图像利用不同的波段组合能帮助凸显感兴趣的地物（SWIR 波段赋红色，NIR 波段赋绿色，GREEN 波段赋蓝色，得到的影像中，水呈深蓝色，雪/冰呈浅蓝色）（Brown et al., 2018）。样本的选取遵循两个原则：河流上方无云并且河流未完全冻结或融化。从研究区域选取有代表性的水/河冰训练样本，再从 Landsat 图像上创建感兴趣区域进行监督分类。训练样本选择完毕后，通过建立判别函数和判别规则，根据样本类别的特征，使用支持向量机来识别非样本的像素归属类别。

研究采用数量精度作为指标来进行河冰分类结果的精度评价，即通过数量比较来确定各个格网内的分类精度。验证结果如表 7.4 所示，六大流域河冰覆盖度数据的平均精度为 87.65%，在大型流域中，河冰覆盖度数据的精度较高，最高可达 90%以上。在相对较小的流域中，河冰覆盖度数据的精度始终高于 80%。精度验证结果表明，该套河冰覆盖度数据集精度较高，可实现对不同流域河冰覆盖度的时空变化监测，为环境变化的科学认知提供更多的数据支撑。

表 7.4　基于 MODIS 提取的河冰覆盖度数据精度验证结果

流域	北德维纳河流域	伯朝拉河流域	鄂毕河流域	叶尼塞河流域	勒拿河流域	科雷马河流域
精度/%	84.68	83.34	87.81	93.69	91.46	84.90

4）数据科学应用分析

以位于中西伯利亚地区的叶尼塞河流域为例，基于 MODIS 提取的河冰覆盖度数据集可以有效监测大型流域河冰的时空变化特征。叶尼塞河流域的冬季河冰覆盖度的分布具有明显的纬度梯度［如图 7.14（a）］，中低纬度地区（45°～60°N）冬季河冰覆盖度低且年际波动较大，高纬度地区（60°～75°N）冬季河冰覆盖度高且稳定。流域内冬季河冰覆盖度空间分布有差异，但 70°～75°N 地区的河流在整个冬季始终接近完全冻结的状态，冬季河冰覆盖度普遍在 0.90 以上，最高达 1。在 2011 年，该地区的冬季河冰覆盖度下降至 0.82。结合 ERA-5 地表气温数据［图 7.14（b）］表明，这种高纬度地区河冰覆盖度的异常下降与 2009～2011 年气温的异常升高有关。总体上，叶尼塞河流域河冰的时空变化具有明显的区域差异，这主要受到气温的区域性变化的影响。

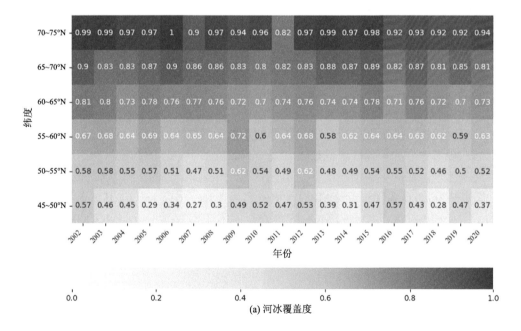

(a) 河冰覆盖度

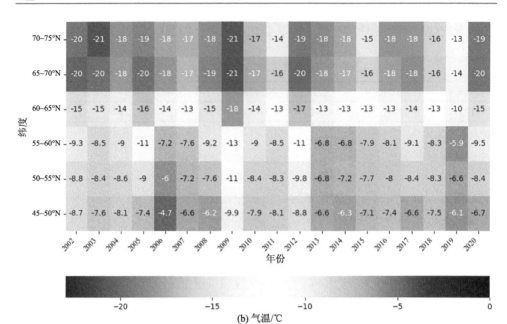

图 7.14　叶尼塞河流域不同纬度带对应的冬季河冰覆盖度(a)与冬季气温(b)变化图(冬季河冰覆盖度：每年 10 月~次年 5 月河冰覆盖度的平均值)

3. 基于 MODIS 影像的北极海冰融池覆盖度产品

1) 概述

近几十年来，北极气候变暖加剧，海冰大面积消融。在夏季海冰表面部分由雪冰介质演变成融池，由于融池的低反照率，被融池覆盖的海冰加速对太阳辐射的吸收，进一步融化冰雪，导致正反照率反馈。考虑到融池的时间变化规律，在短时间内(如每日或每周)获得覆盖整个北极地区融池覆盖度的分布至关重要，因此北极融池覆盖度反演是一个需要填补的重要数据缺口。

北极海冰融池覆盖度产品通过开发一种新的基于物理的算法，利用遥感数据反演海冰上融池的覆盖面积，并应用该算法计算 2000~2021 年共 22 年的北极融池覆盖度(melt pond fraction, MPF)和海冰覆盖度(sea ice cover fraction, SIF)，示例如下图。利用经大气校正的 MODIS 地表反射率 8 天 L3 版本 6 (MOD09A1)数据估算北极海冰的 MPF，MOD09A1 产品空间分辨率为 500 m，时间分辨率为 8 d。研究区域为纬度大于 60° N 的北极地区，利用 MPF 反演重投影到 500 m 分辨率的极地立体网格。

2) 生产方法和流程

采用基于物理的方法来反演北极海冰的融池，结合海冰和融池的物理反射率模型以及像元分解算法，利用 MODIS 影像提取北极融池覆盖度。首先，利用经典的米氏散射理论和多层辐射传输方程，首次建立基于物理的融池和海冰反射率模型，利用该模型模拟融化池和海冰的光谱和方向反射率特征。在 MPF 反演过程中，仅利用雪粒子或海冰粒子半径来模拟覆盖雪或裸露海冰光谱反射率的变化。该算法的优点是考虑融池和海冰反射率的时空变异性。在本研究开发的 MPF 估计算法中，采用了线性像素解混算法，并具有动态端元反射谱。采用一个特殊的指标和融池深度来描述融池反射率，然后在 MPF 估计算法中构造查找表(look up table, LUT)来搜索最优光谱反射率，最终制作了 22 年的全北极 MPF。

3）精度评估和验证

使用三组独立的来自卫星或无人机的高分辨率图像的现场数据集验证 MPF 反演算法，对比动态端元反射率反演的相对 MPF(relative melt pond fraction, RMPF)、静态端元反射率反演的 RMPF 和现场 RMPF 数据集，如图 7.15。验证结果表明，采用动态算法反演的 RMPF 与无人机或高分辨率卫星图像反演的 RMPF 吻合良好。采用动态算法反演的 RMPF 与现场 RMPF 数据集具有较高的相关性，RMSE 较低。特别是图 7.15(b)所示，动态端元像素解混算法的性能优于以往的常数端元像素解混算法。因此考虑到融池和海冰的动态光谱反射率，动态算法具有广泛应用的潜力。

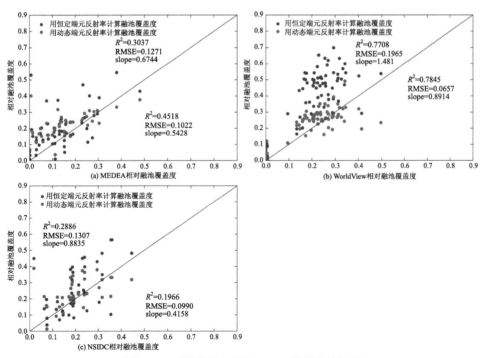

图 7.15　反演结果与现场 RMPF 数据集比较图

4) 产品科学应用分析

对融池和海冰覆盖度的时空特征进行分析，有助于理解海冰在北极放大效应和北半球气候变化中的作用(Feng et al., 2021)。RMPF 和 SIF 有明显的季节循环。RMPF 一般从 5 月份开始增加，从边缘地区向高纬度地区增加。SIF 的降低也有类似的趋势。7 月中旬，MPF 发展趋稳。在此期间，除北极中心地区外，大部分海冰的 RMPF 水平都较高。之后，RMPF 从高纬度地区向低纬度地区下降。从空间格局上看，边缘沿海地区的 RMPF 高于北极中心地区。

对 2000～2021 年的 RMPF 进行时间序列趋势分析。整个北极被划分为边长 180 km 的矩形网格，对每个网格上的年平均 RMPF 进行线性拟合得到 RMPF 趋势的空间分布，拟合斜率如图 7.16 所示。分析显示北极地区的 RMPF 有显著增加的趋势。2000～2021 年融池扩张在边缘区更为明显，尤其是靠近俄罗斯海岸的边缘地区。波弗特海、格林兰海、巴芬湾、楚科奇海、东西伯利亚海、拉普捷夫海、喀拉海等典型区域和北极中部的趋势分析也显示出较强的趋势。

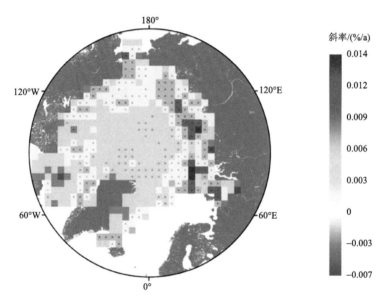

图 7.16　2000～2021 年均 RMPF 的斜率分布。对每个矩形网格做趋势分析
×标记表示趋势显著，$p<0.05$

为了解 RMPF 的时间趋势，时间序列年平均 AMPF、RMPF 和 SIF 如图 7.17 所示。MPF 绝对值没有呈现趋势或者甚至呈下降趋势，而考虑相对 MPF，则有显著增加趋势，表明 2000～2021 年北极平均 MPF 呈增加趋势，线性斜率为 0.002～0.0027/a。表明 RMPF 的增加可能触发更强的正反照率反馈机制，这

对海冰覆盖度减少至关重要(Ding et al.，2019)。

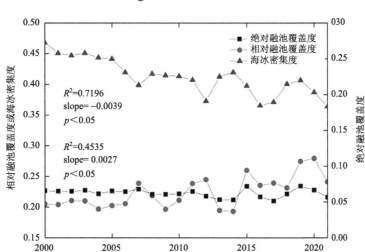

图 7.17　2000~2021 年全北极年平均绝对和相对 MPF、SIF 的时间变化趋势(5 月 9 日至 9 月 6 日平均)

7.2　大气大数据产品

7.2.1　大气气溶胶类型数据产品

1. 概述

气溶胶粒子作为地气系统中的重要组成成分，在地球系统辐射收支平衡、全球气候变化，以及大气环境中有着重要影响(Garrett and Zhao, 2006; Nabat et al., 2015)。大气气溶胶浓度变化不仅直接影响人们的健康和生存环境，且对许多大气物理过程存在影响，特别是影响天气和气候变化，大气气溶胶相关研究已经成为全球研究的热点和难点(Quaas et al., 2004; 盛裴轩等, 2003)。不同类型的气溶胶通常具有不同的物理、化学和光学特性，冷却和升温之间的平衡在一定程度上取决于气溶胶的特性(Boucher et al., 2013)。由于缺乏对气溶胶分布、动力学和光学特性的了解，气溶胶对气候模型中全球辐射收支的影响具有很大的不确定性(Boucher et al., 2013; Loeb and Su, 2010)。因此，气溶胶特性的认知对于确定气溶胶的辐射强迫效应、提高使用被动卫星反演气溶胶光学厚度(aerosol optical depth, AOD)的准确性以及量化气溶胶在全球气候变化中的作用至关重要。

2. 生产方法和流程

CALIPSO（cloud-aerosol lidar and infrared pathfinder satellite observations）极轨卫星能够实现全球范围内气溶胶的探测，但是由于 CALIOP（cloud aerosol lidar with orthogonal polarization, CALIOP）传感器的成像局限性和云的影响，气溶胶类型产品的应用受到一定限制，例如：①CALIOP 信号衰减严重，无法实现厚云云下气溶胶类型的探测；②CALIOP 能够实现全球大范围区域的数据获取，但有效数据较少。与 CALIPSO 气溶胶类型产品相比，MERRA2（modern-era retrospective analysis for research and applications, version 2）气溶胶产品能够提供全球全天空条件下气溶胶特征数据，但是在观测条件尤为恶劣的三极地区，模式中可以同化的气溶胶观测资料相对较少，气溶胶特征的精度可能存在较大的不确定性。为了获取三极地区气溶胶类型，本节综合利用 CALIPSO 和 MERRA2 资料实现三极地区气溶胶类型数据集的研发（图 7.18）。由于 CALIPSO 和 MERRA2 再分析资料中气溶胶类型数据的时空分辨率及划分方法存在一定差异，本节首先进行数据预处理，主要包括气溶胶类型的再划分和时空匹配。本节会根据 M2T1NXAER 数据集中不同气溶胶类型的气溶胶光学厚度的大小来首先确定主要气溶胶类型。

在气溶胶类型再划分方面，本节根据气溶胶来源将 CALIPSO 和 MERRA2 气溶胶类型进行了再分解。将 MERRA2 气溶胶类型划分成海洋型（海盐气溶胶）、沙尘型（沙尘气溶胶）、黑碳/烟尘型（黑碳气溶胶），以及大陆型（硫酸盐气溶胶和有机碳气溶胶）四种气溶胶类型；类似地，将 CALIPSO 气溶胶类型划分为海洋型、烟尘型、大陆型、沙尘型，以及沙尘与海洋混合型；在此基础上，对气溶胶类型实现数字化描述，并标定气溶胶类型的数据质量（quality assessment flags）。另外，为了提高 CALIPSO 气溶胶类型产品的空间分辨率并匹配 MERRA2 和 CALIPSO 数据空间分辨率，本节采用双线性插值算法并结合 30 % 的容许误差实现产品的空间重采样，同时分别对角点气溶胶类型情景进行判断从而得到最终 CALIPSO 数据气溶胶类型（共 15 种）及质量控制数据。

在气溶胶类型数据融合方面，基于以上数据预处理工作并考虑 CALIPSO 气溶胶类型插值导致结果的不确定性，本节确定了 MERRA2 和 CALIPSO 气溶胶类型数据融合算法，该气溶胶类型融合算法的关键是对 CALIPSO 气溶胶类型的判断。气溶胶类型数据融合时根据 CALIPSO 气溶胶类型的种类和质量控制，并参考 MERRA2 气溶胶类型得到最终的三极地区气溶胶类型数据（共 12 种）和质量控制结果，具体气溶胶类型融合流程图如下图所示。基于以上气溶胶类型融合算法，本节生成了 2006~2021 年 0.5°×0.625° 三极地区每月的气溶胶类型产品，并发布在地球大数据科学工程数据共享服务系统（https://data.casearth.cn）。

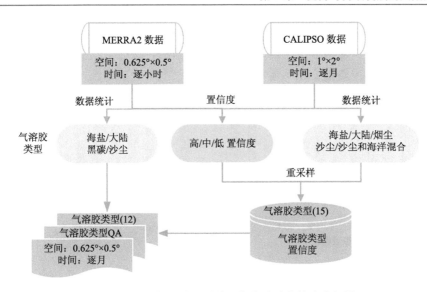

图 7.18　三极气溶胶类型数据集产品融合算法流程图

3. 精度评估

相比于气溶胶光学厚度，气溶胶类型的空间变化更加复杂，导致当前气溶胶类型的研究比较困难。而不同的气溶胶测量仪器获取的衡量气溶胶类型的物理量也存在较大的差异，为开展气溶胶类型数据集的定量验证带来困难，为此本节仅统计了三极地区气溶胶类型的季节变化特征并结合已有的认知对气溶胶类型数据集进行精度评估。图 7.19 为 2016 年 6 月至 2017 年 5 月三极地区气溶胶类型占比情况。从图中可以看出，三极地区气溶胶类型存在明显的差异。青藏高原地区气溶胶类型主要为沙尘和大陆型气溶胶混合型，沙尘型气溶胶次之，大陆型气溶胶最少。而北极地区大陆型气溶胶占主导地位，海洋、大陆混合型，以及沙尘与大陆混合型气溶胶次之。在南极地区大陆型、海洋型、沙尘与大陆混合型气溶胶最为丰富。分析其原因主要是由于青藏高原在大气环流以及青藏高原热力抬升的作用下，气溶胶主要来自塔里木盆地、柴达木盆地，以及伊朗高原的沙尘型气溶胶，四川盆地及南亚地区的大陆型气溶胶，此外，青藏高原内部人为排放的气溶胶也是青藏高原地区气溶胶的重要来源。在夏季火灾季节，西伯利亚和北美地区的野火和农业燃烧更加频繁，污染物向北极地区迁移，造成北极地区大陆型气溶胶占比异常高。而受风速的影响，北极地区冬半年风速高于夏半年，使得更多的海盐型气溶胶进入大气，因此海盐和大陆混合型气溶胶在冬季占比明显高于夏季。此外，北极地区气溶胶受中纬度沙尘影响，春季沙尘和大陆混合型气溶胶也显著增加。相比北极地区，南极地区气溶胶类型的季节变化更为复杂和剧烈。受南半球夏季野火的影响，南极地区大陆型气溶胶明显增加。海盐型气溶胶、沙尘和大陆混合型气溶胶则主要发生在南半球的冬半年。

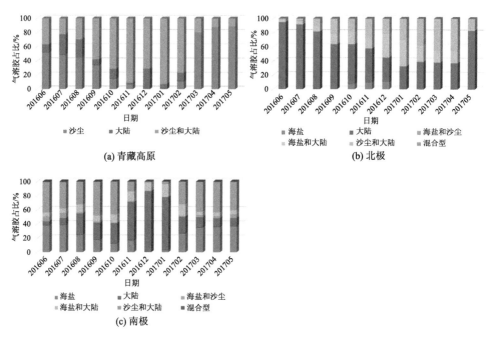

图 7.19 "三极"地区气溶胶类型占比

7.2.2 大气气溶胶光学厚度数据产品

1. 产品概述

气溶胶散射和吸收特性的变化是导致"三极"地区温度、冰盖和植被分布特性变化的重要因素之一，也是总辐射强迫估算中的最大不确定性来源（IPCC，2021[①]）。有研究表明，1976～2007 年间北极地表温度升高 1.48±0.28℃，其中气溶胶的贡献量为 1.09±0.81℃（Shindell and Faluvegi, 2009）。南极"臭氧空洞"的增大及缩小现象与硫酸盐气溶胶的含量有关（Chipperfield et al., 2015）。青藏高原的环境变化（特别是气溶胶特性变化）对中国、亚洲及全球的环境（大气环流、降雨分布等）都会带来影响（姚檀栋，2015）。开展"三极"其他地理参数（冰川、积雪和植被等）的定

---

① IPCC WG I, 2021. Climate Change 2021: the physical science basis. https://www.ipcc.ch/report/ ar6/wg1/#FullReport.

量研究也需要获取准确的大气气溶胶特性进行大气校正。极地气溶胶的直接和间接效应对全球气候变化具有重要影响，三极之间又相互关联，对中纬度的大气环境产生影响，如北极海冰的减少会加剧气溶胶等污染物向青藏高原输送(Li et al., 2020a)，北极增温可能是加剧我国东部地区雾霾的一个因素(Chen et al., 2019)。

随着近年来传感器观测能力的提高以及反演算法理论的不断完善，卫星遥感"三极"地区大气环境参数，特别是气溶胶参数已经成为各国科学家研究的热点话题(Tomasi et al., 2015)。然而，"三极"气溶胶卫星遥感反演仍处于起步阶段。由于高海拔或高纬度气溶胶含量低及高亮地表(长期处于冰雪下垫面)，气溶胶卫星遥感反演的难度非常大，很多已有的气溶胶卫星产品在三极地区处于空白状态。目前仅有 MODIS 的气溶胶官方产品(MOD04&MYD04)在北极有少量反演结果，而且是海洋上空，格陵兰岛、南极大陆这种陆地上空的气溶胶反演仍为空白区。此外，现有的地基验证表明卫星反演的气溶胶光学厚度在青藏高原地区精度较低，有所高估(王莉莉等，2007；You et al., 2020)，并存在大片反演失效的空白区。因此，研发冰雪上空的气溶胶卫星遥感反演算法，补充三极地区气溶胶产品仍是一项重要工作，为研究三极地区气溶胶变化与其它环境要素变化的关系提供有效支撑，从而进一步认识极地、利用极地和保护极地。

近期，中国科学院空天信息创新研究院在中国科学院先导专项"地球大数据科学工程"的支持下，生成 2002～2020 年 0.1°×0.1° 极地每日的 AOD 产品，并发布在地球大数据科学工程数据共享服务系统(https://data.casearth.cn)和时空三极环境大数据平台(http://poles.tpdc.ac.cn)。

2. 产品生产方法和流程

陆地表面由于其反射强度较高、地表类型复杂，因此，陆地特别是更亮地表上空的气溶胶反演是难点和热点(Kokhanovsky, 2013)，算法也仅在近十几年才不断涌现和发展。由于极地地区较低的气溶胶含量和较高的地表反射，极地冰雪下垫面的准确估计尤为关键。

冰雪上空的气溶胶卫星遥感反演算法的关键步骤简介如下：①根据大气辐射传输方程建立地表反射率与天顶反射率之间的关系，建立气溶胶反演前向模型；②地表冰雪 BRDF 模型选择 Kokhanovsky and Bréon(2012)的渐进辐射传输模型(asymptotic radiative transfer, ART)；③假定不同观测角度获取的地表反射率的比值是不依赖波长的，利用多波长、多角度观测的卫星数据进行联合反演，求解气溶胶光学厚度。

我们利用 TERRA/MODIS 和 AQUA/MODIS 传感器以及 AATSR 双角度数据协同反演的方法(Mei et al., 2013; Shi et al., 2019)，构建了北极地区气溶胶光学厚度反演算法(aerosol properties retrieval over snow, APRS)算法。APRS 算法填补了陆地上空(如格陵兰岛)气溶胶反演的大片空白区，显著增多气溶胶光学厚度有效覆盖，对精细化分析北极地区气溶胶传输、辐射强迫计算都会带来明显的改善。同时，通过开发耦合双向反射分布函数(bidirectional reflectance distribution function, BRDF)特性的陆地上空大气气溶胶遥感反演(the synergetic retrieval of aerosol properties algorithm，SRAP)算法(Guang et al., 2012; Xue et al., 2014)，提高青藏高原地区气溶胶光学厚度反演的有效范围和精度。

3. 产品的精度评估

由于北极和青藏高原地区具有长期稳定的地基观测数据(来自 AERONET 站点)可以用于验证，因此主要分析我们研发的气溶胶光学厚度产品在这两个地区的精度情况，并与已有的 MODIS 官方气溶胶产品进行对比分析。

从图 7.20 的验证结果可以看出，新的 APRS 反演的 AOD 明显与地基 AERONET 站点有了更多的匹配点，这也侧面反映了新的反演算法比 MOD04 官方产品在覆盖度上有非常显著的提升。从对比的指标上看，相关系数 R 有了一定的提升，但可以从散点图上看到，APRS 算法还有一些低值高估、高值低估的现象存在。

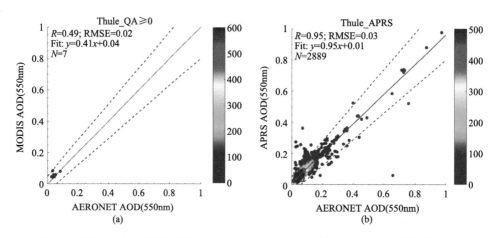

图 7.20　北极 Thule 站点处 MOD04 AOD(a)、APRS AOD(b)与 AERONET 地基站点(2010～2015 年)验证结果对比

SRAP 算法反演获得的 AOD 比 MOD04 产品在青藏高原的覆盖区域有所提高。总体趋势上，二者在空间分布上是一致的，均为东南低，西北高，SRAP 高值比 MOD04 略低，这也可能与 SRAP 能够反演出更多的有效值，在年平均的尺度上会拉低平均值所致。

从图 7.21 可以看出，SRAP 算法反演获得的 AOD 相比 MOD04 产品地基站点有更多的匹配点，这也侧面反映新的反演算法比 MOD04 官方产品在青藏高原的覆盖区域有所提高。但从验证的结果来看，由于极低的气溶胶含量，AOD 大多情况下小于 0.1，导致卫星反演的结果极不稳定，无论 MOD04 产品还是 SRAP 算法反演的 AOD 都存在高估或低估的情况。

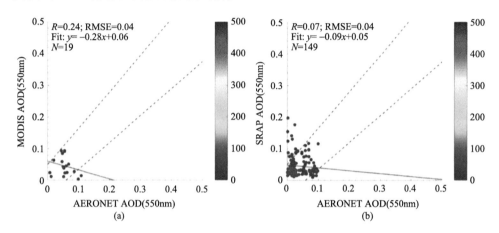

图 7.21　青藏高原 QOMS 和 Nam_Co 站点处 MOD04 AOD(a)、SRAP AOD(b)与地基站点
(2006～2011 年)验证结果对比

4. 产品科学应用分析

通过对比分析三极地区气溶胶特性的时空分布特征，发现三极地区气溶胶光学厚度存在明显的季节变化规律，空间分布也具有较大的差异，而三极地区气溶胶光学厚度长期变化趋势并不十分显著。三极地区 AOD 典型的季节规律都是一致的：春季>夏季>秋季，由于冬季南北极处于极夜，卫星的光学影像无有效值。

将站点处的 AOD 值与反演的 AOD 值做一一匹配提取，并分析了其季节规律，以北极 Ittoqqortoormiit 站点(70.485°N, 21.951°W)为例，对比结果如图 7.22 所示，其有非常明显的季节规律：AOD 春季>夏季>秋季，年际间变化不大。卫星反演结果高估，地基观测的 AOD 中值为 0.051，卫星反演的 AOD 中值为 0.063，但趋势与地基相近。

通过与地基的对比，表明我们反演的 AOD 季节规律上基本可靠，因此使用所有年份的反演值重新计算长时间序列的季节平均值，典型的季节规律不变，依然是春季>夏季>秋季，以北极 Ittoqqortoormiit 站点为例，结果如图 7.23 所示，仅在个别年份季节规律略有变化：2002 年、2009 年、2015 年、2019 年夏季>春季。

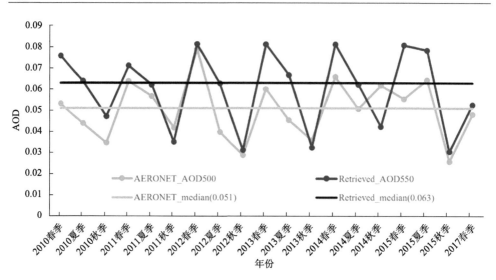

图 7.22　北极 Ittoqqortoormiit 站点处地基观测与反演的 AOD 季节平均值对比

AERONET_AOD500: AERONET 站点处 500nm AOD；AERONET_Median（0.051）：AERONET 站点 AOD 的中值（0.051）；Retrieved_AOD550：反演的 550 nm AOD 值；Retrieved_Median（0.063）：反演的 550 nm AOD 中值（0.063）

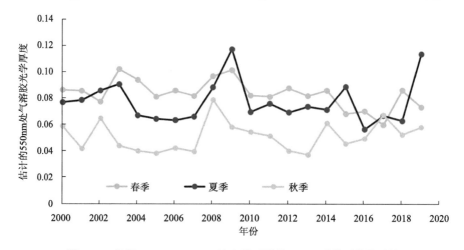

图 7.23　北极 Ittoqqortoormiit 站点处反演的 AOD 季节平均值对比

AOD: aerosol optical depth

以南极 South_Pole_Obs_NOAA 站点（90.0°S, 70.3°E）为例，受限于观测数量和极低的气溶胶含量（AOD 中值 0.018），考虑观测误差和反演误差，实际年际间变化不大。

根据长时间序列反演数据，南极季节规律总体来说是：春季>夏季>秋季，但由于总体的 AOD 值较低，春夏差别不大，也有个别年份夏季>春季。以 South_Pole_

Obs_NOAA 站点为例，如图 7.24 所示，AOD 受限于观测数量和极低的气溶胶含量，年际间变化不大，2015 年春季值略高。

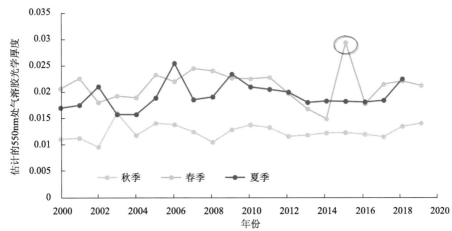

图 7.24　南极 South_Pole_Obs_NOAA 站点处反演的 AOD 季节平均值对比

AOD: aerosol optical depth

　　青藏高原两个站点 NAM_CO 站 (30.773°N, 90.962°E) 和 QOMS_CAS 站 (28.365°N, 86.948°E) 卫星反演的 AOD 略高，QOMS_CAS 站高值时略有低估，但季节规律趋势与地基相近。图 7.25 展示了 NAM_CO 站点处地基观测与卫星反演

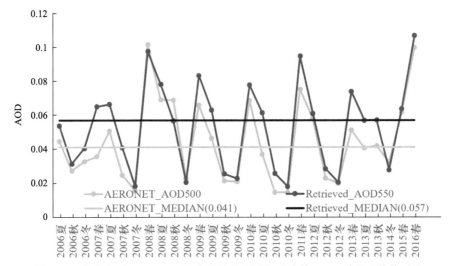

图 7.25　青藏高原 NAM_CO 站点处地基观测与反演的 AOD 季节平均值对比

AERONET_AOD500: AERONET 站点处 500 nm AOD；AERONET_Median(0.041)：AERONET 站点 AOD 的中值 (0.041)；Retrieved_AOD550：反演的 550 nm AOD 值；Retrieved_Median(0.057)：反演的 550 nm AOD 中值(0.057)

的 AOD 季节平均值对比情况，两者的基本趋势是一致的。NAM_CO 站地基 AOD 中值为0.041，卫星反演 AOD 中值为0.057；QOMS_CAS 站地基 AOD 中值为0.031，卫星反演 AOD 中值为0.04。

根据长时间序列反演数据，青藏高原两个站点的季节规律：春季>夏季>秋季>冬季，NAM_CO 站点处反演的 AOD 季节平均值对比如图 7.26 所示。

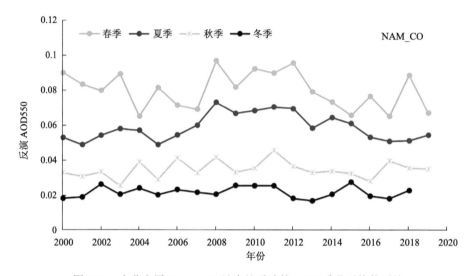

图 7.26　青藏高原 NAM_CO 站点处反演的 AOD 季节平均值对比

综上所述，虽然在北极、南极及青藏高原地区进行的气溶胶地基观测及卫星反演的早期尝试为三极气溶胶的研究奠定了实践基础，但更为准确、可靠的三极气溶胶卫星遥感产品仍待继续发展。

7.2.3　太阳辐射数据产品

1. 三极地区太阳辐射和气象参数测量

太阳辐射是地球系统主要的能量来源，在大气、植物、气候等方面发挥着关键作用，是控制和影响大气、植物、气候变化的重要因素。全面了解和掌握三极地区太阳辐射的基本特征和长期变化及其它们对于区域气候和气候变化的作用有着重要的科学意义和研究价值。

三极地区太阳辐射的研究基于分析代表性的 3 个站点太阳辐射和气象参数测量数据，发展太阳总辐射经验计算模型，采用不同方法进行模型检验。利用实际天气实测数据对总辐射模型检验的结果表明，太阳总辐射模型可以较好地模拟三极地区的总辐射。应用经验模型计算三极典型地区的太阳总辐射及其各个分量(损失于大气的吸收和散射能量)、各个分量的贡献(即各个分量对总能量的贡献,百分比)。太阳总辐射模型还可以较好地计算大气顶太阳总辐射、大气顶和地表反照率,并与卫星(the clouds and the earth's radiant energy system, CERES)反演的大气顶和地表反照率有较好的一致性。

北极 Sodankylä 站 (67.367 N, 26.630 E, 184 m,芬兰),太阳辐射测量为 2001 年 1 月 1 日至 2018 年 12 月 31 日 (Bai et al., 2021)。太阳总辐射(G, 285～2800 nm)和散射辐射(S)采用 CM11、CM11(配备太阳跟踪器)(Kipp & Zonen Inc., Delft, 荷兰) 辐射表测量。气象参数(温度 T、相对湿度 RH、风速 v 等)分别采用不同的传感器 Pt100(Pentronic Inc., Västervik, 瑞典)、HMP45D (Vaisala Inc., Vantaa, 芬兰)、UA2D (Adolf Thies GMBH & CO, Göttingen, 德国)测量。Sodankylä 站周边环境为北方针叶林,10 月至次年 4 月为积雪覆盖,气温变化约为–40 °C 和 30 °C。

南极 Dome C 站 (75°6'S,123°21'E, 3233 m),太阳辐射测量为 2006 年 1 月 1 日至 2016 年 12 月 31 日 (Bai et al., 2022a)。太阳总辐射(G, 200～3600 nm)和散射辐射(S)采用二级标准无阴影和有阴影总日射表 CM22 (Kipp & Zonen Inc., Delft, 荷兰) 辐射表测量。Dome C 站是地面辐射观测网基准站(BSRN),太阳辐射测量按照 BSRN 规范严格执行。气象参数(T、RH、v 等)由 IPEV/PNRA 项目 Concordia 站常规气象观测数据获得(http://www.climantartide.it)。Dome C 站周边常年为积雪覆盖,地势平坦,气温在–80 °C 和–20 °C 之间,风速最大值可达 18 m/s。

珠穆朗玛峰大气与环境综合观测研究站 (珠峰站, 28.21°N, 86.56°E, 4276 m),位于西藏自治区日喀则市定日县扎西宗乡。太阳辐射测量为 2007 年 1 月 1 日至 2020 年 12 月 31 日 (Bai et al., 2022b)。珠峰站周边地势比较平坦,地表主要由沙砾以及稀疏矮小的植被覆盖。太阳总辐射(G, 285～2800 nm)采用 CM21 (Kipp & Zonen Inc., Delft, 荷兰) 辐射表测量。气象参数(T、RH、v 等)由温湿度和风向风速传感器 HMP45C-GM (Vaisala Inc., Vantaa,芬兰)、034B (Met One Inc., Grants Pass, 美国)等测量。

北极和南极太阳总辐射计算模型发展过程为太阳总辐射在大气中传输,主要考虑吸收和散射过程: ①大气中吸收性物质对于总辐射的吸收(吸收项)采用 $e^{-kWm} \times \cos(Z)$ 表达,k 为水汽平均吸收系数(m^{-1}),W 为整层气水汽含量($W = 0.21E$,E 为地面水汽压,hPa),m 为大气质量,Z 为太阳天顶角。②大气中散射性物质对总辐射的散射(散射项)采用 $e^{-S/G_{obs}}$ 表达,S 和 G_{obs} 分别为观测的散射辐射和总辐射(MJ/m^2)。散射辐射和总辐射之比 S/G 为散射因子。

利用太阳辐射、气象参数测量数据(2008～2011 年),确立了太阳总辐射计算模型如下式(7-1)所示（Bai et al., 2021b）：

$$G_{cal} = A_1 e^{-kWm} \times \cos(Z) + A_2 e^{-S/G_{obs}} + A_0 \tag{7-1}$$

G_{cal} 为总辐射计算值(MJ/m^2)，系数 A_1、A_2 (MJ/m^2) 分别表示大气顶(top of the atmosphere, TOA)与吸收和散射过程(项)相关的吸收和散射能量，A_0 (MJ/m^2) 表示大气顶的反射辐射。利用总辐射计算模型，计算了 Sodankylä 站、Dome C 站的总辐射，计算结果见表 7.5 和表 7.6，包括计算相对偏差(δ)、平均偏差(mean absolute deviation, MAD)、均方根误差(root-mean-square error, RMSE)等。实际天气条件下，北极地区总辐射小时值的相对偏差为 12.80%，均方根误差为 0.22 MJ/m^2 和 14.15%。南极地区总辐射小时值的相对偏差为 1.76%，均方根误差为 0.04 MJ/m^2 和 2.02%。珠峰地区总辐射小时值的相对偏差为 9.82%，均方根误差为 0.31 MJ/m^2 和 11.38%。

表7.5　北极太阳总辐射计算结果, 模型系数和常数、可决系数(R^2)、相对偏差平均值 （δavg %）、平均偏差 （MAD, MJ/m^2 和%）、均方根误差 （RMSE, MJ/m^2 和%）（样本数 n=3962）

A_1	A_2	A_0	R^2	δavg	MAD		RMSE	
					(MJ/m^2)	(%)	(MJ/m^2)	(%)
2.52	2.52	−1.22	0.84	12.80	0.18	11.38	0.22	14.15

表7.6　南极太阳总辐射计算结果, 模型系数和常数、可决系数(R^2)、相对偏差平均值 （δavg %）、平均偏差 （MAD, MJ/m^2 和%）、均方根误差 （RMSE, MJ/m^2 和%）（样本数 n=3962）

A_1	A'_2	A'_0	R^2	δavg	MAD		RMSE	
					(MJ/m^2)	(%)	(MJ/m^2)	(%)
5.61	0.75	−1.10	0.99	1.76	0.04	1.68	0.04	2.02

珠峰地区没有直接辐射测量，即缺乏散射因子(Bai and Zong, 2021)，故采用衰减因子 AF 替代(Bai et al., 2022b)。珠峰地区太阳总辐射计算模型为式(7-2)、(7-3)所示：

$$G = B_1 e^{-kWm} \times \cos(Z) + B_2 e^{-AF} + B_0 \tag{7-2}$$

$$AF = [1 - (G_i/\cos(Z) - G_{Dmax})]/(G_{Dmax}/G_{Mmax})/(G_{Mmax}/G_{Ymax})/(G_{Ymax}/G_{4Ymax}) \tag{7-3}$$

其中，G_{Dmax}、G_{Mmax}、G_{Ymax}、G_{4Ymax} 分别为总辐射日、月、年、4 年的最大值。利用珠峰总辐射模型，计算了珠峰的总辐射，计算结果见表 7.7。

表 7.7　珠峰太阳总辐射计算结果，模型系数和常数、可决系数（R^2）、相对偏差平均值（δavg %）、平均偏差（MAD, MJ/m^2 和%）、均方根误差（RMSE, MJ/m^2 和%）（样本数 $n=3962$）

B_1	B_2	B_0	R^2	δavg	MAD		RMSE	
					(MJ/m^2)	(%)	(MJ/m^2)	(%)
5.52	0.86	−1.01	0.71	9.80	0.26	8.82	0.31	11.38

2. 三极太阳总辐射计算模型验证

利用 3 个站点 2008～2011 年实际天气测量数据，检验了北极、南极、珠峰总辐射模型，检验结果为：Sodankylä 站总辐射小时值，MAD 为 24.56%，NMSE 为 0.04，RMSE 为 0.20 MJ/m^2 和 17.05%（$n=7442$）；Dome C 站总辐射小时值，MAD 为 4.03%，NMSE 为 0.002，RMSE 为 0.08 MJ/m^2 和 4.72%（$n=6356$）；珠峰站总辐射小时值，MAD 为 18.57%，NMSE 为 0.07，RMSE 为 0.56 MJ/m^2 和 27.10%（$n=14886$）。更长时间尺度的对比结果（北极 2000～2018 年，南极 2006～2016 年、珠峰 2007～2020 年）可以参考文献（Bai et al., 2021; Bai et al., 2022a, 2022b）。三极地区太阳辐射产品信息如表 7.8 所示。

表 7.8　三极地区太阳辐射产品信息表

数据产品种类	时间分辨率	空间分辨率	网址
太阳辐射(包括损失于大气的吸收和散射辐射)、地表和大气顶反照率	小时	几十千米	数据已经或将发表在时空三极环境大数据平台(http://poles.tpdc.ac.cn/zh-hans/)

3. 三极地区太阳辐射及其分量的基本特征

利用三极总辐射计算模型和地面测量辐射、气象数据，计算了三极典型地区总辐射以及损失于大气的能量(吸收、散射及总能量，G_{LA}、G_{LS}、$G_L = G_{LA}+G_{LS}$)。$G_{LA}= A_1[1-e^{-kWm}\times\cos(Z)]$，$G_{LS}= A_2(1-e^{-S/G})$。珠峰地区吸收能量计算方法同两极的方法，散射能量 $G_{LS}=A_2(1-e^{-AF})$。

2000～2018 年，北极 Sodankylä 地区总辐射和散射辐射年平均值分别为 0.59、0.29 MJ/m^2，直接辐射略大于散射辐射（0.30 MJ/m^2），散射因子(S/G 表征大气中的物质含量和散射性质)为 0.64。气温和相对湿度年平均值分别为 0.76 °C(−39.90～31.50 °C)、80.31%，地面水汽压为 7.91 hPa。风速年平均值为 2.43 m/s。大气中吸收和散射性物质造成损失于大气的吸收、散射、总能量分别为 1.94 (1.57～

2.41）、1.17（0.82～1.53）、3.11（2.50～3.90）MJ/m², 对应于 539.82、323.86、863.68 W/m²。大气中吸收性物质引起的能量损失占有主导地位，约为总损失的 62.4%。它揭示了 Sodankylä 地区大气以吸收性成分为主。

2006～2016 年，南极 Dome C 地区总辐射、散射辐射、直接辐射年平均值分别为 1.34、0.34、0.99 MJ/m²，直接辐射占总辐射的 74.67%。散射因子为 0.31。气温和相对湿度年平均值分别为 –42.0 ℃ （–15.8～–79.9℃）、57.06%，地面水汽压为 0.18 hPa。气压和风速年平均值分别为 645.04 hPa、6.66 m/s。损失于大气的吸收、散射、总能量分别为 4.02（3.53～4.78）、0.19（0.12～0.30）、4.21（3.67～5.07）MJ/m²，对应于 1116.58 W/m²、53.58 W/m²、1170.17 W/m²。大气中吸收性物质引起的能量损失占有绝对主导地位，约为总损失的 95.5%。它揭示了 Dome C 地区大气以吸收性成分为主、散射成分处于非常次要地位。这与南极非常低的散射因子和气溶胶光学厚度(aerosol optical depth, AOD)都比较一致。

2007～2021 年，珠峰地区总辐射年平均值为 2.16 MJ/m²。衰减因子(attenuation factor, AF) 为 2.97。气温和相对湿度年平均值分别为 8.03℃（–24.77～34.20℃）、32.69%，，地面水汽压为 3.85 hPa。气压和风速年平均值分别为 656.78 hPa、3.50 m/s。损失于大气的吸收、散射、总能量分别为 2.55 W/m²、0.64 W/m²、3.19 W/m²，对应于 709.41 W/m²、177.18 W/m²、886.59 W/m²。大气中吸收性物质引起的能量损失占主要贡献(为总损失的 79.9%)，它揭示了珠峰地区大气成分中同样以吸收性物质为主，从而造成损失于大气的吸收能量远大于散射能量。

4. 三极地区太阳辐射及其分量的长期变化

利用总辐射计算模型，计算了三极地区太阳辐射及其各个分量、气象参数的长期变化，以全面了解和研究区域气候和气候变化及其变化机制。

2000～2018 年，北极 Sodankylä 地区计算的总辐射年均值表现为下降趋势(0.92%/a)，散射辐射年均值为上升趋势(1.28%/a)。损失于大气的吸收能量下降(0.02%/a)、散射能量上升(0.72%/a)、总能量上升(0.24%/a)。大气吸收物质和散射物质(以地面水汽压 E、散射因子 S/G 表示，下同)含量分别以 0.43%/a、1.73%/a 的速率增加。年平均气温增加 0.07 ℃，相对湿度以 0.23%/a 的速率增加。大气中散射成分的增加，带来了损失于大气散射能量增加，这部分能量用于加热大气，造成了局地气温上升，即气候变暖。

2006～2016 年，南极 Dome C 地区计算的总辐射年均值表现为下降趋势(0.09%/a)、直接辐射年均值在上升(0.68%/a)。吸收能量上升(0.01%/a)，散射能量上升(0.39%/a)，总能量上升(0.28%/a)。大气吸收物质和散射物质含量分别以 1.46/a、0.57%/a 的速率增加。年平均气温增加 1.80℃，相对湿度以 1.39%/a 的速率增加。研究表明，Dome C 地区大气中吸收和散射成分的增加，带来损失于大气中吸收和散射能量增加，进而加热大气造成气温上升。这一机制在南极独特的大气环境(干洁大气、人为源以及其他因素干扰少)条件下被清晰地展示出来。控制南极及其他地区气候变暖的有效措施是，控制各类大气成分(气液固态)向大气的排放及其它们之后通过化学和光化学反应生成新的成分，仅仅关注温室气体(例如 CO_2、CH_4、N_2O)还不足够来减缓三极及全球气候变暖(Bai et al., 2018; Bai et al., 2022a, 2022b)。

2007～2021 年，珠峰地区计算的总辐射年均值表现为上升趋势(0.22%/a)、直接辐射年均值在上升(0.68%/a)。吸收能量上升(0.42%/a)，散射能量下降(2.00%/a)，总能量下降(0.14%/a)。大气吸收物质含量(以 E 表示)上升(0.37%/年)、散射物质(以散射因子 AF 表示)下降(1.46%/a)。年平均气温增加 0.16 ℃，相对湿度以 0.63%/a 的速率增加。珠峰地区气候变暖的主要原因是：①大气吸收成分(气液固态)的增加及其吸收能量的增长；②地面总辐射增加，带来地面由短波辐射转化而来的长波辐射增加。这些能量用于加热大气，带来珠峰地区气温升高。

三极地区由于太阳辐射和大气成分的不同变化以及它们之间不同的相互作用，导致了 3 个典型地区大气升温过程和机制发生变化。鉴于影响气温和气温变化的各种能量、能量和大气物质相互作用等的复杂性和差异性，三极和其他地区气候变暖机制有待更深入的研究。

5. 三极地区地表和大气顶的反照率及其长期变化

北极地区大气顶和地面反照率(反照率 TOA、反照率 sur)的计算为：反照率 TOA $= A_0/(A_1+A_2)$，反照率 sur $= A_0 \times (1-\mathrm{e}^{-S/G})/[A_1\mathrm{e}^{-kWm} \times \cos(Z)+A_2\mathrm{e}^{-S/G}]$。根据吸收和散射、反射辐射以及三极典型区域不同的地表特征，南极和珠峰地区大气顶和地面反照率的计算在北极所用方法上做了改进(Bai et al., 2021, 2022a, 2022b)。利用三极太阳辐射和气象参数测量数据和反照率计算公式，得到了三极代表性地区反照率的月均和年均值及其长期变化。

2000～2018 年(4～9 月)，北极 Sodankylä 地区计算和卫星反演大气顶反照率年平均值分别为 25.83%、29.62%，计算和卫星反演地表反照率分别为 25.30%、20.45%。计算和卫星反演大气顶反照率均表现出下降趋势(0.58%/a、0.07%/a)，计算和卫星反演地表的反照率均为上升趋势(1.24%/a、0.10%/a)。

2006～2016 年，南极 Dome C 地区计算和卫星反演大气顶反照率年平均值分别为 69.0%、69.4%，计算和卫星反演地表反照率分别为 80.4%、78.8%。计算和卫星反演的大气顶反照率均表现出下降趋势(0.001%/a、0.004%/a)，计算和卫星反演的地表反照率均为上升趋势(0.14%/a、0.06%/a)。

2007～2020 年，珠峰地区计算和卫星反演大气顶反照率年均值分别为 30.1%、33.5%，计算和卫星反演地表反照率年均值分别为 20.9%、18.8%，地面测量的反照率年均值为 25.0%。计算和卫星反演大气顶反照率均表现出上升趋势(2.85%/a、0.27%/a)，计算和卫星反演地表的反照率均为下降趋势(1.10%/a、0.04%/a)。

研究发现大气顶反照率两极在下降、珠峰在上升，它们的变化趋势和大气物质含量表现出反相变化特征(S/G 在两极上升、珠峰下降)，说明三极地区大气物质含量增加及吸收性成分发挥的关键作用，带来损失于大气的吸收能量增加，大气顶反射能量减少，从而造成大气顶反照率和 S/G 反相变化。三极地区地表反照率在两极上升、珠峰下降。特别是到达地表的太阳辐射转化为长波辐射后，加热大气并带来气温升高 (Bai et al.，2022b)。北极 Sodankylä 地区表现出 2000～2018 年气温升高，主要原因是吸收和散射物质增加、损失于大气散射能量增加。南极 Dome C 地区 2006～2016 年也表现出气温升高，主要原因是大气中吸收和散射物质增加、损失于大气吸收和散射能量增加。珠峰地区 2007～2021 年也表现出升温，主要原因是吸收成分及其吸收能量增加、地面总辐射及其转化而来长波辐射增加。三极地区的气温虽然普遍增加，但大气物质和辐射能量及其变化、大气物质和辐射能量相互作用却各具特色，它揭示了三极地区气温变化极其复杂的机制。

7.2.4 大气化学成分数据产品

近几十年来，青藏高原气候及生态环境发生显著变化，气温以全球平均变暖速率的两倍增加，积雪融化、冰川加剧退缩和降水增加等，影响下游季节性水源供应的变化，并威胁生态系统多样性(Yao et al., 2022;Kang et al., 2019)。大气气溶胶是气候变化模拟和预测中的极不确定因子，其光学特性是研究气溶胶辐射强迫及其气候效应的重要内容(IPCC, 2022)。

尽管青藏高原大气环境洁净，由于毗邻世界大气污染最严重的南亚等区域，排放的大气污染物能够通过大气环流跨境传输进入青藏高原，对其生态环境产生影响和危害(Kang et al., 2019)。以往研究证实，印度河-恒河平原的气溶胶等大气污染物的长距离传输是青藏高原污染物的主要来源(Cong et al., 2015;Lüthi et al., 2015;Xia et al., 2011;Li et al., 2020b)。然而，以往的研究都是短期观测，并不能完全体现青藏高原局地和长距离传输等因素影响的实际气溶胶负荷。因此，长期、可靠、连续、高时间分辨率的地基观测数据更有利于捕捉到气溶胶光学特性、粒径谱分布、气溶胶类型等信息(Pokharel et al., 2019)，能够明确气溶胶的准确负荷

并确定青藏高原污染物的来源，有利于为降低气候变化综合评估模拟的不确定性
提供有效数据，为气候变化应对提供重要参考。

青藏高原纳木错站和珠峰站是全球地基气溶胶遥感观测网 AERONET
(AErosol RObotic NETwork)的代表性背景区域。纳木错(海拔 4730 m)位于高原
中南部，羌塘高原南缘，代表高原内陆典型自然地理条件和生态区划(图 7.27)，
从 2006 年起建立了太阳光度计持续观测，并加入 AERONET。珠峰站(海拔
4276 m)，位于高原南部边缘、喜马拉雅山脉北侧，毗邻南亚大气重污染地区，
是研究南亚污染物跨境影响的理想区域(图 7.27)，从 2009 年开始进行太阳光度
计观测。

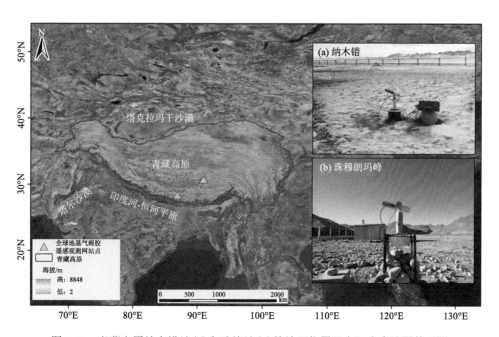

图 7.27　青藏高原纳木错站(a)和珠峰站(b)的地理位置及太阳光度计野外观测

通过对纳木错站 2006 年 8 月～2016 年 8 月和珠峰站 2009 年 10 月至 2017 年
11 月的 AOD 数据分析，得到 AOD 平均值分别为 0.045±0.047 和 0.043±0.039，约
为珠峰南侧金字塔站(NCO-P)和高原东北部瓦里关站的 1/3 左右，反映出高原整
体洁净的本底状况。然而瞬时 AOD 值的变化范围非常剧烈(～0.000 至 0.963)，
并具有显著的季节变化规律，表明青藏高原存在不同的气溶胶变化状况和影响因
素(图 7.28)。过去 10 年的长期变化趋势显示青藏高原 AOD 值相对稳定，未体现
出具有统计学意义的显著增长。两个站的 AOD 基线值(baseline)分别为 0.029 和

0.027，与其对照，太平洋夏威夷为 0.01，大西洋 Ascension Island 为 0.089，而印度洋 Amsterdam Island 为 0.053；进一步表明高原气溶胶负荷很低，大气环境整体洁净，属于全球典型背景区域(Pokharel et al., 2019)。

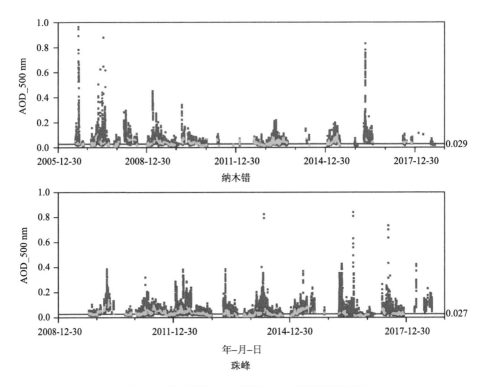

图 7.28　纳木错站和珠峰站 AOD 长期数据序列

从 AOD 的逐月变化来看，纳木错和珠峰均存在显著的季节变化，依次为春季(3~5 月)>夏季(6~8 月)>冬季(12~1 月)>秋季(9~10 月)。纳木错春季粗模态和细模态 AOD 共存，均较其他季节高，而夏季主要是粗模态粒子较多。珠峰站春季粗模态(沙尘)较少，AOD 的高值主要来自细模态的贡献。

不同类型气溶胶具有不同的光学特征和辐射特征，认识不同区域气溶胶的主要类型和组成是进行气溶胶辐射强迫模拟的前提条件。根据 AOD 和 Ångström 指数的关系，对青藏高原气溶胶主要类型进行了识别(如图 7.29 所示)。从整体上看，高原气溶胶主要以大陆背景气溶胶为主，但在春季存在相当数量的生物质燃烧气溶胶，另外在春季和夏季，存在少量的沙尘气溶胶。

2014 年 4 月，珠峰站细模态 AOD 远高于粗模态，尤其是在 4 月 11 日~15

日期间。4 月 11 日和 4 月 14 日，气溶胶体积粒度谱均呈现双峰型，但峰值位置存在较大差异，4 月 14 日的细粒子模态体积浓度远高于 4 月 11 日(图 7.30)，表明珠峰地区发生了一次严重的生物质燃烧事件。MODIS 观测表明，4 月 11~14 日南亚发生了强烈的露天大火，覆盖了整个喜马拉雅山麓和印度河-恒河平原(图 7.30)。后向气团轨迹(hysplit)和 CALIOP 卫星进一步表明，南亚生物质燃烧烟羽能够抬升至更高的海拔，翻越喜马拉雅山到达青藏高原(图 7.30)。

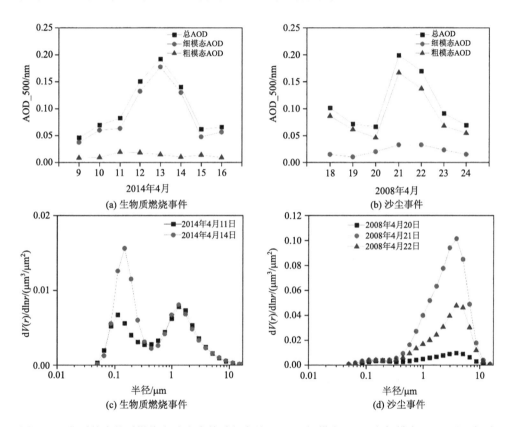

图 7.29　典型的生物质燃烧和沙尘事件过程中总 AOD、细模态 AOD 和粗模态 AOD 以及气溶胶粒径谱分布

　　总之，通过青藏高原地基 AOD 长期观测，全面获得了气溶胶的物理和光学特征(AOD 基线值、Angstrom 指数、粒径谱分布、气溶胶类型等)，为进一步评估气溶胶在青藏高原这一气候变化敏感区的作用提供了基础数据，也为未来评估 MODIS 等卫星遥感产品在青藏高原的适用性创造了必要条件。

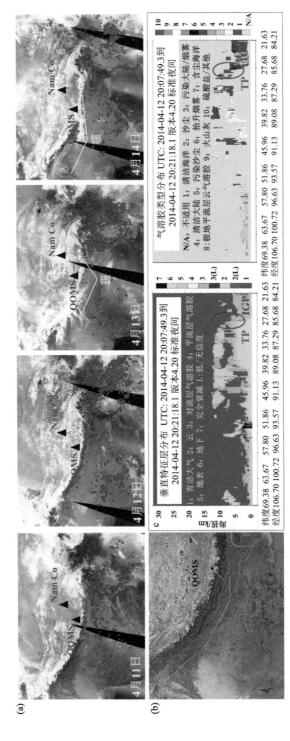

图 7.30　2014 年 4 月 11～14 (a)青藏高原及周边地区 MODIS 火点；(b)后向气团轨迹；(c)CALIPSO
卫星观测的青藏高原上空生物质燃烧烟羽

Nam Co:纳木错；QOMS: 珠峰；TP: 青藏高原；IGP: 印度河–恒河平原

7.3　极地生态大数据产品

7.3.1　极地植被生长动态遥感评估

在极地地区，植被对气候变化特别敏感，因此可以作为全球和区域环境变化的指标。在南极冰冻圈环境中，恶劣的生存环境使得南极植物区系局限于无冰区，约占南极面积的 0.5%，地衣和苔藓是该生境中最常见、分布最广的植被。地衣在整个南极大陆无冰区占主导地位，苔藓具有较大的生态幅且分布广泛，因此南极洲构成世界上最简单的生态系统，成为气候与植被生态系统相互作用最为敏感的热点研究区域。为了解南极植被的变化规律和响应机制，我们需要更多详细的信息，包括典型植被类型的丰度、分布和健康动态等。

1. 产品生产方法

基于 WorldView-2（WV-2）数据评估了高分辨率（very high resolution, VHR）卫星图像用于植被丰度估计和苔藓健康监测的能力。在探索了线性和非线性光谱混合分析（SMA）模型对苔藓和地衣丰度图反映能力的基础上，针对南极植被低矮、稀疏的特性提出一组修正的 Nascimento 模型（MNM-AVs），通过考虑植被和背景之间的二次散射分量来修正非线性系数，并提高丰度估计精度。

利用该方法在南极典型植被区开展实验，研究区包括费尔德斯半岛、阿德利岛和纳尔逊半岛的一部分（Selkirk and Skotnicki, 2007），位于距离南极半岛北端最近的乔治王岛的西南部。研究所采用的 WV-2 影像获取自夏季生长季晴天的影像（2018 年 3 月 23 日和 2019 年 2 月 19 日）。WV-2 具有 8 个多光谱波段，全色波段分辨率为 0.5m，多光谱波段分辨率为 2m。在 2018 年 2 月和 2019 年 2 月进行了两次实地调查，并在整个研究区域的 32 个典型植被地点收集了植被丰度和光谱特征，共收集了 312 个有效的光谱特征，包括不同健康状态的苔藓、典型的地衣物种（usnea antarcti 和 usnea aurantiacotra）和岩石（主要背景信息）的特征，以及显示苔藓健康状态的 50 个样点的照片。

除了南极植被的分布和覆盖度，苔藓生长和健康状况的变化也是气候变化的良好指标之一。南极洲的苔藓有各种克服压力的机制，包括产生能够改变颜色的光保护色素。一旦"叶子"中不同色素的成分受到影响，它们就会从绿色变成红色，然后变成棕色和灰黑色（Adams et al., 1986）（图 7.31）。因此，它们的颜色（反射光学特性）可以用来反映叶绿体的活性和健康状况。因此，绿色苔藓定义为健康苔藓，其他颜色的苔藓定义为不健康苔藓。健康的苔藓显示出比不健康的苔藓更高的近红外反射率和更低的红色反射率。为了分离具有不同健康状态的苔藓群落，将健康苔藓和不健康苔藓的端元添加到最优丰度估计模型中。当健康(不健康)苔藓的丰度大于50%时，就假设一个像素属于健康(不健康)苔藓。

(a) 健康的绿色苔藓　　　　　(b) 应激的红棕色苔藓　　　　　(c) 死亡的灰黑色苔藓

图 7.31　苔藓健康状况照片

2. 产品精度评估与验证

通过光谱分析技术进行丰度估计的核心是根据相关地物的辐射传输特性，为光谱混合模型选择恰当的数学表达形式。非线性模型可以模拟端部成员之间的相互作用，但对于分布非常稀疏的南极植被，解释植被-岩石相互作用和相对强度的"虚拟丰度"不能解释为地面信号的实际物理部分，这将导致对实际地物丰度的严重低估。在优化方法中将苔藓(地衣)与其背景之间的二次散射重新分配到苔藓和地衣丰度贡献中，并对水的丰度进行判定，经验证明只在丰度超过 50% 时才予以保留，MNM-AV2 相比 MNM-AV1 有更高的拟合优度和更低的拟合误差，于是采取该方法进行苔藓和地衣丰度提取。

在 MNM-AV2 中引入健康和非健康苔藓光谱，分别利用 2018 年和 2019 年的两张 WV-2 图像生成苔藓健康评估图(图 7.32)。为了便于比较，两幅图像中的云层和雪层区域都被预先标记。经地面真实数据验证，该方法对苔藓健康状态的评估准确率为 80%。

3. 产品应用分析

根据 MNM-AV2 提取的苔藓和地衣丰度结果(图 7.33)，可以观察到，苔藓主要生长在阿德利岛东部(区域 1)、纳尔逊半岛沿海地区(区域 2)，以及费尔德斯半岛沿海和湖岸地区(区域 3~5)；地衣主要分布在东南沿海和大部分高地(7~9 区)。与费尔德斯半岛和纳尔逊半岛相比，阿德利岛上两种植被类型的丰度都更高。苔藓往往生长在潮湿的陆地表面，如沿海地区和迎风坡，而地衣则分布更广。苔藓可能对水分更敏感，地衣更受温度的影响。被遗弃和活跃的企鹅、海燕和许多哺乳动物群体出现在沿海地区，将营养物质从海洋转移到内陆，促进植被生长。要注意的是，考虑到仅使用了一个端元，地衣光谱特征的多样性可能会导致对地衣丰度的低估，这意味着地衣的实际分布可能更广泛。

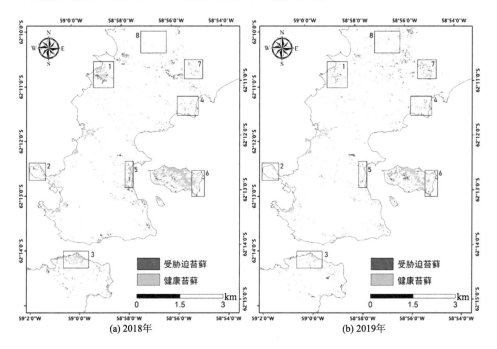

图 7.32　苔藓健康评估图

蓝色方框突出显示了苔藓生长状态发生变化的代表性区域

　　在苔藓生长和健康状况的评估中可以看到（图 7.33），2018 年和 2019 年，研究区域内不健康苔藓的比例分别为 40% 和 49%，这表明该区域苔藓生长面临较大的环境压力。通过对比两张评估图，可以确定 2018 年至 2019 年苔藓健康状况发生变化的主要区域。如，在 1～3 区，2018 年不健康的苔藓在 2019 年消失，这可能是严重环境压力导致死亡的结果。在 4～6 区，可以注意到从健康的苔藓到不健康的苔藓的变化，这表明 2019 年气候胁迫加剧。在 7 区和 8 区，可以观察到新出现的苔藓。值得一提的是，苔藓的健康状况是高度动态的，缺水会导致苔藓迅速死亡，而当环境条件变得有利时，苔藓可以长出新芽迅速恢复（Bartak et al., 2015）。

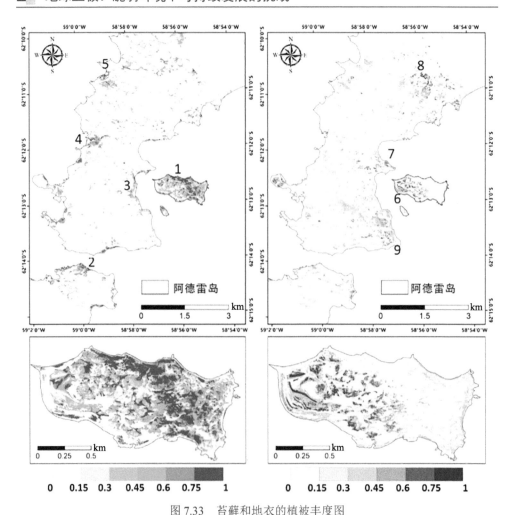

图 7.33　苔藓和地衣的植被丰度图

单位：无量纲 0-1；区域 1～5 突出了苔藓丰度高的区域，区域 6-9 是地衣丰度高的区域。
红色框表示缩放窗口的区域

7.3.2　极地植被物候遥感估算

1. 概述

物候是指生物长期适应光照、降水、温度等自然条件的周期性变化，形成与之相适应的生长发育节奏（Lieth, 1974）。植物的春季物候一般为生长季开始时间（start of growing season，SOS），也称为返青期，指植物在春天开始发芽、展叶或越冬叶片由黄色转变为绿色的时间。植物的秋季物候一般为生长季结束时间（end of growing season，EOS），指植物在秋季开始枯黄、落叶的时间。生长季开始与结束中间所经历的时间段称为生长季长度(length of growing season，LOS)。物候代表了植被的季节性动态，可作为区域气候变化的间接指标(Menzel et al.，2006)。植被物候不仅仅受到气候变化的影响（Zheng et al.，2022），也通过调节植被反照率(Hollinger et al.，2010)、植物冠层导度(Hollinger et al.，1999)、水和能量通量(Schwartz，1992)、光合作用和二氧化碳通量(Piao et al.，2008)等的季节动态，在多尺度上对气候和生态系统进行反馈(Richardson et al.，2013; Xu et al.，2020)。因此，及时了解气候变化背景下植被物候的响应，可以帮助我们更好地理解与重视全球变暖带来的影响。

2. 生产方法和流程

通过计算与植被特性相关的光谱波段的反射率，可以表征植被生长发育和物候变化，例如归一化植被指数(normalized difference vegetation index，NDVI)，增强植被指数(enhanced vegetation index，EVI)等。国内外可用于监测植被生长动态的遥感产品主要包括中国风云系列气象卫星产品、美国地球资源系列卫星(landsat)的专题绘图仪(thematic mapper, TM)、增强型专题绘图仪(ETM+)产品、美国国家海洋和大气管理局卫星 AVHRR 产品、美国地球观测系统计划卫星 MODIS 产品等。

以 MODIS 的植被指数产品(MOD13A2)为例，提取北极植被春季物候，该产品空间分辨率为 1km、时间分辨率为 16d(Didan et al.，2015)。对各像元进行严格的质量控制，只有像元可信度为"Good Data"(rank key = 0)的像元被筛选进入后续计算。MOD13A2 已通过约束视角-最大值合成法(CV-MVC)使噪声最小化(Huete et al.，2002)。去掉 NDVI 值小于 0 的像元以减少初春积雪的影响，同时对缺失值采用线性插值。为更进一步减少云、气溶胶、水体和积雪的影响，使用非对称高斯函数和双 Logistic 函数拟合方法对 NDVI 的时间序列进行平滑处理。基于动态阈值法提取每个格点的返青期，这是提取植被物候最有效的方法之一(Richardson et al.，2013)。计算公式如下式(7-4)所示：

$$\text{NDVI}_{\text{ratio}} = \frac{\text{NDVI}_{\text{DOY}} - \text{NDVI}_{\text{min}}}{\text{NDVI}_{\text{max}} - \text{NDVI}_{\text{min}}} \tag{7-4}$$

式中，NDVI_{DOY} 是某日的 NDVI 值，NDVI_{max} 和 NDVI_{min} 分别是该年的 NDVI 最大值和最小值，$\text{NDVI}_{\text{ratio}}$ 是确定物候期的阈值比率。此处选择 20%的阈值(Yu et al.，2010; Shen et al.，2014)，即 NDVI 时间序列从最小值开始，增长到与最大值之

间 20% 的日期。

3. 精度评估及验证

使用地面观测数据包括通量观测数据、物候影像和人工观测记录，共 29 个站点，共 142 站点年对 NDVI 获取的 SOS 进行了验证和对比分析。地面通量观测数据来源为 FluxNet 和 AmeriFlux 的 NEE 数据，包括 21 个站点，共 100 站点年。物候影像来源为物候相机观测网络的 5 个站点，共 18 站点年；以及 Zackenberg valley 实验的 1 个站点，共 6 站点年。将遥感指数 NDVI 提取的返青期与对应站点和年份的地面观测返青期数据进行拟合发现 NDVI 与各地面观测类型提取返青期的拟合参数呈极显著相关（$p < 0.01$，图 7.34）。

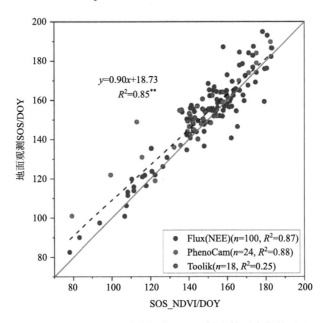

图 7.34　地面观测与遥感指数 NDVI 提取的返青期的对比

Flux (NEE) 表示通量站观测的净生态系统碳交换量(NEE)提取的返青期，PhenoCam 表示由物候相机观测网络和 Zackenberg valley 实验提取的返青期，Toolik 表示由 Toolik field station Environmental Data Center 观测提供的返青期。n 表示站点年数量，R^2 表示各地面观测数据与遥感指数提取的返青期的决定系数。**表示 NDVI 估计的返青期和地面观测的返青期拟合极显著($p < 0.01$)。DOY 即日序数，Day of year 的缩写。SOS 为植物的春季物候，一般为生长季开始时间(Start of growing season)，也称为返青期

4. 产品分析

根据上述方法提取的北极区域 2000～2020 年的春季物候平均值为 135.1

DOY，纬度梯度为正，即随纬度增加，春季物候越晚[图 7.35（a）]。2000～2020年间植被春季物候在大部分区域呈提前趋势，平均每 10 年提前 2d[图 7.35（b）]。主要在美国阿拉斯加州、加拿大北部、俄罗斯北部部分地区呈提前趋势，在加拿大东部、北欧地区、俄罗斯西部部分地区呈滞后趋势。

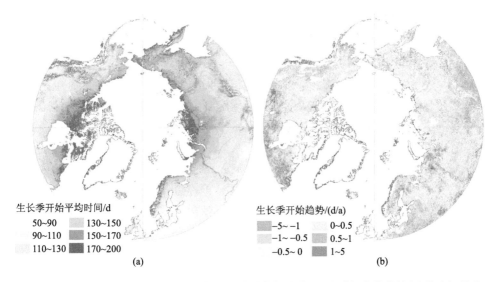

图 7.35　环北极（>50°N）2000～2020 年植被春季物候均值（a）和时间变化趋势（b）的空间分布

7.3.3　极地温室气体排放的元分析集成

1. 概述

为了更好地理解北极生态系统温室气体排放对气候变化的响应，近年来国内外学者已在北极地区开展广泛的实验研究。但是，对于围绕着某一具体研究课题而开展的多个独立站点研究来说，单独一个站点的样本规模可能会受到背景气候、人力等因素的影响，使得实验结论的统计功效不高，是实验结果与真实情况之间差距的来源。另外，由于实验方法的不同、样本规模的大小差异，以及不同实验环境变量间存在的差异性等问题，一次站点实验产生的温室气体通量数据波动较大，导致针对同一问题的多个独立研究的实验结果往往不尽相同。一个有效的解决办法是利用 Meta 分析，Meta 分析又被称为元分析或者荟萃分析，这种统计方法通过扩大样本规模来提高研究结果的统计学检验功效以及估计精度，从而精确剖析各研究之间的差异特征，并且对各研究的实验结果进行定量综合评价，继而

得到更加全面、系统、客观的可信结论。

2. 生产方法和流程

Meta 分析的第一步是建立数据集。首先，基于 Python 程序调用第三方库 Requests，在 Web of Science、Google Scholar、中国知网和万方数据库等相关学术引擎上完成文献检索工作。如检索已发表北极湿地温室气体排放相关 SCI 论文，可以设置以下关键词在 web of science 中查找：① greenhouse gas（或者 $CO_2/CH_4/N_2O$）；②wetland（或者 fen/bog/swamp 或者 marsh）；③ Arctic（或者 sub-Arctic）。然后，为剔除不合格文献，减少 Meta 分析结果的发表偏倚，收集的文献还必须经过多层筛选。筛选标准应依据具体科学问题制定，如：采样区域是自然还是人为干扰的生态系统及文献结果是否提供温室气体通量均值、标准差和样本量等相关信息。文献经过多次筛选，最终符合要求的文献利用图形数字化软件 Engauge Digitizer（https://markummitchell.github.io/engauge- digitizer/）采集各温室气体通量数据。另外，文献中相关的辅助分析变量（如：地理位置、土壤温度、水位和优势植物功能群等）一并归类整理。此外，对部分文献数据缺失的情况，可以利用以下方法补全：①如缺失气象数据，可从 WorldClim（http://WorldClim.org）中获取；②如缺失土壤等环境变量背景信息，可以查找相同作者发表的相同时间、实验地点的文章获得，或者查找对应地点的已公开发表数据库，获取相应的土壤等背景信息。综合上述过程，初步建立北极温室气体排放通量元数据集。

元数据集建成后，需要对各元数据定量效应值标准化。在生态学 Meta 分析中广泛使用为效应比自然对数为效应值（RR）（Hedges et al., 1999），量化某一类驱动（以下以增温为例）对温室气体排放的影响。效应值计算方法如下式（7-5）所示：

$$RR = \ln\left(\frac{\overline{x_w}}{\overline{x_c}}\right) = \ln\left(\overline{x_w}\right) - \ln\left(\overline{x_c}\right) \tag{7-5}$$

对应的方差 $V(RR)$ 表示为下式（7-6）所示：

$$V(RR) = \frac{(SD_w)^2}{N_w \overline{x_w}^2} + \frac{(SD_c)^2}{N_c \overline{x_c}^2} \tag{7-6}$$

上述公式中 $\overline{x_c}$ 和 $\overline{x_w}$，N_c 和 N_w，SD_c 和 SD_w 分别代表各站点增温处理组和对照组的温室气体排放通量均值、样本量和标准差。RR 为正值，表示增温促进了温室气体排放，反之抑制排放。此外，在 Meta 分析中，需要对单个站点评估加权效应。采用随机效应模型和逆方差法计算各站点加权值（WF）如下式（7-7）所示：

$$WF = \frac{1}{V(RR)} \tag{7-7}$$

然后计算增温对湿地温室气体排放的加权影响效应(Effect Size)如下式(7-8)所示

$$Effect\ Size = \frac{\sum\limits_{i=1}^{m}\sum\limits_{j=1}^{k} WF_{ij} RR_{ij}}{\sum\limits_{i=1}^{m}\sum\limits_{j=1}^{k} WF_{ij}} \tag{7-8}$$

其中 m 是研究组的数量，k 是第 i 组中对照样本的数量。如果用 bootstrap 方法进行偏差校正 95%的置信区间 (CI)不与 0 重叠，则表示该站点温室气体排放对增温的响应具有统计学意义，如下式(7-9)所示：

$$95\%CI = 1.96\ SE(Effect\ Size) \pm Effect\ Size \tag{7-9}$$

其中，增温处理对温室气体排放的加权影响效应的标准偏差表示为下式(7-10)所示：

$$SE(Effect\ Size) = \sqrt{\frac{1}{\sum\limits_{i=1}^{m}\sum\limits_{j=1}^{k} WF_{ij}}} \tag{7-10}$$

通过以上数据标准化处理过程，即可得到增温对北极各研究站点及各分类站点温室气体排放影响的量化效应数据集。

3. 精度评估与验证

由 Meta 分析方法得到的量化效应数据集需要进行"发表偏倚"检验。发表偏倚的产生是因为结果显著的研究被发表的几率更高，而发表的文章被收录用于 Meta 分析的可能性更大。发表偏倚会使 Meta 分析的结论出现偏差。漏斗图是 Meta 分析过程中最常见的识别发表偏倚的方法，以研究的效应估计值作为横坐标，样本量作为纵坐标画出散点图。在没有偏倚的情况下，图像中的点应聚集成倒置的漏斗状。若存在偏倚，漏斗图的外观不对称，图形底角存在空白。如漏斗图提示可能存在发表偏倚，可以使用 Egger's 检验。Egger's 检验可以理解为在漏斗图的基础上拟合了一条线性回归方程直线，检测样本方差是否对效应量有影响。检测结果 $p>0.05$ 意味着无发表偏倚，上述流程得到的量化效应数据集通过检验，符合标准。

4. 产品分析

基于 Meta 分析方法，北半球中高纬度 273 个观测实验中的不同植物功能群对增温的响应进行了研究。研究发现，北半球中高纬度不同的植物功能群对增温的响应存在显著的差别(图 7.36)。增温使得灌木和禾草类植物的地上和地下净初级生产力都出现明显的增加，而苔藓和地衣的地上和地下净初级生产力都出现明显的减少。由于地衣的观测样本量较小，其对增温响应的变幅和不确定性较大。苔藓和地衣主要分布在高纬度地区，由此可以推断，当那里的变暖幅度超过全球平均水平，它们在气候变暖之后会出现大幅减少（Bao et al., 2022）。

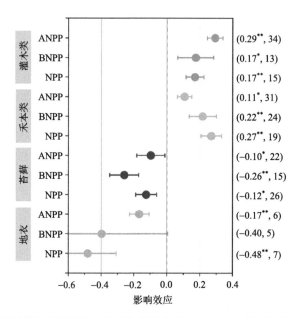

图 7.36 增温对不同植物功能群的地上净初级生产力（ANPP）、地下净初级生产力（BNPP）
和净初级生产力（NPP）的影响

右侧为每个变量的显著性检验结果和样本量（*, $0.01 < p < 0.05$ 和 **, $p < 0.01$）。误差线表示经过偏差校正的 95%
置信区间

7.4 青藏高原水资源大数据产品

7.4.1 产品概述

以青藏高原为核心的第三极地区是黄河、长江、怒江、雅鲁藏布江等多条大江大河的发源地，被称为"亚洲水塔"，不仅是我国乃至亚洲水资源产生、赋存和运移的战略要地，更是维系世界水资源安全的重要地区(Immerzeel et al., 2020; Wang et al., 2021a; 汤秋鸿等，2019; 姚檀栋等，2019)。近几十年来，随着区域的快速增温,冰冻圈(冰川、积雪和冻土等)的消融加剧,以及人类活动的干扰增加,青藏高原地区河川径流正在发生剧烈的变化,不仅对区域水资源时空分布产生巨大影响,而且威胁着区域生态环境及河流下游地区人们的生产生活和经济社会的发展(Azam et al., 2021; Biemans et al., 2019; Kraaijenbrink et al., 2021; Pritchard, 2019;汤秋鸿等,2019;张建云等,2019)。并且,由于环境恶劣、基础设施相对落后,以及部分跨境河流受到地区国家和政府的严格控制,青藏高原地区水资源观测资料十分匮乏;而且目前针对青藏高原水资源的研究多是单一圈层的研究,缺乏系统性、关联性的多因素整体协同变化研究。因此,基于有限的观测数据,结合遥感数据或同化数据,形成先进的水资源时空变化的数据分析能力和模拟技术框架,将冰冻圈、大气圈、水圈、生物圈等多圈层作为整体开展系统性研究,制备高质量、高分辨率的青藏高原水资源数据产品并实现数据的开放共享等方面,具有重要的科学意义。

为集成青藏高原水资源信息资源、形成青藏高原水资源综合观测数据和信息服务能力,中国科学院青藏高原研究所王磊研究员及其团队通过构建、验证包含积雪-冰川-冻土描述的多圈层综合水文模型,定量解析青藏高原七大主要流域的水资源变化,并模拟生成各流域 1998 年以来近 20 年高时空分辨率的水资源数据产品(径流、蒸发)。目前,已成功制备黄河源区、长江源区、怒江源区、雅鲁藏布江源区,以及印度河源区等流域近 20 年的水资源数据产品,在后续研究工作中,将继续生产湄公河源区、恒河源区等流域的水资源数据产品,并基于青藏高原地区高时空分辨率未来气候变化情景地面气象要素驱动数据集,生产青藏高原七大河流源区未来 20 年(2046~2065 年)的水资源数据产品,完成青藏高原七大河流源区水资源历史和未来时空变化及其影响的评估,以期实现青藏高原地区历史和未来水资源数据集共享,为青藏高原水资源、生态安全、可持续发展等提供全面支撑。

7.4.2 产品生产与精度评估

青藏高原七大主要流域水资源数据产品是基于气象观测数据、水文站点数据,结合各种同化数据和遥感数据,通过耦合积雪、冰川和冻土物理过程的青藏高原多圈层水文模型系统 WEB-DHM(基于水和能量平衡的分布式水文模型)制备生成,时间分辨率为月尺度,空间分辨率为 10km,原始数据格式为 ASCII 文本格式,径流的单位为 m³/s,蒸发量的单位为 mm,各大流域的水资源数据产品将被陆续提交至国家青藏高原科学数据中心(http://data.tpdc.ac.cn/en/)。

WEB-DHM 水文模型(图 7.37)包含产流汇流模块、陆面过程子模块、非承压地下水模块、冰雪消融模块以及冻土模块,充分考虑水量平衡与能量平衡,能够实现对水圈-生物圈-大气圈的综合模拟，而且已在黄河(Song et al., 2020)、长江(Qi et al., 2019)、雅鲁藏布江(Wang et al., 2021b)，以及众多冰湖(Zhong et al., 2020; Zhou et al., 2021)等青藏高原高寒水域有良好的应用效果，模型模拟结果精度较高。

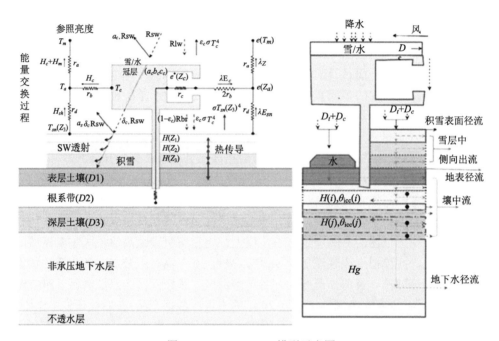

图 7.37　WEB-DHM 模型示意图

基于 WEB-DHM 水文模型生产青藏高原水资源时空动态数据集的主要步骤如下：①选取气温、风速、比湿、气压、降水、向下长波辐射和向下短波辐射等七个变量的数据作为气象输入数据，根据不同流域的实际情况，选取精度相对最高的气象数据集，或者融合多套数据产品制备适用性最高的气象数据集；②准备其余各类模型输入数据，其中土地利用数据来自于美国联邦地质调查局公开数据库(United States Geological Survey, USGS)(http://edc2.usgs.gov/glcc/glcc.php)，土壤分类数据来自于联合国粮农组织(Food and Agriculture Organization of the United Nations, FAO)全球土壤数据集(http://www.fao.org/geonetwork/srv/en/main.home)，植被参数采用全球地表特征参量数据产品(global land surface satellite, GLASS)的植物叶面指数(leaf area index, LAI)和光合有效辐射比率(fraction of abosorbed photosynthetically active radiation, FPAR)(http://glcf.umd.edu)，冰川的厚度数据和冰川分类数据主要来自于国际山地综合开发中心(International Centre for Integrated Mountain Development, ICIMOD)；③针对不同的流域，构建和验证青藏高原各流域的 WEB-DHM 水文模型,依据已有的水文站点实际观测数据来确定率定、验证期的年限,利用处理好的各类输入数据对水文模型进行率定、验证;④批量生产青藏高原水资源时空动态数据集。

7.4.3　产品分析

分析黄河源区、长江源区、怒江源区,以及雅鲁藏布江源区 1998～2017 年水资源数据集,可以发现:①就这四大流域源区来看,多年平均径流深从北向南逐渐增加,其中,雅鲁藏布江源区多年平均径流深最高,达 683mm,约是黄河源区径流深(216mm)的 3 倍;另外,长江源区、怒江源区、印度河源区的径流深分别为 140mm、349m、466m(图 7.38)。②多年平均蒸发量的空间分布态势与多年平均径流深差异较大,黄河源区多年平均蒸发量最高,达 466mm,与之毗邻的长江源区蒸发量却相对最小,为 297mm,怒江源区、雅鲁藏布江源区,以及印度河源区则分别为 339mm、348mm、363mm(图 7.39)。③从空间上来看,80%的五大河流源区年径流量集中在 800mm 以下,年蒸发量集中在 400mm 以下(图 7.40)。④不同流域间径流深年际变率与蒸发年际变率存在较大差别。在年尺度上,黄河源区、雅鲁藏布江源区中部地区径流深呈下降趋势,长江源区东南部、雅鲁藏布江源区东部和西部地区,以及印度河源区径流深则呈上升趋势(图 7.41);蒸发量在黄河源区、雅鲁藏布江源区西部下降,而在长江源区、怒江源区、雅鲁藏布江源区中东部、印度河源区等地区增加(图 7.42)。

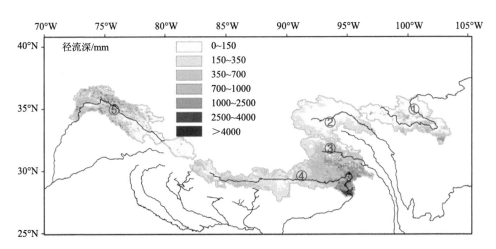

图 7.38　青藏高原诸条大河源区多年径平均流深(mm)

流域名称从东到西分别为①黄河源区;②长江源区;③怒江源区;④雅鲁藏布江源区;⑤印度河源区,余同

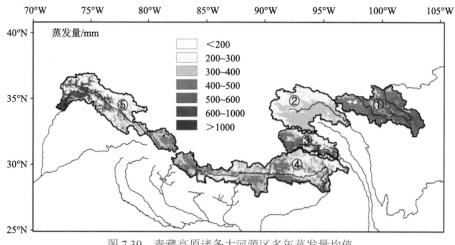

图 7.39　青藏高原诸条大河源区多年蒸发量均值

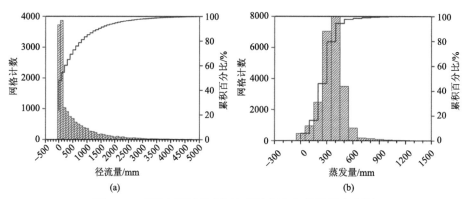

图 7.40　青藏高原诸条大河年径流深和年蒸发量直方图

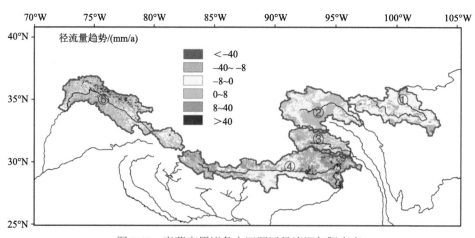

图 7.41　青藏高原诸条大河源区径流深年际变率

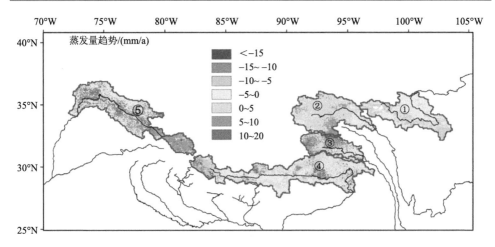

图 7.42　青藏高原诸条大河源区蒸发量均值年际变率

随着第二次青藏高原综合科学考察的顺利开展，青藏高原水资源大数据产品的不断更新、完善、整合，将为青藏高原水资源的可持续发展提供数据支持，助力"保护和恢复与水有关的生态系统"等可持续发展目标(SDG 6)的有效实施，并结合地面、遥感和数值模型的综合集成分析，提升对青藏高原水资源的科学认知，形成青藏高原多圈层相互作用、冰冻圈变化机理和高时空分辨率的水文水资源变化等一系列创新成果，为国家"一带一路"等倡议建设提供科技支撑的同时，大力推动我国在第三极科学研究中的权威性和话语权。

7.5　泛北极和第三极城市大数据产品

7.5.1　全球 10 米分辨率不透水面数据产品

1. 产品生产方法

利用多时相升降轨 Sentinel-1SAR 和 Sentinel-2 MSI 多光谱光学数据，结合散射特征、纹理特征和物候特征进行全球 10m 分辨率的不透水面(Hi-GISA)提取和更新。首先基于 SAR 后向散射系数时间序列的年平均值和标准差，通过逻辑运算识别出潜在的不透水面，然后利用光学图像生成年度归一化差分植被指数(NDVI)最大值和修正的归一化差分水体指数(modified normalized difference water index, MNDWI)平均值，再采用广义高斯模型的最优阈值自动选择方法进行阈值分割，从而精细提取不透水面(Sun et al., 2019，Sun et al., 2022)。同时，基于 DEM 的坡度数据用于掩膜 SAR 数据中山体裸岩褶皱等高散射像素，上述步骤均基于遥感影像大数据处理云平台 Google Earth Engine 进行处理。该方法证明将光学和 SAR 数据融合用于不透水面提取和更新的有效性，特别是对于光学数据无法区分和不透水面光谱特征相似的土地覆盖类型具有较大改进，为全球不透水面的精确提取与快速更新提供可行性(Sun et al., 2019，Sun et al., 2022)。图 7.43 为 2018 年泛北极国家和第三极地区不透水面空间分布图，其中蓝色覆盖部分为泛北极(50°N 以北)和第三极地区(青藏高原地区)，红色部分为不透水面。

图 7.43　泛北极和第三极城市不透水面空间分布(2018 年)

2. 产品精度验证

采用两种不同的方法来评估全球 10m 分辨率的不透水面产品 Hi-GISA 的精度，即散点验证法和区块验证法，并与其他公开数据精度进行比较。首先，对 2015 年的全球 10m 分辨率不透水面制图，大规模生成覆盖欧洲、非洲、北美南美和大洋洲等区域的大小为 10m×10m 的随机验证点，并基于统一的解译规则对高分辨率 Google Earth 图像进行目视解译，基于提取结果和参考数据建立每个区域的混淆矩阵。同时，进一步计算用户精度(user's accuracy, UA)、生产者精度(producer's accuracy, PA)和总体精度(overall accuracy, OA)指标以评估产品精度。其次，在 2015 年、2018 年的全球 10m 分辨率的不透水面产品地图上，分别生成 3980 个和 4354 个 300m×300m 的随机区块。对于每个区块，根据相应的高分辨率 Google Earth 图像对不透水表面进行目视解释，计算不透水面覆盖率以生成参考数据，并将 Hi-GISA 与 GAIA (Li et al., 2020)、GAUD (Liu et al., 2020)、GHSL、ESA、ESRI、

CLC 和 NLCD 数据进行交叉比较。在计算上述各数据的每个区块中不透水表面的覆盖率后，得到各产品数据和参考数据的散点图，基于散点图计算各产品数据与参考数据之间的测定系数 (R^2)，进一步评估不透水面的制图精度。

2015 年 Hi-GISA 数据不透水面精度详细结果如表 7.9 所示。在全球范围内，2015 年的全球城市不透水面数据的 OA 和 kappa 指数分别为 88.99% 和 0.79，而 PA 和 UA 指数分别为 95.52% 和 83.21%，不同区域之间无显著差异。验证结果表明，数据精度在亚洲比非洲略高，中国地区的 OA、PA 和 UA 指标分别为 88.55%、94.58% 和 81.81%，各省的准确率各不相同，干旱和半干旱地区表现较差。根据散点图结果显示 Hi-GISA 2015 的 R^2 (0.83) 最高，其次是 Hi-GISA 2018 (0.81)、ESA 2020 (0.71)、GAIA (0.65)、GHSL 2014 (0.64)、ESRI 2020 (0.47) 和 NUACI 2015 (0.46)，这表明 Hi-GISA 产品与参考数据更为接近，精度相比其他产品更高（Sun et al., 2022）。

表 7.9　Hi-GISA（2015）不同验证区域的不透水面精度

地区	样本数量	OA/%	UA/%	PA/%
亚洲	256593	88.86	82.94	95.53
南美洲	36556	89.94	83.61	98.51
大洋洲	22012	89.31	84.29	94.89
非洲	32493	88.77	86.00	92.27
总数/平均	347654	88.99	83.21	95.52

3. 产品趋势分析

从 Hi-GISA 2015、Hi-GISA 2018 提取 20 个泛北极国家不透水面数据进行统计分析，2015 到 2018 年，20 个泛北极国家的不透水面总面积总体处于增加趋势，总面积由 171810.11km² 增加到了 172396.63 km²，增加了约 586.53 km²。在 20 个泛北极国家中，2015 年、2018 年俄罗斯联邦、德国、加拿大、英国、波兰的不透水面面积排名前五，两年期内 5 个国家不透水面总面积分别占 20 个泛北极国家不透水面总面积的 80.20%、80.13%（图 7.44）。在 20 个泛北极国家中，2015 年至 2018 年的不透水面均为正增长，爱沙尼亚、爱尔兰、拉脱维亚、白俄罗斯、芬兰、波兰、丹麦不透水面增长率位列前七，增长率均大于 1%，其中爱沙尼亚不透水面增长率最大，为 3.37%，揭示了近年来爱沙尼亚城市化进程的空前加速（图 7.45）。

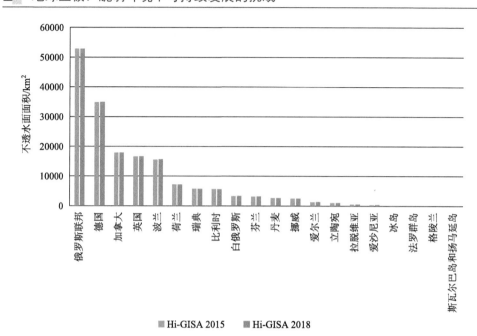

图 7.44　2015 年、2018 年泛北极国家不透水面面积

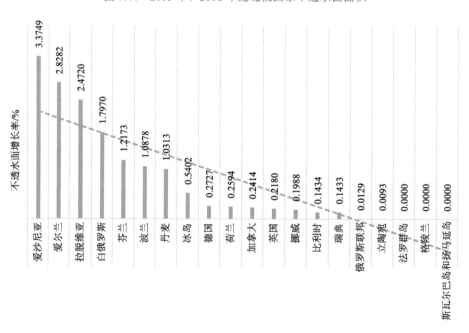

图 7.45　2015～2018 年泛北极国家不透水面增长率

而冰岛、德国、荷兰、加拿大、英国、挪威、比利时、瑞典、俄罗斯联邦、立陶宛的增长率均低于 1%，除冰岛增长率在 0.54%以外，其他 9 个国家增长率均在 0.1%~0.2%，揭示了上述 9 个国家城市化进程放缓的趋势。斯瓦尔巴岛和扬马延岛、法罗群岛、格陵兰 3 个国家 2 年期的不透水面面积无明显变化。

7.5.2　泛北极和第三极城市土地利用效率监测与评估

为了更加全面地对泛北极和第三极城市的用地效率进行监测与评估，基于 Landsat 系列卫星遥感影像数据、哨兵数据，进行了 2000~2020 年人口大于三十万泛北极和第三极城市的不透水面提取，并基于 SDG11.3.1 指标进行泛北极和第三极城市用地监测和可持续发展的评估。

1. 产品生产方法

根据联合国 World Urbanization Prospects（WUP）2018 数据库（https://population.un.org/wup/），全球共计有 1860 个人口大于 30 万的城市。为获取泛北极和第三极城市的不透水面分布，我们使用 Landsat 5/7，TM/ETM+地表反射率数据（2000~2020）、Sentinel-1，SAR 散射数据（2015）和 Sentinel-2 地表反射率数据（2015）时间序列，以及辅助数据包括航天飞机雷达地形任务（shuttle radar topography mission, SRTM）数字高程数据、OpenStreetMap 众包地理空间数据，高分辨率的谷歌地球数据，城市范围行政边界。泛北极和第三极城市区域的边界是通过全球农村城市地图数据 （GRUMPv1）和数据库全球行政区域 3.6（GADMv3.6）确定。基于 Google Earth Engine 平台，根据联合国定义的建成区标准，对 2000~2020 年泛北极和第三极城市不透水面产品进行城市建成区转换，并利用高分辨率遥感影像人工对泛北极和第三极城市建成区内部公园、绿地进行调整，获得 2000 年、2005 年、2010 年、2015 年、2020 年 132 个泛北极和第三极城市建成区完整数据。

2. 产品精度验证

基于 Google Earth Pro 软件加载 Google 卫星地图进行精度验证，在目标城市区域范围内，生成随机位置点若干，提取透水面区域内 5 点和不透水面区域内 5 点。利用混淆矩阵方法，对 2000~2020 年泛北极和第三极城市的不透水面数据的精度验证，5 期数据均进行随机点采样和混淆矩阵的制作。精度验证结果表明，5 期数据总体精度分别是 97.11%、96.17%、96.45%、96.38%、93.41%。2020 年泛北极和第三极城市不透水面产品的精度指标整体上略低于 2000~2015 年城市不透水面地图，产生这种差异可能是由于我们对两个产品使用不同的样本数量和验证点的数量。所有城市不透水面产品精度都超 85%，这满足从城市不透水面地图转换成建成区产品的精度要求。

3. 泛北极和第三极城市土地利用效率分析

为计算泛北极和第三极城市土地利用效率,利用 2000～2020 年泛北极和第三极城市 5 期建成区数据对 SDG11.3.1 指标进行计算。SDG11.3.1 指标-土地消耗率比人口增长率(land consumption rate to population growth rate, LCRPGR)揭示城市土地扩张与城市人口增长之间的关系。指标 SDG11.3.1 的目的是通过在相似的时空尺度上比较城市扩张率和人口增长率来监测和衡量城市发展。量化这一指标对于理解土地征用与人口增长相比的速度、承认历史土地消费传统、指导决策者进行城市增长规划和环境、社会和经济资源的保护方面至关重要。

根据 LCRPGR 的数值分布将重点城市划分为五个等级(默认 LCR>0):①LCRPGR≤-1,人口衰退速度大于土地消耗速度的消耗率;②-1<LCRPGR≤0,人口衰退速度小于土地消耗速度的消耗率;③0<LCRPGR≤1,人口增长速度大于土地消耗速度的消耗率;④1<LCRPGR<2,土地消耗率是人口增长 1～2 倍;⑤LCRPGR>2,土地消耗速率超过人口增长速率 2 倍以上。LCRPGR 值越接近 1,说明城市用地扩张与人口增长越协调, 城市发展的可持续性越高, 城市经济增长越快, 城市用地效率更高。如图 7.46、图 7.47 所示, 人口大于 30 万的泛北极和

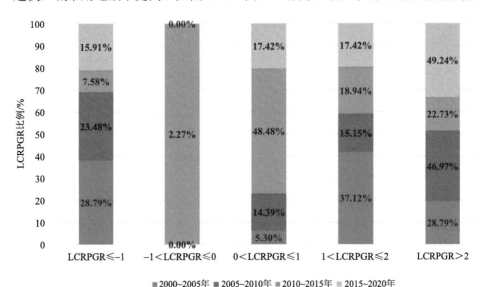

图 7.46　2000～2020 年泛第三极城市 LCRPGR 变化

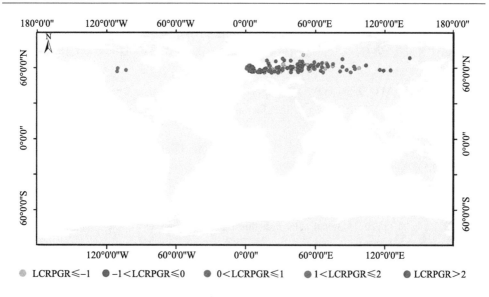

LCRPGR≤−1　　−1<LCRPGR≤0　　0<LCRPGR≤1　　1<LCRPGR≤2　　LCRPGR>2

图 7.47　2000～2020 年泛第三极城市 LCRPGR 空间分布

第三极城市共有 132 个，2000～2005 年间， 1<LCRPGR≤2(37.12%)、LCRPGR
>2(28.79%)、 LCRPGR≤−1(28.79%)的城市占前三。到 2015～2020 年，前三
占比 1<LCRPGR≤2(17.42%)、LCRPGR>2(49.24%)、 LCRPGR≤−1(17.42%)。
LCRPGR 大于 2 的城市比例增加，说明泛北极和第三极城市土地消速率大于人口
增长。泛北极和第三极城市中没有 0≤LCRPGR≤−1 的城市，说明泛北极和第三
极城市没有人口衰退速度小于土地消耗速度的消耗率的城市。最常见的 LCRPGR
类别是 LCRPGR>2，该数据集显示 2010～2015 年间有 48.48%的城市和 2015～
2020 年间 17.42%的泛北极和第三极城市属于这一类别，说明 2010～2015 年和
2015～2020 年间泛北极和第三极城市人口增加速度小于土地消耗速度的消耗率。

参 考 文 献

车涛, 胡艳兴, 戴礼云, 等. 2021. 机器学习方法融合北半球长时间序列逐日雪深数据集
　　(1980-2019). 国家青藏高原科学数据中心.

盛裴轩, 毛节泰, 李建国, 等. 2003.大气物理学. 北京: 北京大学出版社.

汤秋鸿, 刘星才, 周园园, 等. 2019. "亚洲水塔"变化对下游水资源的连锁效应. 中国科学院院
　　刊, 34(11): 1306-1312.

王莉莉, 辛金元, 王跃思, 等. 2007. CSHNET 观测网评估 MODIS 气溶胶产品在中国区域的适
　　用性. 科学通报, 52(4): 477-486.

姚檀栋, 邬光剑, 徐柏青, 等. 2019. "亚洲水塔"变化与影响. 中国科学院院刊, 34(11):
　　1203-1209.

姚檀栋. 2015. 改善青藏高原环境 推进一带一路战略. 中国科学报.

张建云, 刘九夫, 金君良, 等. 2019. 青藏高原水资源演变与趋势分析. 中国科学院院刊, 34(11): 1264-1273.

Adams J B, Smith M O, Johnson P E. 1986. Spectral mixture modeling: A new analysis of rock and soil types at the Viking Lander 1 Site. Journal of Geophysical Research-Solid Earth, 91(B8): 8098-8112.

Azam M F, Kargel J S, Shea J M, et al. 2021. Glaciohydrology of the Himalaya-Karakoram . Science, 373(6557): eabf3668.

Bai J H, G de Leeuw, R van der A, et al. 2018. Variations and photochemical transformations of atmospheric constituents in North China. Atmospheric Environment, 189: 213-226.

Bai J H, Zong X M. 2021. Global solar radiation transfer and its loss in the atmosphere. Applied Science, 11(6): 2651.

Bai J, Heikkilä A, Zong X. 2021. Long-Term Variations of Global Solar Radiation and Atmospheric Constituents at Sodankylä in the Árctic. Atmosphere, 12(6): 749.

Bai J, Zong X, Lanconelli C, et al. 2022a. Long-Term Variations of Global Solar Radiation and Its Potential Effects at Dome C (Antarctica). International Journal of Environment Research and Public Health, 19: 3084.

Bai J, Zong X, Ma Y, et al. 2022b. Long-Term Variations in Global Solar Radiation and Its Interaction with Atmospheric Substances at Qomolangma. International Journal of Environment Research and Public Health, 19(15): 8906.

Bao T, Jia G, Xu X. 2022. Warming enhances dominance of vascular plants over cryptogams across northern wetlands. Global Change Biology, 28(13): 4097- 4109.

Bartak M, Váczi P, Stachoň, Z, et al. 2015. Vegetation mapping of moss-dominated areas of northern part of James Ross Island (Antarctica) and a suggestion of protective measures. Czech Polar Reports, 5: 75-87.

Bergstrom D M, Turner P A M, Scott J, et al. 2005. Restricted plant species on sub-Antarctic Macquarie and Heard Islands. Polar Biology, 29: 532-539.

Biemans H, Siderius C, Lutz A F, et al. 2019. Importance of snow and glacier meltwater for agriculture on the Indo-Gangetic Plain . Nature Sustainability, 2(7): 594-601.

Boucher O, Randall D, Artaxo P, et al. 2013. Clouds and Aerosols. In: Climate Change 2013: The Physical Science Basis. Contribution of Working Group I to the Fifth Assessment Report of the Intergovernmental Panel on Climate Change. NY, USA: Cambridge University Press.

Brown M I, Pearce T, Leon J, et al. 2018. Using remote sensing and traditional ecological knowledge (TEK) to understand mangrove change on the Maroochy River, Queensland, Australia . Applied Geography, 94: 71-83.

Cai Y, Ke C, Li X, et al. 2019. Variations of lake ice phenology on the Tibetan Plateau from 2001 to 2017 based on MODIS data. Journal of Geophysical Research, 124: 825-843.

Cannone N, Dalle Fratte, M, Convey P , et al. 2017. Ecology of moss banks on Signy Island (maritime Antarctic). Botanical Journal of the Linnean Society, 184: 518-533.

Carlson T N, Ripley D A. 1997. On the relation between NDVI, fractional vegetation cover, and leaf area index. Remote Sensing of Environment, 62(3): 241-252.

Chen Y, Zhao C, Ming Y. 2019. Potential impacts of Arctic warming on Northern Hemisphere mid-latitude aerosol optical depth. Climate Dynamics, 53: 1637-1651.

Chipperfield M, Dhomse S, Feng W, et al. 2015. Quantifying the ozone and ultraviolet benefits already achieved by the Montreal Protocol. Nature Communications, 6: 7233.

Cong Z, Kang S, Kawamura K, et al. 2015. Carbonaceous aerosols on the south edge of the Tibetan Plateau: concentrations, seasonality and sources. Atmospheric Chemistry and Physics, 15: 1573-1584.

Convey P. 2011. Antarctic terrestrial biodiversity in a changing world. Polar Biology, 34: 1629-1641.

Crittenden P. 1998. Nutrient exchange in an Antarctic macrolichen during summer snowfall–snow melt events. The New Phytologist, 139(4): 697-707.

de Rham L, Dibike Y, Beltaos S, et al. 2020. A Canadian River Ice Database from the National Hydrometric Program Archives. Earth System Science Data, 12(3): 1835-1860.

Didan K, Munoz A B, Solano R, et al. 2015. MODIS vegetation index user's guide (MOD13 series). University of Arizona: Vegetation Index and Phenology Lab: 35.

Ding Y, Cheng X, Liu J, et al. 2019. Investigation of spatiotemporal variability of melt pond fraction and its relationship with sea ice extent during 2000–2017 using a new data, The Cryosphere Discussions, 1-33.

Doran P T, Priscu J C, Lyons W B, et al. 2002. Antarctic climate cooling and terrestrial ecosystem response. Nature, 415: 517-520.

Duguay C R, Prowse T D, Bonsal B, et al. 2006. Recent trends in Canadian lake ice cover. Hydrological Processes, 20(4): 781-801.

Feng J, Zhang Y, Cheng Q, et al. 2021. Effect of melt ponds fraction on sea ice anomalies in the Arctic Ocean. International Journal of Applied Earth Observation and Geoinformation, 98: 102297.

Filazzola A, Blagrave K, Imrit M, et al. 2020. Climate change drives increases in extreme events for lake ice in the Northern Hemisphere. Geophysical Research Letters, 47(18): e2020GL089608.

Garrett T J, Zhao C. 2006. Increased Arctic cloud longwave emissivity associated with pollution from mid-latitudes. Nature, 440(7085): 787-789.

Gitelson A A, Merzlyak M N, Chivkunova O B. 2001. Optical Properties and Nondestructive Estimation of Anthocyanin Content in Plant Leaves Photochem. Photochemistry and Photobiology, 74(1): 38-45.

Green T A, Sancho L G, Pintado A, et al. 2011. Functional and spatial pressures on terrestrial vegetation in Antarctica forced by global warming. Polar Biology, 34: 1643-1656.

Guang J, Xue Y, Li Y, et al. 2012. Retrieval of Aerosol Optical Depth over Bright Land Surfaces by Coupling Bidirectional Reflectance Distribution Function Model and Aerosol Retrieval Model. Remote Sensing Letter, 3(7): 577-584.

Guo H, Li X, Qiu Y. 2020. Comparison of global change at the Earth's three poles using spaceborne earth observation. Chinese Science Bulletin, 65: 1320-1323.

Hedges L V, Gurevitch J,Curtis P S. 1999. The meta-analysis of response ratios in experimental ecology. Ecology, 80(4): 1150-1156.

Hillier W, Babcock G T. 2001. Photosynthetic reaction centers. Plant Physiol, 125(1): 33-37.

Hollinger D Y, Goltz S M, Davidson E A, et al. 1999. Seasonal patterns and environmental control of carbon dioxide and water vapour exchange in an ecotonal boreal forest. Global Change Biology, 5(8): 891-902.

Hollinger D Y, Ollinger S V, Richardson A D, et al. 2010. Albedo estimates for land surface models and support for a new paradigm based on foliage nitrogen concentration. Global Change Biology, 16(2): 696-710.

Hongxing L, Lei W, Jezek K C. 2006. Automated delineation of dry and melt snow zones in Antarctica using active and passive microwave observations from space. IEEE Transactions on Geoscience and Remote Sensing, 44(8): 2152-2163.

Hu Y X, Che T, Dai L Y, et al. 2021. Snow depth fusion based on machine learning methods for the Northern Hemisphere. Remote Sensing, 13(7): 1250.

Huete A, Didan K, Miura T, et al. 2002. Overview of the radiometric and biophysical performance of the MODIS vegetation indices. Remote sensing of environment, 83(1-2): 195-213.

Immerzeel W W, Lutz A F, Andrade M, et al. 2020. Importance and vulnerability of the world's water towers. Nature, 577(7790): 364-9.

IPCC. 2022. Climate Change 2022: Impacts, Adaptation and Vulnerability. Contribution of Working Group II to the Sixth Assessment Report of the Intergovernmental Panel on Climate Change. Cambridge and New York: Cambridge University Press. Cambridge University Press: 3056.

Kang S, Zhang Q, Qian Y, et al. 2019. Linking atmospheric pollution to cryospheric change in the Third Pole region: current progress and future prospects. National Science Review, 6(4): 796-809.

Kappen L. 2000. Some aspects of the great success of lichens in Antarctica. Antarctic Science, 12(3): 314-324.

Kokhanovsky A A, Bréon F M. 2012. Validation of an analytical snow BRDF model using PARASOL multi-angular and multispectral observations. IEEE Geoscience and Remote Sensing Letters, 9 (5): 928-932.

Kokhanovsky A A. 2013. Remote sensing of atmospheric aerosol using spaceborne optical observations. Earth-Science Reviews, 116: 95-108.

Kraaijenbrink P D A, Stigter E E, Yao T, et al. 2021. Climate change decisive for Asia's snow meltwater supply. Nature Climate Change, 11(7): 591-597.

Li F, Wan X, Wang H, et al. 2020a. Arctic sea-ice loss intensifies aerosol transport to the Tibetan Plateau. Nature Climate Change, 10: 1037-1044.

Li X, Gong P, Zhou Y, et al. 2020b. Mapping global urban boundaries from the global artificial impervious area (GAIA) data[J]. Environmental Research Letters, 15(9): 094044.

Liang L, Guo H, Li X, et al. 2013. Automated ice-sheet snowmelt detection using microwave radiometer measurements. Polar Research, 32(1): 19746.

Liang L, Li X, Zheng F. 2019. Spatio-temporal analysis of ice sheet snowmelt in Antarctica and Greenland using microwave radiometer data. Remote Sensing, 11(16): 1838.

Lieth H. 1974. Phenology and seasonality modeling (Vol. 8). New York: Springer Science & Business Media.

Lindenschmidt K E, Baulch H, Cavaliere E. 2018. River and Lake Ice Processes—Impacts of Freshwater Ice on Aquatic Ecosystems in a Changing Globe. Water, 10(11): 1586.

Liu X, Huang Y, Xu X, et al. 2020. High-spatiotemporal-resolution mapping of global urban change from 1985 to 2015. Nature Sustainability, 3(7): 564-70.

Loeb N, Su W. 2010. Direct aerosol radiative forcing uncertainty based on a radiative perturbation analysis, Journal of Climate, 23(19): 5288-5293.

Lüthi Z L, Škerlak B, Kim S W, et al. 2015. Atmospheric brown clouds reach the Tibetan Plateau by crossing the Himalayas. Atmospheric Chemistry and Physics, 15(11): 6007-6021.

Magnuson J J, Robertson D M, Benson B J, et al. 2000. Historical trends in lake and river ice cover in the Northern Hemisphere. Science, 289(5485): 1743-1746.

Mei L, Xue Y, de Leeuw G, et al. 2013. Aerosol optical depth retrieval in the Arctic region using MODIS data over snow. Remote Sensing of Environment, 128: 234-245.

Ménard C B, Essery R, Alan B, et al. 2019. Meteorological and evaluation datasets for snow modelling at 10 reference sites: description of in situ and bias-corrected reanalysis data. Earth System Science Data, 11(2): 865-880.

Menzel A, Sparks T H, Estrella N, et al. 2006. European phenological response to climate change matches the warming pattern. Global Change Biology, 12(10): 1969-1976.

Nabat P, Somot S, Mallet M, et al. 2015. Direct and semi-direct aerosol radiative effect on the Mediterranean climate variability using a coupled regional climate system model. Climate Dynamics, 44: 1127-1155.

Obu J, Westermann S, Bartsch A, et al. 2019. Northern Hemisphere permafrost map based on TTOP modelling for 2000-2016 at 1 km^2 scale. Earth-Science Reviews, 193: 299-316.

Piao S, Ciais P, Friedlingstein P, et al. 2008. Net carbon dioxide losses of northern ecosystems in response to autumn warming. Nature, 451(7174): 49-52.

Pokharel M, Guang J, Liu B, et al. 2019. Aerosol Properties Over Tibetan Plateau From a Decade of AERONET Measurements: Baseline, Types, and Influencing Factors. Journal of Geophysical

Research: Atmospheres, 124(23): 13357-13374.

Pritchard H D. 2019. Asia's shrinking glaciers protect large populations from drought stress. Nature, 569(7758): 649-54.

Pritchard H D. 2021. Global data gaps in our knowledge of the terrestrial cryosphere. Frontiers in Climate, 3: 689823.

Prowse T D, Bonsal B R, Duguay C R, et al. 2007. River-ice break-up/freeze-up: a review of climatic drivers, historical trends and future predictions. Annals of Glaciology, 46: 443-51.

Qi J, Wang L, Zhou J, et al. 2019. Coupled snow and frozen ground physics improves cold region hydrological simulations: an evaluation at the upper Yangtze River Basin (Tibetan Plateau). Journal of Geophysical Research: Atmospheres, 124(23): 12985-3004.

Qiu Y, Xie P, Leppäranta M, et al. 2019. MODIS-based daily lake ice extent and coverage dataset for Tibetan Plateau. Big Earth Data, 3(2): 170-185.

Quaas J, Boucher O, Dufresne J L, et al. 2004. Impacts of greenhouse gases and aerosol direct and indirect effects on clouds and radiation in atmospheric GCM simulations of the 1930-1989 period. Climate Dynamics, 23(7-8): 779-789.

Ran Y H, Jorgenson M T, Li X, et al. 2021. Biophysical permafrost map indicates ecosystem processes dominate permafrost stability in the Northern Hemisphere. Environmental Research Letters, 16(9): 095010.

Ran Y, Li X, Cheng G, et al. 2022. New high-resolution estimates of the permafrost thermal state and hydrothermal conditions over the Northern Hemisphere. Earth System Science Data, 14: 865-884.

Richardson A D, Keenan T F, Migliavacca M, et al. 2013. Climate change, phenology, and phenological control of vegetation feedbacks to the climate system. Agricultural and Forest Meteorology, 169: 156-173.

Robinson S A, Wasley J, Tobin A K. 2003. Living on the edge–plants and global change in continental and maritime Antarctica. Global Change Biology, 9: 1681-1717.

Running S W, Zhao M S. 2015. User's Guide, Daily GPP and Annual NPP (MOD17A2/A3) Products NASA Earth Observing System MODIS Land Algorithm. MOD17 User's Guide: 1-28.

Sancho L G, Pintado A. 2004. Evidence of high annual growth rate for lichens in the maritime Antarctic. Polar Biology, 27: 312-319.

Schwartz M D. 1992. Phenology and springtime surface-layer change. Monthly weather review, 120(11): 2570-2578.

Selkirk P M, Skotnicki M L. 2007. Measurement of moss growth in continental Antarctica. Polar Biology, 30: 407-413.

Sharma S, Blagrave K, Magnuson J, et al. 2019. Widespread loss of lake ice around the Northern Hemisphere in a warming world. Nature Climate Change, 9(3): 227-231.

Shen M, Zhang G, Cong N, et al. 2014. Increasing altitudinal gradient of spring vegetation phenology during the last decade on the Qinghai–Tibetan Plateau. Agricultural and Forest Meteorology, 189: 71-80.

Shen Y P, Wang G Y. 2013. Key findings and assessment results of IPCC WGI Fifth assessment report. Glaciol. Geocryol, 35(5): 1068-1076.

Shi Z, Xing T, Guang J, et al. 2019. Aerosol optical depth over the Arctic snow- covered regions derived from dual-viewing satellite observations. Remote Sensing, 11(8): 891.

Shiklomanov A I, Lammers R B. 2014. River ice responses to a warming Arctic—recent evidence from Russian rivers. Environmental Research Letters, 9(3): 035008.

Shindell D, Faluvegi G. 2009. Climate response to regional radiative forcing during the twentieth century. Nature Geoscience, 2: 294-300.

Shur Y L, Jorgenson M T. 2007. Patterns of permafrost formation and degradation in relation to climate and ecosystems, Permafrost Periglac. Processes, 18(1): 7-19.

Song L, Wang L, Li X, et al. 2020. Improving Permafrost Physics in a Distributed Cryosphere-Hydrology Model and Its Evaluations at the Upper Yellow River Basin. Journal of Geophysical Research: Atmospheres, 125(18): e2020JD032916.

Sun Z, Du W, Jiang H, et al. 2022. Global 10-m impervious surface area mapping: A big earth data based extraction and updating approach. International Journal of Applied Earth Observation and Geoinformation, 109: 102800.

Sun Z, Xu R, Du W, et al. 2019. High-resolution urban land mapping in China from sentinel 1A/2 imagery based on Google Earth Engine. Remote Sensing, 11(7): 752.

Takács K, Kern Z, Pásztor L. 2018. Long-term ice phenology records from eastern—central Europe, Earth System Science Data Disscussion, 10: 391-404.

Tomasi C, Kokhanovsky A A, Lupi A, et al. 2015. Aerosol remote sensing in polar regions. Earth-Science Reviews, 140: 108-157.

Torres M G, Jana R, Casanova K M. 2011. Antarctic hairgrass expansion in the South Shetland archipelago and Antarctic Peninsula revisited. Polar Biology, 34: 1679.

Turner J, Barrand N E, Bracegirdle T J, et al. 2014. Antarctic climate change and the environment: An update. Polar Record, 50: 237-259.

Wang X, Chen Y, Li Z, et al. 2021a. Water resources management and dynamic changes in water politics in the transboundary river basins of Central Asia. Hydrology and Earth System Science, 25(6): 3281-3299.

Wang Y, Wang L, Zhou J, et al. 2021b. Vanishing Glaciers at Southeast Tibetan Plateau Have Not Offset the Declining Runoff at Yarlung Zangbo. Geophysical Research Letters, 48(21): e2021GL094651.

Xia X, Zong X, Cong Z, et al. 2011. Baseline continental aerosol over the central Tibetan plateau and a case study of aerosol transport from South Asia. Atmospheric Environment, 45: 7370-7378.

Xu X, Riley W J, Koven C D, et al. 2020. Earlier leaf-out warms air in the north. Nature Climate

Change, 10: 370-375.

Xue Y, He X, Xu H, et al. 2014. CHINA COLLECTION 2.0: The Aerosol Optical Depth Dataset from the Synergetic Retrieval of Aerosol Properties Algorithm. Atmospheric Environment, 95: 45-58.

Yang X, Pavelsky T M, Allen G H. 2020. The past and future of global river ice. Nature, 577(7788):69-73.

Yao T, Bolch T, Chen D, et al. 2022. The imbalance of the Asian water tower. Nature Reviews Earth & Environment, 3: 618-632.

You Y, Zhao T, Xie Y, et al. 2020. Variation of the aerosol optical properties and validation of MODIS AOD products over the eastern edge of the Tibetan Plateau based on ground-based remote sensing in 2017. Atmospheric Environment, 223, DOI: 10.1016/j.atmosenv.2019.117257.

Yu Z, Sun P S, Liu S R. 2010. Phenological change of main vegetation types along a North-South Transect of Eastern China. Chinese Journal of Plant Ecology, 34(3): 316.

Zhang T, Heginbottom J A, Barry R G, et al. 2000. Further statistics on the distribution of permafrost and ground ice in the Northern Hemisphere, Polar Geography, 24(2): 126-131.

Zhao J, Liang S, Li X, et al. 2022. Detection of Surface Crevasses over Antarctic Ice Shelves Using SAR Imagery and Deep Learning Method. Remote Sensing, 14(3): 487.

Zheng J, G Jia, X Xu. 2022. Earlier Snowmelt Predominates Advanced Spring Vegetation Greenup in Alaska. Agricultural and Forest Meteorology, 315: 108828.

Zhong X, Wang L, Zhou J, et al. 2020. Precipitation Dominates Long-Term Water Storage Changes in Nam Co Lake (Tibetan Plateau) Accompanied by Intensified Cryosphere Melts Revealed by a Basin-Wide Hydrological Modelling. 12(12): 1926.

Zhou J, Wang L, Zhong X, et al. 2021. Quantifying the major drivers for the expanding lakes in the interior Tibetan Plateau. Science Bulletin, 67(5): 474-478.

第 8 章

实现极地可持续发展目标的路径探讨

素材提供：冉有华

本章作者名单

首席作者

李　新，中国科学院青藏高原研究所

冉有华，中国科学院西北生态环境资源研究院

主要作者

王世金，中国科学院西北生态环境资源研究院

宋晓瑜，中国科学院西北生态环境资源研究院

强文丽，兰州大学

车　涛，中国科学院西北生态环境资源研究院

李新武，中国科学院空天信息创新研究院

段安民，中国科学院大气物理研究所

王　磊，中国科学院青藏高原研究所

上官冬辉，中国科学院西北生态环境资源研究院

晋　锐，中国科学院西北生态环境资源研究院

三极地区 SDGs 的系统评估、不同尺度可持续发展路径的优化等还存在诸多科学挑战，相关问题的解决有赖于未来研究的进一步深入和综合评价工具的发展。本章首先总结了中国科学院"地球大数据科学工程"A 类战略性先导科技专项中的"时空三极环境"(CASEarth Poles)项目(Li et al., 2020)在数据产品、科学发现和决策支持方面对三极地区可持续发展研究的贡献。并给出两个极地可持续发展评估的研究案例，分别是环北极可持续发展现状评价和第三极未来多年冻土退化对基础设施的经济损害评估。在此基础上，进一步提出促进极地可持续发展目标实现的科技路径建议和三极地区联合国可持续发展目标与指标的修订建议，讨论如何通过加强极地数据基础设施和观测能力建设更好助力极地可持续发展目标的监测、评估和实现。最后，强调极地 SDGs 的实现将惠及全球，并根据三极特点分别探讨实现三极地区可持续发展的政策路径。

8.1　三极可持续发展研究——时空三极环境项目的贡献

三极地区通过其强烈的全球气候调节、潜在的气候临界点(Tipping point)效应等与全球变化远程耦合，对全球可持续发展产生重要影响。因此，三极地区的可持续发展对全球可持续发展的实现具有巨大的调节、限制和影响。相对于全球，三极地区的可持续发展存在着不公平、不均衡的问题。其挑战主要表现在数据缺乏和科学理解等方面(Guo et al., 2021, 2022)。针对这些挑战，中国科学院"地球大数据科学工程"A 类战略性先导科技专项"时空三极环境"项目(Li et al., 2020)主要在三极数据平台建设、科学数据产品研发、三极环境协同变化及其对水、生态和基础设施等影响方面开展研究，在数据产品、科学发现和决策支持三个方面对极地 SDGs 作出贡献(图 8.1)。

8.1.1　大数据平台支撑三极 SDGs 数据集成与服务

数据是全球 SDGs 指标监测的基础，三极大数据平台建设为开展三极地区数据集成与产品研发迈出了重要一步，一定程度上满足三极地区可持续发展研究的基础数据需求。作为地球大数据科学工程大数据平台的重要组成部分，三极大数据平台主要围绕三极气候、海洋、生物、水、城市等 SDGs 目标，从三个方面为三极地区 SDG 指标监测与评估提供数据服务：①数据集成与共享服务；②三极多圈层模型和大数据分析方法集成；③支撑极地 SDGs 评估的数据产品研发；④SDG 指标的在线计算和可视化，以及北极航道决策支持系统开发。

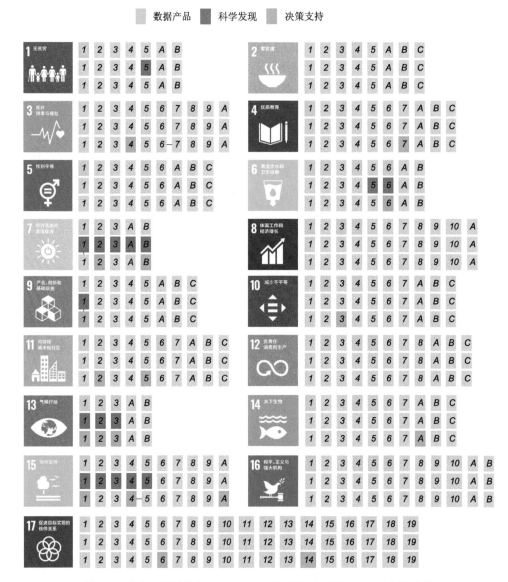

图 8.1　时空三极环境(CASEarth Poles)项目对三极 SDGs 研究的贡献

具体贡献分为数据产品、科学发现和决策支持，并对应到子目标。项目的主要贡献主要体现在数据产品方面，科学发现和决策支持也有所涉及。对所有 SDG 目标都有贡献，但主要集中在 SDG13 目标，其他目标零星涉及

三极大数据平台实现三极地区已有数据的系统集成和发布,研发系列新数据、新产品,开展数据共享与服务。平台已经集成包括冰冻圈、固体地球、古环境、陆地表层、人地关系、大气、遥感、日地空间物理与天文和海洋等领域的近 2000 个数据集,数据量超过 35T,很多数据与 SDG 目标或指标密切相关。系统以中/英文双语版本同时发布,目前的注册用户 5.2 万多人,月均访问量达 86 万人次,月均下载次数达 1.6 万人次,月均下载量达 50 TB,有效支持三极地区可持续发展相关研究。相关内容详见 6.3。

建成三极大数据分析模型与方法库,集成三极多圈层模型和主流的大数据分析方法。集成三极冰冻圈、水循环、生态系统、多圈层气候,以及社会经济评估的相关模型,对模型进行标准化处理,统一输入和输出接口,构建了三极科学模型库。实现 7 大类(包括机器学习、数据同化、参数估计、时间序列分析、高级的统计、后处理、因果分析)共 43 种共性大数据分析方法的在线共享,初步具备三极大数据在线挖掘分析能力。相关内容详见 6.2。

研发系列基础数据产品,支撑极地 SDGs 评估。面向 SDG6(清洁饮水和卫生设施)、SDG9(产业、创新和基础设施)、SDG11(可持续城市和社区)、SDG13(气候行动)、SDG14(水下生物)和 SDG15(陆地生物)等目标,针对三极关键自然环境和人类活动环境要素如冰盖/冰架/冰川、积雪、冻土、海冰、河湖冰、植被和气溶胶等,开展三极冰川表面冻融、冰川运动速度、冰架冰裂隙、积雪范围和厚度、冻土类型、海冰范围、海冰密集度、植被类型、植被指数、气溶胶类型、气溶胶光学厚度和城市不透水层等产品的生产和研发,构建三极空间大数据产品,这些数据产品为三极可持续发展研究提供支撑。相关内容详见第 7 章。

发展北极海冰预报、北极冰区航线规划等智能服务平台。北极海冰预报系统是一套结合天气预报、中长期(延伸期)预报和气候预测的无缝隙集合预报系统,其核心模式是中国科学院大气物理研究所研发的气候系统模式 CAS FGOALS-f2,可提供北极海冰范围和北极海冰厚度的天气-延伸期预报($1\sim60$ d)和季节预报($1\sim6$ 个月)。研发北极冰区航线规划平台(Wu et al., 2022),该平台集成海冰在线提取、航行风险量化评估、路径智能规划。相比已有北极信息服务系统,该系统能够实时处理海量数据,根据不同条件约束规划出时效性更高、更为安全经济的航线,从信息提取方式和计算效率等方面提高北极航道信服服务的智能化水平。此外,系统集成多目标优化模型,可有效比较出若干路径方案中运输成本、碳排放较低的最优策略,促进船舶航行的绿色化和经济化。在极地海冰变化影响下,可对比分析北极航道和传统航线航运价值变化,评估短期、中长期北极航线作为苏伊士运河替代航线的可行性,为我国对北极航道的整体布局和战略规划提供理论支撑。相关内容详见 6.4。

8.1.2　科学发现助力 SDG 目标 13——全球气候行动

三极地区是实现 SDG13（气候行动）目标的关键区域，加强三极气候的联动效应及其与全球气候复杂耦合关系的理解，探索三极气候对全球极端气候事件、冰冻圈变化、生态系统和水资源等的影响，是改进相关防灾减灾和资源管理措施等全球气候行动的科学基础。"时空三极环境"主要在三极气候联动和极端气候及与之密切相关的冰冻圈变化、生态系统和水资源影响等方面开展相关研究。

在三极气候联动及其对东亚极端气候事件的影响方面，研究结果表明，随着全球气候变暖加剧，三极地区气温、海温、海冰和极端事件表现出前所未有的变化，未来也可能发生复杂变化，这些变化既有共性，又存在明显差异，并在不同区域可能存在复杂联系。近几十年，北极和第三极气温均显著增加，其中北极温升幅度最大，高原次之；对于海温，北极急剧增温而南极呈现复杂的时空差异。到 21 世纪末，北极和南极地区的气温和海温都呈现一致升高趋势，而 9 月海冰呈现一致减少趋势。极端事件在未来也表现出一致的增长趋势，但不同的极端温度指数在三极地区发生的强度和概率存在差异，这意味着三极地区在未来面临的风险与适应策略不同(Tang et al., 2022a)。此外，考虑到全球气候系统是一个相互联系的整体，尽管三极在地理空间上分隔，但三极间的气候变化密切相关。两极气候在长时间尺度上可通过经圈环流联系，在多年代际时间尺度上具有"跷跷板"负相关关系，即为当北极平均温度呈现正异常时，南极平均温度呈现负异常(Wang et al., 2015)；北极海冰和大气环流可通过欧亚波列(Duan et al., 2022)、南极大气环流可通过"海气耦合桥"调节高原热源、积雪和湖泊变化(Tang et al., 2022b)。并且，三极气候系统多圈层间的相互作用可通过直接和间接效应引起包括东亚地区在内的北半球气候异常。研究也表明，北极增温与中纬度污染之间存在较好的遥相关，中纬度风场受北极环流的影响，北极变暖后，极地的风圈闭环环流不容易被强势打破，因此中纬度地区来自北方的风速就会减小，不利于污染物扩散。这方面的内容详见第 2 章和《地球三极：全球变化的前哨》(李新等，2021)第 2章相关内容。这些发现有助于优化极端气候灾害应对、大气污染防治等气候行动措施，助力 SDG13（气候行动）目标的实现。

在冰冻圈变化方面，研究表明三极冰冻圈的冰川/冰盖、积雪、河湖海冰和冻土正面临快速的变化。对于南北极冰盖，发现近 40 年南极冰盖融化与格陵兰冰盖融化的面积变化呈现出较强的负相关，可能是因为大气和海洋在两极间的热量输送作用使得南极冰盖冻融与格陵兰冰盖融化面积变化呈现出相反的变化趋势(Liang et al., 2019)。对于海冰，发现北极海域 2000～2019 年存在明显的海冰减少和融池增加趋势。对于河湖冰，发现 2002～2021 年间第三极湖冰覆盖时间延长，主要是融化推迟，北极湖冰覆盖时间缩短。而青藏高原南部和北部湖冰物候变化存在显著差异。在过去十几年中，南部湖泊结冰日期推后，融冰日期推后，冰封期延长；而北部部分湖泊(如青海湖)结冰和融冰均在提前，冰封期缩短。而南极涛动对青藏高原湖冰物候可能有重要影响(Liu et al., 2019)。对于多年冻土，发现在过去几十年中，北极与第三极地区的多年冻土都经历快速的变暖，北极更快，可能与潜热效应和湿润土壤有机质有关。但第三极多年冻土活动层厚度发生比北极更快的增加(Wang et al., 2022)。随着多年冻土退化的加剧，大量存储在多年冻土中的有机碳被释放出来，给区域零碳排放目标带来压力与挑战。未来在持续升温的影响下，三极地区冻土融化造成的碳释放风险也将继续增大。这部分内容详见第 3 章、第 4 章、第 7 章和《地球三极：全球变化的前哨》(李新等，2021)第 3 章的相关内容。这些发现有助于理解冰冻圈巨大的气候调节作用，助力防灾减灾等气候适应措施的优化，从而服务于 SDG13(气候行动)目标的实现。

在陆地水资源与生态系统方面，研究表明，三极地区淡水资源、土地覆被，以及物种多样性等对全球气候变化的响应具有高度敏感性。在气候变暖的影响下，三极冰川/冰盖消融加剧，河川径流量的年内分配、年际趋势也发生显著改变；未来随着气温的持续升高，南极冰盖退缩进程将持续加速，北极地区、第三极地区的河川年径流量也将继续增加。全球气候变暖有助于三极地区植被面积的扩张与植被绿度的增加，进而使三极地区物种分布区像高海拔、高纬度地区迁移，但是三极地区物种多样性对其自然生境变化的响应具有较大的时空异质性；未来气候变化将进一步改变三极地区的生态系统结构与组成，影响三极地区物种分布范围，增加区域物种灭绝风险，影响地区物种丰富度。但同时也发现，在全球变暖间断期间(1998~2014 年)北半球的植被物候变化速率明显放缓，绝大多数通量站点碳通量也没有显著变化趋势(Wang et al., 2019)。春季返青期提前对北半球高纬度地区也具有一定的增温效应，火灾排放气溶胶散射效应对北极植被生产力也有一定的促进作用(Xu et al., 2020)。由于自然环境和生态系统的独特性，三极地区在全球能量与水分循环中发挥着重要作用，但随着全球气候变暖加剧，三极地区的水资源、陆地生态环境等面临着快速的变化，这不仅对其他区域乃至全球的气候、生态环境产生影响，也给未来自然环境和人类社会的可持续发展带来巨大压力与挑战。这部分内容详见第 4 章。这些发现有助于综合水资源和生态系统管理，助力 SDG 13(气候行动)目标的实现。

总之，三极地区对全球气候具有巨大的调节作用，三极冰冻圈变化对全球水资源、生态系统、灾害过程等都有重要影响，但这种远程耦合与协同链式响应过程的研究还处于探索阶段，需要进一步加强，为 SDG 13(气候行动)目标实现提供

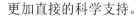

更加直接的科学支持。

8.1.3 可持续发展评估支持极地治理决策

三极地区 SDG 评估总体还处于探索阶段。"时空三极环境"项目仅在 SDG6(清洁饮水和卫生设施)、SDG7(经济适用的清洁能源)、SDG9(产业、创新和基础设施)、SDG11(可持续城市和社区)、SDG13(气候行动)、SDG15(陆地生物)方面开展零星研究(图 8.1)。重点在北极航道规划、环北极可持续发展现状、第三极多年冻土退化对基础设施的经济损害、北半球冰冻圈灾害影响和第三极太阳能和风能潜力等方面开展初步评估。在三极地区可持续发展目标与指标优化等科技发展路径(8.2 节)与政策路径探讨(8.3 节)方面，为 SDG3(良好健康与福祉)、SDG4(优质教育)、SDG10(减少不平等)、SDG13(气候行动)、SDG14(水下生物)、SDG15(陆地生物)、SDG17(促进目标实现的伙伴关系)的优化提出了初步建议。

在北极航道规划方面，分析过去 10 年至未来 100 年北极东北航道不同船舶的最优航线分布，并基于北极交通可达性模型和第六次国际耦合模式比较计划(CMIP6)共享社会经济路径多模式集合平均结果，对未来北极航线通航期进行分析。结果表明：到 21 世纪中期普通商船有望直接航经北极中央航道，东北航道的航行时间相比于传统苏伊士运河航道将缩短 10d 左右，到 21 世纪末期，SSP5-4.5/SSP5-8.5 路径下两种碳排放情景下普通商船在东北航道的通航期将增加至 4~6.5 个月。相关内容详见 6.4.2 和 6.4.3。

环北极可持续发展现状评价结果表明，随着气候变化及全球化变革影响程度的加深，环北极国家的可持续发展进程将面临严峻挑战，对全球可持续发展的实现具有重要影响。北极八国在 2000~2020 年可持续发展水平逐步提升，其中 73% 的指标、82% 的目标呈向好趋势，具有显著进步的目标包括 SDG3(良好健康和福祉)、SDG4(优质教育)、SDG5(性别平等)和 SDG9(产业、创新和基础设施)，俄罗斯各目标得分进步最大。2020 年，得分前三位的目标分别为 SDG1(零饥饿)、SDG3(良好健康与福祉)和 SDG13(气候行动)，需要进一步改善的目标包括 SDG14(水下生物)、SDG10(减少不平等)和 SDG12(负责任生产和消费)。相关详见 8.1.4 的第 1 部分。

对第三极多年冻土退化对基础设施经济损害的评价表明，到 21 世纪末，在 SSP245 情景下，第三极约 60% 的当前基础设施将处于高风险区，大约需要额外增加约 435 亿元以维持其服役功能。而通过适当的工程适应措施则可以节省 21% 的额外成本。即使实现《巴黎协定》的 2 度温控目标，也将需要大约 390 亿元的额外成本，将升温控制在 1.5 度以下相对于 2 度目标可以减少约 91 亿元的经济损害。评估结果对于推动技术创新、建设韧性基础设施和强化抵御气候灾害的能力都有重要意义，这与 SDG9(产业、创新和基础设施)和 SDG13(气候行动)目标密切相关。相关内容详见 8.1.4 第 2 部分。

在北半球冰冻圈灾害的影响与应对方面，系统梳理三极的冰崩、冰川跃动、冰湖溃决洪水、冻融滑塌与海平面上升等灾害发生和影响，并重点探讨海平面上升和冰湖溃决洪水相关灾害的适应措施。随着气候变暖，冰崩、冰川跃动、冰湖溃决洪水、冻融滑塌及海平面上升等灾害事件发生频率与影响程度有增加趋势，已经或正在对相关区域的人类生命安全、财产和资源产生威胁和损害。海岸硬防护、基于沉积物防护、基于生态系统的适应、海岸开发、海岸调适(防洪建筑、洪水早期预警系统等)、后退等是应对海平面上升的主要措施。而工程和非工程措施以及早期预警系统和各部门联防联控理念，是防范、减缓或规避山区冰湖溃决洪水灾害的重要途径。这些信息对于采取相关措施抵御和适应气候相关的灾害和国家气候政策的制定和规划提供综合信息，而这是 SDG13(气候行动)目标的主要内容。相关内容详见第 3 章。

第三极太阳能和风能潜力评价结果表明，第三极地区拥有丰富的太阳能、风能资源，开发潜力巨大。该地区光伏发电的年发电潜力高达 183.9 万亿度(约为 2020 年中国总用电量的 24.5 倍)，而风电的年发电潜力(80m 处)约为 9.2 万亿度。其中，柴达木盆地太阳能和风能的理论应用潜力最高，年发电潜力可达 6.6 万亿度。评估结果可为 SDG7(经济适用的清洁能源)目标的实现提供决策信息。相关内容详见 4.4.1。

8.1.4　可持续发展评估案例

三极地区可持续发展的科学评估依赖于三极地区冰冻圈等基础科学研究的进一步发展，特别是与社会科学的深度结合，目前三极地区的可持续发展评估总体还处于探索阶段。这里给出了两个可持续发展评估的研究案例，包括环北极可持续发展现状评价和第三极未来多年冻土退化潜在经济损害评估，将北极与第三极地区的环境变化信息转换为可持续发展决策所需要的社会信息，期望为三极地区更深入的可持续发展评估提供示例。

1. 环北极可持续发展现状评价

由于不同国家和地区的资源环境本底、社会经济发展特征、所处发展阶段具有较大差距，所面临的发展问题也存在显著差异，导致不同国家可持续发展目标间的关联机制不同(董金玮等, 2021)。因此，使用全球一致且可比的评估指标和评估结果，尽管能够反映全球尺度的可持续发展进程及不同国家间的差异性，但在特定区域和领域的应用价值较为有限(Zhu et al., 2019)。

北极地区包括八个国家分别为俄罗斯、加拿大、美国、挪威、冰岛、芬兰、瑞典和丹麦。其共同特征是人口稀疏，能矿资源丰富，经济发展水平较高。除俄罗斯外，其人均收入和消费支出是全球平均水平的 5 倍，属于发达经济体。北极国家接近极地，气候寒冷，能源消耗量大，生态环境脆弱，对气候变化高度敏感（Trump et al., 2018）。在全球可持续发展评估中，丹麦、挪威、芬兰、瑞典、冰岛五个国家综合得分均位居前十位，表明这些国家已经处于可持续发展进程的较高阶段。因此，使用全球尺度的评估和监测难以准确反映这些国家的可持续发展制约性指标和需要重点发力的关键领域。构建环北极国家可持续发展评估体系，不仅能够更为精准地反映北极国家可持续发展进程，而且能够揭示这些国家尚需改进的重要领域，对推动北极国家可持续发展具有重要意义。

1）评价方法与数据

针对北极八国经济发展程度较好、发展步伐较快的特点，通过对全球、发达国家、欧盟等多个相关报告中的指标进行汇总和筛选（Bolcárová and Kološta, 2015; Lior et al., 2018; Hametner and Kostetckaia, 2020; Hametner et al, 2021; Carrillo, 2022），兼顾数据的可获取性和完整性，选择 69 个更严格和更具有针对性的指标对北极八国的可持续发展情况进行评估，例如在 SDG1（消除贫困）目标中，本研究选取发达国家的标准进行评估，而在 SDG2（零饥饿）中，更多关注了营养均衡的指标（表 8.1）。数据来源于全球可持续发展报告、世界银行 、联合国粮农组织、欧盟统计数据、经济合作与发展组织（Organisation for Economic Co-operation and Development, OECD）统计数据库等多个数据统计机构，数据年份为 2000～2020 年。

本案例使用公式（8-1）、（8-2）分别计算环北极八国可持续发展 17 个目标的得分和综合得分：

$$\mathrm{GCI}_{ij} = \sum_{j=1}^{d_k} w_j^k D_{ij}^k \tag{8-1}$$

$$\mathrm{SI}_i = \prod_{j=1}^{17} \left(\mathrm{GCI}_{ij} \right)^{\frac{1}{17}} \tag{8-2}$$

式中，GCI_{ij}^k 为 i 国第 j 个目标的目标值，w_j^k 为第 j 个目标第 k 个指标的权重，由公式（8-3）测算而得，D_{ij}^k 为 i 国第 j 个目标第 k 个指标的标准化后的值，SI_i 为第 i 国可持续发展的综合得分。

本案例使用每个指标值与最大值之间的距离的最小化来评估不同国家与最优可持续状态之间的差距。利用加权的欧氏距离，通过求解规划问题得到一组权重值，计算公式如下：

表 8.1　北极国家可持续发展评价指标体系及统计特征（+为正向指标，-为负向指标）

	指标名称	指标属性	最大值		最小值		平均值	
			2000 年	2020 年	2000 年	2020 年	2000 年	2020 年
SDG1	1.1 贫困人口比例，按每天 3.2 $衡量（2011 PPP）	-	13.10	1.20	0.00	0.00	1.81	0.36
	1.2 税后和转移支付后的贫困率/%	-	0.29	0.18	0.05	0.05	0.11	0.10
	1.3 贫困人口比率，按每天 5.5 0$衡量（2011 PPP）	-	37.90	2.90	0.20	0.10	5.15	0.83
SDG2	2.1 成人肥胖患病率，BMI≥30（年龄标准化估计值）/%	-	25.50	38.60	14.00	21.30	17.75	26.33
	2.2 人类营养等级（最佳 2~3 最差）	-	2.64	2.58	2.35	2.34	2.47	2.47
	2.3 谷物产量/(t/hm²)	+	6.22	8.18	1.56	2.91	3.90	5.09
	2.4 农业、林业和渔业人均增加值（2015PPP）	+	71173	133297	4040	14970	41720	87137
	2.5 有机农业占农业面积的百分比/%	+	10.01	1.00	0.02	0.02	3.94	0.33
	2.6 耕地占土地面积的百分比/%	+	53.76	60.88	1.29	1.19	12.82	13.36
SDG3	3.1 生活满意度	+	8.00	7.90	5.00	5.50	7.13	7.14
	3.2 公共医疗卫生支出占 GDP 的百分比/%	+	12.48	16.85	5.02	5.94	8.11	10.43
	3.3 出生时预期寿命/年	+	79.65	83.21	65.48	71.34	76.66	80.34
	3.4 30~70 岁成年人因心血管疾病、癌症、糖尿病或慢性呼吸道疾病造成的年龄标准化死亡率/%	-	36.95	23.13	13.16	8.24	17.90	11.37
	3.5 交通事故死亡人数（每 10 万人）	-	27.86	12.67	6.74	2.05	12.20	5.61
SDG4	4.1 高等教育入学率/%	+	82.33	95.65	46.10	81.28	64.06	85.35
	4.2 成人参与学习	+	23.50	28.60	16.20	16.40	19.64	22.52
	4.3 平均受教育年限/年	+	12.75	13.77	9.32	12.17	11.00	13.04
	4.4 当前教育支出占总量占公共机构总支出的百分比/%	+	100.00	94.82	69.96	86.61	87.69	91.33
	4.5 PISA（国际学生评估项目）分数（0~600）	+	546.47	515.85	462.00	468.33	508.98	497.68

续表

指标名称	指标属性	最大值		最小值		平均值	
		2000 年	2020 年	2000 年	2020 年	2000 年	2020 年
SDG5							
5.1 男女平均受教育年限比率/%	+	103.23	104.03	95.61	97.00	99.74	101.00
5.2 男女劳动力参与率/%	+	88.80	94.58	79.07	78.69	83.95	86.98
5.3 性别工资差距/%	−	31.45	17.65	9.23	4.81	19.00	11.35
5.4 妇女在国家议会中占有的席位比例/%	+	42.69	46.99	7.71	15.78	28.78	35.55
SDG6							
6.1 使用安全管理饮用水服务的人口比例/%	+	100.00	100.00	74.71	76.10	92.92	95.90
6.2 使用基本卫生服务的人口/%	+	99.88	99.68	84.38	89.39	97.37	97.91
6.3 对世界其他地区虚拟水的依赖程度/%	−	130.68	130.68	32.32	32.32	84.67	84.67
6.4 水资源紧张程度:淡水采水量占可用淡水资源的比例/%	−	30.00	37.83	0.20	0.39	9.06	11.88
SDG7							
7.1 能源进口净值占能源使用量的百分比/%	+	53.92	41.02	−771.48	−573.58	−98.38	−85.74
7.2 每单位电力产出中燃料燃烧的 CO_2/(MtCO₂/TWh)	−	1.96	1.65	0.28	0.09	0.94	0.74
7.3 可再生能源占初级能源供应总量的比重/%	+	77.36	88.98	2.92	2.65	27.29	35.33
7.4 能源使用量/人均 kg 石油当量	−	11450	3580	2630	15830	2630	18690
SDG8							
8.1 国内生产总值年增长率/%	+	10.00	−0.72	3.20	−6.50	5.18	−3.23
8.2 失业率/%	−	11.13	9.46	1.94	4.42	5.98	6.84
8.3 非金融资产净投资占 GDP 的百分比/%	+	2.35	3.69	0.42	0.43	1.38	2.08
8.4 自然资源报酬总额占 GDP 的百分比/%	+	22.00	10.99	0.00	0.00	5.13	2.67
SDG9							
9.1 研究开发经费占 GDP 的百分比/%	+	4.06	3.53	1.05	1.10	2.39	2.55
9.2 研究开发人员/每百万人	+	9003	7930	3459	2722	4880	6012
9.3 泰晤士高等教育大学排名：前 3 名大学的平均得分	+	96.63	94.13	36.13	45.60	57.77	62.97
9.4 科技期刊文章/千人	+	1.64	2.27	0.22	0.72	1.09	1.74

续表

指标名称	指标属性	最大值		最小值		平均值	
		2000 年	2020 年	2000 年	2020 年	2000 年	2020 年
SDG10							
10.1 GINI 系数	−	40.10	41.60	23.80	22.80	30.36	30.90
10.2 不平等调整后的人类发展指数	+	0.81	0.91	0.59	0.74	0.72	0.86
SDG11							
11.1 直径小于 2.5 微米的颗粒物年平均浓度 (PM2.5)/(μg/m³)	−	19.22	15.27	7.07	5.39	10.04	7.55
11.2 对公共交通的满意程度/%	+	74.00	66.00	42.00	52.00	63.88	60.50
11.3 获得改善水源和管道供水的人口占城市人口百分比/%	+	100.00	100.00	91.87	96.59	98.85	99.47
11.4 城市人口占人口总人口的百分比/%	+	92.40	93.90	73.35	74.75	81.45	84.68
SDG12							
12.1 产生的电子垃圾 (kg/人)	−	13.38	26.07	4.72	11.49	10.95	20.33
12.2 物质消耗总量 (t/人)	−	47.99	57.05	12.68	15.08	27.94	28.83
12.3 城市固体废物/[kg/(人·d)]	−	1.54	1.87	0.42	0.42	0.96	1.09
SDG13							
13.1 单位 GDP 二氧化碳排放量 (kg/2015$GDP)	−	1.91	1.13	0.11	0.06	0.47	0.28
13.2 人均二氧化碳排放量 (t/人)	−	20.47	15.21	6.01	3.27	11.25	8.31
13.3 气候变化脆弱性监测 (0~1)	−	0.10	0.10	0.00	0.00	0.04	0.05
13.4 灾害造成的损失占 GDP 的百分比/%	−	1.06	0.42	0.00	0.01	0.24	0.26
13.5 《气候与能源市长公约》签署方所涵盖的人口比例/%	+	28.00	58.52	0.00	0.00	19.76	39.93
SDG14							
14.1 海洋健康指数	+	95.00	94.21	50.00	52.56	71.42	72.22
14.2 按专属经济区分列的过度捕捞的鱼类种群所占百分比/%	−	88.90	84.60	2.00	9.50	34.96	43.03
14.3 对生物多样性具有重要意义的海洋受保护面积比率/%	+	85.14	86.85	11.31	16.61	39.52	50.06
SDG15							
15.1 森林面积年际变化率/%	−	0.72	1.16	0.00	0.00	0.40	0.60
15.2 红色名录指数	+	0.99	0.99	0.85	0.83	0.95	0.94
15.3 森林面积占比	+	73.86	73.73	0.30	0.51	39.70	40.13
15.4 在对生物多样性具有重要意义的陆地受保护面积比例/%	+	86.19	88.82	13.00	19.08	39.94	48.14
15.5 在对生物多样性具有重要意义的淡水受保护面积比例/%	+	99.48	99.48	18.16	22.86	45.62	51.57

续表

	指标名称	指标属性	最大值		最小值		平均值	
			2000年	2020年	2000年	2020年	2000年	2020年
SDG16	16.1 凶杀案 (每10万人)	−	28.07	7.33	1.07	0.57	5.40	2.68
	16.2 向所有国家出口武器的趋势指标值 (TIV)	−	576.00	747.00	25.00	3.00	243.25	205.63
	16.3 腐败感知指数 (0~100)	+	90.00	88.00	28.00	30.00	77.50	73.88
	16.4 政府效率 (1~7)	+	5.30	5.40	3.20	2.80	4.55	4.48
SDG17	17.1 外国直接投资 (FDI) 流入占GDP的百分比/%	+	21.94	3.38	1.03	−4.12	7.69	0.12
	17.2 商品和服务出口占GDP的百分比/%	+	45.73	54.88	10.69	10.16	38.37	33.34
	17.3 官方发展援助占国民总收入 (GNI) 的百分比/%	+	1.92	1.14	0.07	0.01	0.78	0.52
	17.4 贸易联系国家数量	+	223.00	227.00	108.00	134.00	194.38	207.63

$$\min_{s.a}\sum_{j=1}^{d_k}\left(w_j^k\left(D_j^k-D_j^{k,U}\right)\right)^2$$

$$\sum_{j=1}^{d_k}w_j^k=1 \qquad\qquad (8\text{-}3)$$

$$w_j^k\geqslant 0$$

上式中，$D_j^{k,U}$ 为第 j 个目标的第 k 个指标的最大值，D_j^k 为第 j 个目标的第 k 个指标值。

2) 环北极八国可持续发展现状

研究期内，北极八国 17 个目标中的 14 个目标呈向好发展趋势。具有显著进步的目标包括 SDG3（良好健康和福祉）、SDG4（优质教育）、SDG5（性别平等）和 SDG9（产业、创新和基础设施），这四个目标得分的增幅分别为 42%、38%、44%、39%。但同时，SDG10（减少不平等）、SDG12（负责人的生产和消费）和 SDG17（促进目标实现的伙伴关系）的目标得分呈下降趋势。北极八国不同目标得分的相对大小也发生显著变化，2000 年，八国在 SDG1（无贫穷）、SDG11（可持续城市和社区）及 SDG16（和平、正义与强大机构）具有较高得分，而 2020 年，得分前三位的目标转变为 SDG1（无贫穷）、SDG3（良好健康与福祉）和 SDG13（气候行动），表明北极国家在居民营养与健康福祉及应对气候变化方面表现最好。2020 年，得分较低的目标包括 SDG14（水下生物）、SDG10（减少不平等）和 SDG12（负责任消费和生产），未来需要在这几个领域重点发力。

2000～2020 年，北极八个国家的 69 个可持续发展评估指标中，多数指标呈明显向好趋势，其中，51 个指标均值呈上升趋势，60.41% 的指标变化率超过 10%。向更可持续方向变化的指标为：贫困人口比例（1.1、1.3），八国均值分别减少 84%、80%，其中俄罗斯减幅最大；单位劳动力农业产值（2.4）增加 1.09 倍，其中俄罗斯和挪威增幅超过了 2 倍；其他指标中，交通事故死亡率（3.5）、非金融资产投资（8.3）、人均科学论文发表数量（9.4）、气候变化公约覆盖人口比例（13.5）、凶杀案（16.1）均呈显著进步。而向不可持续方向发展的指标包括 8.1（GDP 增长率），2020 年北极八个国家 GDP 增长率均为负值，其中减幅最大的冰岛为–6.5%；各国有机农业面积占比（2.5）在 2020 年减少 92%；外商投资（17.1），均值减幅为 98%、人均电子垃圾产生量（12.1）增长了 86%。

2000～2020 年，各国在不同目标的表现存在较大差异（图 8.2）。俄罗斯在减少贫困（SDG1）方面具有较大的进步，冰岛和加拿大的 SDG2（零饥饿）得分取得的进步较大，瑞典、挪威和俄罗斯在 SDG3（良好的健康与福祉）得分增幅较大，挪威在性别平等（SDG5）方面表现最佳且进步最大，挪威和冰岛在 SDG7（经济适用的清洁能源)中表现较好。除芬兰和俄罗斯之外，北极其它六国的 SDG8(体面工作和经济增长)得分均呈下降趋势，其中冰岛降幅最大，主要受新冠疫情对旅游业冲击的影响。丹麦、挪威和瑞典在 SDG9(产业、创新和基础设施)中具有较大进步和较高得分，各国在减少不平等(SDG10)方面均具有较低得分，且仅有冰岛和俄罗斯得分呈增加趋势。瑞典、丹麦在可持续城市与社区(SDG11)方面表现良好，但除俄罗斯和美国之外，其他各国的该目标得分呈下降趋势。俄罗斯在 SDG12(负责任的生产与消费)得分最高，但各国在该目标的得分均呈下降趋势。各国在 SDG13(气候行动)、SDG14(水下生物)和 SDG15(陆地生物)的得分均呈增加趋势，表明北极国家在气候变化及生态环境保护方面不断进步。美国的 SDG16 得分显著下降，挪威、加拿大和俄罗斯的 SDG17 得分显著下降，未来在构建伙伴关系方面面临较大挑战。

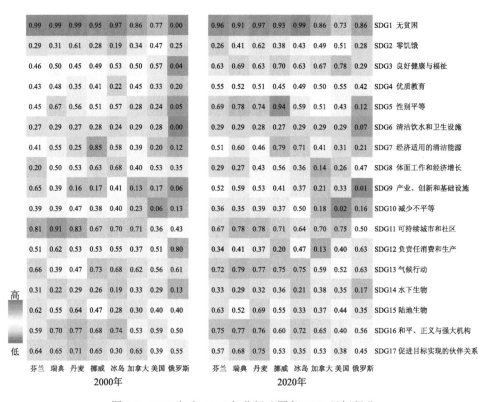

图 8.2　2000 年和 2020 年北极八国各 SDG 目标得分

2000～2020 年间，SDG 综合得分高值的国家排序有所改变，低值的国家位次稳定(图 8.3)。最高分值的国家由 2000 年的瑞典(0.50)变为 2020 年的丹麦(0.56)。

20 年间，最低分值国家均为俄罗斯，但分值有所上升，2020 年上升至 0.26。北极八国可持续发展综合得分均呈上升趋势，但差距呈现缩小态势，八国可持续发展综合得分差距由 2000 年的 0.49 降低至 2020 年的 0.27。2000～2020 年，北极八国可持续发展综合得分平均增长率为 15.84%。其中，俄罗斯增长了 54.56%，居第一位。瑞典增长 3.68%，增速居最后。2000～2020 年间综合得分增加值较高的国家为俄罗斯和丹麦，分别增长 0.26 和 0.08。就位次变化来说，仅有丹麦位次增加，其他各国相对排名变化较小。这一结果反映北极国家可持续发展进程的相对稳定性，同时，国家间的差距在不断缩小。

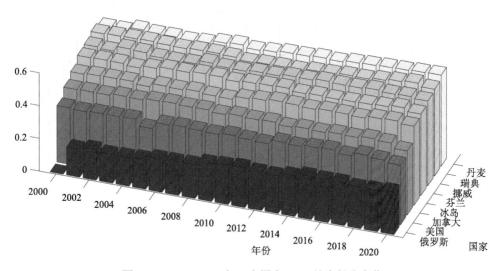

图 8.3　2000～2020 年 8 个国家 SDG 综合得分变化

环北极八国可持续性水平较高，处于全球领先位置。本案例选取更为苛刻的指标对北极八国可持续水平进行评估。2000～2020 年，SDG1-SDG17 中，环北极八国整体向好，位次稳定，俄罗斯、丹麦进步瞩目，八国间差距缩小。各国在健康、教育、性别平等和产业创新等方面进步显著，健康福祉的提升和应对气候变化演变为北极国家相对重要性最高的两个目标，但各国在减少不平等、负责任的生产与消费、水下生物等方面得分相对较低，需要持续发力进行改善。同时，也应关注可持续发展的各目标之间具有关联性，一些指标的增长有双重属性，例如制造业的发展会对经济产生正向影响，但是也会对环境可持续产生负面影响。

由于北极国家的可持续发展与全球可持续进程具有高度相关性，例如特殊的地理环境决定其生态系统抵抗力稳定性和恢复力稳定性都较差,追求经济效益时,削弱的环境效益是全球其他地区的数倍；另外，环极地国家高收入、高消费、高影响，人均资源环境成本高于世界其他地区。因此，作为受全球气候变化影响最严重的区域，适度降低发展强度不仅是维护本国的利益，更是承担全球责任，为构建人类命运共同体做贡献。

2. 第三极未来多年冻土退化潜在经济损害评估

第三极是中低纬度多年冻土最发育的地区。相对于北极，第三极多年冻土的地温更高，约40%的多年冻土热状态极不稳定(Ran et al., 2021a)，且容易受到气候变化和生态系统干扰的影响(Ran et al., 2021b)。第三极地区社会和经济发展在很大程度上依赖于可靠的基础设施。在过去几十年里，多个重要的基础设施，如青藏公路、青藏铁路、青藏高原直流输电线路相继建成，这些基础设施重塑第三极及周边地区的社会经济状况，数千万人的粮食安全、能源供给、文化、教育、医疗保健和可持续发展因此而受益。

由于升温的海拔依赖性，青藏高原气候变暖速度是全球平均水平的2倍。气候变化引起的多年冻土退化是通过降低地基底强度、增加物质运动频率和热融过程破坏基础设施(Ran et al., 2022)，导致其建设和维护成本的增加、使用寿命的缩短等，造成现实的经济损害。而经济损害信息对于促进社会决策、改进投资策略和技术发展战略以建立韧性基础设施(SDG9)和应对气候变化(SDG13)都至关重要。

1)评估方法与数据

将多年冻土对工程基础设施(公路、铁路、电力线路、建筑)的经济损害等导致基础设施使用寿命的缩短，则经济损害可表示为未来一定时期内多年冻土退化造成的基础设施替换成本相对于多年冻土没有退化条件下替换成本的净增加值。在对第三极多年冻土未来热状态进行预测的基础上，评估多年冻土危险等级，统计不同危险等级的基础设施，通过危险等级与基础设施的寿命关系评估经济损害。首先，基于整编的第三极地区253个钻孔的年平均地温(10~25 m)(MAGT)观测和157个活动层厚度(ALT)观测数据训练多机器学习模型，并利用多机器学习模型集合模拟基准时期2008年(2006~2016年)和未来时期2050年(2040~2060年)与2090年(2080~2100年)的年平均地温和活动层厚度，空间分辨率为1 km。未来气候情景利用4种共享社会经济路径(SSP126, SSP245, SSP370, SSP585)和《巴黎协定》的 2 种全球升温控制目标(1.5 度和 2 度)的降尺度气候数据(https://worldclim.org)。其次，基于多年冻土热状态的预测，使用五个危险指数量化当前基础设施的潜在危险等级。最后，根据基础设施数据库和多年冻土退化的危险程度，通过建立不同条件下基础设施使用寿命与危险等级的关系来量化现有基础设施在采取工程适应措施和无工程适应措施情况下的未来附加成本，该关系主要基于过去 60 年青藏公路的病害监测结果及与相关业务部门的专家交流确定。

2)第三极多年冻土的未来退化危险及其对基础设施的潜在经济损害

模拟结果表明，随着多年冻土的变暖和活动层加深，青藏高原多年冻土退化对基础设施的危险等级不断上升，但不同气候情景之间存在显著差异。到 2050年，在 SSP245 情景下，高危险等级多年冻土面积比例约为 28.66%，在 SSP585情景下的高危险等级的面积比例增加到 63.25%，到 21 世纪末将进一步增加到83.52%。相应地，中低危险等级的区域在减少。

青藏高原多年冻土区现有公路 9389 km、铁路 580 km、电力线路 2631 km、建筑物 106 万 m^2。这些基础设施将会受到多年冻土退化的重要影响。在 SSP245情景下，到 2050 年，约 38.14%的道路、38.76%的铁路、39.41%的电力线路和 20.94%的建筑物位于高危险区[图 8.4(a)]。在 2050 年之后的几十年里，这些比例几乎翻倍。到 21 世纪末，相较于 2℃目标，将全球升温控制在 1.5℃以下，处于高危险区的基础设施将减少大约一半[图 8.4(b)]。

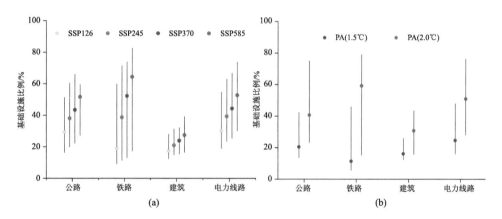

图 8.4　第三极现有基础设施暴露在未来多年冻土高危险区的比例[(a):2050 年,SSP 情景;
(b):2090 年,巴黎协议 PA 温控目标](根据 Ran et al.,2022)

快速气候变化导致的多年冻土退化将对第三极当前基础设施造成大的经济损害（图 8.5）。保守估计，在 SSP245 情景下，到 2050 年，需要增加 275(230～328)亿元（净现值，年折现率 2.85%），而到 21 世纪末，则需要增加约 435 亿元。交通基础设施包括公路和铁路，占这些经济损害的大部分，即 93%（公路 87%，铁路6%），其他基础设施包括电力线路和建筑物，占 7%。在 SSP126 情景下，到 2050年需要增加的额外成本约 250(208～306)亿元，与 SSP245 情景相比，减少了 24亿元，到 2090 年则会减少 110 亿元。说明全球可持续发展路径对青藏高原工程基础设施的经济效应的影响。

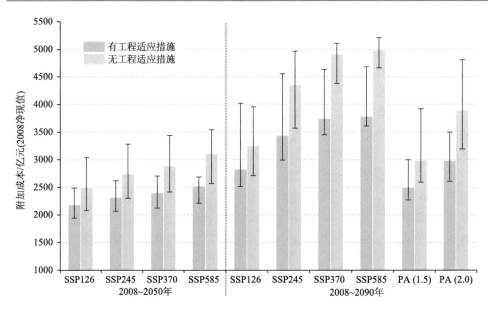

图8.5 青藏高原不同气候情景下保持现有基础设施服役功能需要的
附加投资(Ran et al., 2022)

实施工程适应措施可以显著降低多年冻土退化对工程基础设施的经济损害。在 SSP245 情景下，到 2050 年采取工程适应措施将节约 16% 的成本，到 21 世纪末，采用工程适应措施所节约的成本可能达到 21%。《巴黎协定》制定的不同全球升温控制目标(2.0℃或 1.5℃)的经济损害具有显著不同。相对于 2 度目标，到 21 世纪末将全球变暖控制在 1.5℃以下可能会节省 91 亿元的青藏高原基础设施额外成本。

以上评估结果至少带给我们以下几方面的启示。首先，未来气候变化引起的多年冻土退化很可能对基础设施造成威胁并造成很大的经济损失，从经济角度来说将应对气候变化的举措纳入国家政策、战略和规划(SDG 13.2)、加强抵御和适应气候相关灾害能力(SDG 13.1)，发展优质、可靠、可持续和有抵御灾害能力基础设施以支持经济发展和提升人类福祉(SDG9.1)具有必要性。其次，采取工程适应措施在区域尺度上对于提高基础设施稳定性在经济上总体是可行的。尽管其在低等级道路(4 级和等外道路)的经济性还依赖于其未来成本的进一步降低。最后，在不同的社会经济发展路径和升温控制目标下的经济损失存在显著差异。这些差异表明全球绿色发展和全球温室气体减排(SDG13.2)对第三极基础设施的重要性。因此，增加基础设施维护投入、开发成本较低的工程适应技术(SDG9)，以及控制温室气体(SDG13.2)将有助于减少第三极多年冻土的未来风险和经济损害，并减少气候变化对第三极影响的潜在不平等性(SDG10.4)。

8.2　实现极地可持续发展目标的科技路径探讨

根据目前极地可持续发展研究现状,我们建议优先从以下三个方面加强研究,促进极地可持续发展(图 8.6),即修订三极地区的可持续发展目标与指标,加强极地数据基础设施和观测能力建设,加强极地基础研究,特别是与全球的远程耦合研究。通过上述工作进一步增强三极地区 SDG 指标评估数据收集能力,更为准确地判断三极区域可持续发展的真实现状,找准三极可持续发展目标实现的社会行动发力点,增强三极可持续发展能力。

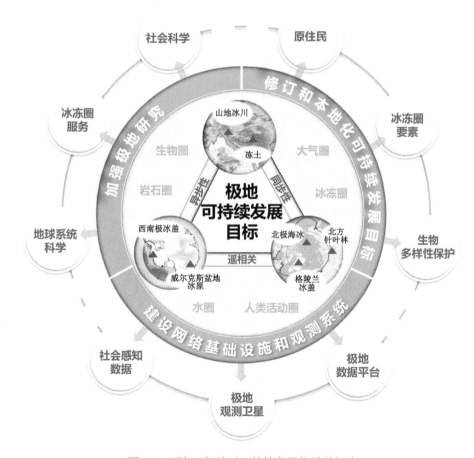

图 8.6　面向三极地区可持续发展的科学行动

8.2.1 修订三极地区的可持续发展目标与指标

原住民福祉和生态系统保护是在极地地区实现可持续发展目标的优先事项。尽管目前的可持续发展目标框架在可持续发展目标2.3和4.5中关注土著居民的农业生产力和教育平等，但极地地区的土著居民在可持续发展方面面临着更多挑战。此外，目前 SDG 的目标和指标在 SDG15.1 和 15.4 中考虑山地生态系统的保护，但北极和南极没有这样的指标。在回顾可持续发展目标框架(Degai and Petrov, 2021)和现有研究(Nilsson and Larsen, 2020)基础上，根据极地地区的独特性对当前的可持续发展目标进行分解，我们提出一个新的可持续发展目标和五个新指标，使极地地区的可持续发展目标本土化(表 8.2)。

鉴于冰冻圈在三极地区可持续发展管理中的重要性，我们建议增加一个冰冻圈服务的具体目标，即在 SDG13 中增加 13.4 减缓气候变化对敏感区域环境影响，指标为"13.4.1 极地和高山地区冰冻圈关键要素的变化"，对南极冰盖、北极海冰、高山地区冰川面积等极地和高山地区关键冰冻圈要素变化进行监测，助力提升三极地区应对气候变化的能力。

表 8.2　极地可持续发展目标和指标的分解

目标	子目标	指标
3. 良好健康与福祉	3.4 到 2030 年，通过预防、治疗及促进身心健康，将非传染性疾病导致的过早死亡减少三分之一	3.4.3 极端环境主导地区(低温、高温、低气压)居民预期寿命
4. 优质教育	4.7 到 2030 年，确保所有从事学习的人都掌握可持续发展所需的知识和技能，具体做法包括开展可持续发展、可持续生活方式、人权和性别平等方面的教育、弘扬和平和非暴力文化、提升全球公民意识，以及肯定文化多样性和文化对可持续发展的贡献	4.7.2 接受本民族传统文化教育的原住民学生比例
13. 气候行动	13.4 到 2030 年，减轻气候变化对敏感地区的影响	13.4.1 极地和高山地区冰冻圈关键要素的变化
15. 陆地生物	15.a 从各种渠道动员并大幅增加财政资源，以保护和可持续利用生物多样性和生态系统	15.a.2 为极地生物多样性保护提供的资金数量
17. 促进目标实现的伙伴关系	17.6 加强在科学、技术和创新领域的南北、南南、三方区域合作和国际合作，加强获取渠道，加强按相互商定的条件共享知识，包括加强现有机制间的协调，特别是在联合国层面加强协调，以及通过一个全球技术促进机制加强协调	17.6.2 极地数据共享水平，以及新技术的获取

新增加的目标与指标 ▨　　已有的目标与指标 □

对于三极地区原住居民,健康和传统文化保护至关重要。由于自然环境严苛、医疗资源短缺、居住分散,三极地区人均预期寿命显著低于其它区域,同时居民健康还受到气候变化的威胁。建议在 SDG3.4 中增加极端环境(低温、高温、低气压)区域居民预期寿命指标,关注极端环境区域居民健康。通过改善医疗基础设施、增强预防教育,降低非传染疾病过早死亡,提升极端环境区域居民预期寿命。三极地区原住民传统文化受到全球化和环境变化的双重威胁。建议在 SDG4.7 中增加土著文化的学习和传播(接受本民族传统文化教育的原住民学生比例)指标。通过加强教育保护原住民传统文化。

对于三极地区生态环境,生物多样性保护是目前面临的重大挑战。南北极作为全球三大"公地"之一(Buck and Ostrom, 1998),此区域的生物多样性保护需要全球的共同努力。建议增加指标 SDG 15.a.1,监测全球用于南北极区域生物多样性保护的经费支出,通过鼓励全球共同投入增强南北极生物多样性保护能力。监测数据缺失与缺乏共享是极地和高山区域环境保护及 SDGs 指标评估面临的瓶颈问题。为不断提高对极地地区的理解水平,我们提出一个新的指标 SDG 17.6.2,以促进极地地区的环境信息基础设施和数据共享。

此外,基础设施、减少/消除不平等、海洋生态、可持续能源和可持续旅游也是重要方面。在极地地区分解和本地化上述方面相应的 SDG 指标具有重要意义。

8.2.2　极地数据基础设施和观测能力建设

没有度量就没有管理。评估可持续发展目标在很大程度上依赖于代表自然环境和人类社会各个方面的大量数据。由于地理位置偏远、环境恶劣,现有的极地数据总体较少且不一致,时间跨度短,无法全面了解该地区的长期适宜性。与此同时,由于复杂的地缘政治局势,特别是土著民族,这些地区的数据网络基础设施比其他人口稠密地区更加分散和有限。在过去十年中,遥感和社会感知技术迅速发展,越来越多地惠及可持续发展目标(Guo et al., 2021, 2022)。这就提出了一个问题,即如何通过协调和建设网络基础设施,以及整合现有和新数据,特别是来自新型遥感和非结构化社会感知的数据,最大限度地提高三极地区的数据获取能力,从而满足可持续发展目标评估的数据需求(Li et al., 2003; Li, 2003)。

考虑到复杂的地缘政治形势,我们认为有必要在世界气象组织(WMO)等专门机构的指导下,与当地和国际极地数据中心(如 WMO 全球冰冻圈综合信息系统、北极数据中心和南极研究科学委员会——南极数据主目录)合作,建立一个集成和互操作的极地数据平台(Li et al., 2021a),并遵守 FAIR(可发现性、可获取性、可互操作性、可重用性)(Wilkinson et al., 2016)、CARE(集体收益、质量保证、责任、伦理)原则(Carroll et al., 2021)、TRUST(透明度、承担责任、用户导向、可持续性、技术能力）（Lin et al., 2020）和其他促进数据共享和使用的原则（Li et al., 2021a）。特别是根据 CARE 原则，在整个数据生命周期阶段考虑对涉及极地土著人权利和福祉数据的伦理关注。该平台将整合多源数据资源，提供评估可持续发展目标和优化极地可持续发展路径所需的多维和多尺度数据。此外，我们相信这样一个数据平台将为加强跨境和跨部门数据合作提供机会，以更好地支持极地地区的综合系统建模和研究（Li et al., 2023）。

地球观测对于评估全球可持续发展目标非常重要，可持续发展目标最近越来越受到地球观测领域的关注。最近，中国科学院发射"可持续发展科学卫星 1 号"（SDGSAT-1），搭载高分辨率宽幅热红外、微光及多谱段成像仪三种载荷，热红外空间分辨率为 30 m，多谱段空间分辨率为 10 m，微光全色波段和 RGB 波段的空间分辨率分别是 10 m 和 40 m（Guo et al., 2023）。SDGSAT-1 设计有"热红外+多谱段""热红外+微光"，以及单载荷观测等观测模式，可实现全天时、多载荷协同观测（Chen et al., 2022）。SDGSAT-1 拥有多种定标模式，可以实现对人类活动与自然环境相互作用过程的精细刻画（图 8.7），极大地提高了极区人类活动的观测能力。

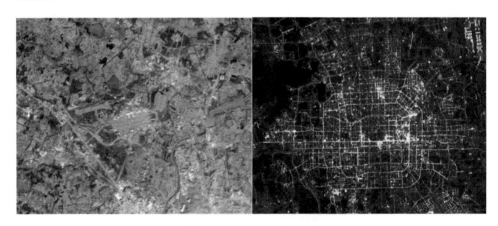

图 8.7　SDGSAT-1 卫星影像

左：2022 年 3 月 2 日莫斯科谢列梅捷沃国际机场的三谱段热红外彩色合成影像，来源于中国科学院上海技术物理研究所网站；右：　2021 年 11 月 26 日北京市三谱段微光彩色合成影像，来源于可持续发展大数据国际研究中心

快速积累的社会感知数据将通过提供有关社会系统的独特信息，在可持续发展目标评估中发挥关键作用。社会感知已经被用于极地地区，例如基于社区的监测①，已被证明对收集有关经济、生物多样性、污染物和土著居民的信息是有效

---

① www.arcticcbm.org

的。考虑到土著居民管理和访问这些数据的能力有限，将 FAIR 原则与 CARE 原则(集体收益、质量保证、责任、伦理)结合起来实施至关重要，以确保土著居民在整个数据生命周期中对其数据的权益(Carroll et al., 2021)。

8.2.3　加强极地与全球的远程耦合研究

当前 SDGs 目标对三极地区的关注还存在明显不足。对三极地区影响全球环境、社会和经济可持续性的远程耦合效应的科学认识的不足是导致这一局面的主要原因。这种科学认识上的重大挑战主要表现在以下几个方面：①如何识别极地对全球气候和环境的远程耦合效应？②如何量化三极地区的冰冻圈服务及其对全球可持续发展目标的贡献，尤其是冰冻圈的调节服务？③如何更准确地理解三极地区自然临界点要素与全球社会临界点要素之间的相互作用？克服这些挑战将有助于我们制定适当的干预措施，更好地保护极地地区和我们的气候公地(Tavoni and Levin, 2014)，从而防止极地地区在实现全球可持续发展目标中的 Liebig 短板效应。

从基础研究的角度来看，解决上述科学认识方面挑战的关键是需要地球系统科学思维和更稳健的地球系统模型与综合评估模型，这些模型应加强对三极地区关键过程的模拟。首先，为识别远程耦合效应，需要加强对三极同步性/异步性、相关性、因果关系和遥相关研究(Guo et al., 2020)，特别是极地通过深海(例如温盐环流)和深空(平流层)对全球的影响(Li et al., 2021b)。基于对这些机制的理解，可以开发新的大气-海洋-冰-陆地耦合模型，更好地描述极地与其他区域的相互作用。模型的开发应当注重同化或融合先进的地球观测数据，从而更加准确地量化远程耦合效应并识别极地地区的临界点。

其次，为了量化冰冻圈生态系统服务及其对实现当地和全球可持续发展目标的贡献，应开发新的生态系统服务价值评估模型，以准确描述冰冻圈融化的机会成本，包括冰冻圈服务消失造成的经济损失和冰冻圈变化可能引发的灾害损失。此外，在价值评估中还需要协调生态系统服务供给方和使用方的支付意愿和接受意愿，更为准确地评估无法在实际市场上交易的冰冻圈生态系统服务的价值。例如，冰盖融化导致的潜在气候突变可能造成巨大的经济损失等。通过集成更稳健的地球系统模型，开发新一代的综合评估工具，量化冰冻圈生态系统服务对全球可持续发展目标的贡献。必将有助于提高社会和各利益相关方对三极地区在实现全球可持续发展目标中重要性的认识，强化保护三极生态环境的行动。

最后，通过加强全球减排、技术发展、气候教育、观念、资本、人口、粮食和能源流动与极地气候之间的相互作用的研究，增强对气候和社会系统耦合关系的理解(Ramanathan et al., 2022)。例如，个人、家庭和企业等各层次的社会单元，包括土著居民，如何对极地气候教育和信息化做出反应，并在消费习惯、技术利用和投资等方面采取多中心行动(Ostrom, 2010)，以减轻对极地地区的影响并适应极地变化。在极地气候临界点的强烈限制下，如何判断采取干预行动的时间窗口和机会以及准确识别社会临界因素。促进这些复杂问题的系统理解需要跨学科研究和新的方法论，如博弈论和多自主体建模(Tavoni and Levin, 2014)。这些努力将有助于确定潜在的社会干预措施，以支持三极地区可持续发展路径的优化。

8.3　实现极地可持续发展的政策路径探讨

三极地处高纬、高海拔地区，其气候临界点变化还会产生半球或全球尺度级联影响。未来，三极可持续发展目标的实现既存在提升气候恢复力的共性路径，也需要各自区域的关键路径加以补充。环北极地区既存在高发展水平的 8 个国家，也存在低发展水平的原住民生计等问题，未来该地区如何有效处理国内发展不平衡问题是其可持续发展的关键。同时，还需构建有效、负责和包容的机构，开展多边合作，以促进环北极可持续发展。南极地区作为公共疆域，可持续问题主要是来自于旅游、科考等活动对大陆和海洋的影响，未来如何构建共享、共建和共治为一体的、具有法律约束的、平等的多边国际伙伴关系，以及减少大陆和海洋系统性影响，是南极可持续发展的关键路径。青藏高原作为我国相对贫困区，2020年已全部脱贫，现在已有效承接乡村振兴战略，未来利用生态政策促进生态保护与提升人民福利是其可持续发展的关键路径。特别地，三极地区气候环境的时空变化对全球气候的巨大调节作用对其他圈层(包括人类圈)造成直接或间接影响，进而波及全球可持续发展进程。由于三极地区与全球可持续发展的复杂关系，如何采取有效行动，有所作为，还存在许多科学挑战，本节尝试初步探讨三极地区可持续发展的政策路径，期望能为采取更为科学的行动提供参考。

8.3.1　北极地区

约 400 万北极土著居民(约占该地区人口的 10%)一直是并将继续是这片广阔领土及其自然资源与环境的积极守护者。但因气候变化影响，土著居民生计、福利、健康受到严重影响(SDG1～3)。未来北极的可持续发展首要问题是国家内部的区域发展不平衡问题(SDG 10)。鉴于北极公海的存在和能矿资源富集的特性，未来还需持续加强国际合作或协定(SDG16～17)，以促进和推动北极资源利用、航运安全、环境保护的可持续发展进程。同时，积极应对气候变化影响(SDG13)也是北极实现可持续发展目标的重要路径。

1. 有效处理国内发展不平衡问题，促进区域均衡高质量发展

北极八国可持续性水平较高，处于全球领先位置，但仍需要处理好与原住民所在区域之间的不平衡问题。这种不平衡不仅仅限于经济基础的不平衡，还涉及人口分布、教育资源、工业布局、路网建设、资源开发等系列不平衡问题(SDG 10)。北极能矿资源储量很大，随着北极航道的全线开通，其丰富的资源潜力将发挥巨大的经济效益。然而，现阶段北极地区能矿资源收益远未服务于原住民的基本福利需求。北极原住民可持续问题，直接关系到环北极国家乃至全人类的健康和福祉。北极地区人口相对稀少，基础设施落后，社会经济发展条件相对不足。到 2030 年，北极人口仅将增长 4%(Bohlmann and Koller, 2020)。相比于同一时间段内全球人口增长 29%的预期，北极地区显然不会成为劳动力的繁荣之源。*Business Index North 2018*[①]报告指出，该地区正面临失去年轻劳动力和性别失衡的双重挑战。出于教育和就业原因，许多年轻人选择了南迁。

国家财政转移支付和投资是有效解决区域发展不平衡的有力途径。财政转移支付可缩小北极国家内部在教育、科研、文化、经贸、旅游等方面的不平衡，而投资则可以改善能矿资源开发条件，促进原住民及其各产业高质量发展。例如，为支持健康和充满活力的北方社区，加拿大政府通过领地财政准则(territorial formula financing)，每年向领地无条件提供近 25 亿加元的资金，使领地政府可以为医院、学校、基础设施和社会服务等计划提供基金，有效改善原住民住房、医疗、教育条件，有益于增进北方居民的健康和福祉(SDG 3)。同时，加拿大通过社会转移支付向各领地提供大量持续的和不断增长的社会项目资金支持，包括儿童教育和高中后教育计划(SDG 4)。这些领地也得到联邦针对性的支持以应对北方地区的特别挑战，解决诸如劳动力市场培训、基础设施和社区发展以及空气清洁和气候变化等方面的问题。

2. 开展北极多边合作研究，推动北极可持续发展

气候变暖使北极资源开采的条件大为改善、北极航道开发前景日益明朗。气候变化使得欧亚之间的航行变得容易，与资源开采相关的设备运输、资源运输和其他物品运输将日益频繁。由于气候变化带来的油气等资源的开采条件的改善，既引起相关国家和公司的博弈，也触发深层次的资源安全。北极资源开发和环境保护之间始终存在着难以调和的矛盾，北极理事会及其成员国坚持在可持续发展原则基础上进行资源开发。北极资源开采对原住民传统狩猎、捕鱼和采集产生不

---

① www.businessindexnorth.com

利影响。原住民正经历着气候变化对他们家园的最直接影响，也面临着自然资源开发产生的日益严重的压力。

北极将通过军事、能源、航线等多种途径主导和影响未来世界的地缘格局，人类的科技发展、气候和环境变化的应对、旅游开发、文化等活动都将高度依赖北极国家及其北极航道，世界各国将在北极地区展开全方面、多层次、深久远的角逐(李振福和李晓彤，2022)。北极问题已超出北极国家和区域问题范畴，它还涉及北极域外国家的利益和国际社会的整体利益，如北极资源、领土、海域、大陆架的划分、军事利用、航道管辖等。在全球化背景下，依靠传统安全的现实主义政治博弈已无法有效应对诸如北极环境、气候变化、生态平衡、物种保护、领土和海域纷争等问题。可以说，北极的未来充满很大的不确定性。为此，北极国家及其北极域外国家需要摒弃利益冲突，开展多边合作，以人类命运共同体为主导思想，以正确处理北极地区的生态安全、资源安全、环境安全、地缘安全问题(于宏源，2015)。

气候变化不断推动北极生态系统和政治经济地缘关系处于变化之中，北极域内和域外国家围绕科学研究、环境保护、资源开发和地缘利益等开展双边或多边合作，将是促进北极地区可持续发展的最有效路径(SDG 17)。双边或多边国际合作可推动在北极治理和可持续发展目标上与相关各方寻求和扩大利益汇合点、构建利益共同体(夏立平，2020)。例如，为规制各国在斯瓦尔巴群岛不断增多的经济活动，英国和美国等 18 个国家于 1920 年签署《斯瓦尔巴条约》。1925 年，中国等 33 国参加了该条约，成为《斯瓦尔巴条约》缔约国。该条约在斯瓦尔巴群岛确立了"主权确定，共同开发"的原则，即承认挪威对该群岛"具有充分和完整的主权"，该地区"永远不得为战争的目的所利用"；各缔约国公民可自由进入该群岛，在遵守挪威法律的范围内从事正当的生产和商业活动。2017 年 11 月，北冰洋沿海五国与中国、日本、韩国、冰岛、欧盟在美国首都华盛顿达成了《预防中北冰洋不管制公海渔业协定》。该协定是为了防止未来非法捕捞活动的发生，保护北冰洋脆弱的海洋生态环境，也是为让人类有更多的时间了解和研究北冰洋的生态系统(夏立平，2020)。2017 年 7 月 3 日，国家主席习近平与俄罗斯总统普京提出要开展北极航道合作，共同打造"冰上丝绸之路"。两国交通部门正在商谈中俄极地水域海事合作谅解备忘录，以不断完善北极开发合作的政策和法律基础。进入 21 世纪后，作为北极区域最具影响力的国际多边治理机制，北极理事会不断加强自身职能和推行机构改革，不断强化执行力和法律约束力，显示出由政府间合作论坛向地区性国际组织的成功转型。

3. 提升北极气候恢复力，减轻气候变化影响

在全球增暖背景下，北极地区出现了"北极放大"效应。北极地区已成为全球气候变化影响最严重区域（Yao et al., 2017; NOAA, 2019[①]; Ford et al., 2020; Forster et al., 2020; Hjort et al., 2022）。受气候变化影响，北极生态和社会系统发生了快速变化，严重威胁着北极生态与社会系统的完整性和可持续性（Yletyinen, 2019）。北极生态系统乃至社会系统均具有不可逆转性，气候变化已使其发生很大变化，未来需要付出很大努力或成本来降低或消除这些负面影响。基于此，提升气候变化恢复力，减轻气候变化影响将是促进北极地区可持续发展目标实现的重要路径之一。

IPCC 报告把气候恢复力路径定义为通过将适应和减缓相结合减轻气候变化及其影响的可持续发展轨迹，指出适应和减缓是气候恢复力建设的两个基本路径，应用恢复力理念可增强社会-生态系统应对预期变化和突发事件的能力（SDG 13.1）（IPCC, 2019[②]; 2022[③]）。当现有减缓和适应措施无法很好地应对北极社会-生态系统面临的风险时，主动做好系统"转型"变得至关重要。转型是对已有政策、制度、决策程序、人类行为甚至文化价值的根本性改变（Folke et al., 2019）。有效监测数据不足、科学决策信息缺失等因素一定程度上影响北极气候行动目标（SDG 13）的顺利实施（Guo et al., 2021）。北极地区气候变化往往会产生级联影响，需要加大气候变化及其影响的数据监测与评估，进而提出预警与决策系统，是北极地区加强气候变化恢复力的基础与关键。气候变化恢复力提升具体流程如下：①确定气候变化影响的关键驱动变量、状态变量和参数变量，加强定位观测、遥感监测、模型模拟、社会经济统计、实地调查和参与性访谈等，定期开展气候变化影

---

① NOAA National Centers for Environmental Information, Monthly Global Climate Report for Annual 2018, published online January 2019, retrieved on November 7, 2022 from https://www. ncei. noaa. gov/access/monitoring/monthly-report/global/201813.

② IPCC, 2019. Climate Change and Land: an IPCC special report on climate change, desertification, land degradation, sustainable land management, food security, and greenhouse gas fluxes in terrestrial ecosystems [P. R. Shukla, J. Skea, E. Calvo Buendia, V. Masson-Delmotte, H. -O. Pörtner, D. C. Roberts, P. Zhai, R. Slade, S. Connors, R. van Diemen, M. Ferrat, E. Haughey, S. Luz, S. Neogi, M. Pathak, J. Petzold, J. Portugal Pereira, P. Vyas, E. Huntley, K. Kissick, M, Belkacemi, J. Malley, (eds.)]. https://doi. org/10. 1017/9781009157988. 002.

③ IPCC, 2022. Climate Change 2022: Impacts, Adaptation and Vulnerability. Contribution of Working Group II to the Sixth Assessment Report of the Intergovernmental Panel on Climate Change [H. -O. Pörtner, D. C. Roberts, M. Tignor, E. S. Poloczanska, K. Mintenbeck, A. Alegría, M. Craig, S. Langsdorf, S. Löschke, V. Möller, A. Okem, B. Rama (eds.)]. Cambridge University Press. Cambridge University Press, Cambridge, UK and New York, NY, USA, 3056 pp. , doi:10. 1017/9781009325844.

响监测和评估；②加强气候变化与人类活动的协同研究，深入评估系统运作状态，寻找系统存在问题，在此基础上做好早期预警；③开展不同利益相关者多学科对话，梳理原著民和属地气候变化知识，问计于民，探讨加强恢复力建设的潜在解决方案；④综合评估不同方案实施的成本-收益，给出最优决策方案；⑤持续监测与动态评估，包括解决方案的实施情况，当有更好的解决方案时调整初始计划(苏勃和效存德，2020)。进一步，气候恢复能力和适应能力的提升(SDG 13.1)，还需要将其减缓和适应策略纳入北极国家政策、战略和法规(SDG 13.2)，同时需要加强气候变化减缓、适应等方面的教育和宣传，加强人员和机构在此方面的能力(SDG 13.3)。

8.3.2 南极地区

南极作为公共疆域，其大陆和海洋生态系统是人类可持续利用的基础。在当今国际政治、国际关系、国际法律制度等条件下，严守"南极条约体系"，建立共享、共建和共治于一体的、平等的国际伙伴关系或国际合作机构，将是未来可持续发展目标实现的关键路径。同时，需以"南极条约体系"和海洋保护区设立为约束，以促进科考、旅游活动的可持续性和海洋生态系统的健康稳定。

1. 严守"南极条约体系"，保持南极大陆的和平利用

南极地区的可持续发展受制于并得益于"南极条约体系"的约束以及时效性，但也可能成为新一个战略竞争焦点。例如，美国支持更深入地参与南极合作机制，特别是参与南极条约体系。俄罗斯将南极洲作为战略重地，并投入大量资金以加强南极事务的参与度。同时阻挠在南极建立全球最大的海洋保护区。英国在马尔维纳斯群岛(英国称福克兰群岛)设有离南极洲最近的永久性军事基地，英国自认为是南极洲的一支重要力量。法国将对南极的主权要求与该国在南太平洋和印度洋的利益联系在了一起，将上述地区统称为"法属南部和南极领地"，作为广义的印太强国战略的一部分，并加强其专属经济区大范围的捕鱼权。南极作为"公共属地"的地位是否会变成"大国争夺的领域"，目前世界各国的"占位"很可能就是这种情况的前奏。

南极条约体系是南极治理和南极可持续发展的基石。当前，世界大国因能源和矿产资源的匮乏和高度需求，可能会对南极条约开展新的谈判，进而为有关禁令到期前为更多的商业活动开绿灯。为此，要严守并最大限度或无限期延长南极条约体系时效(SDG16、17)，禁止在南极开采能矿资源，杜绝在南极及其周边设立军事基地。同时，应该鼓励对南极具有科学或技术兴趣的国际组织建立合作关系，促进南极科考活动和科学研究的国际合作，提升探索和认识南极大陆的科研

水平，以促进人类对南极大陆的和平利用。

2. 以南极条约体系为约束，促进科考、旅游活动的可持续性

南极洲不属于任何一个国家，没有普通含义上的常住人口。据国家南极局局长理事会(The Council of Managers of National Antarctic Programs, COMNAP)和南极研究科学委员会(SCAR)这两个国际南极研究机构的统计，目前南极大约有"活跃的"科考站(Antarctic Scientific Research Stations)和其它南极设施一百多个，除了科考站，各国建立在南极洲的还有营地、机场、庇护所、仓库等。每年有一千到四千名来自各国的科研工作者，在南极进行长期或短期的实验和观测。根据常年站和夏季站的不同，驻扎在南极洲的世界各国科考人员大概在一千多人到四千多人不等。2018~2019 年的旅游季节，共有 55489 人抵达南极洲，同比增长 7%。可以说，科考和旅游活动是南极地区最为重要的人类活动，若不以南极条约为约束，极有可能造成环境影响。

为此，相关科考、旅游活动要严格遵循南极条约体系，其活动以不破坏生态、海洋、大气与地表环境为前提。科考场地、营地的建设、营运和维护，以及科考、旅游活动应严格按照 1964 年签订的《保护南极动植物议定措施》和 1991 年所有协商国批准后的《南极环境保护议定书》和"南极环境评估""南极动植物保护""南极废物处理与管理""防止海洋污染""南极特别保护区""南极紧急情况应负责任" 6 个附件所规定的环境保护约束条文。守护南极环境和发展南极科考、旅游并非两个悖论的议题。未来，应建立最严格的南极科考与旅游活动的环境影响评价体系与法律约束机制，严格规范科考、旅游活动或行为，严格禁止科考、旅游活动"侵犯南极自然环境"，严格"控制"旅游人次，严格禁止向南极大陆与海域倾倒废物，以免造成南极环境影响(Wang et al., 2020)。

3. 设立海洋保护区，积极推进南极海洋生态系统的健康发展

全球海洋生态的危机已经比较明确，从珊瑚礁的白化到渔业捕捞的达峰，从海洋垃圾到微塑料。需要采取大规模行动以保护海洋，确保海洋为人类提供健康的生态产品。特别地，当前南极生态系统缺乏系统评估(Crespo et al., 2019)。同时，随着航运业的发展，进一步扩大人类在公海上的活动，商业渔业向公海的范围越来越深，对国家管辖范围以外地区(距离海岸 200 海里以外的区域)的海洋生物多样性产生影响(Kroodsma et al., 2018)。气候变化、脱氧和海洋酸化则加剧这些影响(Levin and Le, 2015)(SDG 14)。因此，通过设立海洋保护区，强化对南极生态系统研究，提升南极海洋生态系统的科学认知水平，可积极推进南极海洋生态系统的健康发展。

南极海洋生物资源养护委员会（Commission for the Conservation of Antarctic Marine Living Resources, CCAMLR）（1980 年代成立）是海洋保护领域的领跑者。2005 年开始，作为对约翰内斯堡世界可持续发展峰会关于建立具有代表性海洋保护区网络的倡议的回应，CCAMLR 开始关于建设环绕南极的海洋保护区网络的讨论。从研讨会开始，然后逐步提出规划方案提交科学委员会的工作组来讨论，再逐渐形成具体的提案，最后由委员会来审议。委员会在每年的年会中来做出决策，目前是在 2009 年设立南奥克尼群岛南大陆架海洋保护区，在 2016 年设立罗斯海区域的海洋保护区（SDG 14）。近几年，地缘政治和渔业的利益使得多个海洋保护区（东南极、威德尔海和西南极半岛的保护区）提案一直没有通过。尽管罗斯海保护区得以设立，但是其管理和科研计划却一直搁置没有达成。

未来，应积极推进海洋保护区建立进程，规范保护区的国际合作定位，明细各国间的科研合作与保护机制，避免各国对其垄断利用，以提升南极海洋生物生物多样性可持续利用和养护。

8.3.3 第三极：青藏高原

作为世界屋脊、亚洲水塔、地球第三极，青藏高原深刻地影响着国家和全球尺度的生态安全，其恶劣而敏感脆弱的自然环境也长期制约着当地的经济社会发展，可持续发展道路成为青藏高原兼顾经济社会发展与生态保护的必然要求。尽管青藏高原对全球碳排放贡献极小，但气候变化影响却极为显著（Biskaborn et al., 2019; Wang and Wei, 2022）。在全球气候变暖大背景下，青藏高原亦无法"独善其身"（Yao et al., 2022）。目前，落实系列生态政策是促进高原生态保护与人类福利提升来实现系列可持续发展目标的关键路径。

1. 生态政策助力青藏高原生态保护与人类福利提升

生态政策极大地增强青藏高原生态屏障功能，有效推进 2030 SDGs 的实现。1978 年以来，青藏高原实施大量生态政策，有效遏制生态退化问题，且提升高原牧民的福利水平，此类政策或项目如"天然林保护工程""退牧还草""三江源生态保护建设工程""青藏高原生态建设与环境保护规划""青藏高原国家公园建设"等。保护区年平均归一化植被指数（NDVI）改善比非保护区更为明显，且保护区越早建立，绿化效果越显著（SDG 15）。此外，生态保护并没有减缓人类福利的改善；相反，在生态政策的实施下，高原人类福利也得到了明显改善（SDG 3）。人类福利的改善不仅涉及收入，还涉及健康和教育。其中，人类发展指数（human development index, HDI）是健康、教育和收入维度的标准化指数的平均值，可以综合反映人类福利水平。从 1978 年到 2017 年，青藏高原 HDI 增加了 0.095/10a，

2017 年达到 0.696，但仍低于中国 0.75 和全球 0.73 的整体水平。在 SDGs 方面，青藏高原 HDI 的提高有助于实现 SDG 1(无贫困)、SDG 2(零饥饿)、SDG 3(良好的健康和福祉)和 SDG 4(优质教育)。生态政策的实施，还极大地支持牧民的设饲养殖，缓解过度放牧对草原的压力。同时，牧民收入、医疗保健、教育、消费支出和整体福利也得到提高。例如，青藏高原九年义务教育完成率达到 90%以上，预期寿命从 1950 年代的 35 岁增加到现在的 70 岁以上(Wang and Wei, 2022)。

高原地区社会经济不发达，交通、教育、科学等社会资源严重滞后于沿海地区。相较于其他区域，青藏高原的人地关系与地缘关系更加敏感复杂，在地形地貌、资源禀赋、地缘环境、历史文化、区域发展等方面有着区别于其它区域的特殊性、困难性及可持续发展的必要性。目前，青藏高原可持续发展水平仍处于初级阶段，亟须探索助力青藏高原生态保护与人类福利提升的生态政策，以促进青藏高原全方位的可持续发展目标的实现。

2. 减轻气候变化影响，提升防灾减灾水平

青藏高原生态脆弱，一旦破坏很难恢复。同时，高原地区产业单一，社会经济不发达，交通、教育、科学等社会资源严重滞后于沿海地区，应对气候变化能力较弱。全球暖化强度和持续性越来越显著，其影响范围和程度在不断增加(SDG13)。特别地，气候灾害、冰冻圈灾害、地质灾害等自然灾害频率、范围、强度都呈增加趋势，灾害分布地域广、灾损大，呈频发、群发、多发和并发趋势，其灾害影响已成为高原经济社会可持续发展面临的重要问题。

自然灾害是自然与社会环境共同作用的结果，其致灾体自然风险较难克服，但承灾区风险管控能力的提升则可以减小或规避其灾害之自然风险。因此，亟须将风险全过程管控理念应用于高原多灾种自然灾害风险管理，以增强多灾种自然灾害预警预报和防灾减灾能力。与风险共存，始终做到居安思危、防患于未然，实施灾害风险全过程控制与预防是各类自然灾害风险管控的基本点和出发点。围绕"以人为本""预防为主、避让与治理相结合"、"源头"控制向"全过程"管理转变、"突出重点、分步实施、逐步推进"理念为指导思想，通过非工程措施与工程措施相结合(SDG 9)、政府主导与公众参与的有机结合，利用"灾害风险预防、风险转移、风险承担、风险规避"方法，应逐步建立和完善集"灾害预警预报、风险处置、防灾减灾、群测群防、应急救助和灾后恢复重建"于一体的自然灾害综合风险管控体系。同时，需深入分析各类自然灾害成因机理，强化防灾减灾基础知识的社区宣传和普及(SDG 11)，让承灾区居民知晓灾害险情和灾情信息，增强其防灾、避灾、减灾意识和自我保护能力，提高自然灾害承灾区综合防灾减灾能力，最大限度地减小或规避潜在灾害灾损，以提升高原城市、社区防灾减灾水

平，促进经济社会可持续发展（SDG 11）（王世金等，2021）。

8.3.4 三极联动、多边合作促进可持续发展

地球进入了一个新的时代——"人类世"（Lewis and Maslin, 2015）。这个时代的特点是人类行为作为主要驱动力出现在行星尺度上，使地球出现气候变暖、生物危机、海平面的上升等动态的变化。三极地区生态系统较为单一、环境优良、人类活动较小，可持续发展水平相对较低。三极地区通过气候临界点要素将对全球气候系统产生不可逆影响，通过远程耦合对极地和全球可持续发展目标实现的影响尤为突出（Xie et al., 2022）。当前，有关极地放大效应及其驱动机制（Fang et al., 2022）、增温的海拔梯度效应（Pepin et al., 2015）、气候变化与植被响应（Wu et al., 2020）、多年冻土碳与全球气候效应（Box et al., 2019; Wang et al., 2020）、臭氧空洞与气候相互作用（Shindell and Schmidt, 2004; Safieddine et al., 2020）、南北极气候联系（An et al., 2015; Wang et al., 2015; Gao et al., 2019）等研究已成为当前研究热点，受到学界广泛关注。

以往时空三极可持续发展研究相对滞后，其原因主要是缺乏数据支持，进而缺乏时空三极在全球影响方面的认知。为此，时空三极环境变化、影响与可持续发展协同研究需要数据、资料和平台的支持。未来，应以时空三极环境作为一个整体，以原有国际数据库为基础，通过国际合作，加大时空三极国际数据平台研发，促进该数据平台的共享使用，以提供时空三极环境与可持续发展协同研究所需的多维和多尺度数据（Li et al., 2021a）。三极时空变化对区域乃至全球可持续发展具有重要影响，亟须建立时空三极国际大科学计划，从全球角度更系统、科学地认知气候变化、环境保护、人类社会可持续等热点和难点问题，以揭示三极在气候系统、生态系统、海洋系统中的作用和影响机制，探讨未来三极应对策略。该国际数据平台和国际大科学计划的实施，将有效降低极地地区在实现全球可持续发展目标中的 Liebig 短板效应。

南北极是影响可持续发展和人类生存的新疆域，也是大国之间围绕利益和影响力竞争的战略制高点。以"人类命运共同体"为导向进行国际合作是开展南北极研究、治理的有效路径，该路径也是中国智慧对人类和平利用极地的新贡献（Yang and Zheng, 2017）。就南北极而言，需要加强国际多边科研、政治、外交、经济、法律、文化和社会的合作研究，可为国际、国别和区域相关政策的制定提供支撑，亦可推动极地可持续发展目标。同样，青藏高原在全球尺度上的影响与作用也需要国际多边合作进行系统研究。可以说，三极观测、数据、科研联动，辅之以多边合作是促进三极可持续发展的有效路径。

参 考 文 献

董金玮, 陈玉, 周岩, 等. 2021. 地球大数据支撑可持续发展目标协同与权衡研究: 进展与展望. 中国科学院院刊, 36(8): 950-962.

李新, 车涛, 段安民, 等. 2021. 地球三极: 全球变化的前哨. 北京: 科学出版社.

李振福, 李晓彤. 2022. 北极研究国内主题研讨会的议题结构及发展趋势. 中国海洋大学学报 (社会科学版). (1): 69-79.

苏勃, 效存德. 2020. 冰冻圈影响区恢复力研究和实践: 进展与展望. 气候变化研究进展, 16(5): 579-590.

王世金, 魏彦强, 牛春华, 等. 2021. 青藏高原多灾种自然灾害综合风险管理. 冰川冻土, 43(6): 1848-1860.

夏立平. 2020. 北极地区治理与开发研究. 北京: 世界知识出版社.

于宏源. 2015. 气候变化与北极地区地缘政治经济变迁. 国际政治研究, 36(4): 73-87.

An Z S, Wu G Q, Li J P, et al. 2015. Global monsoon dynamics and climate change. Annual review of earth and planetary sciences, 43: 29-77.

Biskaborn B K, Smith S L, Noetzli J, et al. 2019. Permafrost is warming at a global scale. Nature communications, 10(1): 1-11.

Bohlmann U M, Koller V F, 2020. ESA and the Arctic-The European Space Agency's contributions to a sustainable Arctic. Acta Astronautica, 176: 33-39.

Bolcárová P, Košta S. 2015. Assessment of sustainable development in the EU 27 using aggregated SD index. Ecological indicators, 48: 699-705.

Box J E, Colgan W T, Christensen T R, et al. 2019. Key indicators of Arctic climate change: 1971–2017. Environmental Research Letters, 14(4): 045010.

Buck S, Ostrom E. 1998. The Global Commons: An Introduction. Washington DC: Island Press.

Carrillo M. 2022. Measuring Progress towards Sustainability in the European Union within the 2030 Agenda Framework. Mathematics, 10(12): 2095.

Carroll S R, Garba I, Figueroa-Rodríguez O L, et al. 2020. The CARE Principles for Indigenous Data Governance. Data Science Journal, 19: 43.

Carroll S R, Herczog E, Hudson M, et al. 2021. Operationalizing the CARE and FAIR Principles for Indigenous data futures. Scientific Data, 8(1): 1-6.

Chen J, Cheng B, Zhang X, et al. 2022. A TIR-Visible Automatic Registration and Geometric Correction Method for SDGSAT-1 Thermal Infrared Image Based on Modified RIFT. Remote Sensing, 14(6): 1393.

Crespo G O, Dunn D C, Gianni M, et al. 2019. High-seas fish biodiversity is slipping through the governance net. Nature Ecology & Evolution, 3(9): 1273-1276.

Degai T S, Petrov A N. 2021. Rethinking Arctic sustainable development agenda through indigenizing UN sustainable development goals. International Journal of Sustainable Development & World Ecology, 28 (6): 518-523.

Duan A, Peng Y, Liu J, et al. 2022. Sea ice loss of the Barents-Kara Sea enhances the winter warming over the Tibetan Plateau. Climate and Atmospheric Science, 5 (1): 1-6.

Fang M, Li X, Chen H W, et al. 2022. Arctic amplification modulated by Atlantic Multidecadal Oscillation and greenhouse forcing on multidecadal to century scales. Nature communications, 13 (1): 1-8.

Folke C, Österblom H, Jouffray J B, et al. 2019. Transnational corporations and the challenge of biosphere stewardship. Nature ecology & evolution, 3 (10): 1396-1403.

Ford J D, King N, Galappaththi E K, et al. 2020. The resilience of indigenous peoples to environmental change. One Earth, 2 (6): 532-543.

Forster C E, Norcross B L, Spies I. 2020. Documenting growth parameters and age in Arctic fish species in the Chukchi and Beaufort seas. Deep Sea Research Part II: Topical Studies in Oceanography, 177: 104779.

Gao K, Duan A, Chen D, et al. 2019. Surface energy budget diagnosis reveals possible mechanism for the different warming rate among Earth's three poles in recent decades. Science Bulletin, 64 (16): 1140-1143.

Guo H, Chen F, Sun Z, et al. 2021. Big Earth Data: A practice of sustainability science to achieve the Sustainable Development Goals. Science Bulletin, 66 (11): 1050-1053.

Guo H, Li X, Qiu Y. 2020. Comparison of global change at the Earth's three poles using spaceborne Earth observation. Science Bulletin, 65 (16): 1320-1323.

Guo H, Liang D, Sun Z, et al. 2022. Measuring and evaluating SDG indicators with Big Earth Data. Science Bulletin, 67 (17): 1792-1801.

Guo H D, Dou C Y, Chen H Y, et al.2023. SDGSAT-1: the world's first scientific satellite for Sustainable Development Goal. Science Bulletin, 68 (1): 34-38,10.1016/j. scib. 2022. 12.014.

Hametner M, Kostetckaia M, Setz I, et al. 2021. Sustainable development in the European Union — Monitoring report on progress towards the SDGs in an EU context—2021 edition.

Hametner M, Kostetckaia M. 2020. Frontrunners and laggards: How fast are the EU member states progressing towards the sustainable development goals? Ecological Economics, 177: 106775.

Hjort J, Streletskiy D, Doré G, et al. 2022. Impacts of permafrost degradation on infrastructure. Nature Reviews Earth & Environment, 3 (1): 24-38.

Kroodsma D A, Mayorga J, Hochberg T, et al. 2018. Tracking the global footprint of fisheries. Science, 359 (6378): 904-908.

Levin L A, Le B N. 2015. The deep ocean under climate change. Science, 350 (6262): 766-768.

Lewis S L, Maslin M A. 2015. Defining the anthropocene. Nature, 519 (7542): 171-180.

Li X.2023. Big Earth Data boost UN SDGs. Science Bulletin, 68 (8): 773-774, 10.1016/j. scib. 2023. 03. 045.

Li X, Cheng G, Wang L, et al. 2021a. Boosting geoscience data sharing in China. Nature Geoscience,

14（8）：541-542.

Li X, Cai W, Meehl G A, et al. 2021b. Tropical teleconnection impacts on Antarctic climate changes. Nature Reviews Earth & Environment, 2（10）：680-698.

Li X, Che T, Li X, et al. 2020. CASEarth Poles: Big data for the three poles. Bulletin of the American Meteorological Society, 101（9）：E1475-E1491.

Li X, Feng M, Ran Y, et al. 2023. Big Data in Earth system science and progress towards a digital twin. Nature Reviews Earth & Environment, 4: 319-332, 10.1038/s43017-023-00409-w.

Liang L, Li X, Zheng F. 2019. Spatio-temporal analysis of ice sheet snowmelt in Antarctica and Greenland using microwave radiometer data. Remote Sensing, 11（16）：1838.

Lin D, Crabtree J, Dillo I, et al. 2020. The TRUST Principles for digital repositories. Scientific Data, 7（1）：1-5.

Lior N, Radovanović M, Filipović S. 2018. Comparing sustainable development measurement based on different priorities: sustainable development goals, economics, and human well-being—Southeast Europe case. Sustainability Science, 13（4）：973-1000.

Liu Y, Chen H, Wang H, et al. 2019. Modulation of the Kara Sea ice variation on the ice freeze-up time in Lake Qinghai. Journal of Climate, 32（9）：2553-2568.

Nilsson A E, Larsen J N. 2020. Making regional sense of global sustainable development indicators for the Arctic. Sustainability, 12（3）：1027.

Ostrom E. 2010. Polycentric systems for coping with collective action and global environmental change. Global Environmental Change, 20（4）：550-557.

Pepin N, Bradley R S, Diaz H F, et al. 2015. Elevation-dependent warming in mountain regions of the world. Nature Climate Change, 5（5）：424-430.

Pradhan P, Costa L, Rybski D, et al. 2017. A systematic study of sustainable development goal（SDG）interactions. Earth's Future, 5（11）：1169-1179.

Ramanathan V, Xu Y, Versaci A. 2022. Modelling human–natural systems interactions with implications for twenty-first-century warming. Nature Sustainability, 5（3）：263-271.

Ran Y, Cheng G, Dong Y, et al. 2022. Permafrost degradation increases risk and large future costs of infrastructure on the Third Pole. Communications Earth & Environment, 3（1）：1-10.

Ran Y, Li X, Cheng G, et al. 2021a. Mapping the permafrost stability on the Tibetan Plateau for 2005–2015. Science China Earth Sciences, 64（1）：62-79.

Ran Y, Jorgenson M T, Li X, et al. 2021b. Biophysical permafrost map indicates ecosystem processes dominate permafrost stability in the Northern Hemisphere. Environmental Research Letters, 16（9）：095010.

Safieddine S, Bouillon M, Paracho A, et al. 2020. Antarctic ozone enhancement during the 2019 sudden stratospheric warming event. Geophysical Research Letters, 47（14）：e2020GL087810.

Shindell D T, Schmidt G A. 2004. Southern Hemisphere climate response to ozone changes and greenhouse gas increases. Geophysical Research Letters, 31（18）.

Tang B, Hu W, Duan A, et al. 2022a. Reduced Risks of Temperature Extremes From 0.5° C less Global Warming in the Earth's Three Poles. Earth's Future, 10 (2)：e2021EF002525.

Tang Y, Duan A, Hu J. 2022b. Surface heating over the Tibetan Plateau associated with the Antarctic Oscillation. Journal of Geophysical Research: Atmospheres, 127 (17)：e2022JD036851.

Tavoni A, Levin S. 2014. Managing the climate commons at the nexus of ecology, behaviour and economics. Nature Climate Change, 4 (12)：1057-1063.

Trump B D, Kadenic M, Linkov I. 2018. A sustainable Arctic: Making hard decisions. Arctic, Antarctic, and Alpine Research, 50 (1)：e1438345.

Wang S, Wei Y. 2022. Qinghai-Tibetan Plateau Greening and Human Well-Being Improving: The Role of Ecological Policies. Sustainability, 14 (3)：1652.

Wang T, Yang D, Yang Y, et al. 2020. Permafrost thawing puts the frozen carbon at risk over the Tibetan Plateau. Science Advances, 6 (19)：eaaz3513.

Wang X, Ran Y, Pang G, et al. 2022. Contrasting characteristics, changes, and linkages of permafrost between the Arctic and the Third Pole. Earth-Science Reviews, 230: 104042.

Wang X, Xiao J, Li X, et al. 2019. No trends in spring and autumn phenology during the global warming hiatus. Nature communications, 10 (1)：1-10.

Wang Z, Zhang X, Guan Z, et al. 2015. An atmospheric origin of the multi-decadal bipolar seesaw. Scientific reports, 5 (1)：8909.

Wilkinson M D, Dumontier M, Aalbersberg I J J, et al. 2016. The FAIR Guiding Principles for scientific data management and stewardship. Scientific data, 3 (1)：1-9.

Wu A, Che T, Li X, et al. 2022. Routeview: an intelligent route planning system for ships sailing through Arctic ice zones based on big Earth data. International Journal of Digital Earth, 15 (1)：1588-1613.

Wu W, Sun X, Epstein H, et al. 2020. Spatial heterogeneity of climate variation and vegetation response for Arctic and high-elevation regions from 2001–2018. Environmental Research Communications, 2 (1)：011007.

Xie Y, Wu G, Liu Y, et al. 2022. A dynamic and thermodynamic coupling view of the linkages between Eurasian cooling and Arctic warming. Climate Dynamics, 58 (9)：2725-2744.

Xu X, Riley W J, Koven C D, et al. 2020. Earlier leaf-out warms air in the north. Nature Climate Change, 10 (4)：370-375.

Yang J, Zheng Y Q. 2017. Global Governance of New Frontiers: China's Perspective. China International Studies, 66: 24.

Yao T, Bolch T, Chen D, et al. 2022. The imbalance of the Asian water tower. Nature Reviews Earth & Environment, 1-15.

Yao Y, Luo D, Dai A, et al. 2017. Increased quasi stationarity and persistence of winter Ural blocking and Eurasian extreme cold events in response to Arctic warming. Part I: Insights from observational analyses. Journal of Climate, 30 (10)：3549-3568.

Yletyinen J. 2019. Arctic climate resilience. Nature Climate Change, 9(11): 805-806.

Zhu J, Sun X, He Z, et al. 2019. Are SDGs suitable for China's sustainable development assessment? An application and amendment of the SDGs Indicators in China. Chinese Journal of Population Resources and Environment, 17(1): 25-38.

附表 三极 SDG 平台重要数据集

序号	数据集标题
1	青藏高原 MODIS 逐日无云积雪面积数据集(2002~2015)
2	青藏高原(可可西里-南羌塘-拉萨)岩浆岩全岩主微量地球化学数据集(2020)
3	青藏高原 0.01°陆表月蒸发量数据集(2000~2018)
4	青藏高原 1km 植被物候数据(2000~2015)
5	青藏高原 1 公里分辨率多年冻土概率图(2019)
6	青藏高原 30mlandsat 湖泊透明度反演数据集(V1.O, 1995, 2000, 2005, 2010, 2015)
7	青藏高原 30 米地表覆盖数据(2010)
8	青藏高原 CO_2 加富情景下生态系统生产力数据(2018~2019)
9	青藏高原北部大气边界层基本数据库(1997~2008)
10	青藏高原北部祁连山活动层厚度实测数据集 (2011~2014)
11	青藏高原北麓河气象冻土地温监测数据集(2017~2018)
12	青藏高原北麓河气象站活动层地温监测数据集(2017~2018)
13	青藏高原冰川末端自动气象站数据(2019~2020)
14	青藏高原冰川微生物丰度、有机碳和总氮数据集
15	青藏高原冰川微生物菌种资源(V1.0)(2010~2018)
16	青藏高原冰川物质平衡(2019~2020)
17	青藏高原冰冻圈综合数据集(1997)
18	青藏高原冰芯黑碳数据集(1950~2006)
19	青藏高原冰芯-积雪黑碳含量数据集(1950~2006)
20	青藏高原不同区域湖泊面积和水量年际变化数据集(1976~2019)
21	青藏高原不同站点气溶胶颗粒 PM2.5 浓度数据集(2020)
22	青藏高原草地土壤细菌数据集(2017)
23	青藏高原大气黑碳含量 5 个站点观测资料(2018)
24	青藏高原大于 1 平方公里湖泊数据集(V1.0)(1970s, 1990, 2000, 2010)
25	青藏高原大于 1 平方公里湖泊数据集(V3.0)(1970s~2021)
26	青藏高原大于 1 平方公里湖泊水量变化(1976~2020)v2.0
27	青藏高原地表大气含氧量(1980~2019)
28	青藏高原地面光谱数据集(2019)

序号	数据集标题
29	青藏高原地面气象观测数据产品(1979～2016)
30	青藏高原地气相互作用过程高分辨率(逐小时)综合观测数据集(2005～2016)
31	青藏高原地区 10m 不透水面产品(2018)
32	青藏高原地区 30m 不透水面产品(2015)
33	青藏高原地区春季土壤湿度年均值(1988～2008)
34	青藏高原地区多源融合降水数据(1998～2017)
35	青藏高原地区光合有效辐射吸收系数数据集 (2000～2015)
36	青藏高原地区水资源(径流)时空分布后处理产品(1998～2017)
37	青藏高原地形地貌数据(2021)
38	青藏高原典型冰川表面地形数据集(V1.0)(2003)
39	青藏高原典型冰川厚度变化数据集(V1.0)(2000～2013)
40	青藏高原东北部达日站和德令哈站雨滴谱数据(2019 年雨季)
41	青藏高原东部高寒草甸区湖泊表层沉积物孢粉数据库
42	青藏高原东南部雅弄冰川高程变化(2000～2012)
43	青藏高原多年冻土存在性编目观测数据集 (v1.0)(1950 年以来)
44	青藏高原多年冻土地温与热稳定型分布图(2005～2015)
45	青藏高原多年冻土分布现状图件(2003)
46	青藏高原多年冻土活动层厚度和地温模拟数据(2000～2015、2061～2080)
47	青藏高原多年冻土热条件分类图(2000～2010)
48	青藏高原多年冻土综合监测数据集(2002～2018)
49	青藏高原高分辨率低层大气和地气交换长期数据集(1981～2020)
50	青藏高原归一化植被指数与增强型植被指数后处理产品(2013、2018)
51	青藏高原果洛草甸气象观测数据集(2005～2009)
52	青藏高原河湖冰物候数据集(2002～2018)v1.0
53	青藏高原黑河多年冻土区热融滑塌遥感产品(2009～2018)
54	青藏高原湖冰物候数据集(1978～2016)
55	青藏高原湖泊表层沉积物、达则错湖泊悬浮物 brGDGTs 数据集
56	青藏高原湖泊浮游植物数据(2020)
57	青藏高原湖泊流域属性数据集(v1.0)(1979～2018)
58	青藏高原湖泊水体 DOM 数据(2017)
59	青藏高原湖泊水质实测数据(2009～2020)
60	青藏高原湖泊水质数据集(V1.0,1990, 1995, 2000, 2005, 2010, 2015)
61	青藏高原湖泊微生物数据集(2015)

续表

序号	数据集标题
62	青藏高原湖泊盐度分布(2009~2020)
63	青藏高原湖水细菌多样性调查(V1.0)(2015)
64	青藏高原积雪面积长时间序列数据(2007~2015)
65	青藏高原及邻区1：150万大地构造图
66	青藏高原及邻区1：150万地质图
67	青藏高原及其周边地区潜在冰湖分布
68	青藏高原及中亚地区逐月水域范围数据(2000~2015)
69	青藏高原降雨侵蚀力数据集(1950~2020)
70	青藏高原流域边界数据集(2016)
71	青藏高原纳木错土壤微生物多样性数据集(2015)
72	青藏高原南北极典型冰川流速数据集(2000~2017)V1.0
73	青藏高原南部卫星与地面站融合降雨数据集(2014~2019雨季)
74	青藏高原年平均标准大气数据集(1981~2020)
75	青藏高原气候空间数据集(1961~2020)
76	青藏高原气溶胶光学厚度(AOD)数据集(2021)
77	青藏高原气溶胶光学特性地基观测数据集(2009~2016)
78	青藏高原气溶胶数据集(2006~2019)
79	青藏高原热源相关的基础数据集(1948~2020)
80	青藏高原山地冰川流速数据集(2019~2020)
81	青藏高原山地冰川流速数据集(2019~2020)
82	青藏高原水土资源时空匹配数据集(1970~2016)
83	青藏高原台站雪深数据集(V1.0)(1961~2013)
84	青藏高原土壤理化性质数据集(2019~2021)
85	青藏高原土壤温湿度逐时观测数据集(2008~2016)
86	青藏高原土壤细菌多样性调查(V1.0)(2015)
87	青藏高原五大河源区冰川径流分割数据集(1971~2015)
88	青藏高原西大滩气象要素数据集(2014~2018)
89	青藏高原新绘制冻土分布(2017)
90	青藏高原月尺度蒸散发数据集(1979~2018)
91	青藏高原月平均地表蒸散发数据集(2001~2018)
92	青藏高原增温引起的灌丛提前因水分限制而停滞证据
93	青藏高原植被光学厚度数据集(1993~2012)
94	青藏高原中南部春季水文气候重建

序号	数据集标题
95	青藏高原重点河湖研究区国产高分 2-50m 融合正射验证数据集(2015～2020)
96	青藏高原珠峰、纳木错、林芝站气象数据(2006～2008)
97	青藏高原逐 3 小时高分辨率大气-水文模拟数据集(2000～2010)
98	青藏高原逐日微波降水量数据集(2015～2017)
99	青藏高原逐日无云 MODIS 积雪面积比例数据集(2000～2015)
100	青藏高原逐日无云积雪数据集(2002～2021)
101	青藏高原走廊地温分布预测图(2015～2065)
102	1970s 和 2000s 青藏高原冰川储量数据集
103	2017～2020 年青藏高原五道梁地区多年冻土活动层厚度数据产品
104	CESM1.2.0 青藏高原感热试验(1979～2014)
105	基于卫星和常规气象观测数据的青藏高原大气热源/汇数据集(1984～2015)
106	基于文献的青藏高原碳通量数据集
107	基于青藏高原土壤温湿度观测网的长时序地表土壤湿度数据集(2009～2019)
108	基于 MODIS 的青藏高原逐日湖冰范围和覆盖比例数据集(2002～2018)
109	基于 Sentinel-1 SAR 数据的青藏高原湖泊面积季节变化
110	蒸散量显著增加表明青藏高原水循环加速(1982～2018)
111	第三极 1:100 万山脉分布点数据集(2014)
112	第三极 1:100 万行政边界数据(2014)
113	第三极地区冰川表面高程变化数据产品 v1.0
114	第三极地区冰川厚度数据(2018～2021)
115	第三极地区冰湖数据(V1.0)(1990，2000，2010)
116	第三极地区高程数据集
117	第三极地区降水资料(1951～2010)
118	第三极未来 1 km 季节冻土最大冻结深度数据集(2050s 和 2090s)
119	多年冻土退化增加了第三极基础设施的风险和未来成本论文数据
120	冻土环境对青藏铁路工程建设的影响及工程的环境效应数据集(2002～2004)
121	青藏工程走廊地表温度数据(2010～2018)
122	青藏工程走廊地表信息(2014～2020)
123	青藏工程走廊地温现状分布图(2010～2015)
124	青藏工程走廊多年冻土区气温降雨观测数据(1956～2012)
125	青藏工程走廊高分辨率土壤冻融数据集(2015～2020)
126	青藏工程走廊活动层厚度分布预测图(2015～2065)
127	青藏工程走廊活动层厚度现状分布(1980～2015)

续表

序号	数据集标题
128	青藏工程走廊沿线热融滑塌综合调查(2019)
129	青藏工程走廊灾害分布数据(2015～2020)
130	青海湖水文气象数据(1956～2020)
131	青海可可西里地区现代冰川分布状况数据集(1989年～1990年8月)
132	长江、黄河、湟水国控地表水监测断面水质评价结果(2010～2012)
133	长江和色林错源区冰川表面高程时间序列(1976～2017)
134	黄河源区多年冻土分布数据(2013～2015)
135	黄河源区鄂陵湖草地观测点气象观测数据(2017～2020)
136	黄河源区玛曲草地观测点气象观测数据(2017～2020)
137	黄河源区若尔盖湿地观测点气象观测数据(2017～2019)
138	阿里荒漠环境综合观测研究站气象数据集(2009～2016)
139	阿里荒漠环境综合观测研究站气象数据集(2017～2018)
140	阿里站大气黑碳数据(2017～2019)
141	中国科学院藏东南站：嘎隆拉24k冰川表碛区基本气象数据(2018～2019)
142	中国科学院藏东南站：然乌湖水质测量数据(2014～2020)
143	珠峰绒布河冰川水文站点观测数据集(2010)
144	珠峰太阳辐射数据集(2007～2020)
145	珠峰站黑碳气溶胶浓度数据集(2015年5月～2017年5月)
146	气溶胶光学特性地基观测数据--青藏高原珠峰站纳木错站(2017～2019)v1.0
147	珠穆朗玛大气与环境综合观测研究站气象观测数据(2005～2016)
148	珠穆朗玛大气与环境综合观测研究站气象观测数据(2017～2018)
149	藏东南高山环境综合观测研究站气象观测数据(2007～2016)
150	藏东南高山环境综合观测研究站气象观测数据(2017～2018)
151	藏东南帕隆藏布流域冰川水文站点观测数据集(2007～2008)
152	藏东南站大气持久性有机污染物和总悬浮颗粒物浓度数据集(2008～2011)
153	第二次青藏科考西藏24个湖泊的生物光学数据集(2019)
154	慕士塔格水文站点观测数据集(2013～2017)
155	慕士塔格西风带环境综合观测研究站气象观测数据(2003～2016)
156	慕士塔格西风带环境综合观测研究站气象观测数据(2017～2018)
157	慕士塔格站3650m气象数据(2019)
158	那曲通量观测数据(2017)
159	那曲通量观测数据(2018)
160	果洛站气象数据集(2017)

序号	数据集标题
161	沱沱河源区植被类型图
162	三江流域外动力环境因素地表冻结、融化指数空间分布数据集(2003～2015 平均)
163	申扎高寒草地土壤剖面水热碳数据集(2019～2020)
164	西藏卡若拉冰川分布数据集(1972～2017)
165	西藏纳木错高山草原 CO_2 和 H_2O 连续观测通量半小时涡动协方差数据集(2005～2019)
166	西藏西部地震走时数据
167	西昆仑地区古里雅冰帽重建的气象数据和物质平衡数据集(1970～2019)
168	西南极冰盖表面物质平衡数据(1800～2000)
169	喜马拉雅山脉中部不同冰碛的树龄数据
170	喜马拉雅中段波曲流域冰川、冰湖矢量数据集(1976～2010)
171	雅鲁藏布大峡谷水汽通道科学考察数据(2018～2019)
172	雅鲁藏布江流域高时空分辨率降水数据(1981～2016)
173	雅鲁藏布江主要水文站径流年际变化特征值(1956～2000)
174	纳木错半小时涡度协方差通量、气象变量、降水量和遥感植被覆盖估计(2005～2020)
175	纳木错多圈层综合观测研究站气象观测数据(2005～2016)
176	纳木错多圈层综合观测研究站气象观测数据(2017～2018)
177	纳木那尼冰川末端气象观测数据(2011～2017)
178	纳木那尼冰川物质平衡(2008～2018)及相关的气象观测数据(2011～2018)
179	1974～2000 和 2000～2013 年纳木那尼峰地区两个阶段冰储量变化数据集(V1.0)
180	祁连山地区冰川边界(2020)
181	祁连山老虎沟 12 号冰川物质平衡数据(2014～2018)
182	祁连山区多年冻土地下冰分布数据(2013～2015)
183	祁连山区土壤水文属性及土壤水分数据集(2014～2020)
184	玉龙雪山白水 1 号冰川海拔 4506 米日平均气象观测数据集(2014～2018)
185	SMAP 卫星土壤水分与植被光学厚度逐日产品(多通道协同反演算法，2015～2021)
186	横断山冰川消融数据集(1982～1983)
187	横断山区雪崩、风吹雪、异常降雪数据集(1982～1984)
188	天山庙尔沟冰芯 AD 高氯酸数据(1956～2004)
189	黑河流域高寒地区水文气象-积雪-冻土综合观测
190	环北极圈和青藏高原 30m 空间分辨率植被覆盖度(2013、2018)
191	环北极圈和青藏高原植被覆盖度后处理产品(2013～2018)
192	环北极圈和青藏高原植被修正指数后处理产品(2013 和 2018)
193	过去千年青藏高原和北极夏季地表气温时间序列

序号	数据集标题
194	北极 25 km 分辨率海冰表面积雪厚度数据集(2012~2020)
195	北极 Barrow 地区冻土土壤细菌数据集(2015)
196	北极阿拉斯加地基红外辐射波谱薄云微物理特征数据集(2000~2014)
197	北极阿拉斯加气溶胶光学特性地基观测数据(1998~2016)
198	北极阿拉斯加气溶胶光学特性地基观测数据(1998~2020)
199	北极阿拉斯加站点云观测数据集(1999~2009)
200	北极八国行政区划(国家级和省级)(2010)
201	北极巴伦支海-喀拉海秋季海冰范围_1289~1993AD
202	北极大河流域 0.1°气象要素驱动场数据集(1961~2018)
203	北极大河流域水量平衡要素数据集(1971~2017)
204	北极大河入海径流(各径流成分)数据集(1971~2018)
205	北极地区 10km 未来水循环关键要素预估数据集(2018~2065)
206	北极地区高程数据集
207	北极地区海冰密集度和海冰覆盖范围预测数据(2020 年 6~9 月)
208	北极地区海冰密集度和海冰覆盖范围预测数据(2021 年 7~9 月)
209	北极地区历史水循环关键变量数据集(1998~2017)
210	北极地区植被物候数据(2001~2015)
211	北极地区植被与冻融变化关系分布图(1982~2015)
212	北极多年冻土变化生态调节价值数据集 (1982~2015)
213	北极高纬度和极地海冰密集度(评估产品)(2002~2018)
214	北极高纬度和极地海冰密集度,范围,厚度,反照率(2002~2018)
215	北极海冰关键区域产品数据集(2017~2019)V1.0
216	北极海冰融池覆盖度遥感反演数据集(2000~2019)V1.0
217	北极积雪面积比例时序数据(2000~2019)
218	北极圈大河流域内的高精度降水产品数据集(1980~2018)
219	北极太阳总辐射及吸收和散射性物质衰减的总辐射 v1.0(2018)
220	北极雪水当量格网数据集(1979~2019)
221	北极植被光谱数据集
222	基于再分析重构的北极海冰表面积雪厚度数据集(2012~2020)
223	CAS FGOALS-f3-L 参加 CMIP6 北极放大效应模式比较计划数据集
224	环北极不同类型多年冻土区 NDVI 变化数据集(1982~2015)
225	环北极地区多年冻土和地下冰状态图(V2)
226	泛北极工程活动范围冻土分布(2000~2015)

续表

序号	数据集标题
227	泛北极工程活动范围活动层厚度预测分布(北京-莫斯科高铁沿线)(2015～2065)
228	泛北极工程活动范围灾害易发性分布(2015～2020)
229	阿拉斯加北坡 Anaktuvuk 河流域过火区植被 C/L 波段后向散射特征数据集(V1.0)(2002～2017)
230	气溶胶光学特性地基观测数据--北极阿拉斯加站点 V1.0(2016～2019)
231	气溶胶光学特性地基观测数据--北极阿拉斯加站点(2016～2019)v1.0
232	Alaska 冰川编目(2018 年)
233	南极 1:100 万居民点数据集(2014)
234	南极 1:100 万行政边界数据集(2014)
235	南极 Amery 冰架流速场数据集(V1.0)(2003～2013)
236	南极 Dome C 太阳辐射数据集(2006～2016)
237	南极 Law Dome 冰芯甲烷浓度(1010～1980)
238	NSIDC 南极海冰数据集(1978～2017)
239	南极 McMurdo Dry Valleys 60m Sentinel-1/2/Landsat 冰川表面流速遥感后处理产品(2015～2020)
240	南极半岛典型年典型区植被覆盖度后处理产品
241	南极半岛及周边植物光谱和标注数据(2018)
242	南极半岛亚历山大岛 30m 冰面融水数据集(2000～2019)
243	南极冰川流速年度产品(2013～2019)
244	南极冰盖 0.25°GRACE-Swarm-GRACE_FO 冰量变化数据集(2002～2019)
245	南极冰盖 21、22 流域高程变化数据集(2010～2020)
246	南极冰盖表面高程时间序列(2002～2019)
247	南极冰盖表面高程数据(2003～2009)
248	南极冰盖表面融化 0.05°每日数据集(1985～1986、2000～2001、2015～2016)
249	南极冰盖表面物质平衡综合观测数据集
250	南极冰盖近地面气温数据(2001～2018)
251	南极冰盖物质平衡数据集(1985～2015)
252	南极冰架年崩解数据集(2005～2020)
253	南极地表覆盖图(1999～2003)
254	南极地区和格陵兰岛 Sentinel-1A SAR 数据集(2015)
255	南极典型冰架冰裂隙数据集(2015、2016、2020)
256	南极高程数据集
257	南极高程数据集(2003)
258	南极海冰 CMIP6 预估数据集(2020～2100)
259	南极海冰表面积雪厚度数据集(2002～2020)

序号	数据集标题
260	南极麦克默多干谷冻土活动层厚度
261	南极先锋植物丰度数据产品(2017～2018)
262	南极先锋植物覆盖分类数据(2017～2018)
263	南极中山站-Dome A 断面雪冰金属元素浓度时空分布数据集
264	过去 200 年南极海冰范围重建序列
265	2004～2008 年南极 LAS 区域 ICESat 卫星物质平衡图
266	东南极 Fimbul-Jelbart 冰架冰流速度场数据产品(1963～1987)
267	东南极 Rayner 冰川早期冰流速度场数据产品(1963.08.29～1963.10.29)
268	格陵兰 500m 分辨率 DEM(2019 年 5 月)
269	格陵兰 ASAR 数据(2005)
270	格陵兰 GISP2 地区氧同位素数据(818～1987)
271	格陵兰 Landsat-8 影像图(2014～2015)
272	格陵兰冰盖表面高程时间序列(1991～2020)
273	格陵兰冰盖表面融化 0.05°每日数据集(1985、2000、2015)
274	格陵兰冰盖典型冰川冰裂隙数据集(2018～2020)
275	格陵兰冰盖高程变化数据 v1.0(2004～2008)
276	格陵兰冰盖高程变化数据集(2003～2020)
277	格陵兰冰盖物质平衡数据集(1985～2015)
278	格陵兰岛 Petermann 冰川 2017 年崩解事件观测
279	格陵兰岛冰盖质量变化数据产品(2002～2019)
280	格陵兰典型跃动冰川多源卫星遥感冰流速数据集(1985～2020)
281	南北极 SAR 冰盖表面冻融(2015～2019)v1.0
282	南北极冰盖冻融数据集(1978～2015)
283	南北极冰盖哨兵一号超宽幅 SAR 数据(2015～2016)
284	南北极冰盖微波辐射计和散射计数据(1978～2015)
285	南北极辐射计冰盖表面冻融(2016～2019)v1.0
286	南北极海冰数据集(1979～2019)
287	南极极及青藏高原 2010～2018 年冰川雪和冰里原核微生物分布(V1.0)
288	南北极散射计冰盖表面冻融数据(2015～2019)v1.0
289	南北极细菌分布特征(V1.0)(2005～2006)
290	极地边缘区 250m 冰面融水数据集(2000～2019)
291	三极地区 0.1°气溶胶光学厚度数据集(2000～2020)
292	三极地区气溶胶光学厚度 V1.0(2000～2019)

序号	数据集标题
293	三极地区气溶胶类型数据 V2.0(2006~2021)
294	三极地区气溶胶类型数据(2006~2019)v1.0
295	三极地区通量 30 分钟数据(2000~2016)
296	三极太阳辐射数据集(2001~2017)
297	三极雪冰粉尘锶-钕同位素数据集
298	2046~2065 年不同 SSP 情景下三极气候后处理集成产品
299	不同 RCP 情景下三极多年冻土范围后处理集合产品(2046~2065)
300	不同 RCP 情景下三极多年冻土活动层厚度后处理集合产品(2046~2065)
301	不同 RCP 情景下三极多年冻土区碳通量后处理集合产品(2046~2065)
302	不同气候情景下多模式集合模拟的全球年平均气温空间分布(2006~2100)
303	基于古气候数据同化研制的过去千年三极降水场数据集
304	基于古气候数据同化研制的过去千年三极温度场数据集
305	典型冰川前端气象数据和河流水位数据、典型湖泊面积观测数据(2021)
306	典型冰川前端气象数据集(2019~2020)
307	典型年三极冰雪微生物后处理产品(2010~2018)
308	典型年三极土壤微生物后处理产品(2005,2006,2015)
309	1990~2015 年三极多年冻土活动层厚度后处理产品
310	泛第三极地表水体稳定同位素数据(2018~2020)V1
311	泛第三极地区生态环境数据集(2000~2015)
312	泛第三极地区植被地上和地下生物量及土壤碳数据集(2015~2017)
313	泛第三极主要城市土地覆盖数据集(2000~2017)
314	泛第三极综合数据集(1980~2020)
315	过去 500 年南北半球环状模数据
316	MODIS 北半球逐日无云积雪产品(2000~2016)
317	1000~2000 年北半球温度代用资料
318	北半球多年冻土气候-生态系统敏感性分区图(2000~2016)
319	北半球高纬地区中分辨率 MODIS 河湖冰覆盖度数据集(2002~2018)
320	北半球湖冰厚度数据集(1992~2019,2071~2099)
321	北半球湖冰物候数据集(1978~2018)
322	北半球年平均气温空间分布和时间变化趋势特征数据(1971~2000)
323	高分辨率北半球多年冻土数据集(2000~2016)
324	过去 1000 年北半球气温场数据
325	北半球树木线移动率数据集

续表

序号	数据集标题
326	机器学习方法融合北半球长时间序列逐日雪深数据集(1980～2019)
327	东亚区域地面气象要素未来预估数据集(2006～2098)
328	高寒区湖冰类型数据集(2015～2018)V1.0
329	高亚洲冰川1°×1°网格的SRTM C/X波段雷达穿透深度差异数据集(2000)
330	高亚洲地区融雪开始时间数据集(1979～2018年)
331	高亚洲地区雪水当量数据集(2002～2011)
332	高亚洲地区中大型湖泊微波亮温和冻融数据集(2002～2016)
333	高亚洲逐日积雪覆盖率数据集(2002～2016)
334	北美地下水变化数据集(2002～2017)
335	北温带湖泊冰盖长时序数据集(1985～2020)
336	基于ICESat-2的南极数字表面高程模型(2019年5月)
337	基于光学和雷达遥感的中国陆地水域数据集(2018～2020)
338	基于三重配置分析TCA的全球日尺度土壤水分融合数据集(2011～2018)代码
339	南亚通道及喜马拉雅山重大冻土工程病害调查数据(2020～2021)
340	欧亚大陆长时间序列雪深数据集(1980～2016)
341	耦合模式比较计划第6阶段TaiESM1模式全球呼吸(1850～2014)
342	全球冰川监测物质平衡数据(V1.0)(1950～2016)
343	全球冰川水文化学数据集
344	全球不同CO_2浓度情景下模拟生态系统生产力数据(2006～2100)
345	全球高分辨率(3h，10km)地表太阳辐射数据集(1983～2018)
346	全球高分辨率模拟的全球大气-海洋数据集
347	全球高分辨率模拟近海洋表层气温-降水-海温数据集(1990～2020)
348	全球灌溉农田灌溉用水量遥感估算数据集(2011～2018)
349	全球河湖矢量数据集(2010)
350	全球考虑积融雪过程的标准化水分距平指数(1948～2010)
351	全球历史海面温度、海面风场等海洋要素模式数据集(1990～2018)
352	全球能量水循环之亚洲季风青藏高原试验研究(GAME/Tibet)数据集(1997～1998)
353	全球年均积雪面积比例数据(2000～2021)
354	全球输沙势数据集(V1.0)(1950～2020)
355	全球台风路径数据集(2018)
356	全球星载激光测高高程控制点数据集(2003～2009)
357	全球雪深数据集(1979～2017)
358	全球长序列高分辨率光合有效辐射(PAR)(1984～2018)

续表

序号	数据集标题
359	BCC-ESM1 模拟全球生态系统呼吸数据(1850~2014)
360	BCC-ESM1 模拟全球植被生产力数据(1850~2014)
361	CAMELE：全球陆面高精度融合蒸散发产品(1981~2020)
362	全球逐日 0.05°时空连续地表温度数据集(2002~2020)
363	塔吉克斯坦-帕米尔高原气象观测数据(2019~2021)
364	亚洲大陆气溶胶光学厚度数据集(2002~2011)
365	印度河水资源时空分布数据集(2001~2017)
366	印度-欧亚板块碰撞带 "D" 层剪切波速度(2009~2018)
367	印度喜马偕尔邦冰湖编目数据集(2004)
368	帕米尔高原红其拉甫气象观测数据(2019~2021)
369	基于通量观测网的中国温带半干旱草地蒸散发数据集(1982~2015)
370	中亚阿姆河流域卡菲尼干水文站水文资料(2020)
371	中亚大湖区常规和卫星气象资料数据集(2017)
372	中亚大湖区-基础数据集-社经-2016
373	中亚大湖区-基础数据集-水文站点观测(2015)
374	中亚大湖区基础数据集-土壤(2015)
375	中亚大湖区气候再分析资料数据集(1979~2017)
376	中亚大湖区水资源分布数据
377	中亚地震构造图和中亚地震危险性区划图(1960~2020)
378	中亚高分辨率气候预估数据集(1986~2005 和 2031~2050)
379	中亚农业气候指数高分辨率预估数据集(1986~2005 和 2031~2050)
380	中亚五国气象站点气温和降水数据(1980~2015)
381	中亚野外气象站观测数据集(2017~2018)
382	吉尔吉斯斯坦冰川气象站(2018~2020)
383	吉尔吉斯斯坦西天山 Kara-Batkak 冰川气象监测数据(2018~2019)
384	吉尔吉斯斯坦西天山 Kara-Batkak 冰川气象监测数据(2020)
385	中国 1:400 万冰川冻土沙漠图
386	中国 1 千米分辨率逐日全天气地表土壤水分数据集(2003~2019)
387	中国 716 个气象站太阳辐射日均值数据集(1961~2010)
388	中国八大地理分区(2019)
389	中国北方 GNSS 业务站网积雪深度数据集(GSnow-CHINA v1.0, 12h/24h, 2013~2020)
390	中国地区 MODIS 雪盖产品数据集(2000~2004)
391	中国第二次冰川编目数据集(V1.0)(2006~2011)

续表

序号	数据集标题
392	中国高寒地区地表过程与环境观测网络水文数据集(2019)
393	中国高寒区地表环境与观测网络气象数据(2018)
394	中国高寒山区月降水数据集(CAPD)(1954~2014)
395	中国湖泊数据集(1960s~2015)
396	中国近地表日气温数据集(1979~2018)
397	中国陆地实际蒸散发数据集(1982~2017)
398	中国每日5公里无间隙AVHRR积雪覆盖范围产品(1981~2019)
399	中国区域地面气象要素驱动数据集(1979~2018)
400	中国区域融合日照时数的高分辨率(10km)地表太阳辐射数据集(1983~2017)
401	中国区域与青藏高原地区无云逐日积雪覆盖度数据集(2013~2014)
402	中国西北、西藏和周边地区每十年1 km季节冻土最大冻结深度数据集(1961~2020)
403	中国西部冰湖编目数据(2015)
404	中国西部地区地表气候要素再分析数据集(2002)
405	中国西藏库曲花岗岩和伟晶岩稀有金属矿物化学数据
406	中国喜马拉雅山地区朋曲流域冰湖编目数据(2004)
407	中国雪深长时间序列数据集(1978~2012)
408	中国雪深长时间序列数据集(1979~2020)
409	中国站点尺度天然径流量估算数据集(1961~2018)
410	中国长时间序列逐年人造夜间灯光数据集(1984~2020)
411	中国长序列地表冻融数据集——双指标算法(1978~2015)
412	中国逐日雪深模拟预估数据集(2016~2065)
413	中国主要沙漠分布数据集(V1.0)(2011)
414	中国主要沙漠输沙势数据集(2000~2008)
415	2021~2100年中国1km分辨率多情景多模式逐月平均气温数据集
416	A new MODIS snow cover extent product over China(2000~2020)
417	基于《环北极地区多年冻土和地下冰状态图》的中国及其周边地区冻土分布图(2001)
418	基于《环北极地区多年冻土和地下冰状态图》的中国多年冻土分布图(第二版)(1997)
419	阿勒泰地区雪冰吸光性杂质数据(2016~2017)V1.0
420	矮拉山冻融滑坡及冻融泥流现场地温、水分及气象要素监测数据(2019~2020)
421	年楚河流域耕地土壤理化指标数据集(2019)
422	怒江水资源时空分布数据集(1998~2017)
423	东绒布冰川气象数据(5~7月)
424	冰川高度变化数据v1.0

续表

序号	数据集标题
425	冰盖冰裂隙数据 v1.0
426	加拿大 Mt. Logan 冰芯氧同位素数据(1736～1987)
427	江错氧同位素数据
428	昆莎冰川末端气象观测数据集(2015～2017)
429	末次冰盛期以来亚洲高山区冰川分布数据